곤충의
짝짓기

1. 《곤충의 짝짓기》는 번식을 위한 곤충의 다양한 구애 방법과 짝짓기에 대한 이야기다. 크게 시각적으로 첫눈에 반하는 곤충, 후각적으로 향기에 반하는 곤충, 청각적으로 소리에 반하는 곤충, 혼수품을 마련하는 곤충, 먹이식물에서 짝짓기하는 곤충, 오랜 시간 짝과 함께 있는 곤충으로 갈래를 나누었다.

2. 맞춤법과 띄어쓰기는 국립국어원 누리집에 있는 《표준국어대사전》을 따랐다. 하지만 전문 용어는 띄어쓰기를 적용하지 않았다. 그리고 곤충 이름과 과 이름, 속 이름에는 사이시옷을 적용하지 않았다.
　　예 흰나빗과 → 흰나비과, 가룃과 → 가뢰과
　　　　교미억제페로몬, 먹이식물, 식도아래신경절, 안갖춘탈바꿈, 집합페로몬

3. 책에 나오는 식물과 동물 이름과 학명, 분류는 《국가생물종목록》(국립생물자원관, 2021)을 따랐다.

곤충의
짝짓기

곤충의 다양한 번식 전략

정부희
글과 사진

보리

무궁무진한 곤충의 번식 전략

무수한 생명체들에게 번식을 위한 전략의 꽃은 단연 짝짓기입니다. 46억 년 전에 지구가 생겨난 이래 최초의 생명체가 지구에 나타난 건 대략 35억 년 전입니다. 생물(생명체)과 무생물을 구분하는 중요한 요소 가운데 하나는 물질대사를 통해 생명 현상을 유지하고, 그 생명 현상을 통해 자신의 유전자를 다음 세대로 이어지게 하는 것입니다. 결국 생명체 유지의 본질은 번식인 것입니다.

지구에 생명체가 나타난 때부터 지금까지 자손을 낳아 대를 잇기 위한 번식 전략은 가장 단순한 방법에서부터 가장 복잡한 방법에 이르기까지 다채롭게 발전해 왔습니다. 세포가 단 하나뿐인 짚신벌레(원생생물)도 번식하는데, 그 방법은 아주 원시적입니다. 몸을 절반으로 딱 나눠(이분열, 무성 생식) 자신과 유전적으로 똑같은 복제품을 만들어 냅니다. 대를 잇는 데는 성공했지만 유전자가 어미와 동일하니 급격한 환경 변화에 적응할 확률이 낮습니다. 그 단점을 극복하고자 짚신벌레는 가끔 암컷과 수컷이 '접합'을 통해 유전자를 교환해(유성 생식) 유전자의 다양성을 높입니다. 그 뒤 수많은 세월이 흐르면서 다세포 생물이 출현하면서 그들의 번식 전략은 자기 복제에서 벗어나 암컷과 수컷이 유전자를 교환하는 쪽으로 진화해 왔습니다.

약 4억 년 전 지구에 나타난 곤충의 번식 전략은 눈부시게 발전해 짚신벌레(원생생물)나 해파리(자포동물) 같은 하등동물에 비해 훨씬 복잡하고 다양합니다. 무엇보다 생식 기능이 분화하여 암수딴몸으로 진화해 난소를 가진 암컷과 정소를 가진 수컷의 몸이 되었습니다. 따라서 대대손손 건강하게 대를 이어가기 위해선 반드시 수컷과 암컷이 서로 만나 유전자를 교환해야 합니다. 물론 진딧물이나 대벌레처럼 암컷 혼자서 자손을 낳는 경우도 있지만, 알고 보면 그들도 주기적으로 수컷과 만나 짝짓기하며 유전자를 섞어 다양성을 높입니다.

사정이 이렇다 보니 곤충의 번식 전략은 무궁무진합니다. 곤충과 촌수가 아주 가까운 어떤 톡토기는 '짝짓기 거부형'입니다. 배우자를 만나는 절차가 번거로워 짝짓기를 포기한 경우지요. 수컷은 암컷을 만날 생각은 않고 정자가 들어 있는 정액 방울을 암컷이 있을 만한 곳에 흩뿌리는데 그때 그곳을 우연히 걸어가던 암컷의 몸에 정액 방울이 묻습니다. 정액 방울은 암컷의 몸만 스쳐도 터져 암컷 몸속으로 들어갑니다. 다시 말하면 이런 톡토기 암컷은 수컷이 버리다시피 흩뿌린 정자를 주워 가는 것이지요. 남녀가 서로 얼굴 안 보고, 결혼 조건도 안 따지고, 까다로운 짝짓기 행위도 안 한 채 유전자 교환에 성공했으니 이보다 더 경제적이고 효율적일 수는 없습니다.

하지만 대부분의 곤충들에게 번식 전략의 결정판은 짝짓기입니다. 어떻게 하면 맘에 쏙 드는 짝과 짝짓기에 성공해 자기 유전자를 다음 세대에 넘길까 온 신경을 곤두세웁니다. 곤충은 단계별로 차근차근 '알 – 애벌레 – (번데기) – 어른벌레'로 탈바꿈하면서 살아갑니다. 그러다 보니 분업이 잘 되어 있어 단계별로 하는 일이 저마다 다릅니다. 알의 임무는 배발생에 성공해 애벌레로 부화하는 것이고, 애벌레의 임무는 성장하는 것이고, 번데기의 임무는 애벌레의 몸에서 번데기의 몸으로 전환하는 것이고, 어른벌레의 임무는 번식입니다. 결국 어른벌레만이 짝짓기를 하고 알을 낳을 수 있습니다. 문제는 어른벌레에게 주어진 삶이 겨우 열흘 남짓으로 매우 짧다는 것입니다. 고작 열흘 살면서, 그 짧은 시간에 먹고, 체력을 키우고, 마음에 드는 짝을 고르고, 짝짓기를 하고, 알을 낳으려면 정말이지 하루를 일 년처럼 써야 합니다. 그 시기에 어른벌레들은 얼마나 초조하고 바쁠까 상상이 갑니다.

그래서 봄부터 가을까지 산과 들에 나가면 곤충들의 짝짓기 장면을 흔히 봅니다. 성수기 때는 백 미터를 걷는 동안 수십 쌍이 몸을 다 드러내 놓고 여기저기서 짝짓기하는 광경을 만납니다. 대개 단독 결혼식을 하지만 같은 장소에 모여 합동결혼식도 마다하지 않습니다. 짝짓기 자세도 수컷 상위, 암컷 상위, 배 꽁무니끼리 마주 대고 서로 반대쪽을 바라보는 자세, 기역(ㄱ) 자 모양 따위로 각양각색입니다. 심지어 에로틱한 자세로 짝짓기를 하는 곤충도 꽤 있습니다. 한 예로 무당벌레 수컷은 암컷 등에 업힌 채 짝짓기하는 동안 쉬지 않고 몸을 부르르 떱니다. 그 모습을 보고 곤충에 문외한인 사람들은 쑥스러워하며 어쩔 줄을 모릅니다. 단호히 말하지만 쑥스러워할 필요는 없습니다. 그저 무당벌레는 대를 잇기 위해 성대한 의식에 충실할 뿐입니다. 인생(人生)과 충생(蟲生)은 엄연히 다르니까요. 곤충에게는 '아담과 이브'의 개념이 없습니다. 옷을 입지 않고 벌거벗은 몸으로 짝짓기를 해도 전혀 수치스럽지도, 부끄럽지도 않아 때와 장소를 가리지 않을 뿐더러 누가 바라봐도 괜찮습니다. 그들에게 짝짓기 행동은 자기 유전자를 대대손손 물려주는 성대한 의식일 뿐입니다.

곤충 세계는 '모계 사회'에 가깝기 때문에 주로 암컷에게 짝짓기 선택권이 있습니다. 허락된 짧은 생명의 시간 안에 어떻게 하면 우수한 유전자를 지닌 배우자를 선택할지 고민합니다. 암컷은 향기를 풍겨 수컷에게 추파를 던지고, 자극을 받은 수컷은 암컷을 유혹하기 위해 온갖 구애 행동을 하고, 또 암컷은 그런 수컷의 구애 행동을 자신만의 심사 기준으로 평가합니다. 구애 행동은 종마다 다 달라 곤충의 짝짓기 전략을 얘기하려면《아라비안나이트》(천일야화)를 뛰어넘어 천 일도 모자랍니다.

이 책에는 토박이 곤충, 특히 우리 주변에서 흔히 보는 곤충들의 다채로운 짝짓기 전략을 담았습니다. 주인공들을 추렸는데도 글 양이 장장 750쪽이 다 될 정도로 방대합니다. 생생하고도 희귀한 생태 사진과 함께 토박이 곤충의 짝짓기 전략을 기록한 대서사시인 셈입니다. 비록 거칠지만 이 책을 풍성하게 메꾼 곤충의 다채로운 짝짓기 전략을 간단하게 소개합니다.

1. 첫눈에 반하다

첫눈에 반한다는 것은 말 그대로 시력이 좋다는 말입니다. 곤충들은 겹눈으로 사물을 봅니다. 사물을 보려면 빛이 필요합니다. 따라서 낮에 활동하는 주행성 곤충은 대개 시력이 좋은 편입니다. 곤충이 시력에 의존해 구애를 하거나 배우자를 찾는 데는 장점이 있습니다. 우선 전달이 빠르고 신호를 보내는 대상이 확실합니다. 가까이 다가가면 자신과 같은 종인지 아닌지를 금방 알아차릴 수 있습니다. 또 상대방의 표정을 확인할 수 있다는 것입니다. 좋은 예로 큰줄흰나비 수컷은 암컷이 앉아 배 꽁무니를 하늘을 향해 확 치켜들면 짝짓기를 거부한다는 걸 알아차립니다. 하지만 단점도 있습니다. 비록 겹눈이 멀쩡하게 붙어 있어도 장애물이 있거나 어두운 밤이면 볼 수 없으니 시력도 무용지물입니다. 이를 해결한 곤충이 반딧불이입니다. 운문산반딧불이는 깜깜한 오밤중에 불빛으로 문자를 씁니다. 수컷은 깜빡깜빡 불빛을 내며 어딘가에 있을 암컷에게 신호를 보내고, 암컷은 풀잎에 앉아 그 영롱한 수컷의 불춤을 감상하다가 자신과 같은 종인 것으로 판단되면 깜박깜박 불빛을 내며 화답합니다.

주행성 곤충의 대표 선수는 나비류입니다. 좋은 예로 날개가 하얀색인 큰줄흰나비는 마음에 드는 짝을 찾을 때 시각을 적극적으로 활용합니다. 수컷은 시력이 사람만큼 좋지는 않지만, 어느 정도 가까운 거리에서는 금방 알아차리는데 그 단서는 날개 색입니다. 암컷의 날개 색이 사람의 눈에는 하얗게 보이지만 수컷의 눈에는 검은색으로 보입니다. 날개에 자외선 색이 포함되어 있는데, 사람은 자외선 색을 볼 수 없지만 곤충들은 자외선 색을 볼 수 있기 때문입니다. 큰줄흰나비 암컷이 나풀나풀 날갯짓을 하거나 앉아 꽃꿀 식사를 할 때 뒷날개의 강렬하고 진한 색깔이 이따금씩 보이는데, 수컷은 이 순간을 기막히게 포착하고 단숨에 암컷 곁으로 날아옵니다. 첫눈에 반한 거지요. 물론 시각이 우선이라 해도 암컷이 수컷을 유혹하기 위해 풍긴 성페로몬도 보조 역할을 합니다. 그래서 수컷은 시각을 포함한 모든 감각 기관을 총동원해 암컷을 찾아간 뒤 본격적인 구애 작전에 들어갑니다. 흥분한 수컷은 암컷 뒤꽁무니를 졸졸 쫓아다니며 더듬이를 부딪치는 등 스킨십을 합니다. 암컷은 그런 수컷과 함께 공중에서 왈츠 음악에 맞춰 경쾌한 춤을 추듯 서로 얼싸안고 빙그르르 돌며 구애 춤을 추며 수컷을 심사합니다. 암컷의 심사에 통과하면 바로 식물 위에 신방을 차리고 짝짓기에 들어갑니다. 짝짓기를 마친 암컷은 태어날 새끼의 밥상(십자화과 식물)에 알을 낳는 것으로 번식 작업을 마무리합니다.

장수풍뎅이 암컷도 힘이 센 수컷을 보면 첫눈에 반합니다. 수컷은 무사처럼 용맹스러운 뿔을 2개나 가지고 있는데, 이 뿔은 천적에 대항하거나 다른 수컷과 결투할 때 쓰는 훌륭한 무기입니다. 무엇보다도 뿔의 역할은 암컷의 환심을 사기 위해 다른 수컷과 결투할 때 빛납니다. 결투를 벌이는 선수는 수컷들이고 심사 위원은 암컷으로, 수컷끼리 일대일 결투를 벌여 이기는 놈이 암컷의 심사에 통과합니다. 이때 뿔이 우람하고 튼튼해야 경쟁자를 이길 확률이 큽니다. 암컷의 심사 기준은 건강한 유전자의 소유자인데, 건강한 유전자의 잣대는 뿔입니다. 결국 암컷은 우람한 수컷의 뿔에 반해 일생일대의 거사인 짝짓기에 순순히 응합니다.

2. 향기에 반하다

주행성 곤충이 '눈'의 동물이라면 야행성 곤충은 대개 '코'의 동물입니다. 밤에 활동하는 야행성 곤충들은 대부분 여느 감각 기관에 비해 예민한 후각이나 청각이 주요 의사소통 수단입니다. 특히 후각은 밤뿐만 아니라 낮에도 활용하는 굉장히 중요한 감각 기관입니다. 후각, 즉 냄새를 이용하는 곤충들은 대개 겹눈이 작은 편이고 더듬이가 아주 거창하게 변형되어 있습니다. 더듬이는 '사람의 코'에 해당되기 때문에 냄새, 온도, 습도, 풍향 같은 주변의 환경 정보를 척척 감지합니다. 특히 곤충들이 맘에 드는 짝을 찾을 때 더듬이는 짝이 유혹하는 냄새를 찾아내는 1등 공신입니다. 곤충들이 풍기는 냄새는 페로몬 향기입니다. 곤충들이 뿜는 페로몬으로는 성페로몬, 집합페로몬, 경보페로몬, 공격페로몬이 있는데, 성페로몬은 어느 곤충을 불문하고 짝짓기 전략에서 없어서는 안 될 정도로 엄청나게 중요한 물질입니다.

가장 대표적인 야행성 곤충으로 나방류를 들 수 있습니다. 그 가운데 밤나무산누에나방도 번식 전략에 성페로몬을 적극적으로 이용합니다. 깜깜한 가을밤에 활동하는 밤나무산누에나방의 중매쟁이는 성페로몬입니다. 암컷은 배 꽁무니 근처의 분비선에서 수컷을 흥분시키는 유혹 물질인 성페로몬을 내뿜습니다. 눈으로는 안 보이지만 배 꽁무니가 일정한 속도로 부르르 떨 때마다 성페로몬 물질이 공중으로 흩뿌려집니다. 페로몬 속에는 종마다 다른 종이 오해하지 않도록 자신만의 특수하고 고유한 분자를 품고 있습니다. 이 물질은 어둠을 뚫고 바람을 타고 널리널리 퍼져 나갑니다. 수컷은 먼 거리에서도 연인의 냄새를 맡고 대번에 흥분해 냄새의 근원지를 찾아 지그재그를 그리며 바람이 불어오는 방향으로 날아갑니다. 수컷이 '첫 코에 반한 것'이지요. 냄새는 더듬이로 맡습니다. 페로몬의 냄새 물질은 공기 중에 낮은 농도로 떠다니기 때문에 더듬이 면적이 넓어야 유리합니다. 그래서 밤나무산누에나방을 비롯한 수컷 나방들의 더듬이는 화려한 깃털 모양이고, 표면적이 암컷보다 3배 정도 넓습니다. 또한 더듬이에 페로몬 냄새 물질이 잘 스며들도록 구멍이 셀 수 없이 많이 뚫려 있습니다. 수컷은 더듬이 덕분에 어둠 속에서도 냄새의 진원지인 암컷을 찾아가 짝짓기에 성공합니다.

3. 소리에 반하다

소리는 매미나 여치류 같은 특정 곤충에게 번식 전략의 전부를 차지할 만큼 중요합니다. 동물계를 통틀어 소리로 의사소통을 하는 동물은 새나 개구리가 포함된 척추동물이나 곤충이 포함된 일부 절지동물뿐입니다. 소리 커뮤니케이션의 방식은 발신자와 수신자가 접촉하거나 만날 필요가 없어 매우 경제적입니다. 암컷과 수컷 둘 다 얼굴을 안 보고 소리만으로 결혼할 배우자를 찾다 보니 편리한 점이 많은 것이지요. 소리는 멀리 퍼져 나가기 때문에 장애물이 있거나 거리가 멀리 떨어져 있을 때에도 효율적입니다. 또 소리는 어두운 밤에도 들리니 상대방과 쉽게 소통하게 도와주고, 흔적이 남지 않으니 천적을 어느 정도 따돌릴 수 있게 해 줍니다. 물론 소리를 듣고 찾아온 천적도 있지만 단점보다 장점이 더 많습니다.

곤충 가운데 소리로 소통하는 대표선수는 여치류, 귀뚜라미류, 강도래류와 매미류 들입니다. 귀뚜라미류나 여치류는 두 장의 앞날개를 비벼 마찰음을 내는 현악기 연주자이고, 매미는 배 근육을 수축시켜 진동음을 내는 관악기 연주자입니다. 또 강도래류는 자신의 배를 바위 같은 지지대를 쳐서 소리를 내는 타악기 연주자입니다. 모두들 종마다 특유의 소리를 내어 자신의 종과 소통합니다. 그래서 암컷은 여러 종의 수컷들이 같은 장소에서 한꺼번에 운다 해도 자신과 같은 종의 수컷 노래 소리를 기막히게 알아차립니다.

매미와 달리 가을의 대명사인 귀뚜라미나 여치 수컷은 두 장의 앞날개를 리드미컬하게 비비며 구애의 노래를 부릅니다. 수컷은 일생을 통틀어 가장 중요한 임무인 번식을 위해 하루도 쉬지 않고 암컷을 만날 때까지 노래를 합니다. 물론 암컷은 노래를 부르지 않고 수컷의 노래를 감상합니다. 암컷은 이전에 한 번도 들어본 적이 없는데도 같은 종인 예비 신랑이 내는 특유의 노랫소리를 얼른 알아차립니다. 암컷은 소리만 듣고 수컷의 유전자가 우월한지, 몸이 건강한지를 심사합니다. 재밌게도 크고 우렁차게 노래하는 수컷에게는 암컷들이 줄을 서고, 그렇지 못한 수컷은 찬밥 신세입니다. 그러다 보니 어떤 열등감을 가진 수컷은 아예 노래 부르는 걸 포기하고 풀밭을 배회하다 멋진 수컷을 찾아가는 암컷을 가로채기도 합니다.

이렇게 매미나 귀뚜라미처럼 소리로 소통하는 곤충들은 배우자를 고를 때 외모는 아무 소용이 없고 오직 소리만 매력적이면 됩니다. 수컷은 여느 곤충들과 달리 어디에 있을 암컷을 굳이 찾으러 다닐 필요가 없습니다. 노래만 매력적으로 부르면 암컷이 스스로 찾아와 짝짓기 신청을 하니까 이보다 더 경제적일 수는 없습니다.

4. 혼수품을 건네다

어떤 곤충들은 짝짓기할 때 사람처럼 혼수품을 건네는데 요구하는 쪽은 암컷이고 주는 쪽은 수컷입니다. 암컷은 수컷이 혼수품을 건네지 않고 데이트 신청을 하면 그 자리에서 퇴짜를 놓습니다. 혼수품의 품목은 정해져 있는데, 대개 먹잇감과 독 물질입니다. 밑들이나 춤파리 수컷은 암컷에게 영양가 많은 음식을 선물하고, 남가뢰와 청가뢰 수컷은 짝짓기할 때 정자를 통해 맹독성 물질인 칸타리딘을 선물합니다. 물론 욕심 많은 암컷은 혼수품이 크면 클수록 좋아합니다. 그도 그럴 것이 암컷은 수컷이 선물한 혼수품(영양가 많은 음식)을 먹어야 난자가 성숙되어 튼튼한 알을 낳을 수 있기 때문입니다. 수컷 역시 혼수품이 크면 클수록 자신의 유전자가 선택될 가능성이 높기 때문에 될 수 있으면 커다란 혼수품을 마련하느라 고군분투합니다. 혼수품이 맘에 들면 암컷은 수컷과 밀고 당기는 신경전 없이 그 자리에서 짝짓기에 응합니다.

춤파리도 암컷이 결혼 조건으로 수컷에게 선물을 요구합니다. 짝짓기 전에 수컷은 영양가가 많은 먹잇감을 혼인선물로 미리 마련한 뒤 그 선물을 암컷이 잘 알아볼 수 있도록 보이면서 암컷을 향해 날개를 흔들어 대며 격렬하게 구애 춤을 춥니다. 수컷은 암컷이 관심을 보일 때까지 지칠 줄도 모르고 혼인 선물을 자랑하며 춤을 춥니다. 암컷은 결혼 선물의 크기를 보고 수컷의 능력을 판단하는데, 큰 선물을 좋아합니다. 사정이 이렇다 보니 가끔 어떤 춤파리 수컷은 사기를 치기도 합니다. 속이 텅 빈 선물 보따리를 주는 녀석도 있고, 심지어 어떤 수컷은 자기 똥이나 먹을 수 없는 식물 부스러기를 포장해 선물하기도 합니다.

5. 밥상에서 사랑하다

금강산도 식후경입니다. 꽃하늘소류나 풀색꽃무지 어른벌레의 주식은 꽃가루입니다. 어른벌레의 수명은 열흘 정도밖에 안 됩니다. 그래서 암컷과 수컷 가리지 않고 고픈 배를 채우기 위해 꽃 식당에 몰려와 꽃가루를 먹으며 영양을 보충합니다. 식사도 식사지만 어른벌레 본연의 임무인 자손 번식을 성공적으로 하려면 짝짓기를 해서 다양한 유전자를 확보해야 합니다. 그러니 정해진 짧은 삶 속에서 시간을 효율적으로 쓰려면 밥 먹는 장소에서 짝을 찾는 게 현명합니다. 녀석들은 멀리 갈 필요 없이 식당인 꽃에서 밥을 먹다가 맘에 드는 짝을 만나면 바로 그 자리에서 짝짓기를 합니다. 그래서 같은 종의 개체들은 비슷한 시기에 날개돋이를 해 예비 배우자와 만날 확률을 높입니다. 이들은 꽃 식당이 제집인 양 진득하게 눌러앉아 꽃가루를 씹어 먹고, 맘에 드는 짝을 만나면 식사하던 그 자리에서 바로 사랑을 나눕니다. 식사와 짝짓기를 동시에 해결할 수 있으니 일석이조입니다.

6. 오래 버티다

산과 들이 곧 결혼식장이니 곤충은 대부분 개방된 공간에서 사랑을 나눕니다. 천적에게 들키거나 훼방꾼이 방해를 놓는 일이 잦다 보니 대개 짝짓기는 짧은 시간 안에 끝이 납니다. 하지만 노린재나 잠자리 같은 일부 곤충의 수컷들은 암컷에게서 오랫동안 떨어지지 않고 짝짓기 시간을 오래오래 늘리려 애씁니다. 한 번 시작하면 도무지 떨어질 생각을 하지 않습니다. 그러니 위험한 일이 일어나지 않으면 짝짓기 시간은 굉장히 걸어집니다. 한 시간, 두 시간, 열 시간, 아니 방해만 받지 않으면 하루 종일도 합니다. 다 수컷의 집착이 만든 사건입니다. 다시 말하면 수컷은 신부가 다른 수컷과 짝짓기할 기회를 원천봉쇄하기 위해 오래오래 사랑을 나누는 것입니다. 먼저 짝짓기를 한 수컷 입장에서는 생식기를 결합한 채 신부를 오래오래 붙잡아 둘수록 자신의 유전자가 선택될 가능성이 높아 부권을 제대로 확보할 수 있습니다. 그래서 다른 암컷과의 재혼, 삼혼, 사혼을 포기하고 '현재의 신부'를 지킵니다. 이런 행동을 '정자 경쟁'이라고 합니다.

따지고 보면 수컷의 입장에서 한 암컷과 오래 사랑을 나누는 것은 칼의 양날과 같습니다. 정자 경쟁에서는 유리할지 몰라도 여러 마리의 암컷과 결혼할 기회가 줄어드니까요. 세상사가 그렇듯 곤충 세계에서도 하나를 얻으면 하나를 잃는 게 순리입니다.

오래 버티기의 대표 선수는 잠자리입니다. 잠자리 수컷은 짝짓기할 때가 되면 몸 색깔이 바뀌면서 예비 배우자에게 결혼할 준비가 되었다고 광고합니다. 화려한 혼인색으로 치장한 새노란실잠자리 수컷은 아무 구애 의식도 없이 암컷을 발견하자마자 암컷 목덜미를 파악기(배 꽁무니에 붙어 있음.)로 움켜쥔 채 날다가 식물 잎이나 줄기 위에 앉습니다. 납치당한 암컷은 저항하지 않고 목덜미를 잡힌 채 배를 구부려 순순하게 하트 모양의 자세로 짝짓기에 응합니다. 수컷은 일생일대 최대 목표인 짝짓기를 마쳤는데도 암컷을 놔주지 않고 자기 배 꽁무니에 매단 채 끌고 연못으로 갑니다. 암컷이 연못 속에 알을 다 낳을 때까지 목덜미를 꼭 붙잡고 안 놔줍니다. 혹시라도 암컷을 놓치기라도 하면 스토커처럼 암컷 위를 날아다니며 암컷을 경호할 정도로 수컷의 집착은 대단합니다. 심지어 어떤 잠자리 수컷은 결혼한 경험이 있는 기혼 암컷과 짝짓기를 할 때 암컷의 수정낭 속에 들어 있는 다른 수컷의 정자를 긁어내기도 합니다. 또 어떤 경우에는 먼저 교미한 수컷의 정자를 수정낭의 구석으로 밀친 후에 자신의 정자를 넣기도 합니다. 암컷 입장에서 보면 수컷의 장시간 짝짓기 의식이 안전한 산란에 도움이 됩니다. 보디가드를 자청한 수컷의 보호를 받으며 천적의 위험에서 벗어나 무사히 알을 낳을 수 있기 때문입니다.

'정부희 곤충기' 시리즈 중 신간을 펴냅니다. 이 책은 가제를《곤충의 성생활》로 정하고 집필에 들어갔으나 제목이 워낙 강렬해《곤충의 짝짓기》라는 제목으로 바꾸어 출간하게 되었습니다. 또 호기심을 불러일으키는 주제라 길고 긴 '정부희 곤충기' 시리즈의 대미를 장식할 책으로 염두에 두었더랬습니다.

《곤충의 밥상》을 필두로 '정부희 곤충기' 시리즈를 처음 집필한 지 어언 15년이 되어갑니다. 신간 출간과 개정판 출간을 거듭하며 덧없는 세월은 쏜살같이 지나갑니다. 그동안 나이를 먹으며 인생관에도 조금 변화가 생겼고, 곤충을 바라보는 마음도 감정이입이 깊어져 가끔 곤충을 사람처럼 여기기도 합니다. 그 사이 글체는 많이 단순해지고, 글 속에 풀어내는 소회도 담담해진 것 같습니다. 역시 나이를 먹는다는 것은 덕지덕지 묻은 감정의 군더더기를 떼어 내는 과정인 것 같아 좋습니다.

겨울이 엊그제 온 것 같은데, 벌써 저만치 떠나갑니다. 곤충들이 긴 겨울잠에서 깨어나는 봄이 동구 밖까지 와 있습니다. 봄이 가깝게 다가오니 벌써부터 마음이 설렙니다. 해마다 사라져 가는 이 땅의 곤충들이 올봄에는 어떤 모습으로 나올까 기대가 되어서입니다. 제가 늘 하는 말입니다. "바쁘신가요? 잠시 바쁜 일상생활에 쉼표를 찍고 산길과 들길을 걸어 보세요. 바쁜 일상과는 생판 다른 세상이 펼쳐집니다." 그곳에선 오늘도 곤충 부부가 사랑을 나누며 자손 번식에 여념이 없을 것입니다. 혹시라도 만나거든 성대한 혼례식을 치르는 곤충 부부에게 맘껏 축하 인사를 전해 보시길 바랍니다.

2023년 2월 끝자락에
정부희

차례

1장

첫눈에
반하다

춤추며 구애하는

큰줄흰나비

큰줄흰나비 짝짓기

큰줄흰나비가 나무줄기에 앉아
배 꽁무니를 마주 대고 짝짓기를 합니다.
큰줄흰나비 수컷은
암컷의 날개 색을 보고 짝을 찾습니다.

더디 오던 봄이 4월의 문턱을 너끈히 넘습니다.

낮이면 기온이 올라가 포근합니다. 봄볕을 머리에 이고 산길을 걷습니다.

오솔길 옆에 양지꽃과 둥근털제비꽃이 피어나고,

양지바른 산언저리에 진달래꽃이 한창입니다.

숲속은 아직 나무에 새잎이 돋아나지 않아 황량한 세상 같지만,

나무마다 물이 올라 생기가 느껴집니다.

역시 봄은 생명이 용틀임하는 계절입니다.

쉬엄쉬엄 걷는데 흰나비 한 마리가 나풀거리며 오솔길 주변을 날아다닙니다.

날개에 줄무늬가 있는 걸 보니 큰줄흰나비군요.

흔해서 평소에는 큰 관심을 주지 않은 나비인데

곤충어 뜸한 이른 봄에 보니 하얀 천사처럼 아름답습니다.

배고픈 큰줄흰나비는 봄바람에 실려 날아다니다

진달래꽃을 발견하고는 꽃잎 속으로 쏘옥 들어가 꽃꿀을 먹습니다.

분홍색 꽃잎과 하얀색 날개의 조화가 얼마나 고운지

한참을 들여다봅니다.

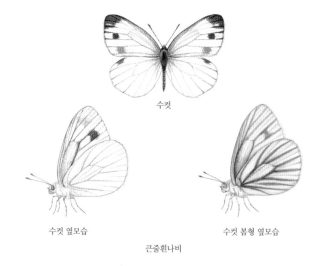

수컷

수컷 옆모습   수컷 봄형 옆모습

큰줄흰나비

이 꼭지는 나비목 흰나비과 종인 큰줄흰나비(*Pieris melete*) 이야기입니다.

번데기에서
어른벌레로 변신

봄이 무르익어 가는 4월 중순입니다. 봄꽃이 만발하고 온갖 풀들이 땅을 뚫고 쏙쏙 올라와 어디를 가나 꽃밭, 풀밭입니다. 이맘때면 따뜻한 덤불 속에서 겨울을 지내던 큰줄흰나비 번데기가 어른벌레로 날개돋이합니다. 마침 새하얀 큰줄흰나비 어른벌레가 이 꽃 저 꽃을 찾아 풀밭 위를 너울너울 날아다닙니다. 방금 날개돋이했는지 날개 색깔이 산뜻하고 청초하게 맑습니다.

녀석은 배가 고픈지 바닥에 깔리듯 피어난 서양민들레 꽃 위에 살포시 앉아 대롱 같은 기다란 주둥이를 꽂고 꽃꿀을 마십니다. 날개 윗면의 날개맥 부분 색깔이 부분적으로 거무스름한 걸 보니 암컷이군요. 암컷이 한 꽃에 잠시 머물렀다 금세 날아올라 이 꽃 저

큰줄흰나비가 개망초 꽃에 앉아 꽃꿀을 먹고 있다.

꽃으로 옮겨 가며 꽃꿀 식사를 합니다. 큰줄흰나비 어른벌레가 열흘 남짓한 짧은 생을 살면서 해야 할 일은 오로지 대를 잇는 일입니다. 살아 있는 동안 건강한 알을 낳기 위해서 영양가 높은 꽃꿀을 충분히 먹어 두어야 하니 꽃을 바삐 찾아다닙니다. 꽃이 피면 나비가 날아오고, 암컷 나비가 있으면 수컷 나비가 날아오는 법. 졸지에 꽃은 큰줄흰나비 선남선녀의 데이트 장소로 둔갑합니다. 암컷과 수컷이 꽃꿀 식사를 하다가 우연히 맘에 드는 짝이라도 만난다면 금상첨화. 이보다 더 좋을 순 없습니다.

수컷 등장
암컷의 색을 보다

마침 서양민들레 꽃밭에 또 다른 큰줄흰나비가 날아와 꽃에 앉았다 날았다 합니다. 날개 윗면 색깔이 대부분 하얀색인 걸 보니 수컷입니다. 큰줄흰나비 수컷이 운 좋게도 먼저 날아와 식사 중인 암컷을 발견한 것 같습니다. 나비는 낮에 활동하는 주행성이라 짝을 찾을 때 무엇보다도 시각이 큰 역할을 합니다. 수컷은 사람만큼 시력이 좋지는 않지만, 어느 정도 가까운 거리에서는 암컷이 검은 색으로 보여 단박에 알아봅니다. 암컷이 나풀나풀 날갯짓을 하거나 앉아서 식사를 할 때도 뒷날개의 강렬하고 진한 색깔이 이따금씩 보이는데, 수컷은 이 순간을 기막히게 포착합니다. 수컷은 암컷의 매력적인 뒷날개 색깔에 반해 단숨에 암컷 곁으로 날아옵니다.

사람 눈에는 큰줄흰나비가 흰색으로 보이는데, 수컷 눈에는 왜 검은색으로 보일까요? 이유는 자외선 색에 있습니다. 신기하게도 큰줄흰나비 날개에는 자외선 색이 포함되어 있습니다. 사람은 자외선 색을 볼 수 없지만 큰줄흰나비를 비롯한 곤충들은 자외선 색을 볼 수 있습니다. 그래서 큰줄흰나비 암컷의 날개 색깔이 자외선 색으로 반사되어 사람 눈에는 하얀색으로 보이지만 수컷 눈에는 검고 강렬한 색으로 보이는 것입니다.

물론 시각이 우선이라 해도 큰줄흰나비 암컷은 이미 수컷을 유혹하기 위해 성페로몬을 풍겼을 것으로 여겨집니다. 수컷은 날면서 시각뿐 아니라 모든 감각 기관을 동원해 암컷에게 다가갑니다.

공중에서 추는
사랑 춤

큰줄흰나비 암컷을 확인한 수컷은 본격적인 구애 작전에 들어갑니다. 수컷은 꽃꿀 식사에는 전혀 관심이 없고 암컷 가까이 날아왔다, 저만큼 떨어진 곳으로 날아갔다를 되풀이하며 암컷 주변을 얼쩡거립니다. 이미 짝짓기할 준비가 된 암컷은 수컷을 유혹하기 위해 배 꽁무니 쪽에 있는 분비샘에서 성페로몬을 내뿜었습니다. 페로몬 향기에 취해 시간이 갈수록 점점 몸이 달아올라 흥분한 수컷은 좀 더 과감하게 암컷에게 다가갑니다. 암컷이 날아가면 뒤쫓아 날아가고, 암컷이 방향을 틀어 왼쪽으로 날아가면 왼쪽으로 쫓아가고, 공중 높이 날아도 기를 쓰고 쫓아다닙니다.

암컷도 그런 수컷이 싫지는 않은지, 수컷과 함께 공중에서 '구애 춤'을 춥니다. 나비들은 날아다니는 습성이 강하기 때문에 짝짓기에 앞서 구애 행동을 할 때에도 공중에서 날면서 합니다. 드디어 암컷과 수컷이 공중에서 사랑 춤을 춥니다. 서로 엉켜 빙그르르 돌다가 풀어지고, 또다시 엉켜 돌다가 풀어집니다. 마치 왈츠 음악에 맞춰 경쾌한 춤을 추듯 서로 얼싸안고 빙그르르 돌고 또 돕니다. 암컷과 수컷은 공중 비행을 하면서 겹눈으로 같은 종인지 서로를 진지하게 알아보고, 더듬이도 부딪치고 날개도 부딪칩니다. 수컷은 자기 유전자를 넘길 암컷을 유혹하는 데 공을 들이고, 암컷은 우량한 수컷을 골라야 건강한 자손을 낳을 수 있으니 수컷을 심사하는 데 공을 들입니다. 이때 수컷은 날개에 있는 발향린 기관에서 제2성페로몬인 교미자극페로몬을 내뿜습니다. 암컷은 더듬이로

수컷이 풍긴 교미자극페로몬 냄새를 맡고 성적으로 흥분합니다.

한낮의
불타는 사랑

　왈츠 춤을 추며 분위기를 한껏 돋운 큰줄흰나비 암컷과 수컷은
본격적으로 짝짓기를 시작합니다. 신방은 나무줄기에 소박하게 차
립니다. 암컷이 매화나무 줄기에 내려앉자, 수컷이 바로 따라와 나
무줄기를 사이에 두고 암컷과 비스듬히 마주 보고 앉습니다. 그리
고는 수컷은 배 꽁무니를 이리저리 구부리듯 움직이며 암컷 배 꽁

큰줄흰나비(봄형) 짝
짓기. 암컷이 줄기에
서 여섯 다리를 떼고
공중에 매달려 있다.

무늬를 더듬거립니다. 암컷은 배를 살짝 늘이며 수컷에게 호응을 합니다. 수컷은 조금씩 암컷과 평행이 되도록 움직이며 날개를 펼친 채 자기 배 꽁무니를 암컷의 배 꽁무니에 쏙 집어넣습니다. 자세가 불안정해 암컷이 잠시 날개를 퍼덕이고, 수컷도 날개를 펼친 채 퍼덕입니다. 잠시 뒤 암컷과 수컷의 생식기가 완전히 결합하자, 둘 다 날개를 접습니다. 드디어 나비류의 전형적인 짝짓기 자세가 만들어졌습니다. 싸운 것도 아닌데 얼굴을 서로 반대쪽으로 향하고 날개가 잘 포개지도록 살포시 접은 채 배 꽁무니를 마주 대고 있습니다. 날개는 둘 다 펴면 서로 부딪치니까 한 녀석은 접고 한 녀석은 펼 때도 있고, 둘 다 접기도 합니다.

이어 어떤 연유인지 모르겠으나 암컷이 붙잡고 있던 나무줄기에서 여섯 다리를 모두 떼고, 생식기만 수컷과 결합한 채 공중에 매달립니다. 졸지에 수컷은 제 몸보다 무거운 암컷을 배 꽁무니에 매달고 정자를 전달합니다. 수컷의 고충이 이만저만한 게 아닙니다. 그래도 수컷은 최종 목표인 정자 전달에 심혈을 기울입니다. 수컷은 정자를 하나씩 하나씩 넣어 주는 게 아니라 수많은 정자들을 영양물질로 된 주머니(정포)에 담아 주머니째로 암컷의 생식기에 넣어 줍니다. 정포는 암컷 몸속의 난관 옆에 있는 수정낭(수컷의 정자를 보관하는 주머니)으로 들어갑니다. 정포에 있는 영양물질은 나중에 수정란이 만들어질 때 유용하게 쓰입니다.

또 정자를 넘겨줄 때 수컷은 교미억제페로몬도 넘겨줍니다. 교미억제페로몬을 건네받은 암컷은 현재 신랑이 아닌 다른 수컷과 짝짓기할 욕구가 생기지 않습니다. 수컷이 자신의 정자가 마지막까지 수정에 이용될 수 있도록 세운 기막힌 전략이지요.

큰줄흰나비의 짝짓
기가 끝났다.

구애 춤을 출 때와 달리 큰줄흰나비의 사랑은 좀 싱겁습니다. 속으로는 불탈지 모르지만 겉보기에는 너무 무덤덤해 짜릿함이 없습니다. 그저 배 꽁무니를 마주 댄 채 망부석처럼 미동도 없이 가만히 있습니다. 신방을 엿보며 기념사진을 찍어 주려고 카메라를 눈치채지 못하게 살살 갖다 댑니다. 찰칵찰칵 셔터 소리가 날 때마다 암컷과 수컷이 동시에 깜짝깜짝 놀란 듯이 몸을 움찔거립니다. 그리고는 수컷에 매달린 채 공중에 떠 있던 암컷이 다리로 나무줄기를 잡는 바람에 결합된 배 꽁무니가 떨어졌습니다. 짝짓기가 끝났습니다. 암컷과 수컷은 남남이 되어 제각각 날아가 버립니다. 대체로 낮에 활동하는 나비의 짝짓기 시간은 몇십 분을 넘기지 않을 정도로 짧은 편입니다.

암컷의
교미 거부

짝짓기를 마친 큰줄흰나비 수컷은 또 장가가기 위해 다른 암컷을 찾아다닙니다. 수컷은 짝짓기를 많이 하면 할수록 자기 유전자가 선택될 가능성이 높으니 젖 먹던 힘까지 짜내 짝짓기를 합니다. 하지만 기혼 암컷은 좀처럼 다른 수컷을 받아들이지 못합니다.

큰줄흰나비 짝짓기 철에 산길을 걷다 보면 암컷이 땅바닥에 앉아 물구나무서듯 배 꽁무니를 하늘을 향해 치켜올리는 모습을 종종 봅니다. 이는 다른 수컷이 얼씬도 못 하게 몸으로 방어하는 자

세입니다. '난 너 싫어! 저리 가.' 하며 수컷에게 퇴짜 놓는 보디랭
귀지인 것이지요. 이런 행동이 바로 '교미 거부'입니다.

교미 거부 행동은 큰줄흰나비 암컷이 있는 곳이면 어디서나 일
어납니다. 더 이상 짝짓기를 원하지 않는 기혼 암컷이 진흙물을 먹
을 때, 꽃꿀을 먹을 때, 잎사귀 위에서 쉴 때, 날아갈 때 수컷이 짝
짓기하자고 달려들면 언제나 날개를 활짝 펴고 배 꽁무니를 직각
으로 세워 짝짓기를 거부합니다. 아마도 전에 짝짓기할 때 수컷이
건넨 교미억제페로몬이 더 이상 성욕을 자극하지 않기 때문인 것
같습니다.

작년 5월에 우연히 숲길의 땅바닥에서 큰줄흰나비 암컷과 수컷
이 밀당하는 장면을 보았습니다. 수컷이 암컷을 쫓아다니자, 암컷
은 땅바닥에 납작 엎드려 날개를 펼치고 허리를 꺾듯이 배 꽁무니
를 직각으로 세우고 단호하게 거절합니다. 실패한 수컷은 또 암컷

큰줄흰나비 암컷이
배 꽁무니를 직각으
로 세우면서 교미를
거부하고 있다.

에게 다가가지만 역시 암컷은 매섭게 거절합니다. 3차 시도, 4차 시도……. 수컷이 계속 시도하지만 암컷은 날개를 퍼덕이며 보란 듯이 퇴짜를 놓습니다. 그러다 암컷도 지쳤는지 잠시 배 꽁무니를 내려놓더니 근처 산딸기 잎 위로 올라가 쉽니다. 이때를 놓칠세라 수컷이 암컷에게 다가가자 역시 암컷은 허리가 휘어질 정도로 격하게 배를 치켜올리고 거부합니다. 그렇게 20분 동안 암컷은 도망가고, 수컷은 집요하게 따라다니며 짝짓기를 요구했지만 결국 짝짓기는 이루어지지 않았습니다. 열 번 찍어도 절대로 넘어가지 않을 정도로 큰줄흰나비 암컷은 철두철미하게 짝짓기를 거부합니다.

먹이식물에
알 낳기

짝짓기를 마친 어미 큰줄흰나비가 살아 있는 동안 해야 할 마지막 임무는 알 낳기입니다. 큰줄흰나비 암컷은 십자화과 식물에만 알을 낳습니다. 큰줄흰나비 애벌레는 입이 짧아 다른 식물은 입에도 안 대고 오로지 십자화과 식물 잎사귀만 먹기 때문입니다. 어미는 알을 낳은 뒤 새끼를 돌보지 않고 죽기 때문에 어미가 새끼들에게 주는 처음이자 마지막 선물은 십자화과 잎에 알을 낳는 것입니다. 어미는 더듬이나 털 감각기로 십자화과 식물에서 나는 겨자유 배당체(글루코시놀레이트, glucosinolate) 냄새를 맡습니다. 십자화과 식물에 날아온 큰줄흰나비 암컷은 잎사귀에 앉았다 날았다 하

느라 바쁩니다. 이때 더듬이와 다리로 먹이식물인지 아닌지 감별합니다. 신기하게도 앞발목마디에는 접촉 수용 감각기가 굉장히 많이 있어 식물의 맛을 볼 수 있습니다. 암컷은 먹이식물을 확인한 뒤 배를 구부리고 잎사귀 아랫면에 알을 하나씩 하나씩 떼어 낳습니다. 큰줄흰나비는 배추흰나비와 달리 경작지나 풀밭보다는 산언저리에서 주로 살기 때문에 대개 산길 옆에서 지천으로 자라는 미나리냉이에 알을 낳습니다.

한살이는
일 년에 서너 번

큰줄흰나비의 알은 길이가 1밀리미터 정도로 아주 작아 돋보기로나 관찰할 수 있습니다. 알은 포탄 모양으로 길쭉하고, 갓 낳았을 때는 녹색이지만 부화할 때가 다가오면 노란색을 띱니다. 일주일쯤 지나 알에서 애벌레가 깨어나면서 애벌레 시절이 시작됩니다. 애벌레가 해야 할 일은 오로지 먹는 일입니다. 틈만 나면 미나리냉이 잎을 먹고 똥 싸고, 배부르면 쉬면서 오직 살을 찌우며 무럭무럭 자라는 일에만 집중합니다. 애벌레는 한꺼번에 자라지 못하고 단계별로 자라기 때문에 몸집이 어느 정도 불어나면 허물을 벗습니다. 이렇게 큰줄흰나비 애벌레는 허물을 모두 4번 벗으며 5령 애벌레(종령 애벌레)까지 자라다 번데기로 탈바꿈할 준비를 합니다.

번데기가 될 즈음이면 큰줄흰나비 5령 애벌레는 먹는 것을 딱

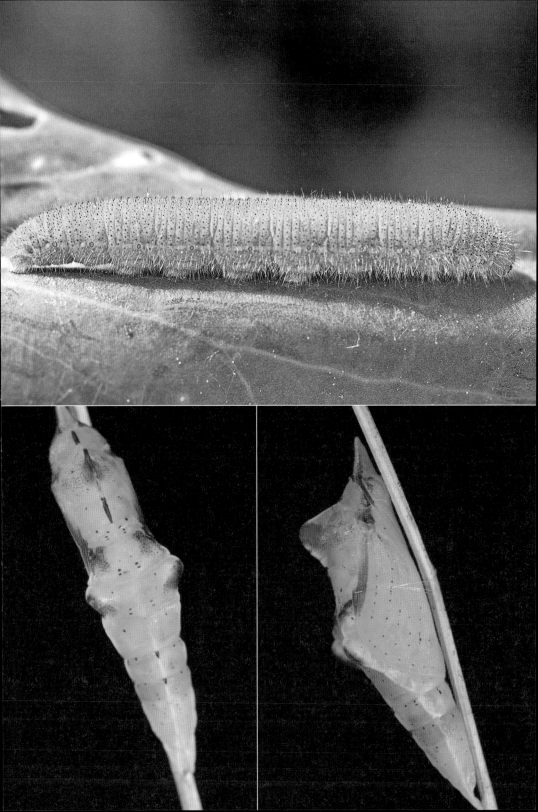

큰줄흰나비(여름형)
가 갓 날개돋이하여
몸을 말리고 있다.

끊고 여기저기 안전한 곳을 찾아 헤매고 돌아다닙니다. 적당한 장소를 찾으면 주둥이의 아랫입술샘에서 명주실을 토해 내 지지대와 자기 몸을 꽁꽁 묶습니다. 묶는 부분은 배 꽁무니와 몸통 부분으로 비바람이 불어닥쳐도 떨어지지 않도록 단단히 동여맵니다. 모든 준비가 끝나면 종령 애벌레는 애벌레 시절의 허물을 벗고 번데기로 탈바꿈합니다. 번데기 속에서는 애벌레의 몸 체계에서 어른벌레의 몸 체계로 바뀝니다. 비록 눈으로 직접 관찰할 수 없지만 애벌레에게 없는 아름다운 날개와 빨대 주둥이, 생식기 따위가 생겨납니다. 이 모든 과정은 생리적인 변화이기 때문에 호르몬이 주관하는 대로 척척 진행됩니다.

번데기 모습으로 2주쯤 지나면 드디어 번데기에서 어른벌레가 탄생합니다. 번데기 등 쪽에 있는 탈피선이 벌어지면서 맨 먼저 가슴등판이 나오고 이어 머리와 다리가 빠져나옵니다. 드디어 큰줄흰나비가 날개돋이에 성공하는 순간입니다. 갓 날개돋이한 어른벌레는 한동안 번데기 껍질에 매달려 꼬깃꼬깃 구겨진 날개를 펼치고 젖은 몸을 말립니다.

어른벌레가 되었지만 큰줄흰나비도 하루하루 살아가는 일이 쉽지만은 않습니다. 연약한 날개를 가진 녀석에게 외부 환경은 혹독하여 늘 위험이 도사리고 있습니다. 새, 거미, 잠자리, 쌍살벌, 기생벌, 사람과 같은 포식자들이 호시탐탐 노리고 있으니까요.

너무 흔해 관심을 덜 받는 큰줄흰나비는 일 년에 한살이가 지역에 따라 3번 또는 4번 돌아갑니다. 우리 둘레에 미나리냉이, 개갓냉이, 나도냉이, 배추 같은 십자화과 식물이 많기 때문에 관심만 가지면 큰줄흰나비는 일 년 내내 만날 수 있습니다.

비슷비슷하게 생긴
흰나비들

흰나비과 집안 식구는 거의 모두 십자화과 식물을 먹이로 삼습니다. 이는 먹이식물이 비슷한 조상에서 갈라져 나왔다는 증거입니다. 그러다 보니 십자화과 식물을 먹는 종들은 몸 색깔이나 생김새가 매우 비슷합니다. 예로 배추흰나비, 대만흰나비, 큰줄흰나비, 줄흰나비, 갈구리나비, 풀흰나비를 들 수 있는데, 갈구리나비와 풀흰나비는 날개 아랫면 색깔이 특이해 금방 구분이 됩니다. 하지만 개체 수가 엄청 많은 배추흰나비는 대만흰나비와 매우 비슷해 세심하게 들여다봐야 합니다. 대만흰나비는 윗날개의 검은색 무늬 가장자리가 톱날처럼 들쑥날쑥하고, 사는 곳도 경작지와 산림의 경계가 되는 가장자리에서 삽니다. 또 배추흰나비와 큰줄흰나비도 언뜻 보면 닮았는데, 큰줄흰나비는 날개맥에 명확한 줄무늬가 있습니다. 큰줄흰나비는 숲 가장자리에 살면서 배추흰나비와 경쟁을 피하며 추워서 체온이 떨어지면 풀밭으로 나와 햇볕을 쬐고 더우면 숲속 그늘로 들어가 더위를 식히기도 합니다.

갈구리나비 수컷

풀흰나비 수컷

배추흰나비 짝짓기.
배추흰나비는 개체
수가 아주 많다.

날개로 배우자를
알아보는

꼬리명주나비

꼬리명주나비 암컷
꼬리명주나비 암컷 날개가 기형입니다.
수컷은 암컷의 날개 색과 무늬를 보고
자신과 같은 종임을 알아차립니다.

7월 말, 강원도 영월입니다.

한여름 땡볕이 뜨겁지만 공기가 맑고 건조해서 견딜 만합니다.

마을을 지나 인적 드문 산길에 접어듭니다.

석회암 지형인 데다 사람들의 손을 덜 타

초입부터 나비를 비롯해 많은 곤충들이 보입니다.

소요산매미가 귀청이 떨어지도록 울어 젖히며 여름을 즐깁니다.

나비의 성지답게 사향제비나비가 훨훨 날고

사향제비나비와 너무 비슷하게 생긴 두줄제비나비붙이가

잎사귀 위에 앉아 쉬고, 깜찍한 꼬마흰점팔랑나비가

딱지꽃 잎사귀 주변을 날아다닙니다.

그 틈에 꼬리명주나비 서너 마리가 마치 길을 안내하듯

꼬리를 길게 늘어뜨리고 너울너울 날아다닙니다. 어느새 제 발걸음은

홀린 듯이 선녀처럼 날고 있는 꼬리명주나비를 따라다닙니다.

하도 아름다워 사진을 찍어 주고 싶은데 좀처럼 앉아 있질 않아 애가 탑니다.

수컷

수컷 옆모습   암컷

꼬리명주나비

이 꼭지는 나비목 호랑나비과 종인 꼬리명주나비(*Sericinus montela*) 이야기입니다.

꼬리가 긴
꼬리명주나비

  꼬리명주나비가 꼬리를 길게 늘어뜨리고 바람에 실려 이쪽에서 저쪽으로 사뿐사뿐 날아다닙니다. 그 모습이 마치 선녀처럼 우아합니다. 천천히 날갯짓을 하며 높이 날다가도 이따금씩 낮게 미끄러지듯이 납니다. 낮은 곳에서 높이 날아오를 때는 날개를 펄럭이지만, 높은 곳에서 낮은 곳으로 날 때는 마치 비행기가 활주로에 착륙하듯 날개를 움직이지 않고 사뿐히 납니다. 이렇게 뒷날개 끝에 긴 돌기가 꼬리처럼 달려 있고, 날개는 보드라운 명주 천처럼 고와 '꼬리명주나비'란 이름이 붙었습니다.

  꼬리명주나비는 족보상 나비목 가문의 호랑나비과 집안 식구로 원시적인 특징을 지니고 있습니다. 우선 여느 호랑나비과 식구

들과 다르게 더듬이가 특이합니다. 더듬이가 짧고, 약간 두꺼운 편이며, 맨 끝마디가 마치 게 눈처럼 동그랗습니다. 특이하게 머리의 겹눈 바로 뒤쪽에 붉은색 털이 나 있고, 겹눈 사이로 치켜 올라간 아랫입술에도 털이 많이 붙어 있습니다. 또 뒷날개의 꼬리처럼 생긴 돌기도 여느 호랑나비과 식구들과 달리 무척 긴데, 제 날개의 세로 폭만큼 깁니다. 이 꼬리 모양 돌기는 민첩하게 날아가는 데 큰 도움을 주지 못합니다.

꼬리명주나비는 암컷과 수컷의 몸 색깔이 굉장히 달라 곤충 초보자는 다른 종으로 오해하기 딱 좋습니다. 암컷은 날개 색깔이 전체적으로 검은빛이 도는 갈색인데 노르스름한 띠무늬가 불규칙하게 그려져 있습니다. 수컷은 날개 색깔이 전체적으로 연노란색인데, 까만색 띠무늬와 점무늬가 부분적으로 그려져 있습니다. 암컷과 수컷 모두 뒷날개에 붉은빛의 띠무늬와 푸른빛의 점무늬가 찍

꼬리명주나비 수컷은 날개가 전체적으로 연노란색이다.

혀 있어 아름답습니다.

　암컷과 수컷은 색깔뿐만 아니라 행동도 약간 차이가 납니다. 수
컷은 먹이식물인 쥐방울덩굴이 자라는 풀밭이나 둑 위를 쉼 없이
날아다니지만 암컷은 그리 바지런하게 날아다니지 않습니다.

보금자리 마련은
어렵지 않아

　꼬리명주나비는 일 년에 한살이가 3번 돌아갑니다. 대체로 1세
대인 봄형보다 2세대인 여름형의 몸집이 더 큰 편입니다. 꼬리명
주나비의 서식지는 평지인데, 한동안 사람이 많이 다니는 들판에
서 자취를 감추었습니다. 여러 가지 이유로 살충제를 많이 뿌리고,
개발이 진행되면서 개체 수가 줄어들었기 때문입니다. 그래서 꼬
리명주나비를 만나려면 사람의 손이 덜 탄 들길이나 산언저리를
찾아야 했습니다.

　하지만 최근에는 반갑게도 각 지자체에서 꼬리명주나비 서식지
복원에 열을 올리고 있어 꼬리명주나비를 도시 주변의 둘레길이나
공원에서도 흔히 볼 수 있습니다. 녀석들은 한강 주변, 한강으로
흘러드는 양재천과 중랑천 옆 풀숲, 수원의 수원천 옆길 같은 곳에
서 심심치 않게 날아다닙니다. 알고 보면 꼬리명주나비의 보금자
리를 만들어 주는 일은 그리 어려운 게 아닙니다. 꼬리명주나비 어
른벌레는 아무 꽃이든 상관하지 않고 꽃꿀을 빨아 먹지만, 애벌레

는 식성이 까다로워 쥐방울덩굴과 식물의 잎사귀만 먹습니다. 그러니 애벌레의 먹이식물인 쥐방울덩굴(쥐방울덩굴과)을 하천 둘레나 풀밭에 심어 주면 됩니다. 쥐방울덩굴과 집안 식구로 쥐방울덩굴과 등칡이 있는데, 등칡은 고지대의 산지에서 자라기 때문에 아무 데나 심을 수 없습니다. 평지에서도 잘 자라는 쥐방울덩굴만 있어도 꼬리명주나비에게는 감지덕지입니다. 더 중요한 건 쥐방울덩굴을 잔뜩 심어 놓고서 잘 가꾼답시고 살충제만 뿌리지 않으면 됩니다. 살충제는 식물만 살리겠다는 '빗나간 식물 사랑'일 뿐이니까요. 꼬리명주나비는 반달곰이나 황새처럼 넓은 서식지가 필요한 것도 아닙니다. 사람들이 다니는 산책로 옆 풀밭에 쥐방울덩굴만 심어 놓으면 제 스스로 알아서 찾아옵니다.

쥐방울덩굴 꽃. 쥐방울덩굴은 꼬리명주나비 애벌레의 먹이식물이다.

눈이 보배
시각으로 배우자 찾기

꼬리명주나비 수컷이 길을 따라 날아다닙니다. 때로는 높게, 때
로는 낮게 날며 뭔가를 찾습니다. 풀밭에 꽃이 많은데도 도무지 꽃
에는 관심이 없습니다. 손에 잡힐 듯 천천히 날지만 사진 찍는 것
조차 곁을 주지 않고 초조히 뭔가를 찾는 모습입니다.

얼마쯤 지났을까. 수컷이 덤불이 많은 풀밭 위를 서성입니다. 암
컷을 발견했나 봅니다. 아! 그때 풀잎 위에 앉아 있던 암컷이 날갯
짓하며 너울너울 납니다. 뜻밖에 횡재를 한 수컷도 암컷의 뒤를 따
라 날며 자기와 같은 종인지 확인합니다. 수컷 눈에 암컷의 날개

꼬리명주나비 옆모
습. 더듬이가 짧고
약간 두껍다.

색깔, 즉 검은색과 노르스름한 색이 어우러진 격자무늬가 보입니다. 날개를 접을 때 날개 아랫면의 무늬도 눈에 들어옵니다. '아! 내가 찾던 짝이구나!' 하며 수컷은 자신과 같은 종의 암컷임을 확신하고 기뻐합니다. 얼룩덜룩한 날개는 비늘로 덮여 있는데, 셀 수 없이 많은 비늘이 기왓장처럼 질서 정연하게 쌓여 있어 비에 잘 젖지 않습니다. 무엇보다 비늘의 색깔과 무늬는 그 종만이 가지는 독특한 정보로서 역할을 하기 때문에, 꼬리명주나비 또한 암컷과 수컷도 빛의 파장에 따라 반사되는 비늘의 색깔을 보고 자기 종족인지 아닌지를 구분합니다.

꼬리명주나비 짝짓기. 풀잎 위에 앉은 암컷 배 꽁무니에 수컷이 배 꽁무니를 마주 대고 있다.

짝짓기 과정은 험난해

꼬리명주나비 수컷은 신붓감을 발견한 뒤 재빠르게 암컷에게 날아갑니다. 가까이 가니 과연 암컷에게서 묘한 향내가 납니다. 이미 암컷은 짝짓기 준비를 하고 있던 터라 성페로몬을 내뿜었기 때문이지요. 암컷이 풍긴 사랑의 묘약인 성페로몬 냄새를 맡자, 수컷은 흥분해서 짝짓기 행동을 개시합니다. 공중에서 암컷과 함께 춤을 추듯이 엉키는데, 이때 수컷의 몸과 암컷의 더듬이가 닿습니다. 암컷과 수컷은 여러 번 뒤엉켰다 풀어졌다 하며 납니다.

점점 분위기가 무르익어 갑니다. 드디어 암컷이 풀잎에 앉습니다. 수컷도 재빠르게 암컷이 앉아 있는 풀잎 가까이에 앉아 기다란

꼬리명주나비가 배 꽁무니를 마주 댄 모습

배를 암컷의 배에 대려 움직거립니다. 여러 차례 탐색 끝에 암컷은 수컷을 받아들이기로 맘먹었는지 수컷이 배 꽁무니를 더듬거려도 거부하지 않습니다. 하지만 수컷이 서툴러서인지 배 꽁무니 마주 대기에 실패하네요. 감각으로만 자기 배 꽁무니를 암컷의 배 꽁무니에 넣으려고 하니 번번이 실패합니다.

여러 번 실패 끝에 꼬리명주나비 수컷은 본능적으로 배 꽁무니를 잘 넣을 수 있도록 자세를 잡고 다시 시도합니다. 조심스럽게 수컷이 배 꽁무니를 구부려 암컷의 배 꽁무니에 대자, 웬일로 암컷도 기다란 자기 배 꽁무니를 수컷 쪽으로 구부리며 순순하게 협조합니다. 드디어 배 꽁무니끼리 매끄럽게 결합되었습니다. 다행히 녀석들의 배가 여느 나비들에 비해 길어 짝짓기에 유리한 것 같습니다. 그러나 자세가 불안정해 연거푸 암컷과 수컷은 날개를 이따금씩 펄럭이다 날개를 고이 접습니다. 수컷은 가장 편한 자세를 만들기 위해 암컷과 반대 방향을 바라보게 머리를 뒤로 젖힙니다. 드디어 배 꽁무니만 마주 대고 서로 반대쪽을 바라보는 자세가 되었습니다. 마주 댄 배 꽁무니 속에서 수컷 생식기가 암컷 생식기 속으로 들어가자, 수컷은 정자가 듬뿍 들어 있는 정포를 암컷에게 건네주기 시작합니다. 이때는 아주 강력한 방해가 없는 한 짝짓기 자세가 절대로 흐트러지지 않습니다. 흐트러졌다간 시행착오를 겪으며 어렵사리 이룬 노력이 도로 아미타불이 되니 꼬리명주나비 부부는 생식기를 단단히 결합합니다.

우아한
짝짓기

짝짓기에 여념이 없는데, 다른 수컷이 날아와 부부를 덮칩니다. 암컷이 놀라 풀 줄기 뒤쪽으로 걸어갑니다. 수컷은 어찌할 바를 모르고 그저 암컷의 배 꽁무니에 매달려 질질 끌려가듯이 딸려 갑니다. 암컷은 무거운 수컷의 몸무게를 감당하기 벅찼는지 그만 풀 줄기에서 바닥으로 떨어져 나뒹굽니다. 수컷도 역시 암컷과 함께 바닥에 나뒹굴고, 부부는 일어나려 애쓰지만 날개의 표면적이 넓어 마음대로 자세가 잡히질 않습니다. 그 모습이 마치 난투극을 벌이는 것처럼 보입니다. 신기한 건 바닥에서 나뒹굴어도 결합된 생식기가 떨어지지 않습니다. 얼마나 결합력이 강하기에 떨어지지 않을까! 놀라움 반 걱정 반으로 부부를 지켜봅니다. 곧 암컷이 자세

꼬리명주나비가 짝
짓기 중 위험이 닥
쳐 바닥으로 떨어졌
다. 결합된 생식기
는 분리되지 않았다.

를 바로잡은 뒤 풀 줄기를 타고 엉금엉금 걸어가더니 느릅나무 잎을 다리 여섯 개로 꽉 잡습니다. 무거운 수컷을 매달고 걸어가는 암컷도 대단하지만, 갖은 장애물을 통과하면서도 암컷 배 꽁무니에서 떨어지지 않고 매달린 채 뒷걸음질 치는 수컷은 더 대단합니다.

이제 꼬리명주나비 부부는 느릅나무 잎 위에서 그 누구의 방해도 받지 않고, 가장 안정적인 자세로 배 꽁무니를 마주 댄 채 타는 듯한 여름 태양 아래서 뜨거운 사랑을 나눕니다. 15분이 넘도록 암컷은 잎을 잡고 있고, 수컷은 암컷 배 꽁무니에 의지해 공중에 매달려 있습니다. 움직이지 않고 평화롭게 짝짓기하는 부부의 모습이 한 폭의 그림 같습니다. 마주 댄 기다란 배, 뒷날개의 긴 돌기, 아름다운 날개 무늬가 마치 데칼코마니 작품처럼 너무도 우아합니다.

이제 수컷의 정자가 암컷의 몸에 다 들어갔나 봅니다. 수컷의 정자 전달식이 끝났습니다. 드디어 죽어도 떨어지지 않을 듯 단단히 결합된 부부의 배 꽁무니가 분리됩니다. 부부는 남남이 되어 뒤돌아보지도 않고 제각기 제 갈 길을 갑니다. 수컷은 저쪽으로 휑 하니 날아가고, 암컷은 힘이 드는지 잎 위에 앉아 날개를 펼쳤다 접었다 하며 쉽니다.

알은
쥐방울덩굴 잎에 낳고

짝짓기에 성공한 꼬리명주나비 암컷은 죽기 전에 마지막 임무를 수행해야 합니다. 마지막 임무는 다름 아닌 알을 낳아 대를 잇는 일입니다. 알은 아무 데나 낳으면 안 되니 애벌레의 먹이식물인 쥐방울덩굴을 찾아다녀야 합니다. 더듬이로 쥐방울덩굴 냄새를 맡으며 풀밭을 헤맵니다. 다행히 암컷은 들판에 자라는 쥐방울덩굴 군락을 찾았습니다.

"어머! 풀이 많기도 해라. 여기에다 알을 낳으면 알에서 깨어난 내 새끼들이 아무 걱정 없이 먹고 살 수 있겠구나."

암컷은 배를 둥글게 구부리고 쥐방울덩굴 잎사귀 뒷면에 알을 낳습니다. 알을 하나씩 하나씩 띄엄띄엄 낳으면 좋으련만, 한곳에 60개쯤 되는 알을 나란히 줄 맞춰 한꺼번에 낳는군요. 한꺼번에 낳으면 천적의 눈에 띌 경우 모두 잡아먹힐 가능성이 큽니다. 하지만 그건 우리 사람들의 생각일 뿐입니다. 한꺼번에 알을 낳아도 지금껏 지구에서 살아남았다는 건 장점이 더 많다는 것이지요. 알을 낳

꼬리명주나비 암컷이 쥐방울덩굴 잎에 알을 낳고 있다.

은 암컷은 서서히 힘이 빠져 죽어 갑니다.

꼬리명주나비 애벌레는 지나치게 음식을 가리는 편식쟁이입니다. 그래서 꼭 쥐방울덩굴과 식물만 먹고 삽니다. 쥐방울덩굴과 식물에는 등칡, 쥐방울덩굴, 족도리풀 따위가 있는데 꼬리명주나비는 대개 쥐방울덩굴을 많이 찾습니다. 등칡은 고산 지대에서 살고 있고, 족도리풀은 꼬리명주나비 애벌레가 활동하는 시기엔 이미 잎이 녹아 없어지기 때문입니다. 물론 등칡이 자라는 지역에서 꼬리명주나비 애벌레는 등칡 잎을 먹고 삽니다.

모여 사는
애벌레

꼬리명주나비 알은 호랑나비과 집안 식구가 낳은 알답게 동그란 공 모양으로 반질반질 윤이 납니다. 색깔도 연노란색이라 마치 보석처럼 영롱하고 아름답습니다.

꼬리명주나비 알에서 애벌레가 깨어납니다. 1령 애벌레이지요. 애벌레는 한꺼번에 성장하지 않고 단계별로 성장해 5령 애벌레가 마지막 단계입니다. 애벌레 시절 내내 허물을 4번 벗고 쥐방울덩굴 잎사귀를 먹으며 무럭무럭 자랍니다.

꼬리명주나비 애벌레는 참 기이하게 생겼습니다. 호랑나비과 식구의 몸 생김새와 딴판입니다. 1령부터 4령까지의 몸 색깔은 까만색인데, 몸에 짧은 못 같은 돌기 수십 개가 줄 맞춰 박혀 있습니다.

꼬리명주나비 알.
알은 한곳에 60개
쯤 낳는다.

꼬리명주나비 애벌
레는 여럿이 모여
산다.

등 쪽에 두 줄, 양 옆구리에 두 줄로 모두 네 줄이 있는데 한 줄에 돌기가 12개 있습니다. 또 앞가슴에는 더듬이처럼 생긴 굵은 돌기가 뿔처럼 뻗쳐 있습니다. 어찌 보면 암검은표범나비 애벌레와 비슷해 헷갈릴 때가 있습니다. 5령 애벌레가 되면 수십 개의 돌기 색깔이 부분적으로 주황색을 띠어 매우 화려합니다. 아마 경계색을 띠어 천적을 겁먹게 하려는 전략인 것으로 여겨집니다.

특이하게 다른 호랑나비과 식구와 다르게 꼬리명주나비 애벌레들은 집단생활을 합니다. 잎사귀 하나에서 수십 마리가 떼를 지어 삽니다. 잎사귀 하나를 다 먹으면 길잡이페로몬을 풍겨 옆 잎사귀로 떼로 이사 갑니다. 또 한 잎사귀를 다 먹으면 옆에 난 잎으로 이사를 가고……. 물론 허물을 벗으며 자라 령기가 올라갈수록 몸집이 커지니 모이는 개체 수는 줄어듭니다. 마지막 단계인 5령 때에는 몸집이 매우 커져 홀로 있는 경우가 많은데, 이때는 모여 살면 먹이가 금방 동이 나기 때문에 독립적으로 흩어져 사는 게 더 이득입니다.

애벌레들의 집단생활은 생존 전략입니다. 함께 살면 천적을 따돌리기 좋습니다. 힘없는 애벌레들은 제 몸을 보호할 수 있는 독 물질도 안 가지고 있는 데다 변변한 무기조차 없으니 힘센 포식자를 만나면 손 한번 써 보지 못하고 잡아먹히기 일쑤입니다. 그런데 수십 마리가 모여 있으면 천적의 눈에 먹잇감이 큰 것처럼 착각을 일으켜 살아남을 확률이 높습니다. 또 애벌레들은 건드리면 머리와 가슴 사이에서 냄새뿔(취각)을 별안간 쏙 내밉니다. 냄새뿔에는 쥐방울덩굴이 품고 있는 독 물질이 들어 있어 포식자가 맛없어 할 수도 있습니다.

꼬리명주나비 애벌레 허물

꼬리명주나비 5령 애벌레. 위험하면 몸을 둥글게 만다.

꽁꽁 동여맨
번데기

다 자란 꼬리명주나비 5령 애벌레가 그 맛난 쥐방울덩굴 잎 식사를 멈춥니다. 심지어 초조해 하며 먹이식물을 떠나거나 먹이식물 주변을 돌아다닙니다. 그건 번데기로 탈바꿈할 시기가 다가왔기 때문입니다. 안전한 곳에 자리를 잡은 애벌레는 명주실을 입에서 토해 내 배 꽁무니를 안전한 지지대에 동여맵니다. 이어서 몸통 부분을 명주실로 지지대와 묶습니다. 비바람이 불어도 떨어지지 않을 만큼 명주실은 질깁니다. 그런 뒤 하루 정도 지나 애벌레 시절의 허물을 벗어 배 밑에 두고 번데기로 탈바꿈합니다. 번데기는 2~3주 뒤면 긴 꼬리가 치렁치렁한 멋진 꼬리명주나비 어른벌레로 날개돋이해 자기 부모가 그랬던 것처럼 풀밭을 사뿐사뿐 날아다닐 것입니다.

작은표범나비

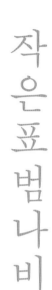

작은표범나비

작은표범나비 세 마리가 기린초 꽃에 모여
꽃꿀을 먹고 있습니다.

여름으로 가는 첫 관문, 6월입니다.

6월은 표범나비의 계절입니다.

번데기에서 갓 날개돋이해 날개 색깔이 선명하고 날갯짓도 힘찹니다.

표범나비는 훨훨 날아 큰엉겅퀴 꽃, 참나리 꽃, 까치수염 꽃, 패랭이꽃 같은

꽃이란 꽃은 다 찾아다니며 꽃꿀을 먹느라 정신이 없습니다.

주홍빛 참나리 꽃의 뒤집힌 꽃잎에 앉아 날개를 펼쳤다 접었다 하며

기다란 주둥이를 빼내 꽃꿀을 빠는 모습은 얼마나 아름답고

뇌쇄적인지 예술품을 뛰어넘습니다.

눈치는 9단, 얼마나 눈치가 빠른지 인기척만 나도

다가가기도 전에 훨훨 날아가 버립니다.

표범나비의 날개는 귤색 바탕에 검은색 무늬가 찍혀 있어

아주 인상적입니다.

날개 무늬가 마치 표범처럼 보여 이름도 표범나비입니다.

수컷

수컷 옆모습

암컷

작은표범나비

이 꼭지는 나비목 네발나비과 종인 작은표범나비(*Brenthis ino*) 이야기입니다.

여름잠 자는
표범나비류

표범나비는 멸종위기종인 왕은점표범나비, 큰흰줄표범나비, 은줄표범나비, 긴은점표범나비, 암검은표범나비, 흰줄표범나비, 구름표범나비 등 종류가 많습니다. 표범나비류 애벌레는 대부분 제비꽃을 먹고 살기 때문에 제비꽃이 자라는 곳이면 어디서나 볼 수 있습니다. 표범나비는 보통 한살이가 9월쯤에 시작해 이듬해 6월에 끝납니다. 애벌레로 겨울을 난 뒤 봄 내내 자라다 6월에 날개돋이를 합니다. 그런데 표범나비는 뜨거운 여름을 견디지 못합니다. 그래서 6월에 잠깐 나와 꽃꿀을 마시며 영양 보충을 하다가 가장 더운 7월 말에서 8월까지 짧은 여름잠을 잡니다. 선선한 9월 무렵이나 되어야 여름잠에서 깨어나 본격적으로 날아다니며 짝짓기를

긴은점표범나비 담색어리표범나비

왕은점표범나비 큰흰줄표범나비

하고 번식 작업에 들어갑니다. 물론 강원도나 깊은 산간 지역에서 사는 표범나비류는 대개 여름에도 견딜 만해 군이 여름잠을 자지 않습니다.

고지대에서만 사는
작은표범나비

6월 말, 강원도 선자령입니다. 고도가 높다 보니 여름에도 숲속은 서늘한 곳입니다. 야생화 천국이라 이맘때면 늦은 봄 곤충과 이른 여름 곤충이 쏟아져 나옵니다. 널따란 임도 옆 풀밭에서 우연히 낯선 표범나비 여러 마리를 만납니다. 임도를 따라 내려오는 길에는 기린초 꽃이 만발했습니다. 노란 기린초 꽃에 표범나비 여러 마리가 모여 꿀 식사를 하는군요. 그 모습이 참 정답습니다. 날았다 앉았다 하면서 사이좋게 꽃꿀을 마시며 이따금씩 날개를 펼쳤다 접었다 하는데, 날개 아랫면의 하얀색 점무늬 패턴이 특이합니다. 표범나비는 비슷하게 생긴 종이 많아 누군지 헷갈려 잠시 가던 길을 멈추고 핸드폰을 켜고 인터넷 검색을 합니다. 보기 드문 작은표범나비입니다.

작은표범나비는 강원도, 충청북도, 경상북도의 고도가 높은 일부 지역에서만 살기 때문에 때와 장소를 맞춰야 만날 수 있는 귀한 나비입니다. 작은표범나비 어른벌레가 날아다닐 때는 일 년에 단 한 시기, 6월 말쯤입니다. 날개 윗면은 여느 표범나비들처럼 귤빛

바탕에 까만색 무늬가 찍혀 있는데, 다른 표범나비와는 달리 윗날개의 바깥 테두리(외연)가 둥그스름합니다. 날개 아랫면은 격자무늬에 가까운 하얀색 무늬가 그려져 있습니다. 암컷과 수컷의 날개 색깔은 미미하게 차이가 납니다. 수컷에 비해 암컷 날개의 윗면 바탕색은 붉은색 느낌이 있습니다. 온도가 낮은 고지대에서 살다 보니 오전에는 대개 잎사귀나 바위 위에 앉아 일광욕을 하고 온도가 높아지는 한낮이 되면 쥐오줌풀, 엉겅퀴 같은 꽃을 찾아다니며 꽃꿀 식사를 합니다.

암컷의
알록달록한 무늬에 반하다

임도를 따라 좀 더 내려오는데, 작은표범나비가 쥐오줌풀 꽃에 앉아 식사를 하다 불청객의 낌새를 알아차리고 날아가 버립니다. 그때 어디 있었는지 또 다른 작은표범나비가 그 뒤를 쫓아갑니다. 행동을 보니 앞서 날아간 녀석은 암컷이고, 뒤쫓아 가는 녀석은 수컷입니다. 암컷이 잎사귀 위에 잠시 앉았다 다시 나풀거리며 납니다. 왼쪽으로 날다가 방향을 틀어 오른쪽으로 규칙 없이 제 맘대로 납니다. 수컷은 그런 암컷의 뒤를 여전히 뒤쫓아 날며 짝짓기할 수 있는 자신의 종족인지를 확인합니다.

성적으로 완숙해 짝짓기 준비가 된 작은표범나비 수컷은 우선 겹눈(시각)으로 결혼할 암컷을 확인합니다. 시력이 그다지 좋지 않

아 귤색을 띤 물체가 있으면 그게 나비든 낙엽이든 간에 일단 따라갑니다. 이때 물체 크기가 크고 날갯짓을 많이 할수록 수컷의 승부욕을 자극합니다. 보통 암컷처럼 보이는 물체에 8~10센티미터까지 가까이 다가갔다가 되돌아오고, 또 가까이 다가갔다 되돌아옵니다. 암컷이 날개를 나풀거리며 이리저리 날아다니기라도 하면, 수컷은 암컷의 날아다니는 모양과 날개 윗면과 아랫면이 교대로 날갯짓하면서 만들어 내는 색깔 패턴을 보고 자신과 같은 종임을 확인합니다.

더구나 작은표범나비 수컷이 암컷과 8~10센티미터 가까이 날 때 암컷이 사랑의 묘약인 페로몬 냄새를 풍기고 있으면 그 냄새를 맡고 흥분하여 본격적으로 짝짓기 작업에 들어갑니다. 만일 암컷에게 사랑의 향기가 나지 않으면 되돌아갑니다. 수컷은 암컷을 쫓아 날아가면서 공중에서 얼싸안듯이 엉켰다 풀어졌다를 되풀이합니다. 엉키듯 날면서 날개와 배 꽁무니 같은 수컷의 몸이 암컷의 더듬이에 닿습니다. 수컷은 암컷의 더듬이에 자신의 날개와 배 꽁무니가 닿도록 납니다. 이때 수컷은 날개의 발향린(특수화된 분비 인편의 파편)과 배 꽁무니의 털 뭉치에서 최음 물질인 교미자극페로몬을 내며 암컷을 홀립니다.

야외 결혼식 올리는 작은표범나비

그런데 날개가 참 거추장스럽습니다. 작은표범나비가 배 꽁무니를 마주 대는데 커다란 날개가 서로 부딪쳐 걸리적거립니다. 수컷은 배 꽁무니를 마주 댄 채 균형을 잡느라 이따금씩 날개를 펄럭입니다. 이때 암컷이 슬슬 앞쪽으로 걸어 움직입니다. 수컷은 뒷걸음질하며 암컷에 딸려 갑니다. 암컷이 풀 줄기에서 멈추고 자리를 잡자, 수컷도 멈춥니다. 드디어 가장 안정적인 자세가 만들어졌습니다. 서로 반대편을 바라보고, 배 꽁무니는 맞대고, 날개는 접어 서로의 날개 속에 고이 포갭니다. 아무리 봐도 짝짓기 자세가 아름답습니다. 또 날개 아랫면의 기하학적 무늬가 참 세련되었습니다.

작은표범나비 부부는 미동도 없이 그림처럼 풀 줄기에 앉아 사랑을 나눕니다. 햇빛은 찬란히 쏟아지고, 바람도 숨죽이며 야외 결

혼식 올리는 부부에게 축복을 보내 줍니다.

　20분 정도 지났습니다. 드디어 사랑을 나누는 부부가 움직입니다. 암컷이 날개를 퍼덕이자 짝짓기 자세의 균형이 깨져 수컷도 퍼덕거립니다. 하지만 단단히 결합된 배 꽁무니는 떨어지지 않습니다. 다시 상황이 잠잠해지자 부부는 계속 얌전히 사랑을 나눕니다. 이때 호박벌 한 마리가 부웅 하며 부부 가까이에 있는 기린초에 날아옵니다. 깜짝 놀란 부부는 날아가려 날개를 퍼덕거립니다. 끝내 배 꽁무니는 떨어지고 제각각 다른 방향으로 날아가 버립니다. 작은표범나비 짝짓기 시간은 약 20분입니다. 밤에 짝짓기하는 나방류에 비해 짝짓기 시간이 짧은 편입니다. 낮이라 짧게 사랑을 나누는 게 어쩌면 천적을 피하는 데 유리할 것입니다.

작은표범나비가 짝짓기 도중 위험한 상황이 닥치자 배 꽁무니를 맞댄 채로 움직이고 있다.
—

작은표범나비 애벌레의
별난 식성

짝짓기를 마친 작은표범나비 암컷의 번식 프로젝트 마지막 단계
는 알 낳기입니다. 암컷은 얼마 남지 않은 삶의 시간을 허투루 쓰
면 알 낳기 전에 죽을 수 있으니 서둘러 알 낳을 장소를 고릅니다.
애벌레의 먹이식물은 특이하게 장미과 식물인 터리풀과 오이풀입
니다. 거의 모든 표범나비 애벌레들은 제비꽃 잎사귀만 골라 먹습
니다. 그런데 작은표범나비 애벌레는 제비꽃과는 족보가 멀어도
한참 먼 터리풀을 골라 먹습니다. 다행히 선자령이나 대관령 옛길
에는 터리풀이 많습니다. 암컷은 터리풀로 날아가 배 끝을 구부려
잎사귀 뒷면에 대고 알을 하나씩 하나씩 띄엄띄엄 낳습니다.

작은표범나비 애벌
레 터리풀과 오이풀
이 먹이식물이다.

이렇게 작은표범나비는 다른 표범나비와 달리 툅니다. 사는 곳

이 고도가 높은 산지다 보니 여름잠을 잘 필요가 없어 초여름에 한 살이를 시작하고, 애벌레 또한 제비꽃이 아닌 터리풀 잎을 먹으니 말입니다.

양평에 있는 제 곤충 연구소 정원에 터리풀을 잔뜩 심어 놓았습니다. 혹시나 작은표범나비가 날아올 것을 기대하면서 말입니다. 하지만 10년이 다 되어 가는 지금까지 작은표범나비는 찾아오지 않았으니, 녀석은 온도에 엄청나게 예민합니다. 지금처럼 온난화가 지속되면 강원도의 높은 지대에 있는 산지에서만 사는 작은표범나비에게도 치명적인 위기가 찾아오지 않을까 걱정이 앞섭니다.

작은표범나비 어른벌레. 작은표범나비는 온도에 매우 예민하다.

몸에 가시돌기가 박힌
애벌레

　먹이는 다르지만 작은표범나비 애벌레의 생김새는 표범나비의 전형적인 모습입니다. 몸통은 길쭉한데, 배를 뺀 온몸에 나무같이 생긴 가시돌기가 열병식을 하듯 줄 맞춰 박혀 있습니다. 가시돌기 에는 작은 털들이 붙어 있어 좀 무섭지만 독 물질은 하나도 없어 만져도 아무 탈이 나지 않습니다. 특이하게 등 쪽 한가운데는 베이 지색 줄무늬가 고속도로처럼 나 있어 눈에 잘 띕니다.

　작은표범나비 애벌레의 마지막 단계는 5령입니다. 1령부터 5령 까지 모두 4번의 허물을 벗고 터리풀을 먹으면서 무럭무럭 자랍 니다. 작은표범나비는 일 년에 한살이가 한 번 돌아가고, 애벌레로 겨울나기를 합니다.

여러 표범나비류
애벌레들

긴은점표범나비 애벌레

큰흰줄표범나비 애벌레

암끝검은표범나비 애벌레

은줄표범나비 애벌레

노란 옷 입은 신부 찾는

애기얼룩나방

애기얼룩나방

애기얼룩나방이 국수나무 꽃꿀을
빨아 먹고 있습니다.

5월 끝자락, 날마다 앞다투어 열린 봄꽃 잔치도 막을 내립니다.

이제 봄에 필 꽃들은 거의 다 피어나고 나무마다 잎을 무성하게 달고 있습니다.

떠나가는 봄을 배웅하며 산에 갑니다.

오솔길 옆에 국수나무 꽃이 팝콘 터지듯 소담스럽게 피어났습니다.

국수나무 꽃이 피면 아무르하늘소붙이가 어김없이 날아와

꽃 식사를 즐깁니다. 작지만 늘씬한 아무르하늘소붙이 수십 쌍이

짝짓기 삼매경에 빠져 있는데, 나방 한 마리가 쌩 날아와 훼방을 놓습니다.

훼방꾼은 애기얼룩나방!

까만색 바탕에 하얀색과 주황색이 섞여 눈에 확 띕니다.

성질이 얼마나 급한지 잠시도 가만있지를 않고 꽃에 앉았다 날았다,

방향을 가리지도 않고 양옆으로, 위아래로 날아다니며 꽃꿀을 마십니다.

그 모습이 어찌나 방정맞은지 한참을 들여다봅니다.

나방은 주로 밤에 활동하는데

대낮에 나와 촐싹이며 식사하는 녀석을 보니 좀 걱정이 됩니다.

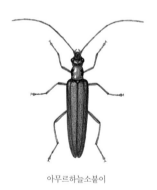

아무르하늘소붙이

이 꼭지는 나비목 밤나방과 종인 애기얼룩나방(*Mimeusemia persimilis*) 이야기입니다.

우표 모델 출신
애기얼룩나방

애기얼룩나방은 몸집이 크지도 작지도 않은 중형 나방입니다. 날개를 편 길이가 42~46밀리미터이니 맨눈으로도 충분히 관찰하기 좋습니다. 더구나 몸 색깔까지 화려해 한눈에 금방 들어옵니다. 몸 색깔은 전체적으로 까만색인데, 앞날개에는 커다랗고 새하얀 점무늬가 찍혀 있고, 뒷날개에는 진한 노란색 무늬가 추상화처럼 그려져 있습니다. 또 몸통은 노란색 띠무늬가 색동옷처럼 그려져 있습니다. 더듬이는 밤에 활동하는 나방들에 비해 비교적 가느다란데, 곤봉 모양이라 끝 쪽으로 가면서 약간 두툼해지고 끝부분은 조금 휘어 있습니다. 날개의 바깥 테두리는 둥글둥글해서 매우 귀엽습니다. 이렇게 예쁘고 귀여서인지 1991년 4월 8일에 발행한 우표의 모델이 된 적도 있습니다.

애기얼룩나방은 날개 바깥 테두리가 둥글고, 더듬이가 작은 곤봉 모양이다.

애기얼룩나방은 예쁘기만 했지 연약하기 이를 데 없습니다. 더
구나 낮에 신나게 날아다니기 때문에 천적들과 만날 확률이 큽니
다. 안타깝게도 녀석에겐 무서운 포식자를 만나도 맞서 싸울 무기
가 없습니다. 이 없으면 잇몸으로 사는 법. 애기얼룩나방은 낮에
살아남기 위해 색깔을 효과적으로 이용합니다. 앉아 있을 땐 날개
를 삼각형으로 펼치는데, 이때는 까만 바탕에 하얀색 무늬가 그려
진 앞날개만 보입니다. 위험에 맞닥뜨리면 앞날개를 슬그머니 위
쪽으로 올리며 '나 무섭지?' 하고 신호를 보냅니다. 앞날개가 스르
르 움직이면서 앞날개에 가려졌던 선명한 노란색 무늬가 그려진
뒷날개가 나옵니다. 또 날 때도 날개를 펄럭이며 뒷날개의 화려한
노란색을 보여 줍니다. 이 노란색은 경고색입니다. 새 같은 천적들
은 화려한 색을 띠는 곤충에겐 독이 많을 거라고 생각해 피합니다.

애기얼룩나방 뒷날
개는 화려한 노란색
으로 경고색을 띤다.

나방과
나비의 차이

대개 나방은 밤을 좋아하는 '밤의 곤충'입니다. 하지만 어떤 나방들은 낮에 나와 활동하는데 얼룩나방류, 명나방류, 꼬리박각시류 들이 대표 선수입니다. 생태계에선 나방류는 야행성이고 나비류는 주행성이라는 절대적인 공식은 없습니다. 생물과 무생물 간에 일어나는 그들만의 조화를 사람의 소견으로 해석하지 못할 때가 많기 때문입니다.

그럼 나방류와 나비류는 어떻게 구분할까요?

첫째, 대개 나방은 앉아 쉴 때 날개를 펼치지만, 대부분의 나비는 날개를 접습니다. 때때로 나방 가운데 네눈박이산누에나방처럼 날개를 접고 앉는 경우가 있습니다. 나비는 보통 온도가 내려가는 아침에 체온을 높이려 일광욕을 할 때 날개를 펼치고 앉습니다. 종에 따라 먹그림나비처럼 앉아서 쉴 때 날개를 펼치기도 합니다.

둘째, 나방과 나비는 더듬이 모양이 확연하게 다릅니다. 대개 나비는 암컷과 수컷 모두 곤봉 모양으로 더듬이가 끝부분으로 가면서 부풀어지거나, 갈고리처럼 약간 휩니다. 이에 비해 나방 더듬이는 깃털 모양, 실 모양, 곤봉 모양이 있으며, 그 가운데 깃털 모양이 가장 흔합니다. 또 암컷과 수컷의 더듬이 모양이 다른데, 수컷의 깃털 모양이 훨씬 길고 화려합니다.

셋째, 나방은 대개 밤에 활동하고, 나비는 낮에 활동합니다. 하지만 애기얼룩나방, 노랑애기나방, 알락나방과, 흰무늬왕불나방, 꼬리박각시류처럼 낮에도 활동하는 나방이 있습니다.

짧디짧은
사랑

애기얼룩나방에겐 식당이 곧 맞선 보는 자리입니다. 수명이 일주일 정도로 짧으니 밥 먹는 장소에서 짝을 찾는 것이 번식에 성공하는 지름길입니다.

애기얼룩나방 암컷이 국수나무 꽃을 들락거리며 꽃꿀을 빨아 마십니다. 암컷은 뒷날개의 노란색 무늬가 달걀 노른자처럼 짙고, 더듬이가 가는 편입니다. 꽃 위에 앉은 뒤 대롱 같은 주둥이를 길게 빼내 자그마한 국수나무 꽃 속에 기가 막히게 쏙 넣어 꽃꿀을 빨아 먹습니다. 그리고 5초도 안 되어 길게 뺀 주둥이를 잽싸게 돌돌 말고 날아 다른 꽃으로 옮겨 갑니다. 펄럭펄럭 날갯짓을 할 때마다 뒷날개의 노란색 무늬와 노란색 몸통이 보입니다. 10여 분쯤 지나자, 다른 애기얼룩나방이 날아와 국수나무 꽃꿀 식사를 합니다. 아! 더듬이를 자세히 보니 수컷이군요. 수컷은 더듬이가 약간 두껍고, 뒷날개의 노란색 무늬가 달걀 흰자와 노른자를 섞은 것처럼 옅습니다.

꽃꿀 식사를 하던 애기얼룩나방 수컷이 먼저 와 있는 암컷을 발견합니다. 날개를 펄럭일 때마다 강렬하게 보이는 암컷의 날개와 몸통 색깔이 수컷의 눈을 사로잡습니다. 애기얼룩나방은 낮에 활동하니 수컷이 배우자를 찾을 때 냄새보다는 직접 눈으로 확인하는 게 효과적입니다. 즉 후각보다 시각이 큰 역할을 합니다. 냄새를 맡는 수컷의 더듬이가 매우 가는 것만 봐도 애기얼룩나방은 짝을 구할 때 후각보다는 시각을 이용한다는 걸 알 수 있습니다. 실

애기얼룩나방이 국
수나무 꽃꿀을 기다
란 주둥이로 빨아
마시고 있다.
—

제로 애기얼룩나방의 몸 색깔은 사람들이 볼 수 없는 자외선 색을
지니고 있어 저들끼리만 알아볼 수 있습니다. 결국 애기얼룩나방
암컷과 수컷은 겹눈으로 그들만의 은밀한 소통을 하는 셈입니다.

　암컷과 마주한 수컷이 갑자기 흥분합니다. 꽃 위에 산만하게 날
았다 앉았다 하는 게 몹시 조급해 보입니다. 식사하는 암컷 가까이
에서 부산스럽게 날개를 퍼덕이며 날아올랐다 앉았다를 불규칙하
게 반복합니다. 그러든 말든 암컷은 계속 꽃을 옮겨 다니며 꽃꿀
을 먹습니다. 몸이 달아오를 대로 달아오른 수컷은 암컷에게 돌진
합니다. 순식간에 암컷과 수컷이 뒤엉키는가 싶더니 금방 흩어집
니다. 이때 암컷은 더듬이나 털 감각기를 이용해 수컷과 맞닿으면
서 수컷의 신체 상태를 살핍니다. 그러길 여러 차례, 드디어 암컷

의 심사 작업이 끝났나 봅니다. 집요하게 질척거리는 수컷을 암컷이 순순히 받아들입니다. 암컷이 유순해진 틈을 타 수컷은 얼른 배 꽁무니를 암컷의 배 꽁무니에 들이밉니다. 자세가 불안정해 날개를 연신 퍼덕거리지만 마주 댄 배 꽁무니는 단단히 결합해 떨어지지 않습니다. 암컷이 몇 걸음 걷다 풀잎을 꼭 잡고 멈추자 드디어 안정적인 짝짓기 자세가 만들어졌습니다. 서로 반대 방향을 바라보며 배 꽁무니는 마주 대고, 날개는 고이 접었습니다. 이때 수컷은 배 꽁무니 속의 생식기를 암컷의 생식기에 넣은 뒤 배 꽁무니에 풍성하게 붙어 있는 털로 암컷의 배를 푹 감싸며 쓰다듬습니다. 배 꽁무니에 난 털은 암컷의 성적 흥분을 고조시킵니다.

신혼의 단꿈도 잠시. 짝짓기를 시작한 지 5분쯤 지났습니다. 신방을 엿보느라 다리가 저려 일어나는 순간 인기척을 느낀 암컷이 재빠르게 풀숲으로 기어갑니다. 수컷은 암컷에게서 떨어지지 않

애기얼룩나방이 안정된 짝짓기 자세를 잡으려고 하고 있다.

애기얼룩나방이 안
정된 짝짓기 자세를
잡으려 하고 있다.
수컷 뒷날개 색깔이
암컷보다 옅다.

으려 안간힘을 쓰는데, 매정한 암컷은 수컷을 배 꽁무니에 매단 채
질질 끌며 기어갑니다. 자세가 불안정하니 부부는 누가 먼저랄 것
도 없이 날개를 퍼덕입니다. 날개 달린 남녀가 배 꽁무니를 마주
댄 자세로 좁은 풀 줄기 사이를 지나는 건 무리입니다. 암컷이 날
개를 퍼덕거리며 배를 비틀자 수컷의 배 꽁무니가 암컷의 배 꽁무
니에서 허무하게 빠져나옵니다. 순식간에 암컷은 날아가고, 수컷
은 퍼덕거리며 겨우 풀 줄기에 매달립니다. 수컷은 짝짓기 시간이
짧아 두고두고 아쉽겠지만, 자기 유전자를 무사히 암컷에게 넘겨
줬으니 대만족입니다.

알은
머루 잎사귀에 낳고

짝짓기를 마친 애기얼룩나방 암컷에게 남은 마지막 임무는 알
낳기입니다. 애기얼룩나방 애벌레는 입이 짧아서 아무 식물이나
먹지 않고 포도과 식물 잎사귀만 먹습니다. 어미가 애벌레를 돌보
지 않을 뿐더러 애벌레는 날개가 없어 이동이 쉽지 않기 때문에 밥
상이 바로 코앞에 없으면 굶어 죽습니다. 그래서 암컷 애기얼룩나
방은 자기가 낳은 새끼가 먹을 머루나 개머루 같은 포도과 식물을
찾아다닙니다. 다행히 웬만한 산과 들에는 머루가 많아 암컷은 큰
어려움 없이 머이식물에 날개기 알을 낳습니다.

애기얼룩나방이 안
정적으로 짝짓기 자
세를 잡았다.

하얀 털이
매력적인 애벌레

초여름, 애기얼룩나방 암컷이 낳은 알에서 애벌레가 깨어납니다. 알에서 갓 깨어난 1령 애벌레는 본능적으로 자신이 태어난 곳인 머루 잎에 앉아 머루 잎을 먹습니다. 아직 어려 주둥이(큰턱)가 약해서 부드러운 잎살만 먹지만 몸집이 커질수록 잎맥까지 쑹덩쑹덩 베어 씹어 먹습니다. 애기얼룩나방 애벌레는 머루 잎사귀를 먹고 허물을 모두 4번 벗으며 무럭무럭 자랍니다. 여느 나방들처럼 애벌레의 마지막 단계는 5령입니다. 애벌레 기간은 2주에서 3주로 짧은 편입니다.

다 자란 5령 애벌레는 몸길이가 약 45밀리미터 정도로 몸집이 커서 눈에 잘 띕니다. 몸 색깔은 까만색 바탕에 하얀색과 주황색이 가로세로로 어지럽게 뒤섞여 있습니다. 등 쪽은 하얀색 줄무늬가 바둑판처럼 격자무늬로 그려져 있는데, 격자무늬 안에도 하얀색의 불규칙한 줄무늬가 있으며 마디마다 노란색 줄무늬가 그려져 있습니다. 옆면에는 진한 노란색을 띤 기하학적 무늬가 마디마다 규칙적으로 그려져 있어 아름답습니다. 몸에는 길고 짧은 털들이 나 있는데, 특히 등 쪽에 난 매우 기다랗고 곧추선 하얀색 털들이 매력 만점입니다. 털은 길기만 했지 아무런 독 물질을 담고 있지 않아 만져도 탈이 나지 않습니다. 이 털들은 신경 세포와 연결되어 있어 주변에서 일어나는 환경 변화나 천적의 움직임과 체온을 감지합니다. 털은 애벌레에게 있어 생명줄과도 같은 고마운 감각 기관입니다.

애기얼룩나방 애벌레는 평소에 편한 자세(一자 모양)로 잎사귀 위에서 생활하지만 위험에 맞닥뜨리면 머리와 가슴을 벌떡 일으켜 세웁니다. 그 옆모습은 기다란 털들과 어우러져 마치 세상에 둘도 없는 훌륭한 예술 작품처럼 기묘합니다. 더 화가 나면 애벌레는 입에서 초록색 거품을 토하고 상체를 흔들며 천적을 위협합니다. 그래도 천적이 달려들면 애벌레는 속수무책입니다. 그저 앉아서 비참하게 천적의 제삿밥이 됩니다.

고난의 애벌레 시절을 무사히 마친 애기얼룩나방 5령 애벌레가 식사를 멈춥니다. 번데기를 만들 때가 다가오기 때문입니다. 녀석은 머루 줄기를 타고 땅으로 내려옵니다. 굼실굼실 몸을 움직이며 포슬포슬한 흙 속으로 들어가 명주실과 흙을 이용해 고치를 만든 뒤 그곳에서 번데기로 탈바꿈합니다.

7월이면 애기얼룩나방은 번데기에서 2세대 어른벌레로 날개돋이합니다. 그동안 관찰해 보니 애기얼룩나방은 일 년에 한살이가 두 번 돌아가는 것으로 여겨집니다. 실제로 야생에서 어른벌레를 5월과 7~8월에 보았고, 애벌레를 6월과 8월에 만난 적이 많기 때문입니다.

독점욕 강한 수컷

모시나비

모시나비

모시나비가 풀밭에서 짝짓기하고 있습니다.
모시나비는 날개가 모시옷처럼 속이 비쳐서
붙은 이름입니다.

5월 말입니다.

새벽을 달려 강원도 함백산 만항재에 왔습니다.

하늘과 맞닿은 오솔길을 걷습니다.

신작로 같은 완만한 오솔길이 끝도 없이 이어집니다.

야생화 천국답게 길옆엔 꽃들이 잔뜩 피어 있고

꽃 사이를 곤충들이 부산하게 들락거립니다.

오늘따라 모시나비 여러 마리가 눈에 띕니다.

몸집 큰 모시나비들이 쥐오줌풀 꽃, 산딸기 꽃, 붓꽃,

눈개승마 꽃 위를 하늘하늘 날아다니니 오솔길이 꽉 찹니다.

모시나비란 이름은 날개가 속이 살짝 비치는 모시옷처럼 보여 붙었습니다.

이름처럼 날아다니는 모습이 참 기품 있고 고고합니다.

수컷

수컷 옆모습   암컷

모시나비

이 꼭지는 나비목 호랑나비과 종인 모시나비(*Parnassius stubbendorfii*) 이야기입니다.

모시나비
암컷과 수컷

모시나비가 날아다니다 쥐오줌풀 꽃 위에 사뿐히 내려앉습니다.
머리 아래쪽에 돌돌 말아 보관하던 빨대 같은 주둥이를 빼내 꽃 속
에 꽂고선 머리를 들썩거리며 식사를 합니다. 어른벌레는 일주일
남짓 살면서 알을 낳아야 하기 때문에 꽃꿀을 마시며 부지런히 영
양을 보충합니다.

곤충의 입은 우리말로 '입틀'이라고 하고, 한자어로는 '구기(口器)',
영어로는 '마우스파트(mouthpart)'라고 부릅니다. 전형적인 곤
충의 입틀은 5개 기관, 즉 윗입술(상순, labrum) 1쌍, 큰턱(대악,
mandible) 1쌍, 작은턱(소악, maxilla) 1쌍, 아랫입술(하순, labium)
과 혀(하인두, hypopharynx)로 이루어져 있습니다. 이 가운데 큰턱
과 작은턱은 사람에게 없는 부분이라 용어가 낯섭니다. 곤충의 큰

모시나비가 주둥이
를 꺼내 꽃꿀을 마
시고 있다.

턱은 사람의 치아 역할을 합니다. 특이하게 작은턱과 아랫입술엔 수염이 달려 있습니다. 거의 모든 곤충들의 입틀은 머리 속에 숨어 있지 않고 바깥쪽으로 튀어나와 있고 앞쪽으로 쭉 돌출되어 있어 잘 보입니다.

그 가운데 나비목 가문의 어른벌레 입틀은 흐르는 액체를 빨아 먹기에 적당하게 진화 과정을 통해 변형되었습니다. 자르고 씹는 데 필요한 큰턱은 퇴화해 흔적만 남아 있고, 대신 큰턱의 뒤쪽에 있는 작은턱 1쌍(왼쪽과 오른쪽)이 가늘고 길게 늘어난 뒤 유합되어 빨대와 똑 닮은 대롱 모양으로 바뀝니다. 빨대 모양의 긴 대롱관은 식도와 이어져 빠르고 쉽게 액체를 빨아 마실 수 있습니다. 그래서 나비목 어른벌레의 밥은 꽃꿀, 진흙물, 똥 즙, 과일즙, 수액

같은 액체입니다.

　날개를 활짝 펼치고 식사하는 모시나비를 가만히 들여다봅니다.
날개 색깔은 전체적으로 불투명한 하얀색인데 날개맥이 까만색이
라 굉장히 우아합니다. 그런데 몸 색깔은 암컷과 수컷이 약간 다릅
니다. 수컷의 몸통(배)은 까만색으로 긴 회색 털이 수북하게 나 있
습니다. 반면에 암컷의 몸통은 전체적으로 까만색인데 옆구리에
굵은 노란색 띠무늬가 선명하게 그려져 있고, 긴 회색 털이 풍성하
게 나 있습니다. 수컷의 앞가슴등판(머리 바로 뒤쪽)은 까만색이지
만, 암컷의 앞가슴등판은 노란색입니다. 또 수컷의 날개 아랫면 색
깔은 하얗지만, 암컷의 날개 아랫면 색깔은 약간 누르스름합니다.

풀잎에 매달려
짝짓기하다

모시나비 암컷이 쥐오줌풀 꽃에 앉아 꽃꿀을 먹다 다른 꽃으로 옮겨 가려 날아오르자, 가까이에 있던 다른 모시나비가 따라 날아 갑니다. 배에 노란색 띠무늬가 없는 걸 보니 수컷입니다. 수컷과 암컷은 공중을 같이 날다가 엉켜 빙그르르 돌고 떨어집니다. 암컷이 앞서 날아가면 수컷도 암컷 뒤를 쫓아 날아가 다시 얼싸안듯이 엉킨 채 날다 풀어집니다. 그렇게 여러 차례 공중에서 얼싸안고 사랑 춤을 춥니다. 맞선치고 참 깁니다.

모시나비는 낮에 활동하는 주행성이라 짝을 찾을 때 페로몬 냄새뿐만 아니라 시각도 큰 역할을 합니다. 수컷은 1차적으로 시각을 통해 풀밭에 있는 암컷을 발견합니다. 수컷은 겹눈으로 암컷이 자신과 같은 종임을 확인하면 졸졸 따라다니며 가까이 다가가는데, 이때 암컷이 발산한 사랑의 묘약인 성페로몬 냄새를 맡습니다. 특히 암컷과 뒤엉켜 날면서 스킨십을 할 때 페로몬 향기에 매료되어 자기가 애타게 찾던 종이자 신붓감인 것을 확신합니다. 이어서 수컷은 최음 효과가 만점인 교미자극페로몬를 풍겨 암컷의 환심을 삽니다.

암컷이 수컷에게 홀딱 반했는지, 낮게 날아 쑥 잎 위에 앉습니다. 이때를 놓칠세라 수컷도 암컷을 따라와 암컷 맞은편의 쑥 줄기를 붙잡고 앉습니다. 졸지에 신방은 쑥 잎 위입니다. 마치 초례청에 들어서 맞절하려는 신랑 신부처럼 암컷과 수컷은 마주 보고 앉습니다. 순간 수컷의 행동이 빨라집니다. 초조해진 수컷은 서둘러

배 꽁무니를 암컷의 배 꽁무니에 대고 더듬거리지만 서툴러서인지 실패합니다. 여러 번 시도 끝에 드디어 수컷 배 꽁무니가 암컷 배 꽁무니 속으로 쏘옥 들어갑니다. 그런데 서로 마주 보고 있으니 배 꽁무니를 마주 대는 자세가 아주 불편합니다. 수컷은 본능적으로 잡고 있던 쑥 줄기를 놓은 후 몸을 뒤로 확 젖힙니다. 그러자 수컷이 배 꽁무니를 암컷의 배 꽁무니에 연결한 채 공중에 매달립니다. 불편하게 마주 대고 있던 자세를 해결하자, 날개 문제가 남았습니다. 날개가 크다 보니 배 꽁무니를 마주 대는 데 걸리적거립니다. 암컷은 날개를 어정쩡하게 펼치고 있고, 수컷은 날개를 접고 있는데 그 모습이 마치 암컷 날개 속에 수컷 날개가 들어 있는 것처럼 보입니다. 얼마 지나지 않아 암컷도 펼치고 있던 날개를 고이 접어 수컷의 날개를 감쌉니다. 드디어 완벽한 짝짓기 자세가 만들어졌

—
모시나비가 짝짓기를 하고 있다.

습니다.

　암컷과 수컷은 서로 반대 방향을 바라보며 배 꽁무니를 마주 댄 채 진한 사랑을 나눕니다. 이때 수컷은 쉬지 않고 암컷의 생식기에 정자를 넘겨줍니다. 수컷의 생식기는 암컷의 생식기를 꽉 잡고 있어 암컷에게 예기치 못한 상황이 벌어져 심하게 움직여도 떼어지지 않습니다. 다행히 짝짓기가 이루어지는 동안 천적도 기웃거리지 않고, 심술궂은 바람도 불지 않아 모시나비 부부는 평온하게 오래오래 사랑을 나눕니다.

수컷의 집착
수태낭

　모시나비 부부가 짝짓기를 시작한 지 30분 째입니다. 숨죽이며 지켜보는데 모시나비 부부는 풀 줄기에 매달려 미동도 하지 않고 똑같은 자세로 붙어 있습니다. '왜 이리 짝짓기를 오래 할까?' 혼잣말로 중얼거립니다. 당일치기 출장이라 갈 길이 멀어 마음은 바쁜데 도대체 모시나비 부부는 아직도 떨어지지 않고 찰싹 달라붙어 짝짓기를 합니다. 아니, 수컷은 정자를 이미 암컷에게 넘겨줬는데도 암컷을 순순히 놓아줄 생각을 하지 않습니다. 거기엔 그만한 사정이 있습니다. 신랑이 짝짓기를 마치고도 별도로 해야 할 일이 남아 있기 때문이지요.

　낌새가 이상해 풀잎을 살짝 헤집고 짝짓기 중인 부부를 찬찬히

들여다보니, 이게 웬일인가요! 수컷이 암컷의 배 꽁무니에 어마어마한 공사를 하고 있습니다. 수컷은 배 꽁무니에서 허연색의 점액 분비물을 내어 암컷 배 꽁무니, 즉 생식기 주변에 쓱쓱 발라 놓고 있습니다. 이제 막 마무리 작업을 끝내는 중이네요. 수컷이 점액 물질로 몇십 분 동안 만든 것은 다름 아닌 '정조대'입니다. 놀랍게도 짝짓기 전에 없었던 뿔나팔 같은 게 암컷의 배 꽁무니 생식기 입구에 붙어 있습니다. 이것을 '교미낭', '수태낭' 또는 '교미 마개'라고 부릅니다. 수태낭은 암컷 배의 절반을 차지할 만큼 큰데, 나팔처럼 속이 텅 비어 있습니다. 특이하게도 수태낭은 외부 생식기 쪽으로 가면서 넓게 뚫려 있습니다. 말이 수태낭이지 노골적으로 말하면 정조대인 셈인데, 더 놀라운 것은 수컷이 이 정조대를 채우

모시나비 암컷이 커다란 수태낭을 달고 있다.
—

는 동안 암컷은 아무 반항도 하지 않고 내버려 둡니다.

수태낭을 만드는 점액 물질은 어디서 나올까요? 수컷의 생식 기관에 붙어 있는 보조 분비샘(accessory gland secretions)에서 나옵니다. 더 자세히 말하면 점액 물질은 수컷의 수정관과 사정관이 만나는 곳에 있는 보조 분비샘에서 나옵니다. 수정관(vas deference)은 정자를 만드는 정소에서부터 사정관까지 이어진 관이고, 사정관(ejaculatory)은 양쪽 정소와 이어진 수정관이 하나로 합쳐진 관입니다. 사정관 끝은 음경과 이어져 정자를 내보냅니다. 점액 물질 속에는 수컷이 만들어 낸 정자 가운데 기형인 정자도 들어 있습니다. 때때로 정자의 머리가 두 개 이상이거나, 정자의 꼬리가 여러 개이거나, 아예 운동성이 없는 기형 정자들이 수태낭의 재료가 되기도 합니다.

모시나비 수컷은 십자군 전쟁 시절도 아닌데, 왜 정조대를 채울까요? 수컷이 수태낭을 암컷의 배 꽁무니에 붙이는 이유는 단 하나입니다. 자신의 유전자를 지키기 위해서입니다. 자신과 짝짓기한 암컷이 다른 수컷과 또 짝짓기하는 것을 막기 위해서지요. 수컷이 몰상식하게 이 점액 물질로 암컷의 외부 생식기를 막아 버리면 더 이상 짝짓기를 할 수 없어 다른 수컷의 정자가 신부의 몸속으로 들어갈 수 없습니다. 자기 정자만을 넘김으로써 자신의 종족을 번식시키려는 수컷의 본능이 빚어낸 일입니다. 인간 세상에서는 있을 수 없는 일이지만, 곤충 세계에서는 합법적이니 뭐라 나무랄 수도 없습니다. 이런 수컷의 행동을 전문 용어로 '정자 경쟁'이라고 합니다.

수태낭을 달고 사는
암컷

수태낭, 아니 정조대를 채운 뒤 모시나비 수컷은 다른 암컷과 짝짓기하기 위해 다른 곳으로 날아갑니다. 수컷이 떠나자 암컷은 수태낭을 매단 채 홀로 남습니다. 수태낭은 시간이 지나면서 굳어지고 색깔도 밝은색으로 바뀝니다. 신기하게 암컷은 수태낭이 붙어 있는 배 꽁무니를 구부린 뒤 다리로 수태낭을 감싸 안듯이 붙잡습니다. 떼어 내려는 것인지, 본능적으로 지지대로 착각하고 붙잡으려고 하는 것인지 알 수 없으나 한동안 그 행동은 계속됩니다. 앞으로 더 연구해야 할 암컷의 행동입니다.

홀로 남은 암컷은 수태낭을 단 채 버겁게 날아가 붓꽃의 꽃꿀을 마시며 영양을 보충합니다. 모시나비 암컷에게 있어 수태낭은 기혼자의 표시입니다. 암컷이 수태낭을 달고 날거나 꽃 위에 앉을 때 집중해서 잘 들어 보면 '달그락' 하는 소리가 납니다. 암컷은 수태낭의 무게 때문에 재빠르게 날지 못하고 보통 천천히 납니다. 행동이 민첩하지 않으니 천적에게 잡아먹힐 확률이 높습니다. 이렇게 기혼자로 살아간다는 건 쉽지 않습니다. 무엇보다 다른 수컷과 짝짓기할 기회가 매우 적어 다양한 유전자를 얻을 수 없습니다.

그럼에도 모시나비가 지구에서 아직까지 대를 이으며 번성하는 걸 보면 수컷의 정자 경쟁 전략이 진화 과정에 이득을 준 것은 분명해 보입니다. 만일 한 번 짝짓기한 암컷이 다른 수컷과 다시 짝짓기를 하게 되면 뒤에 들어온 정자가 수정에 쓰이기 때문에 먼저 들어와 있던 정자는 수정 경쟁에서 집니다. 따라서 수컷이 만든 수

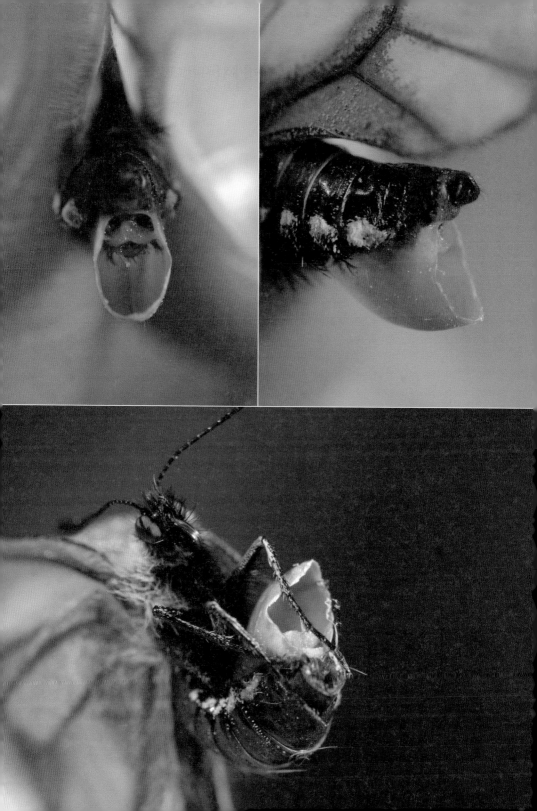

태낭은 그러한 상황을 미리 막는 데 일등 공신입니다. 결국 수태낭을 암컷에게 붙여 주는 수컷의 독특한 행동은 암컷을 차지하려는 독점욕이나 질투심에서 나온 것이지만 결과적으로 자기 자손을 많이 남기는 데 큰 공헌을 합니다.

　모시나비 말고도 수태낭을 달고 다니는 암컷 나비들이 여럿 있습니다. 우리나라에는 호랑나비과 집안 식구들 가운데 애호랑나비, 붉은점모시나비, 사향제비나비가 있습니다. 애호랑나비와 사향제비나비의 수태낭은 작고, 생식기 안쪽에 달려 있어 겉에선 보이지 않습니다. 물론 수태낭의 모양이나 색깔은 종에 따라 다릅니다. 애호랑나비의 수태낭은 황갈색으로 가운데 부분에 돌기가 있습니다. 모시나비의 수태낭은 회색빛이 도는 흰색이며 뿔나팔 모양입니다.

모시나비 수컷

빈약한
수태낭

재밌게도 모시나비 수컷이 만든 수태낭은 만든 순서에 따라 크기가 다릅니다. 맨 처음 짝짓기했을 때는 크고 멋진 수태낭을 만듭니다. 하지만 두 번째 이후의 짝짓기부터는 재료인 점액 물질이 부족해 점점 빈약한 수태낭을 만듭니다. 수컷은 한 개든 두 개든 자신의 능력이 닿는 한 많이 짝짓기하고 수태낭을 붙여 줍니다. 하지만 수컷에게 있어 두 번째, 세 번째 선택을 받은 암컷은 억울하기만 합니다. 이론적으로 수태낭 때문에 다회 교미를 할 수 없는 암컷이 덜 우수한 정자를 받은 격이 되니까요. 하지만 생태계에도 반전은 있습니다. 작고 빈약한 수태낭은 떼어 내기가 쉽습니다. 그래

모시나비 암컷이 작은 수태낭을 달고 있다. 수컷은 두 번째 짝짓기부터 점점 작은 수태낭을 만들어 붙인다.

서 용감한 다른 수컷은 이미 짝짓기한 뒤 빈약한 수태낭을 달고 있는 암컷을 만나면, 그 왜소한 수태낭을 떼어 내고 자기 정자를 건네줄 절호의 기회를 얻습니다. 아무튼 왜소한 수태낭은 암컷에게 다회 교미를 할 수 있는 가능성을 줍니다.

수태낭 달고
알 낳기

짝짓기를 마친 암컷은 꽃꿀을 마시며 알 낳을 채비를 합니다. 알은 애벌레의 밥상에 낳아야 합니다. 모시나비 애벌레도 여느 나비 애벌레들처럼 편식이 심해 현호색과 식물의 잎사귀만 골라 먹습니다. 현호색과 집안 식구로는 여러 현호색 종류와 산괴불주머니가 있습니다. 모시나비 암컷은 젖 먹던 힘까지 짜내 무거운 몸을 이끌고 먹이식물을 찾습니다. 날아다니면서 더듬이와 몸털 같은 감각 기관을 총동원해 현호색이 풍기는 현호색 특유의 냄새를 맡습니다. 다행히 생태계가 잘 돌아가는 건강한 숲 바닥에는 현호색이 널려 있습니다.

무사히 현호색 군락지를 찾아온 암컷은 현호색 주변의 나뭇가지나 돌멩이, 마른 잎 따위에 알을 낳습니다. 모시나비가 알을 낳는 6월은 이미 현호색이 씨앗을 맺고 한살이를 마친 상태라 잎이 시들고 없기 때문입니다. 모시나비 암컷은 배를 구부리고 알을 하나씩 낳거나 여러 개씩 모아 낳습니다.

그런데 암컷은 수태낭을 매단 채 알을 낳을 수나 있을까요? 당연히 가능합니다. 나비목 가문의 암컷은 대개 교미구와 산란구가 각각 있습니다. 수태낭은 짝짓기한 암컷의 외부 생식기인 교미구에 붙어 있을 뿐 산란구를 막지 않기 때문에 알을 낳는 데는 아무런 지장이 없습니다. 더구나 모시나비 암컷은 한 번의 짝짓기만으로 모든 알을 수정시키고도 남을 만큼 충분한 양의 정자를 확보합니다. 암컷의 생식 기관 옆에는 수정낭이 있어 수컷으로부터 받은 정자를 일시적으로 보관하기 때문입니다.

찾기 힘든 애벌레

어미 모시나비가 낳은 알은 여름 들머리부터 이듬해 봄까지 휴면 상태에 들어갑니다. 말하자면 모시나비는 알의 형태로 여름잠, 가을잠, 겨울잠을 자는 것이지요. 놀랍게도 여름을 나는 동안 알 속에서 배발생을 마쳐 애벌레가 깨어납니다. 애벌레는 알 밖으로 나오지 않고 알 속에서 이듬해 봄까지 여덟 달 이상 지냅니다.

4월, 봄이 되자 알 속에서 지내던 모시나비 애벌레가 알 껍질에서 빠져나옵니다. 이제부터 애벌레는 현호색 잎사귀를 먹습니다. 반갑게도 봄이면 숲 바닥은 현호색들이 죄다 나와 파릇파릇한 잎을 냅니다. 이런 봄이면 일교차가 심해 애벌레는 온도가 올라가는 한낮에만 잎사귀 위에 올라와 식사를 하고, 온도가 내려가면 숲 바닥에 있는 낙엽 아래나 돌 틈으로 들어가 쉽습니다. 그래서 실제로 모시나비 애벌레를 현호색 잎 위에서 만나기가 어렵습니다. 더구나 많은 사람들은 봄이 되면 봄꽃에 열광하기 때문에 작디작은 모시나비 애벌레가 현호색을 먹고 있다는 사실을 종종 잊습니다. 제가 '모시나비 애벌레 찾기' 5년 만에 종령 애벌레를 만났으니 실로 모시나비 애벌레를 찾는 일은 하늘의 별 따기만큼 어렵습니다.

다 자란 모시나비 종령 애벌레의 몸 색깔은 거무칙칙합니다. 전체적으로 짙은 쥐색인데 옆구리(등 옆선)에 주홍색이 섞인 흰색 선이 또렷합니다. 또 등 한가운데에 세모 무늬 8개가 줄 맞춰 늘어서 있고, 세모 무늬 양옆으로는 반달무늬가 10쌍이나 그려져 있어 나름 멋집니다. 피부엔 짧고 부드러운 털들이 덮여 있고, 행동은 그리 빠르지 않습니다.

모시나비 애벌레는 허물을 4번 벗으며 5령까지 자랍니다. 애벌레는 4월에 볼 수 있습니다.

번데기의 보금자리는 숲 바닥

현호색 잎을 알뜰하게 먹어 치우며 무럭무럭 자란 모시나비 애

1
2
3

1. 모시나비 종령 애벌레. 현호색과 식물인 산괴불주머니 잎을 먹고 있다.
2. 모시나비 종령 애벌레 등 쪽
3. 모시나비 번데기. 배 꽁무니 쪽에 애벌레 허물이 남아 있다. 낙엽 깔린 숲 바닥에서 2~3주 지낸다.

벌레가 번데기로 탈바꿈하려고 합니다. 다 자란 애벌레는 안전한 장소를 찾아 이리저리 돌아다닙니다. 드디어 맘에 드는 장소에 자리를 잡은 애벌레는 몸에서 물과 노폐물을 빼면서 번데기가 될 준비를 합니다. 고치를 지은 뒤 그 속에서 번데기가 되는데, 번데기 색깔은 노르스름한 갈색입니다. 번데기는 살짝만 건드려도 몸을 떱니다.

신기하게 모시나비 애벌레는 고치를 만듭니다. 보통 고치는 나방류가 많이 만드는데 그에 비해 나비류는 고치를 거의 만들지 않습니다. 모시나비 애벌레를 직접 키웠을 때에는 고치를 보지 못했으나, 나비 전문가가 직접 키우면서 관찰한 기록을 보면 애벌레는 정말이지 얇은 한지같이 섬세한 고치를 만들고, 그 속에서 번데기로 탈바꿈합니다. 모시나비의 얇은 명주실 고치를 보니 명주실이 제대로 사용되고 있는 것 같아 흐뭇합니다. 모시나비 번데기는 낙엽이 깔린 숲 바닥에서 2~3주 동안 지내다 5월 중순에 어른벌레로 탈바꿈합니다.

모시나비는 일 년에 한살이가 한 번 돌아갑니다. 운 좋게도 어른벌레가 춥지도 덥지도 않은 5월에 날아다니니 누구나 맘만 먹으면 아름다운 모시나비를 반갑게 만날 수 있습니다.

거꾸로 매달려
짝짓기하는

검정황나꼬리박각시

검정황나꼬리박각시

검정황나꼬리박각시가 개양귀비 꽃에 매달려
짝짓기를 하고 있습니다.

6월 말, 여름으로 가는 길목입니다.

날마다 바빠 2주 만에 양평에 있는 연구소에 왔습니다.

그새 연구소 정원에는 온갖 꽃들이 만발해 형형색색 아름답습니다.

흐드러지게 피어난 새하얀 개망초와 마가렛 꽃,

언덕을 황금 밭으로 물들인 큰금계국 꽃,

정원 곳곳을 화사하게 장식한 개양귀비 꽃, 고운 패랭이꽃과 동자꽃……

꽃들 사이를 나비와 벌 들이 분주히 날아다닙니다.

주인이 없어도 꽃들이 때를 알고 가지가지 피어나

찾아온 곤충 손님과 한데 어울려 즐거운 축제를 엽니다.

정원을 오래 비워 둔 터라 오소리가 내려와

곳곳에 땅을 파 뒤집어 놓았군요.

뿌리째 뽑혀 시들어 가는 들꽃들을 도로 심느라 낑낑대는데

꼬리박각시 서너 마리가 코앞에서 날아다닙니다.

잠시 호미질을 멈추고 꼬리박각시 '멍'에 빠져 망중한을 즐깁니다.

개망초 꽃

이 꼭지는 나비목 박각시과 종인 검정황나꼬리박각시(*Hemaris affinis*) 이야기입니다.

잠시도 가만있지 않는
검정황나꼬리박각시

6월 말, 꼬리박각시가 이 꽃 저 꽃을 찾아다니며 꽃꿀을 빨아 마시고 있습니다. 번갯불에 콩 볶듯이 동작이 엄청나게 빨라 자세히 보지 않으면 금방 눈앞을 지나갔는지도 모릅니다. 잠시도 가만있질 않습니다. 눈 마주치려 가까이 가면 쌩 날아가고, 살금살금 몰래 다가가도 쌩 날아가 얄밉기까지 합니다. 심지어 벌새처럼 정지 비행도 합니다. 꽃꿀 식사를 할 때에는 꽃 위에 앉지 않고 철사 같은 주둥이를 길게 뺀 상태로 우웅 소리가 날 정도로 빠르게 날갯짓하며 공중에서 정지 비행을 합니다. 정말이지 정지 비행의 대가입니다. 언뜻 보면 영락없는 벌새라 많은 사람들이 벌새로 착각합니다. 몸 색깔까지 알록달록 아름다워 볼수록 빠져듭니다. 매력적인 녀석의 이름은 검정황나꼬리박각시입니다.

검정황나꼬리박각시가 정지 비행하며 꼬리풀 꽃꿀을 먹고 있다.

집요한
수컷의 구애

검정황나꼬리박각시와 눈높이를 맞추고 제대로 관찰하기 위해 꽃밭 한 모퉁이에 앉습니다. 제 눈은 쉬지 않고 이 꽃 저 꽃 옮겨 다니는 검정황나꼬리박각시를 따라다닙니다. 그때입니다. 꽃꿀을 먹으려고 날아 이동하는 검정황나꼬리박각시 곁에 다른 검정황나꼬리박각시가 날면서 살짝 엉키듯 스칩니다. 본능적으로 짝짓기 작업을 하고 있구나 하는 직감이 들어 정신을 바짝 차립니다. 검정황나꼬리박각시의 경우, 더듬이는 암컷과 수컷의 차이가 크게 나지 않아 자세히 봐야 알 수 있습니다. 나중에 날아온 녀석이 더듬이가 약간 두툼하고 배 꽁무니에 털이 풍성하게 나 있는 걸로 보아 수컷이 틀림없습니다. 물론 먼저 꽃을 찾아 날아온 녀석은 암컷입니다.

암컷은 수컷이 날아오기 전에 이미 꽃꿀 식사를 하면서 어딘가에 있을 수컷을 불러들이기 위해 성페로몬을 뿌렸습니다. 공기를 타고 퍼져 나가던 페로몬 향기는 수컷의 더듬이에 닿았고, 수컷은 그 향기의 진원지를 따라 날아온 것입니다. 가까이 날아오니 수컷의 두 눈에 꽃꿀을 빨아 먹는 아리따운 암컷이 보입니다. 알록달록한 색깔의 옷을 차려입은 암컷을 보자 수컷은 자기와 같은 종인 걸 알아차리고 본격적으로 암컷을 따라다니며 결혼해 달라고 구애하기 시작합니다. 검정황나꼬리박각시가 낮에 활동하는 주행성 나방이다 보니 짝을 찾을 때 시각이 큰 역할을 합니다.

암컷이 다른 꽃으로 쌩 날아가자, 수컷이 재빠르게 뒤따라 날아가 또 몸을 스치듯 부딪칩니다. 또 암컷이 피하자, 이번에는 과감

하게 더듬이와 다리로 암컷을 건드리며 집적댑니다. 쉬지 않고 암컷 곁을 맴도는 수컷의 몸놀림이 몹시 초조해 보입니다. 수컷은 배 꽁무니에 붙어 있는, 붓처럼 생긴 털 뭉치를 약간 뒤집듯이 들어 올립니다. 이때 교미자극페로몬이 나와 암컷을 황홀하게 만듭니다. 수컷의 집요한 구애에 감동했는지 암컷이 개양귀비 꽃 앞에서 꽃꿀을 마시려 정지 비행을 하려다 포기하고 개양귀비 꽃에 내려앉습니다. 암컷이 개양귀비 꽃을 붙잡고 매달리듯 앉자, 수컷도 뒤따라와 암컷의 옆쪽에 앉습니다. 몸이 달아오른 수컷이 잽싸게 암컷에게 다가가 배를 구부려 암컷의 배 꽁무니에 밀어 넣으려 시도합니다. 이때 수컷은 배 꽁무니에 있는 붓 같은 털 뭉치로 암컷을 쓰다듬으며 애무를 합니다. 이 털 뭉치는 비늘이 변형된 것으로 암컷의 성욕을 높여 줍니다.

검정황나꼬리박각시 암컷이 순순하게 배 꽁무니를 드러내 협조합니다. 드디어 수컷의 배 꽁무니와 암컷의 배 꽁무니가 서로 맞물립니다. 수컷의 배 꽁무니가 암컷의 배 꽁무니에 쏘옥 들어갈 때 수컷의 배 꽁무니 털 뭉치는 암컷의 배 꽁무니를 병마개를 막듯이 완전하게 감쌉니다. 마침내 완벽한 짝짓기에 성공합니다. 수컷은 이 거사의 과정을 눈 깜짝할 만큼 짧은 순간에 해치웁니다. 속전속결입니다. 구애에서 시작해 짝짓기에 성공하기까지 걸린 시간은 10분도 채 안 되니 말입니다.

검정황나꼬리박각시가 개양귀비 꽃에 매달려 짝짓기를 하고 있다.

공중에 매달린 채
짝짓기하는 수컷

이로써 검정황나꼬리박각시 부부는 하나 되어 진지한 사랑을 나눕니다. 신방은 매혹적인 빨간색의 개양귀비 꽃 속입니다. 꽃 속에서 사랑을 나누다니! 이보다 더 낭만적일 수는 없습니다. 그런데 짝짓기 자세가 공중 곡예를 하는 것처럼 아슬아슬합니다. 암컷은 꽃잎을 붙잡고 있는 반면, 수컷은 오직 생식기 하나만을 암컷의 생식기에 의지한 채 공중에 거꾸로 매달려 있습니다. 수컷의 고충이 이만저만한 게 아닙니다. 그건 조상 대대로 내려온 검정황나꼬리박각시의 짝짓기 방식이 배 꽁무니만 마주 댄 채 서로 다른 방향을 바라보는 전통 때문입니다. 이유야 어떻든 간에 검정황나꼬리박각시 부부는 비록 서로 마주 보지 않지만 유전자를 교환하며 건강한 자식을 낳을 수 있다는 기대감으로 마냥 행복하기만 합니다.

한참 동안 부부는 평화롭게 사랑을 나눕니다. 심술궂게 간간히 불던 바람도 사랑을 방해하지 않으려 딱 멈추고, 구름 속에서 알콩달콩 숨바꼭질하던 해도 나와 부부에게 축복의 햇살을 선사합니다.

비행 중
짝짓기

바로 코앞에서 검정황나꼬리박각시의 신방을 엿보다니! 그것도 대낮에 말입니다. 너무 신기하고 경이로워 보는 내내 긴장한 탓에 침만 꼴깍꼴깍 넘어갑니다. 이 아름답고 사랑스러운 장면을 그릴 수는 없고, 카메라를 가지러 연구소 건물로 냅다 뜁니다. 건물까지 거리가 20미터도 채 안 되는데 왜 이리 먼지 마음만 급합니다. 서둘러 카메라를 가져와 보니 다행히도 검정황나꼬리박각시 부부는 꼼짝 않고 개양귀비 꽃에 매달려 사랑을 나누고 있습니다. 카메라 파인더로 들여다본 부부의 모습은 아름답다 못해 뇌쇄적입니다. 빨간색 꽃과 어우러진 검정황나꼬리박각시의 화려한 날개의 색 조화가 독보적입니다. 뛰어난 예술가가 연출한다 해도 이보다 더 매혹적일 수는 없을 것 같습니다. 수많은 곤충의 짝짓기 장면을 보아 왔지만 이처럼 아름다운 명장면은 손꼽습니다.

은밀한 사랑을 방해하지 않으려 멀리 떨어져 앉아 조심조심 셔터를 누릅니다. 별 반응이 없는 걸 보니 카메라에 스트레스를 받지 않는 것 같습니다. 부부에게 미안하지만, 욕심을 부려 가까이 다가가 카메라 셔터를 누릅니다. 놀랐는지 찰칵찰칵 셔터 소리가 날 때마다 부부의 몸이 움찔움찔 움직입니다. 각도를 살짝 바꾸어 셔터를 누르는 순간, 긴장한 암컷이 황급히 꽃에서 다리를 뗀 후 날갯짓하며 날아가 버립니다.

돌발 상황에 난감해진 수컷. 속수무책으로 암컷의 배 꽁무니에 매달린 채 끌려 날아갑니다. 무거운 수컷을 배 꽁무니에 매달고 날아가는 암컷도 고생이지만, 암컷과 반대 방향으로 날아가는 수컷 또한 고역입니다. 놀랍게도 수컷은 암컷의 생식기에서 떨어지지 않으려 젖먹던 힘까지 짜내 강력한 배 꽁무니 힘을 발휘합니다. 수컷의 배 꽁무니 힘이 이렇게 위대하다니! 또 수컷은 암컷의 비

행에 힘을 보태려 반대 방향이지만 정지 비행 실력을 뽐내며 쉴 새
없이 날개를 퍼덕입니다.

하지만 아무리 노력해도 무거우면 잘 날지 못하는 게 이치입니
다. 비록 수컷이 비행 협조를 성심껏 하지만, 암컷이 무거운 수컷
을 매달고 멀리 날아다닌다는 건 무리입니다. 더구나 지금은 엄중
한 짝짓기 중입니다. 결국 암컷은 2미터도 못 가고 비행을 포기합
니다. 내려앉은 곳은 다른 개양귀비 꽃. 오늘은 계속 개양귀비 꽃
에 앉습니다. 우연치고는 기막힙니다. 암컷은 커다란 개양귀비 꽃
속으로 들어가 꽃잎을 여섯 다리로 붙잡고 매달리고, 끌려오던 수
컷도 암컷의 배 꽁무니에 의지한 채 공중에 매달립니다. 안정된 자
세를 잡을 때까지 수컷은 날갯짓을 하며 균형을 잡습니다. 편안한
짝짓기 자세가 만들어지자 수컷은 날갯짓을 멈춥니다. 다시 꽃 속
에서 부부는 고요하지만 황홀한 사랑을 나눕니다.

방해한 게 미안해 멀찌감치 떨어져 검정황나꼬리박각시 부부
를 엿봅니다. 사랑은 무려 40분 동안 지속됩니다. 아무 미동도 없
이 한자리에서 말입니다. 결혼식에 만족했는지 드디어 암컷이 결
혼 종료를 선언합니다. 암컷은 배를 비틀어 수컷의 생식기를 자신
의 몸에서 떼어 냅니다. 그리고 우리가 언제 부부였냐는 듯이 암컷
과 수컷은 각자 다른 방향으로 날아갑니다. 아무리 곤충이지만 참
매몰차고 미련이 없습니다.

검정황나꼬리박각시의
합동결혼식

검정황나꼬리박각
시가 동자꽃에 매달
려 짝짓기하고 있다.

검정황나꼬리박각시가 보여 준 예기치 않은 '관찰 선물'에 마음
이 한층 고무되어 또 다른 녀석이 더 있는지 정원을 천천히 돌아봅
니다. 아! 오늘은 검정황나꼬리박각시들이 합동결혼식 하는 날인
가 봅니다. 세상에! 또 다른 한 쌍의 검정황나꼬리박각시 부부가
동자꽃에 매달려 사랑을 나누고 있습니다. 역시 암컷이 동자꽃을
꼭 잡고 있고, 수컷은 암컷의 배 꽁무니에 연결된 채 공중에서 매
달려 있습니다. 아름다운 주황색 동자꽃에 신방을 차린 광경은 예
쁘다 못해 우아합니다. 애벌레 시절에 잘 먹어서인지 좀 전에 봤던
부부에 비해 몸집이 약간 큽니다. 또 암컷의 배 등 쪽 색깔이 좀 전
에 봤던 녀석과 약간 다르긴 하지만, 색변이에 불과할 뿐 틀림없는
검정황나꼬리박각시입니다. 6월 말 한낮, 신이 있다면 오늘은 내게
신이 허락한 최고로 행복한 날입니다. 기쁨과 경이로움으로 넘쳐
나는 시간을 선물한 검정황나꼬리박각시 부부들에게 고맙고 또 고
마울 따름입니다.

알 낳는
검정황나꼬리박각시

짝짓기하는 검정황
나꼬리박각시 배 쪽

짝짓기를 마친 검정황나꼬리박각시 암컷의 마지막 관문은 알 낳

는 일입니다. 암컷은 개망초 꽃, 꼬리풀 꽃 같은 여러 꽃들을 찾아가 꽃꿀을 마시며 영양을 보충합니다. 물론 알은 짝짓기가 끝난 뒤에 곧바로 낳을 수 있습니다. 우선 알을 낳으려면 자식인 애벌레가 좋아하는 식물을 찾아야 합니다. 검정황나꼬리박각시 애벌레가 주식으로 삼는 먹이식물은 덩굴 식물인 인동입니다. 어미는 더듬이로 인동에서 풍겨 나오는 냄새를 맡으며 바삐 날아갑니다. 암컷은 해가 잘 드는 양지바른 곳에 자라는 인동을 발견하자 지체 없이 인동 잎사귀 뒷면에 알을 하나씩 하나씩 낳습니다. 안타깝게도 종종 이때만을 학수고대하던 기생벌들이 많은 알에 기생합니다. 어미 입장에서는 엄청난 슬픔이지만 기생벌을 어찌 당해 낼 도리가 없습니다. 그래서 어미는 알을 많이 낳습니다.

알을 낳은 암컷은 서서히 힘을 잃으며 죽어 갑니다. 검정황나꼬리박각시가 알로 지내는 기간은 평균 온도가 23~25도 정도 되는 실험실에서 5~6일 정도입니다. 하지만 일교차가 있는 야생에서는 날씨 상태에 따라 알에서 애벌레가 깨어나는 데 그보다 훨씬 더 걸릴 수 있습니다.

검정황나꼬리박각시 애벌레의 먹이식물은 나라마다 종이 다르나 거의 모두 인동과 식물입니다. 연구 기록을 보니 중국산 애벌레는 주로 괴불나무, 극동 러시아산 애벌레는 괴불나무, 댕댕이나무와 물앵도나무, 일본산 애벌레는 병꽃나무, 한국산 애벌레는 인동이나 마타리를 먹고 삽니다. 실제로 관찰해 보니 우리나라에 사는 검정황나꼬리박각시 애벌레는 인동뿐만 아니라 원예종인 붉은인동과 올괴불나무 잎도 먹습니다.

애벌레는 쉬고 잠자는 시간만 빼고 닥치는 대로 잎을 먹으며 성장합니다. 모두 4번의 허물을 벗고 5령 애벌레까지 자랍니다. 1령에서 3령 애벌레까지는 기생당할 확률이 큽니다. 5령 애벌레의 몸 색깔은 전체적으로 밝은 초록색인데, 배 색깔은 갈색입니다. 피부 전체에 수많은 하얀색 자그마한 돌기가 자잘하게 나 있습니다. 등 쪽에는 하얀색 줄무늬 2개가 희미하게 그려져 있습니다. 피부에는 억센 털이 전혀 나 있지 않고, 몸통의 옆구리에는 타원형의 숨구멍이 9쌍 뚫려 있습니다. 숨구멍 색깔은 가운데는 주황색이고 가장자리는 진한 갈색입니다. 배 꽁무니의 등 쪽엔 박각시과 집안 식구의 트레이드마크인 꼬리돌기가 붙어 있는데, 약간 휘어진 듯한 직선 모양입니다. 꼬리돌기 색깔은 회색빛으로 까만색 돌기가 굉장히 빽빽하게 나 있습니다.

검정황나꼬리박각시 애벌레는 화나면 상체를 세운다. 박각시과 애벌레는 배 꽁무니 쪽에 꼬리돌기가 있다.

검정황나꼬리박각시 애벌레.
인동 잎을 먹고 자라 배 쪽이 갈색이다.

황나꼬리박각시 애벌레.
마타리 잎을 먹고 자라 배 쪽이 초록색이다.

검정황나꼬리박각시 앞번데기.
인동을 먹고 자랐다.

검정황나꼬리박각시 번데기.
마타리를 먹고 자랐다.

애벌레 기간은 보통 2주 정도인데, 온도가 높은 실내에서 빨리 자라고, 온도가 낮은 야생에서는 더디 자랍니다.

마타리와
애벌레

대부분의 도감이나 논문 기록을 보면 검정황나꼬리박각시 애벌레의 먹이식물은 인동과 마타리입니다. 그런데 인동 잎을 먹고 자란 애벌레와 마타리를 먹고 자란 애벌레의 몸 색깔이 조금 다릅니다. 인동에서 자란 애벌레는 배 쪽 색깔이 갈색이고, 숨구멍 또한 가장자리가 진하고 두꺼운 갈색 띠무늬입니다. 하지만 마타리에서 자란 애벌레는 배 쪽 색깔이 초록색이고, 숨구멍의 가장자리는 갈색의 얇은 띠무늬입니다. 마타리 잎을 먹고 자란 애벌레는 검정황나꼬리박각시의 사촌 격인 황나꼬리박각시로 여겨집니다.

번데기는
땅속에서 만들다

번데기가 될 시기가 다가오면 다 자란 검정황나꼬리박각시 애벌레는 먹는 것을 딱 끊고 먹이식물인 인동을 떠납니다. 녀석이 향하는 곳은 땅속입니다. 5령 애벌레는 인동덩굴을 타고 슬금슬금 내려와 포슬포슬한 땅속으로 들어갑니다. 그리고 흙 부스러기 속에서 입으로 명주실을 토해 내 아주 느슨한 고치를 만든 뒤 그 속에서 번데기로 탈바꿈합니다. 번데기 길이는 30~35밀리미터이고, 색깔은 갈색입니다. 2세대 번데기는 날이 추워지면 겨울잠을 잡니다. 번데기는 추운 겨울 내내 오랜 겨울잠을 자며 몇 달 뒤 다가올 봄을 기다립니다.

검정황나꼬리박각시는
나방입니다

검정황나꼬리박각시는 족보상으로 나비목 가문의 박각시과 집

안 식구입니다. 우리나라에 사는 박각시과 식구는 모두 58종으로 나방들 가운데 비교적 몸집이 큰 편입니다. 몸통은 굵고, 앞날개는 좁고 긴 삼각형입니다. 또 앉아 있을 때 세모 모양이라 비교적 구분이 잘 됩니다. 박각시과는 아랫입술수염 첫 마디에 감각털이 있느냐 없느냐에 따라 박각시아과와 꼬리박각시아과로 나눕니다. 박각시과 곤충 가운데 꼬리박각시류는 낮에 활발히 꽃꿀을 빨아 먹으며 활동하는 주행성이라 밤 등불에 거의 날아오지 않습니다.

검정황나꼬리박각시는 날개 편 길이가 5센티미터로 박각시류치고 몸집이 작은 편입니다. 몸 색깔은 온몸이 황토색인데, 배 가운데와 끝부분은 부분적으로 까만색입니다. 몸통에는 긴 털이 빽빽이 나 있습니다. 더듬이는 여느 나방들과 다르게 굵은데 끝으로 갈수록 두꺼워지고, 끝부분이 작은 갈고리 모양으로 약간 휘었습니다. 날개는 짙은 갈색인데 가운데 부분은 투명해 속이 비칩니다.

검정황나꼬리박각시는 일 년에 한살이가 2번 돌아가는데, 애벌레 시기와 번데기 시기를 빼고 어른벌레는 5월 초순부터 11월 초순까지 꽃을 찾아 날아다닙니다.

검정황나꼬리박각시는
정지 비행의 대가

검정황나꼬리박각시 어른벌레는 정지 비행의 대가입니다. 잠시도 가만있지 않고 숲 가장자리나 들판을 날면서 여기저기 피어난

꽃들의 꿀을 마십니다. 특히 사람들이 만든, 꽃들이 많이 피는 정원이나 큰 공원에 곧잘 날아옵니다. 꽃은 꽃꿀만 있으면 가리지 않고 아무 꽃이나 찾아옵니다. 가을이면 공원이나 아파트 화단 귀퉁이에서 핀 메리골드 꽃에도 잘 날아옵니다. 어찌나 빠른지 도무지 그 모습을 카메라에 담을 수 없습니다. 더구나 꽃에 사뿐히 내려앉지 않고 공중에서 뜬 채로 정지 비행을 하며 긴 대롱 같은 주둥이를 쭉 빼내 꽃꿀을 마십니다. 녀석이 꽃꿀을 먹는 모습은 나방보다는 되레 벌새와 매우 닮아 있습니다. 그래서 꼬리박각시류를 벌새로 헷갈려 하는 일이 잦습니다. 물론 벌새는 아메리카 대륙의 열대나 아열대 지역에 살고 있으니 아시아 대륙의 온대 지역인 우리나라에 살 리는 만무합니다.

자세히 살펴보면 벌새와 검정황나꼬리박각시는 생김새가 정지 비행을 하기에 알맞습니다. 벌새의 날개는 기다란 삼각형인데, 벌

꼬리박각시류 날개

새는 이 날개로 1초에 수십 번이나 날개가 보이지 않을 정도로 빠르리 날갯짓함으로써 정지 비행에 성공합니다. 빠른 날갯짓을 하는 데 쓰이는 에너지는 가슴 근육에서 나오는데, 벌새의 가슴 근육은 총 몸무게의 25퍼센트나 차지한다고 합니다.

검정황나꼬리박각시의 가슴에는 여느 나방들과 다르게 벌새처럼 좁고 기다란 삼각형의 날개가 달려 있습니다. 놀랍게도 날개가 달려 있는 가슴에는 매우 튼튼한 가슴 근육이 발달해 있어 날갯짓을 매우 빠르게 할 수 있습니다. 대부분의 나방들은 넓은 날개와 가슴 근육을 가지고 있어 천천히 활강하듯 날거나 퍼덕퍼덕 둔탁하게 납니다.

검정황나꼬리박각시는 조상 대대로 오랜 세월 동안 적응 과정을 거치면서 꽃꿀을 효율적으로 빨아 마시기 위해 정지 비행이라는 행동을 발전시켰습니다. 비록 벌새는 기다란 부리로, 검정황나꼬리박각시는 기다란 빨대 모양 주둥이로 꽃꿀을 마시지만 결국 꽃꿀을 마시는 행동은 매우 비슷합니다. 또 날개의 기원은 전혀 다르지만 꽃꿀을 어느 방향에서든지 효율적으로 마시기 위해 정지 비행을 하는 면에서 매우 유사합니다. 이렇게 각 기관의 기원은 다르지만 쓰임새와 기능이 비슷한 것을 '수렴 진화'라고 합니다. 수렴 진화는 다윈이 주장한 자연 선택설을 잘 설명해 줍니다.

뿔 심사하는 암컷

장수풍뎅이

장수풍뎅이

장수풍뎅이 암컷은 뿔이 없고
수컷만 뿔이 2개 있습니다.

7월 말, 광릉 국립수목원입니다.

숲속 오솔길에 바람 한 점 없으니 무덥습니다.

한 걸음 한 걸음 옮길 때마다 땀이 뚝뚝 떨어집니다.

어디에선가 이따금씩 시큼하고 달달한 수액 냄새가 풍겨 옵니다.

두리번거리며 걷는데

과연 멀찌감치 떨어진 갈참나무 수피에서 발효된 수액이 흘러나옵니다.

가까이 다가가 보니 왕오색나비, 풍이, 톱사슴벌레,

뒷날개나방류, 밑빠진벌레, 여러 파리 들이 모여 수액 식사를 합니다.

장수풍뎅이들도 그 틈에 끼어서

평화롭게 달콤한 수액을 먹느라 머리를 수피에 박고 있습니다.

그런데 장수풍뎅이 암컷과 수컷은

같은 장소에 있지만 서로 끌리지 않는지

오로지 식사에만 골몰할 뿐 서로 데면데면합니다.

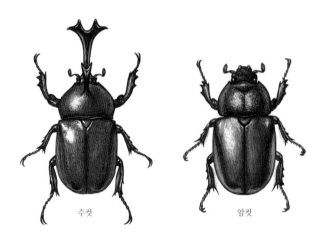

수컷   암컷

장수풍뎅이

이 꼭지는 딱정벌레목 장수풍뎅이과 종인 장수풍뎅이(*Allomyrina dichotoma*) 이야기입니다.

뿔 달린 수컷
뿔 없는 암컷

갈참나무 껍질에 여러 곤충들이 모여 식사 삼매경에 빠져 있습니다. 장수풍뎅이 수컷이 비행기 날 듯 부우웅 요란한 소리를 내며 수액 식당으로 날아와 앉습니다. 그러자 먼저 날아와 수액에 심취해 있던 풍이, 왕오색나비, 수노랑나비, 파리류 들이 화들짝 놀라 잽싸게 날아 도망가거나 슬금슬금 옆으로 자리를 옮깁니다. 장수풍뎅이는 먼저 와 자리 잡고 있던 동료 장수풍뎅이와 함께 수액 식당의 가장 좋은 자리를 차지하고 수피 속에 머리를 박은 채 굶주린 배를 채우기 시작합니다. 아무리 봐도 윤기가 자르르 흐르는 갑옷을 입은 장수풍뎅이의 자태가 참 늠름합니다.

장수풍뎅이 수컷.
장수풍뎅이는 우리
나라 풍뎅이 가운데
몸집이 가장 크다.

장수풍뎅이는 우리나라 풍뎅이들 가운데 가장 몸집이 큰 헤비급입니다. 몸길이는 작게는 3센티미터에서 크게는 8.5센티미터나 될 정도입니다. 몸 색깔은 짙은 갈색을 띱니다. 피부는 반들반들 윤이 나지만 갑옷처럼 딱딱합니다. 다리는 길고, 종아리마디 끝부분에는 억세고 날카로운 가시털과 돌기가 붙어 있습니다.

장수풍뎅이는 암컷과 수컷의 생김새가 다릅니다. 우선 수컷의 생김새는 전투사처럼 용감하고 카리스마가 철철 넘칩니다. 뭐니 뭐니 해도 수컷 하면 '뿔'입니다. 뿔은 모두 2개인데 하나는 머리에 달려 있고 또 하나는 앞가슴등판에 달려 있습니다. 실은 '뿔'은 정확한 용어가 아니라 애칭입니다. 머리에 달려 있는 '뿔'은 머리의 한 부분인 이마가 거대한 뿔처럼 변형된 것입니다. 그러다 보니 큰턱은 자연스럽게 퇴화되었습니다. 곤충의 입틀은 큰턱, 작은턱, 윗입술, 아랫입술, 인두(혀), 이렇게 다섯 개 부분으로 구성되어 있습니다. 그 가운데 큰턱이 사람으로 치면 치아에 해당되어 곤충의 식사에 중요한 역할을 합니다. 대개 메뚜기나 사마귀 같은 곤충들은 큰턱으로 식물이나 동물의 조직을 씹어 먹을 수 있습니다. 그런데 장수풍뎅이의 큰턱은 퇴화되어 식사하는 데 아무런 역할을 못합니다. 대신 아랫입술로 수액을 핥아 먹습니다. 또 앞가슴에 붙어 있는 '뿔'은 앞가슴등판의 앞부분이 길게 돌출되어 뻗은 커다란 돌기입니다. 이 돌기는 코뿔소 뿔처럼 날카롭게 생겼습니다. 반면에 장수풍뎅이 암컷은 머리에도 가슴에도 뿔이 하나도 없어 생김새가 매우 단순합니다.

수컷 뿔의
쓰임새

장수풍뎅이 수컷 머리에 달린 뿔과 앞가슴등판의 뿔은 모두 천
적에 대항하거나, 다른 수컷과 결투할 때 쓰는 훌륭한 무기입니다.
무엇보다도 뿔의 역할이 가장 돋보일 때는 짝짓기를 위해 다른 수
컷과 결투할 때입니다. 물론 결투를 벌이는 선수는 수컷들이고, 심
사 위원은 암컷입니다. 수컷끼리 일대일 결투를 벌여 이기는 놈이
암컷의 심사에 통과할 수 있는데, 이때 뿔은 상대방을 제압하는 데
쓰는 아주 중요한 무기입니다. 뿔이 우람하고 튼튼해야 경쟁자를
이길 확률이 큽니다.

보통 장수풍뎅이는 밥상머리에서 결투를 벌입니다. 수액 식당에
모여 식사를 하니 자연스럽게 식당에서 사랑도 나눕니다. 이때 수
컷들은 암컷의 환심을 사기 위해 결투를 벌입니다. 우람한 뿔을 맞
대고 들이대고 치고받으며 싸웁니다. 힘센 녀석은 우람한 뿔로 경
쟁자 수컷의 가슴팍 쪽을 공격합니다. 얼마나 힘이 센지 경쟁자 수
컷을 마치 지렛대로 돌멩이를 들어 올리듯 번쩍 들어 올려 내동댕
이칩니다. 하지만 경쟁자 수컷은 절대 물러서지 않고, 뒤집힌 몸을
바로 하고선 선제공격한 수컷을 뿔로 번쩍 들어 내동댕이칩니다.
한동안 두 마리의 수컷은 치고받고 엎치락뒤치락하며 싸우다 드디
어 승자가 가려집니다.

하지만 수컷은 한바탕 거친 결투가 끝나 승자가 되어도 마지막
관문을 통과해야 합니다. 심사 위원인 암컷에게 낙점을 받아야 승
자로서의 기쁨을 누릴 수 있습니다. 수컷끼리의 결투는 예선전이

고 암컷에게 선택받는 게 본선입니다. 암컷의 심사 조건은 수컷 뿔의 크기인데, 뿔이 우람한지 빈약한지를 살핍니다. 대개 뿔이 크고 우람한 수컷이 암컷의 심사에 통과하고, 암컷은 자기가 선택한 수컷과 사랑을 나눕니다. 수컷은 사랑을 나누며 정자를 넘겨주면 끝이지만 암컷은 그 정자를 수정시켜 튼실한 알을 낳아야 합니다. 암컷은 건강한 유전자를 지닌 수컷을 선택하는데, 건강한 유전자의 잣대는 뿔인 것이지요. 그러니 수컷의 뿔은 더욱 우람하고 커질 가능성이 높습니다.

장수풍뎅이 수컷에게 우람한 뿔은 암컷의 선택을 받는 데는 유리하나, 생존에는 불리할 수 있습니다. 마치 손바닥과 손등처럼 우람한 뿔이 지닌 장점이 때로는 단점이 될 때도 있습니다. 뿔이 크니 새 같은 천적의 눈에 쉽게 띕니다. 천적을 피해 수피 밑으로 들어가려 해도 뿔의 구조가 복잡해 몸이 완전히 가려지지 않습니다. 또 머리의 뿔 때문에 수액을 먹기도 불편하고, 몸이 무거워 날아 이동하는 데에도 지장을 줍니다.

그럼에도 뿔이 커야 하는 이유는 단 하나, 암컷의 선택 조건이 큰 뿔이기 때문입니다. 어떻게 하든 암컷에게 선택받으려면 그 어떠한 불편함도 견뎌야 합니다. 한 예로 포유동물인 아일랜드엘크는 뿔 때문에 멸종했습니다. 아일랜드엘크는 사슴 가운데 가장 덩치가 큰데, 인류가 생겨나기 40만 년 전에 나타났다 1만여 년 전에 멸종했습니다. 아일랜드엘크의 뿔은 엄청나게 커서 뿔의 너비는 3~4미터, 뿔의 무게는 45킬로그램이나 됩니다. 이 뿔 덕분에 암컷의 선택을 받으니 '뿔 값'을 제대로 합니다, 아이러니하게두 이 거대한 뿔이 멸종의 화근이 될 줄 누가 알았겠습니까. 어쩌면 아일랜드엘크처럼 우람한 뿔이 장수풍뎅이의 생존에 영향을 줄지 그 누구도 모릅니다. 진화의 방향은 수많은 세월 동안 적응하면서 결정되기 때문입니다. 수천 년 뒤 진화의 방향이 어느 쪽으로 향할지 몹시 궁금합니다.

밤새
막무가내 사랑

밤새 벌어진 결투에서 이긴 장수풍뎅이 수컷이 암컷에게 다가가자 암컷은 순순히 짝짓기에 응합니다. 재밌게도 짝짓기는 방해만 하지 않으면 오래 지속됩니다.

한번은 짝짓기 행동을 관찰하려고 장수풍뎅이 수컷과 암컷을 어항 속에 넣어 두었습니다. 어항 속에 야생의 숲 바닥처럼 나무토막과 썩은 낙엽 부스러기를 깔아 놓았습니다. 야행성답게 밤 11시가 넘자, 수컷이 암컷을 따라다니며 암컷 등 위에 올라타려 시도합니다. 암컷은 그런 수컷이 싫은지 종종걸음으로 피하며 수컷을 거부합니다. 하지만 좁은 장소라서 수컷을 피하는 게 녹록지 않습니다. 마침내 여러 번 시행착오 끝에 수컷이 암컷의 등 위에 올라탑니다. 다급한 수컷은 길고 튼튼한 다리로 암컷을 껴안고 배 꽁무니를 암컷의 배 꽁무니에 대려 더듬거립니다. 신기하게도 커다란 생식기가 배 꽁무니 밖으로 나와 있고, 그 생식기를 암컷의 배 꽁무니에 넣으려 연신 쿡쿡 찌릅니다. 드디어 수컷의 생식기가 암컷의 배 꽁

무늬로 들어갑니다. 짝짓기 성공입니다.

　수컷은 암컷의 등에 업힌 채 사랑을 나누며 정자를 건넵니다. 이
따금씩 수컷이 몸을 움직이지만 사랑은 무덤덤하게 나눕니다. 1시
간쯤 지났습니다. 이 정도 시간이면 정자가 암컷 몸속으로 충분히
들어갔을 텐데 여전히 사랑에 빠져 있습니다. 2시간, 3시간…….
시간은 속절없이 가는데 짝짓기는 끝날 기미가 없습니다.

장수풍뎅이 짝짓기

밤이 지나고 새벽입니다. 여전히 장수풍뎅이 수컷은 암컷 몸에서 떨어질 생각을 하지 않습니다. 암컷은 힘겨운지 틈날 때마다 뒷다리를 쭉 뻗어 수컷을 떼어 내려 안간힘을 씁니다. 그러든 말든 수컷은 암컷 등에서 떨어지지 않으려고 철사를 꼬아 놓은 것같이 강인한 다리로 암컷을 꼭 붙잡습니다. 암컷이 여러 번 요동치자, 수컷의 생식기가 암컷의 몸에서 빠져나왔습니다. 그럼에도 집요한 수컷은 암컷의 등에서 떨어지지 않으려 암컷을 꼭 잡습니다. 여전히 수컷은 암컷 등 위에 업혀 있습니다. 한낮이 되어서야 수컷이 암컷 등에서 떨어집니다.

수컷이 암컷을 오랫동안 잡고 있는 이유는 자신의 유전자가 선택되길 바라기 때문입니다. 암컷을 오래 붙잡고 있을수록 다른 수컷의 접근을 막을 수 있으니까요.

짝짓기를 마친 장수풍뎅이 암컷은 튼튼한 알을 낳기 위해 열심히 수액을 먹으며 영양분을 보충합니다. 짝짓기를 마치고 2주 정도 지나면 암컷이 알을 낳기 시작하는데, 적게는 30개에서 많게는 100개까지 낳습니다. 야생에서 알은 부엽토가 많은 곳에 낳습니다. 그렇게 장수풍뎅이 어른벌레는 짧게는 1달에서 길게는 4달 정도 살면서 가문을 잇는 데 모든 힘을 쏟습니다.

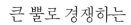

큰 뿔로 경쟁하는

넓적사슴벌레

넓적사슴벌레 수컷

넓적사슴벌레 수컷에게 달린 뿔은
다른 수컷과 경쟁하고
자기를 공격하는 포식자를 위협할 때
요긴하게 쓰입니다.

7월 초순, 신의 정원 동구릉에 갑니다.

조선 시대의 일곱 왕과 열 명의 왕비가 잠들어 있는 동구릉의 숲길은

기나긴 왕릉의 역사만큼 성스럽습니다.

왕의 기운을 온몸으로 느끼며 한 걸음 한 걸음 걷는데

바람을 타고 시큼털털한 냄새가 실려 옵니다.

유구한 역사를 거치며 우람하게 자란 나무들이 내놓은 수액 냄새입니다.

두리번두리번 주변을 살펴보니 과연 숲길 안쪽에 똑바로 서 있는

갈참나무 껍질(수피, 樹皮) 틈새에서 수액이 흥건히 흐르고 있군요.

심상치 않아 수피 아래를 살펴보니 역시 사슴벌레의 커다란 뿔이 보입니다.

아하! 넓적사슴벌레로군요.

수피를 살살 어루만지니 숨어 있던 수컷과 암컷이

인기척에 놀라 함께 모습을 드러냅니다.

보아하니 사랑을 나눌 로맨틱한 분위기는 아니고

낮 동안 제각각 낮잠 자며 쉬는 데면데면한 관계입니다.

수컷   암컷

넓적사슴벌레

이 꼭지는 딱정벌레목 사슴벌레과 종인 넓적사슴벌레(*Dorcus titanus castanicolor*) 이야기입니다.

흔한
넓적사슴벌레

넓적사슴벌레는 딱정벌레목 가문 풍뎅이상과의 사슴벌레과 집안 식구입니다. 우리나라에 사는 사슴벌레과 식구는 모두 18종입니다. 그 가운데 넓적사슴벌레는 몸집이 큰 편이고, 대개 참나무류, 팽나무, 왕벚나무 같은 활엽수가 우거진 숲속에서 만날 수 있는 흔한 종입니다. 낮에는 주로 쉬고 밤을 좋아하는 야행성으로 달달한 수액이 주식이지만, 발효된 과일에도 식사하러 잘 모여듭니다.

온 세계에 사는 사슴벌레과 식구는 1,200종 정도로 우리나라 출신 사슴벌레들과 비교될 만큼 엄청나게 종 수가 많습니다. 몸길이 또한 작게는 4밀리미터에서 크게는 80밀리미터에 이르기까지 다양합니다. 대부분 열대 지방이나 아열대 지방의 고사목이 풍부한 지역에서 살아갑니다.

넓적사슴벌레 수컷
이 나무껍질 틈에서
수액을 먹고 있다.

애사슴벌레

사슴벌레

톱사슴벌레

왕사슴벌레

두점박이사슴벌레

다우리아사슴벌레

홍다리사슴벌레

수컷의 뿔은
큰턱

넓적사슴벌레는 위쪽에서 내려다보면 이름처럼 넙데데합니다. 또 수컷의 큰턱인 뿔이 사슴 뿔처럼 우람하다고 해서 우리나라에서는 '사슴벌레', 영어권에서는 '스태그 비틀(stag beetle)'이란 이름이 붙었습니다. 몸 색깔은 갈색이 도는 까만색이고, 피부는 언뜻 보면 그 흔한 털 하나 없이 매끈합니다. 더듬이는 11마디로 이루어져 있는데, 우람한 몸집에 비해 매우 가늘고, 끝 쪽 3마디가 치아처럼 부풀어 있습니다. 다리는 긴 편인데, 특히 발가락(발목마디)은 철사를 연결해 놓은 것처럼 강하고, 발가락 끝에 달린 갈고리 모양 발톱은 날카로워 뭐든지 잘 잡을 수 있습니다. 잘 알려진 것처럼 암컷과 수컷의 생김새가 매우 달라 다른 종으로 착각할 정도입니다. 우선 몸 크기가 다른데, 수컷의 몸집이 암컷에 비해 굉장히 큽니다.

넓적사슴벌레 수컷의 가장 큰 특징은 크고 길게 뻗어 나온 '뿔'입니다. 뿔은 입틀을 구성하는 것 중 하나인 큰턱이 변형된 것입니다. 이 큰턱의 생김새는 종마다 각각 다릅니다. 넓적사슴벌레 수컷의 큰턱은 직선형으로 길며 매우 튼튼하게 생겼습니다. 길게 뻗은 큰턱의 맨 끄트머리는 두 갈래로 갈라졌는데 안쪽으로 굽었습니다. 그리고 큰턱 안쪽에는 내치(이빨 모양의 돌기)가 여러 개 있는데, 머리 기부 쪽에 있는 내치가 가장 크고, 중간부터 끝부분까지 있는 내치 여러 개는 자잘한 톱니같이 작고 뭉특합니다. 이마방패는 가운데 부분이 움푹 패어 두 갈래로 나누어져 있습니다.

넓적사슴벌레 수컷.
큰턱이 변형된 뿔을 갖고 있다.

넓적사슴벌레 수컷 아랫입술

넓적사슴벌레 암컷.
큰턱이 수컷에 비해 작다.

넓적사슴벌레 암컷 머리

이에 비해 암컷의 큰턱은 수컷에 비해 턱없이 작고 짧아 어쩐지 초라해 보입니다. 큰턱에 난 내치도 중간 부분에 한 개, 머리 쪽 기부 부분에 한 개로 모두 두 개뿐입니다. 또 이마방패는 수컷처럼 가운데 부분이 파이지 않아 이등변삼각형 모양입니다.

그러면 넓적사슴벌레 수컷은 왜 큰턱이 길게 뻗었을까요? 정답부터 얘기하면 암컷에게 선택받기 위해서입니다. 암컷이 주관하는 '신랑 뽑기 심사'에 통과하려면 첫째도 큰 뿔, 둘째도 큰 뿔을 가져야 유리합니다.

수컷들의
치고받는 결투

넓적사슴벌레 어른벌레는 암컷과 수컷 모두 밥을 먹기 위해 수액 식당인 나무에 모입니다. 그러다 보니 수액 식당은 종종 수컷들의 결투장이 되기도 합니다. 저녁이 되자, 활기를 되찾은 수컷 넓적사슴벌레가 갈참나무 껍질 틈에 생긴 수액 식당에 부우웅 육중한 소리를 내며 날아옵니다. 이미 날아와 식사 중인 고려나무쑤시기, 밑빠진벌레, 넓적사슴벌레 암컷 같은 곤충들 틈에 앉아 수액을 먹기 시작합니다. 잇달아 여러 곤충들이 날아오자 수액 식당은 금세 북적북적 붐빕니다.

다들 사이좋게 식사를 하고 있는데, 또 다른 넓적사슴벌레 수컷이 날아와 합류합니다. 육중한 수컷 넓적사슴벌레가 수액 식당에

앉자 다른 곤충들이 화들짝 놀라 나무껍질 속으로 들어갑니다. 나중에 날아온 넓적사슴벌레 수컷(수컷2)도 달달한 수액을 핥아 먹으며 고픈 배를 채웁니다. 그러자 먼저 날아왔던 넓적사슴벌레 수컷(수컷1)이 긴장합니다. 맛있던 수액을 마다하고 본능적으로 머리를 번쩍 들어 나중에 날아온 수컷2를 바라봅니다. 이에 질세라 수컷2도 질 수 없다는 듯이 수컷1을 노려봅니다. 순간 싸한 비장함이 식당에 감돕니다.

수컷1이 선제공격합니다. 황소가 뿔로 들이받듯 뿔(큰턱)로 수컷2 머리를 들이받은 후 공중으로 번쩍 올려 내동댕이칩니다. 수컷2의 몸이 나가떨어집니다. 그것도 잠시, 수컷2가 몸을 버둥대며 일으킨 뒤 성큼성큼 수컷1에게 다가갑니다. 반격이 펼쳐집니다. 체면이 상한 수컷2는 좀 전에 당한 걸 설욕이라도 하려는 듯 뿔을 이리저리 휘두르며 수컷1의 몸을 뿔로 찌릅니다. 치고받으며 두 녀석이 결투를 벌입니다. 실제로 뿔에 집히면 아픕니다. 한번은 넓적사슴벌레 수컷을 손가락으로 건드렸다가 녀석이 집게처럼 뿔을 오므리는 바람에 손가락을 물린 적이 있어 호되게 '매운 뿔 맛'을 익히 잘 압니다.

이번에는 수컷2가 수컷1의 몸을 찔러 내동댕이칩니다. 용맹스러웠던 수컷1이 뒤집혀 체면이 너덜너덜해졌습니다. 그렇게 몇 분 동안 두 넓적사슴벌레 수컷들은 힘자랑을 하며 거세게 치고받고 싸웁니다. 마침내 결투는 끝이 나고, 몸집이 좀 큰 수컷1이 이겼습니다. 나중에 날아온 수컷2는 수액 식당 한쪽에서 처량하게 식사를 마저 합니다.

심사 위원
암컷의 선택

승리를 거머쥔 넓적사슴벌레 수컷은 이 광경을 지켜봤을 암컷에게 씩씩하게 다가갑니다. 그리고 곧바로 짝짓기 작업에 들어갑니다. 수컷은 큰 몸으로 암컷을 뒤에서 안으며 덮칩니다. 몸집이 큰 수컷의 여섯 다리 아래에 몸집이 자그마한 암컷의 몸이 가두어진 것처럼 놓여 있습니다. 그런데도 암컷은 무슨 일이 있었냐는 듯 태평하게 수액 식사를 하며 결투에서 승리한 수컷의 다듬어지지 않은 거친 구애를 받아들입니다.

암컷을 감싸듯 보호하듯 암컷의 몸 위쪽에 있던 수컷이 짝짓기하려 슬슬 시동을 겁니다. 배 꽁무니를 길게 빼내 암컷의 배 꽁무니에 넣으려 하나 자세가 불안정해 마음처럼 잘 되지 않습니다. 하

톱사슴벌레 수컷이
암컷을 보호하듯 뒤
에서 안고 있다.

는 수 없이 수컷은 억센 다리로 암컷의 등과 옆구리를 잡고서 연이어 배 꽁무니를 들이댑니다. 여러 번의 시행착오 끝에 성공합니다. 수컷 생식기가 암컷 생식기에 들어갔으니 암컷과 수컷 모두 평생 소원이었던 짝짓기에 성공합니다.

그런데 암컷이 자세가 불편한지 몸을 움직이며 방향을 틉니다. 그러자 수컷이 암컷 등에 업히는 전통적인 짝짓기 자세가 흐트러집니다. 갑자기 암컷이 180도 방향을 틀어 앞쪽으로 걸어갑니다. 다행히도 수컷의 생식기는 빠지지 않고 그대로 암컷 생식기에 연결되어 있습니다. 졸지에 서로 반대 방향을 보며 배 꽁무니를 마주 댄 채 노린재류처럼 짝짓기를 합니다. 짝짓기는 한동안 계속됩니다.

짝짓기를 마치고 5~7일 후, 넓적사슴벌레 암컷은 번식 프로젝트의 하이라이트인 알 낳는 작업에 들어갑니다. 알은 썩은 나무의 수피에 낳는데, 알의 수는 10~30개 정도입니다. 알에서 깨어난 애벌레는 10달에서 길게는 15달 동안 썩은 나무속에 틀어박혀 나무 조직을 먹고 삽니다.

넓적사슴벌레가 전통적인 자세에서 흐트러져 서로 반대 방향을 보며 짝짓기를 하고 있다.

뿔이 크면
클수록 좋다?

넓적사슴벌레를 포함한 모든 사슴벌레 수컷들에게 있어 뿔은 자신의 유전자를 남기기 위해 없어서는 안 될 중요한 기관입니다. 뿔의 역할은 수컷끼리 결투할 때 가장 빛납니다. 암컷을 차지하기 위해, 아니 암컷의 선택을 받기 위해 수컷끼리 싸울 때 뿔은 굉장한 무기가 되지요. 뿔이 튼튼하고 강인해야 경쟁자인 다른 수컷을 이길 수 있기 때문입니다. 물론 뿔은 자기를 공격하는 힘센 포식자를 위협하거나 맞서 싸울 때도 요긴하게 쓰입니다.

그런데 넓적사슴벌레 수컷이 암컷의 심사를 통과하는 조건이 왜 뿔일까요? 뿔을 유지하며 살아가는 게 만만치 않은데 말입니다. 크고 우람한 뿔을 지니고 있으면 불편한 게 한두 가지가 아닙니다. 포식자의 눈에 띄기 쉽고, 따라서 쉽게 잡아먹힐 수 있습니다. 큰 뿔 때문에 나무껍질 아래로 숨기가 쉽지 않기 때문이지요. 바꾸어 말하면 이런 뿔을 가지고 산다는 건 생존 능력이 뛰어나다는 말이기도 합니다. 거추장스러운 뿔을 가지고도 살아남을 수 있다는 걸 몸소 보여 주니까요. 이게 바로 성 선택의 '핸디캡 원리'입니다. 비록 불리할 것 같지만 웬만한 핸디캡 정도는 충분히 극복할 만큼 강인하다는 것입니다.

그런데 꽃길만 걸을 것 같은 이런 과정에서 예기치 못한 불행한 미래를 불러들일 수도 있습니다. 수컷의 우람하고 매력적인 뿔과 이 뿔을 신호하는 암컷의 편견이 대를 끊게 만들 화근이 될 수도 있다는 말입니다. 뿔이 커지면 커질수록 포식자의 눈에 잘 띄고,

유연하지 못한 뿔 때문에 수액을 먹는 데도 차질이 생길 수도 있습니다. 이게 바로 큰 뿔을 가진 수컷의 딜레마입니다. 천적을 피해 살아남으려면 우람한 뿔을 포기해야 하지만, 만일 뿔을 포기하면 암컷의 배우자 선택 심사에 낙방해 유전자를 남길 수가 없습니다. 그러니 뿔은 언제까지일지는 모르나 계속 우람하게 유지될 수밖에 없습니다. 다소 과장된 예견이지만, 어쩌면 크고 멋진 뿔을 가진 수컷은 죽기 쉽고, 작아서 살아남을 확률이 높은 수컷은 암컷의 선택을 받지 못해 자손을 남기지 못할 것입니다. 이런 순환이 계속 이어지면 결국 대대손손 후손을 이을 수 없을지도 모릅니다. 이런 상황은 비록 가정이긴 하나, 충분히 진화 과정에서 일어날 여지가 있습니다.

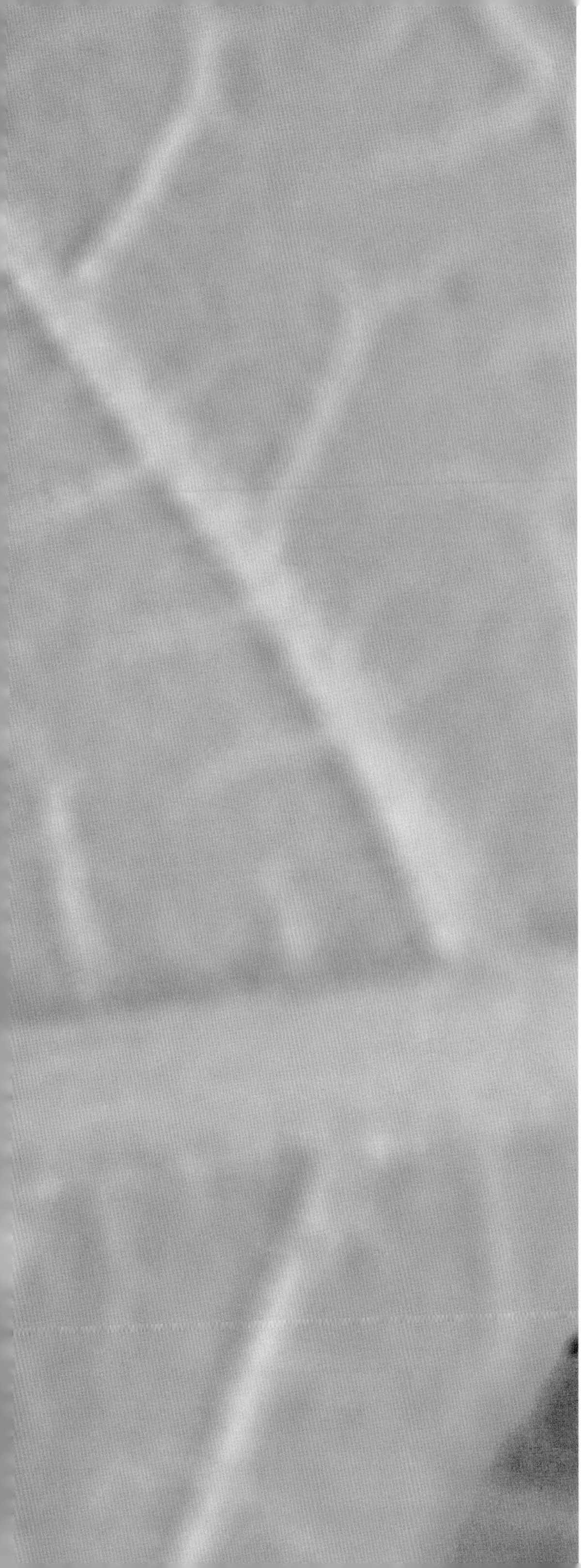

불빛 문자 보내는

운문산반딧불이

운문산반딧불이 수컷

운문산반딧불이 수컷은
배 꽁무니에 있는 발광 기관으로 불빛을 내서
암컷에게 구애합니다.

6월 중순, 제주도에 왔습니다. 벌써 10년째입니다.

해마다 이맘때면 운문산반딧불이의 불춤을 보러 곶자왈에 들릅니다.

그렇다고 해마다 몇백 마리가 추는 엄청난 불춤을 볼 수 있는 건 아닙니다.

어떤 해는 몇십 마리,

또 어떤 해는 여남은 마리의 불춤에 만족할 때도 있습니다.

그럼에도 깜깜한 숲속에서 펼치는 운문산반딧불이의

영롱하고도 현란한 불춤 공연은 계속되니 해마다 아니 갈 수 없습니다.

우리나라에 이런 곳이 몇 군데나 있을까요?

마음 같아선 반딧불이가 사는 곶자왈 전체를

천연기념물로 지정하고 싶은 심정입니다.

운문산반딧불이

이 꼭지는 딱정벌레목 반딧불이과 종인 운문산반딧불이(*Luciola unmunsana*) 이야기입니다.

곶자왈은
운문산반딧불이의 성지

　어느새 밤 10시가 훌쩍 넘었습니다. 초저녁에 뜬 도톰한 초승달이 자취를 감춘 지 한참 되었고, 하늘엔 영롱한 별들이 초롱초롱 떠 있습니다. 곶자왈 입구의 평지를 지나 숲길로 들어서니 빽빽하게 자란 상록의 큰키나무들이 하늘을 가려 칠흑같이 깜깜합니다. 어디가 오솔길이고 어디가 숲 바닥인지 분간이 안 되어 손전등을 찰나처럼 잠시 켰다 길을 확인하고 끕니다.

　곶자왈엔 돌들이 많아 잘못 디디면 돌에 걸리고 미끄러져 조심해야 합니다. 역시나 깜깜한 숲속에서 운문산반딧불이들이 번쩍번쩍 빛을 내며 깜박입니다. 여기서 번쩍, 저기서 번쩍, 얼른 세어도 수십 마리가 날면서 깜빡깜빡 불빛을 냅니다. 자동차가 비상등

을 켜고 천천히 달리듯 영롱한 불빛을 내며 이쪽에서 저쪽, 저쪽에서 이쪽으로 날아갑니다. 구부러진 숲길의 모퉁이를 돌자, 널따란 숲을 무대 삼아 수십 마리가 송사리 떼가 몰려다니듯 영롱한 불빛을 깜빡거리며 납니다. 별천지입니다. 정말이지 동화 속의 요정이란 요정들이 죄다 나와 불춤을 추는 것만 같습니다. 얼마나 신비롭고 아름다운지 흥분되어 심장이 마구 방망이질합니다. 그저 아! 아! 아! 진짜! 감탄사만 연발합니다. 바로 코앞을 지나가는 녀석을 향해 손을 휘저으니 손바닥 안에 들어옵니다. 깜빡이는 불빛이 어찌나 밝은지 제 손금이 어슴푸레 보입니다. 오밤중에 한 시간 동안 천 마리도 넘는 반딧불이와 '불놀이'를 하다니! 셰익스피어를 흉내내며 '초여름 밤의 지독한 꿈'을 꾸고 있는 것 같습니다.

운문산반딧불이 암컷은
못 날아

운문산반딧불이는 딱정벌레목 가문의 반딧불이과 집안 식구입니다. 우리나라에 기록된 반딧불이는 모두 7종인데, 여기엔 우리 땅에 분포하는지 확인할 수 없는 '의심종'인 파파리반딧불이도 포함되어 있습니다. 실제 우리나라에 살고 있는 반딧불이 가운데 불빛을 내어 교신을 하는 종은 단 3종으로 운문산반딧불이, 애반딧불이, 늦반딧불이입니다.

곤충 입문자들은 깨끗한 물과 다슬기가 있으면 반딧불이가 산다

운문산반딧불이 수컷 암컷과 수컷 모두 5~6번째 배마디가 발광 마디이다.

운문산반딧불이 암컷

고 믿습니다. 반딧불이가 다 물속에서 사는 물살이 곤충은 아닙니다. 이 3종 가운데 애반딧불이만 물속(애벌레 시기)에 사는 물살이 곤충이고, 운문산반딧불이와 늦반딧불이는 물이 없어도 축축한 산기슭의 땅에서 사는 땅살이 곤충입니다. 애반딧불이와 운문산반딧불이는 5월 말에서 7월 초에 날고, 늦반딧불이는 8월 중순부터 9월 말까지 납니다.

운문산반딧불이의 몸길이는 8밀리미터 정도로 맨눈으로도 잘 볼 수 있습니다. 몸 색깔은 단순합니다. 전체적으로 까만색인데 앞가슴등판과 소순판(작은방패판), 다리의 일부가 빨갛습니다. 대개 쉴 때는 머리를 약간 아래쪽으로 수그리고 지냅니다. 암컷과 수컷 모두 배 끝 쪽 두 마디, 즉 5~6번째 배마디가 발광 마디입니다.

잘 살펴보면 암컷과 수컷은 생김새가 약간 다릅니다. 수컷의 동그란 겹눈은 머리의 절반 이상을 차지할 정도로 굉장히 커서 겹눈과 겹눈 사이가 가깝습니다. 암컷의 겹눈은 수컷보다 작아 겹눈과 겹눈 사이가 떨어져 있습니다. 수컷의 겹눈이 큰 이유는 날지 못해 풀잎이나 풀 줄기에 앉아 깜박이는 암컷의 불빛을 잘 찾아내기 위해서입니다. 몸 크기도 수컷이 암컷보다 큽니다.

가장 큰 차이는 날개인데, 수컷은 뒷날개가 있어 날 수 있지만, 암컷은 뒷날개가 없어 날 수 없습니다. 그래서 암컷은 보통 앞이 탁 트인 풀밭의 풀잎, 풀 줄기, 돌 따위에 앉아 불빛을 깜박이며 수컷들에게 자신의 존재를 알립니다. 사람으로 치면 빛으로 사랑의 문자를 보내는 것이지요. 맘에 드는 수컷의 불빛을 보면, 풀잎에 앉아 불빛을 깜박깜박하며 수컷을 불러들입니다. 물론 암컷이 수컷의 불빛과 상관없이 풀잎에 앉아 불빛만 내어도 수컷들은 용케 알아차리고 암컷을 찾아옵니다.

　운문산반딧불이는 주로 습한 계곡 주변의 땅에서 삽니다. 어른
벌레는 일주일에서 열흘 정도 이슬을 먹고 살고, 애벌레는 약 10달
동안 땅 위에서 사는 달팽이류(연체동물)를 먹고 삽니다. 어른벌레
는 5월 말에서 7월 초까지 밤 11시경에서 새벽 2시까지 활발하게 날
아다니며 불빛을 냅니다. 우리나라의 반딧불이 가운데 운문산반딧
불이의 불빛은 초록빛이 나는 노란빛으로 가장 밝고 아름답습니다.

구애 중일 때
불빛이 제일 밝아

　앞서 소개한 바와 같이 운문산반딧불이는 암컷과 수컷 모두 다
섯 번째와 여섯 번째 배마디에 있는 발광 마디로 불빛을 냅니다.
수컷의 발광 마디는 모두 황백색입니다. 암컷의 발광 마디는 수컷

운문산반딧불이 수
컷(왼쪽), 운문산반
딧불이 파파리형 암
컷(오른쪽)

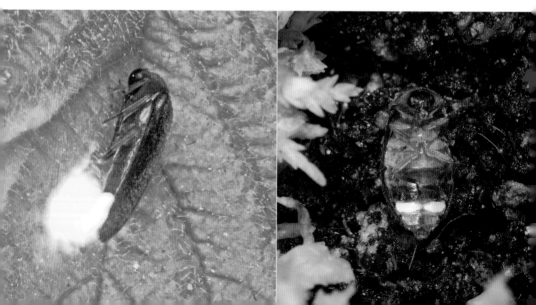

보다 크고 표면이 갈색의 반사층으로 덮여 있습니다. 이 발광 마디 가운데 다섯 번째 배마디 양쪽 끝에 2개의 작은 황백색 점이 있는데 그것이 다름 아닌 발광 기관입니다. 이 발광 마디에서 나오는 불빛은 정지할 때와 구애 중일 때가 서로 다릅니다. 날지 않고 정지할 때 수컷은 1개 또는 2개의 발광 기관에서 빛을 내고, 암컷은 2개의 작은 점으로 된 발광 기관에서 빛을 내기 때문에 이때는 수컷의 빛이 더 강합니다. 하지만 서로 본격적으로 구애할 때(구애 발광)는 수컷은 발광 기관 2개에서 모두 빛을 냅니다. 반면 암컷도 정지할 때처럼 작은 점으로 된 발광 기관 2개에서 빛을 내는데 수컷보다 큰 반사층(5~6번째 발광 마디를 덮고 있음.)을 통해 빛을 내니 훨씬 강한 빛이 나옵니다. 따라서 정지할 때는 수컷의 불빛이 더 강하고, 구애 중일 때는 암컷의 불빛이 더 강합니다.

운문산반딧불이의 불빛은 형광빛이 나는 노란색입니다. 운문산반딧불이의 발광 파장 영역은 400~700나노미터인데 그 중 가장 불빛의 광량이 가장 많은 영역은 600나노미터입니다. 초록색 계열은 500나노미터에서 나오고 주황색 계열은 600나노미터에서 나오므로 녀석의 불빛은 형광빛이 나는 노란색입니다.

운문산반딧불이
파파리반딧불이

운문산반딧불이는 경상도 운문산에서 처음 발견되었고, 파파리

반딧불이는 함경남도 풍산군 파발리에서 발견되었습니다. 일본인 도이(Doi)는 일제 강점기인 1931년에 경상도 운문산에서 운문산 반딧불이를, 1932년에 함경남도 풍산군 파발리에서 파파리반딧불이를 처음 발견하여 학계에 보고했습니다. 하지만 이 두 종의 생김새는 매우 비슷한데, 신종 발표 당시 도이는 빨간 가슴등판에 검은 반점이 있으면 파파리반딧불이, 빨간 가슴등판에 검은 반점이 없으면 운문산반딧불이라고 했습니다. 안타깝게도 운문산반딧불이임을 증명할 수 있는 모식 표본(신종을 증명하는 표본)의 소재를 확인할 수 없어, 반딧불이 연구자들이 모식 표본의 채집지인 운문산에서 조사해 보니 모두 운문산반딧불이였습니다. 이들 중에는 간혹 가슴등판에 검은색 무늬가 부분적으로 섞인 운문산반딧불이 파파리형도 섞여 있었습니다. 따라서 현재까지 우리나라에 살고 있는 종은 운문산반딧불이고 파파리반딧불이는 아직 확인이 안 된 분포 의심종입니다.

초여름 밤의
크리스마스트리

운문산반딧불이는 낮 동안, 즉 늦은 밤 활동 시간을 뺀 나머지 시간에는 풀잎이나 나뭇잎 뒤에 숨어 쉽니다. 이때 안타깝게도 병대벌레 같은 포식자에게 잡아먹히기도 합니다. 병대벌레에게 깊이 먹히는 장면을 본 적이 있는데, 녀석은 씹어 먹히면서도 병대벌레를 위협하듯이 계속 깜박깜박 불빛을 냅니다. 다 잡아먹힐 때쯤이면 불빛도 스러집니다.

밤이 깊어지자, 낮 동안 풀잎이나 나뭇잎 뒤에 숨어 있던 운문산 반딧불이들이 불빛을 내며 하나둘 날기 시작합니다. 수컷만 날개가 온전히 있어서 날 수 있는데, 이쪽저쪽에서 수컷들이 배 꽁무니 쪽에 있는 발광 기관에서 불빛을 깜빡이며 지그재그로 납니다. 암컷의 위치는 몰라 답답하지만 풀잎이나 나뭇잎 위처럼 어딘가에 앉아 있을 암컷을 찾아 무작정 날아다닙니다. 암컷이 보내는 불빛 신호를 발견할 때까지 깜깜한 오밤중 내내 날고 또 납니다. 지치지도 않는지 오늘 못 만나면 내일, 내일 못 만나면 모레……. 일주일이라는 주어진 삶의 기간 동안 날아다닙니다. 그만큼 암컷을 발견하는 일이 어렵습니다. 성비를 따져 보면 수컷 초과 현상이기 때문입니다. 어떤 까닭인지는 알 수 없으나 수컷의 수에 비해 암컷의 수가 월등하게 적습니다. 또한 뒷날개가 없는 암컷은 태생적으로

운문산반딧불이 불빛 궤적. 수컷이 불빛을 내며 기어가고 있다.

날 수 없어 날아다니는 수컷에 비해 확실히 눈에 덜 띕니다.

번쩍번쩍 불빛을 내며 쉼 없이 날던 수컷들이 잠시 쉬는지 깜박임 빈도가 잠시 뜸합니다. 그도 잠시, 나뭇잎 위에 앉아 있던 수컷 몇 마리가 빛을 깜박이며 지그재그로 날자 기다렸다는 듯이 다른 수컷이 덩달아 깜박깜박 빛을 내며 날아오릅니다. 이어 또 다른 수컷들이 거의 동시에 여기저기서 영롱한 불빛을 번쩍번쩍 내며 불빛 춤을 춥니다. 순식간에 수십 마리가 한꺼번에 깜박이니 마치 크리스마스트리에 차례차례 반복적으로 불이 켜지는 것 같습니다. 그러다가 어느 순간 깜빡임이 잦아들다, 또 몇 마리가 날기 시작하면 동료 수컷들이 따라서 동시에 날아오르기를 되풀이합니다. 합동 춤, 아니 집단 춤을 추니 너무도 황홀하고 아름다워 입이 다물어지지 않습니다. 이런 현상을 '동조 현상'이라고 합니다. 수컷들만 동조 현상에 가담하는데, 이는 날지 못하는 암컷을 효율적으로 찾거나 수컷 자신들의 존재를 강력하게 알리기 위한 행동입니다. 한 마리가 번쩍이는 것보다 여러 마리가 동시에 번쩍이면 암컷이 수컷을 훨씬 더 잘 발견할 수 있습니다. 물론 모든 반딧불이들이 동조 현상을 보이는 건 아닙니다. 우리나라에 사는 반딧불이 가운데 운문산반딧불이가 동조 현상에 참여합니다. 따지고 보면 운문산반딧불이 수컷들이 동조 현상에 참여해 함께 암컷을 찾는 것은 종족 번식을 하는 데 이득이 되면 됐지 결코 손해나진 않습니다. 여러 수컷 중 누구라도 암컷과 짝짓기에 성공하면 조상으로부터 물려받은 유전자가 다시 자손 세대로 이어질 수 있기 때문입니다.

수컷 불빛에
화답하는 암컷

운문산반딧불이 수컷과 운문산반딧불이 파파리형 암컷이 짝짓기하고 있다.

수컷들의 단합된 동조 현상이 효과가 있었는지, 풀 줄기에 앉아 있던 암컷이 불빛을 깜박이며 화답합니다. 암컷은 마음 내키는 대로 불빛을 깜박이며 수컷들에게 자기 존재를 알리는데 1분에 20번 정도 깜박입니다. 이를 귀신처럼 알아차린 수컷이 나뭇잎에 앉아 암컷을 향해 불빛을 깜박입니다. 이때는 정지 발광 하는데 1분에 48번꼴(1.26초마다 발광)로 깜박거립니다. 그러자 암컷도 수컷에게 자기 존재를 알리며 1분에 20번꼴로 깜박입니다.

암컷과 수컷이 서로를 염탐하듯이 한동안 불빛 문자를 주고받습니다. 암컷이 지속적으로 반응을 보이자 수컷이 흥분하기 시작합니다. 전보다 훨씬 센 불빛을 내며 더욱 빠르게 깜박거립니다. 이때는 구애 발광을 하는데 1분에 53번꼴로 깜박거립니다. 그런 수컷이 맘에 들었는지 덩달아 암컷도 불빛을 좀 더 세게, 규칙적으로, 빠르게 1분에 57번꼴로 깜박이며 적극적으로 화답합니다. 암컷의 깜박임 속도가 빠른 것은 수컷의 깜박임 속도에 맞추기 위해서입니다. 그뿐만 아니라 암컷은 수컷과 불빛 주파수도 맞춥니다. 수컷이 구애할 때의 주파수는 0.9헤르츠(평소에는 0.8헤르츠)인데, 이에 맞춰 암컷도 주파수를 0.9헤르츠(평소에는 0.3헤르츠)까지 높입니다. 이렇게 암컷이 수컷의 깜박임 속도와 주파수를 맞추는 걸 보니 암컷이 수컷을 받아들이기로 결심한 것 같습니다.

운문산반딧불이 암컷과 수컷이 불빛 대화를 주고받으며 서로 의사를 확인하자, 드디어 짝짓기가 시작됩니다. 수컷이 깜박이는 불

운문산반딧불이 암컷과 수컷이 짝짓기를 하고 있다.

빛을 따라 암컷한테 날아갑니다. 땅바닥에 앉아 있는 암컷을 발견
한 수컷은 암컷 옆에 내려앉았습니다. 암컷 등 위로 올라가는 게 여
의치 않은지 옆구리 쪽으로 올라갑니다. 다리를 암컷의 등 위에 올
려놓듯 잡고서 배 꽁무니를 암컷 배 꽁무니에 갖다 댑니다. 암컷도
배 꽁무니를 빼내 수컷에게 협조합니다. 약간 옆으로 앉은 자세로
짝짓기를 하지만 수컷의 생식기는 암컷의 배 꽁무니에 정확히 들
어갔습니다. 짝짓기 대성공입니다. 수컷이 현란한 불빛 춤을 오밤
중 내내 춘 보람이 있습니다. 재밌게도 짝짓기를 하면서도 암컷과
수컷은 불빛을 냅니다. 하지만 구애 발광 때보다 불빛은 점점 약해
지고, 깜박이는 간격도 길어져 천천히 깜박입니다. 만일 짝짓기 중
에 암컷과 수컷이 구애할 때처럼 불빛을 강력하고 빠르게 번쩍이
면 다른 수컷이 구애 발광인 줄로 착각하고 찾아와 짝짓기를 방해
할 수도 있습니다.

짝짓기를 마친 수컷은 죽고, 암컷은 알을 땅이나 이끼 같은 부드
러운 곳에 낳습니다. 알은 포도송이처럼 몇 개씩 붙여서 낳습니다.
운문산반딧불이 어른벌레는 아무리 오래 살아 봤자 일주일을 넘기
지 못합니다. 대부분 날개돋이 후 사나흘 사이에 짝짓기하고 알을
낳은 뒤 죽습니다. 알에서 깨어난 애벌레는 땅 위의 돌 틈이나 풀
숲에 숨어 살면서 달팽이류를 잡아먹고 삽니다.

불빛으로 구애하는

늦반딧불이

늦반딧불이

늦반딧불이는 반딧불이 무리 가운데
가장 늦은 계절에 나와서 붙은 이름입니다.

8월 중순, 강원도 홍천의 어느 야산입니다.

여전히 찜통 같은 더위가 물러갈 줄 모릅니다.

그래도 세월을 이길 장사가 정말 없는지

밤이 되면 산속엔 제법 선선한 기운이 돕니다.

해가 서쪽 산 아래로 뚝 떨어지자

대기하던 어둠이 슬금슬금 땅 위에 내려앉습니다.

그때 불현듯 반딧불이 한 마리가 형광빛 빗자루를 탄 요정처럼

불빛을 길게 내며 풀벌레 소리 가득한 풀숲 위를 날아오릅니다.

약속이나 한 듯 잇달아 반딧불이 여러 마리가 이쪽저쪽에서 날아오릅니다.

불빛이 길어 마치 까만 종이에 불빛으로 그림을 쓱쓱 그리는 것 같습니다.

참 아름답습니다.

우리나라 반딧불이 가운데

가장 늦은 계절에 나오는 늦반딧불이입니다.

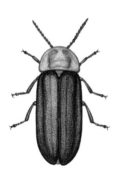

늦반딧불이

이 꼭지는 딱정벌레목 반딧불이과 종인 늦반딧불이(*Pyrocoelia rufa*) 이야기입니다.

늦여름에 나오는
늦반딧불이

  늦반딧불이는 현재까지 우리나라에 기록된 8종의 반딧불이 가운데 좀 별난 특징을 지니고 있는 종입니다. 여느 반딧불이와 다른 특징을 꼽아 봅니다.

  첫째, 나오는 계절입니다. 늦반딧불이는 우리나라에서 사는 반딧불이들 가운데 가장 늦은 시기에 나옵니다. 지역에 따라 차이가 있으나 여름부터 가을 사이, 즉 아침저녁으로 선선해지는 8월 중순(고산 지역은 7월 말경)에서 9월 말 사이에 어른벌레가 불빛을 반짝반짝 내며 날아다닙니다. 추운 북쪽 지방에선 여름에, 따뜻한 남쪽 지방에선 가을에 나옵니다. 그래서 이름을 '늦반딧불이'라 지었습니다.

늦반딧불이 수컷

둘째, 몸집이 가장 큽니다. 몸길이가 수컷은 15밀리미터 정도이고 암컷은 20밀리미터 정도로 암컷이 약간 큽니다. 그래서인지 큰 몸집에서 나오는 불빛이 굉장히 시원시원하게 밝습니다.

셋째, 날아다니는 시간대입니다. 늦반딧불이는 초저녁형 곤충입니다. 일정한 시간에 짧게 나오는데, 초저녁에 길어 봤자 대략 2시간 정도 모습을 드러냅니다. 낮과 초저녁 이외의 밤 시간에는 돌 아래, 풀숲, 두엄 더미 같은 곳에서 꼼짝 않고 쉬다가 해가 지고 난 후 7시 30분에서 9시 30분 사이 초저녁에만 잠깐 나와 휘익휘익 날아다닙니다. 애반딧불이나 운문산반딧불이에 비해 비행 시간이 짧은 편입니다. 그러다 보니 수컷은 땅 가까이에 있는 암컷을 찾느라 풀숲을 정찰하듯이 낮게 날아다니는 습성 때문에 산 밑에 있는 사람들의 집 마당에도 자주 날아다닙니다. 물론 높게도 납니다.

넷째, 사는 곳입니다. 늦반딧불이 애벌레와 어른벌레는 모두 땅

늦반딧불이 암컷은
수컷보다 몸이 약간
더 크다.

위에서 삽니다. 어른벌레는 주둥이가 퇴화되어 거의 먹지 않고, 애벌레는 육식성이라 땅 위에서 사는 달팽이류(연체동물문 복족강)를 잡아먹으며 삽니다. 늦반딧불이가 좋아하는 서식지는 계곡 주변의 산기슭, 논, 밭둑, 그늘지고 축축한 숲속 따위로 계곡과 풀숲이 적절히 조화롭게 섞인 습한 곳입니다. 그 이유는 애벌레의 주식인 육상 달팽이류가 건조한 곳보다는 습한 곳에서 많이 살기 때문입니다. 또 가로등 같은 불빛만 없으면 사람들이 사는 마을에서 좀 떨어진 농경지와 야산에서 살고 있어 사람들이 사는 집으로도 잘 날아옵니다. 이렇듯 사람들의 생활 공간과 겹쳐 사람들과 친합니다.

늦반딧불이는 우리나라 특정 지역만이 아닌 전 지역에서 살고 있고, 온 세계에 우리나라와 일본의 대마도에서만 사는 귀한 녀석입니다.

날아다니는 수컷
날지 못하는 암컷

늦반딧불이 수컷 더듬이가 톱니 모양으로 암컷보다 길다.

늦반딧불이의 몸매는 길고 넓적한 원통 모양입니다. 머리는 반달같이 생긴 앞가슴 속에 들어가 있어 위에서 내려다보면 잘 보이지 않습니다. 재미있게도 늦반딧불이는 암컷과 수컷의 생김새가 좀 다릅니다. 특히 날개가 많이 다르게 생겨 암컷과 수컷이 완전히 다른 종으로 착각할 때가 종종 있습니다.

우선 늦반딧불이 수컷부터 구경해 볼까요? 수컷의 몸 색깔은 전체적으로 주황색인데 딱지날개와 더듬이, 다리는 까만색입니다. 더듬이는 톱니 모양으로 암컷보다 약간 깁니다. 겹눈은 동

늦반딧불이 수컷 날개

그랗고 머리의 절반을 차지할 정도로 커서 겹눈끼리 거의 맞붙어 있습니다. 수컷의 눈이 큰 이유는 암컷이 반짝이며 내는 불빛을 잘 보기 위해서입니다. 날지 못하는 암컷이 앉아 있는 곳을 부지런히 찾아다니려면 큰 눈이 큰 몫을 합니다. 날개는 2쌍으로 여느 곤충들처럼 앞날개(딱지날개)와 뒷날개를 온전히 다 가지고 있어 훨훨 날아다닐 수 있습니다.

다음으로 늦반딧불이 암컷의 몸을 살펴볼까요? 암컷의 몸 색깔은 전체적으로 주황색을 띠는데 머리와 더듬이는 까만색입니다. 동그란 겹눈은 수컷보다 작아서 겹눈과 겹눈 사이가 약간 떨어져 있습니다. 더듬이는 실 모양으로 단순하고 약간 짧은 편입니다. 무

늦반딧불이 수컷 배와 발광 기관. 수컷 겹눈은 암컷이 내는 불빛을 보기 위해 커다랗다.

엇보다도 암컷의 가장 큰 특징은 날개에 있습니다. 앞날개(딱지날 개)는 퇴화되어 코딱지처럼 앞가슴등판에 흔적만 남아 있고, 뒷날 개는 아예 없습니다. 날개가 퇴화되어 배를 다 드러내고 살다 보니 마치 애벌레처럼 보입니다. 물론 암컷은 날개가 없으니 날아다니 는 건 꿈도 꾸지 않습니다. 그래서 암컷은 알 낳고 죽을 때까지 땅 바닥이나 식물 위를 걸어 다니며 삽니다.

수컷의
현란한 불빛 문자

양평의 산자락 아래에 위치한 연구소 정원에서 해마다 늦반딧불 이가 날아다닙니다. 늦반딧불이는 뒷산, 앞산, 아랫마을을 오갈 때 마다 연구소 정원에 들러 한바탕 불놀이를 하고 지나갑니다. 가장 왕성했을 때에는 열댓 마리가 나는 해도 있었는데, 지금은 전원주 택이 들어오고 가로등이 생기는 바람에 기껏해야 예닐곱 마리가 납니다. 전원주택이 계속 늘어나고 있으니 머지않아 그마저도 자 취를 감출까 속이 까맣게 탑니다.

올해도 어김없이 늦반딧불이가 연구소 정원에 날아왔습니다. 첫 불빛 비행은 8월 18일이었고, 마지막 비행은 9월 20일이었습니다. 개체 수는 8월 말에서 9월 초에 가장 많았습니다.

8월 말, 낮이 짧아져 저녁 7시만 되면 연구소 정원에 어둠이 내 려 어두컴컴합니다. 가냘픈 초승달이 게 눈 감추듯 서쪽 산 너머로 넘어가고, 북쪽 하늘엔 카시오페아 별자리가 선명하게 모습을 드러냅니다. 넓은 하늘엔 별들이 하나둘 떠오릅니다. 이때를 기다린 늦반딧불이가 뒷산의 덤불숲에서 불꽃놀이 하는 것처럼 '뿅~' 솟아오릅니다. 그리고는 어둠을 배경 삼아 앞이 탁 트인 풀밭을 가로질러 날아갑니다. 그러자 뒷산의 작은 계곡 쪽에서 잇달아 불빛이 솟아올라 밝은 불빛을 반짝반짝 내며 휘익~ 휘익~ 날아갑니다. 10분쯤 지나자, 예닐곱 마리가 제각각 마음껏 날아다닙니다. 아랫동네에 갔다가 되돌아서 다시 연구소 정원과 뒷산을 거쳐 윗집 농장으로 날아갑니다. 직선거리로 300미터 정도를 왕복하며 평지와 산자락 아래의 풀숲 위를 쉼 없이 납니다. 직선으로 날다가 때론 왼쪽으로 또는 오른쪽으로 방향을 틀며 날기도 합니다.

특이하게 늦반딧불이는 운문산반딧불이처럼 불빛을 짧게 깜박깜박하는 게 아니라 불빛을 오랫동안 길게 내며 납니다. 정말이지

늦반딧불이
불빛 궤적

날 때마다 긴 불빛이 명멸하듯 새어 나와 몽환적입니다. 마치 불빛으로 허공에 그림을 그리는 것처럼 불빛이 길게 새어 나옵니다. 늦반딧불이 예닐곱 마리만 날아도 정원은 황홀한 불빛으로 꽉 찹니다. 배 꽁무니의 발광 기관에서 나는 불빛이 얼마나 밝고 긴지 날아다니는 행적이 어렴풋이 보입니다. '늦반딧불이의 길'이라고나 할까요? 그렇게 한곳에 서서 늦반딧불이의 불빛을 두 눈으로 쫓아가다 보면 마치 현실 너머 이상향에 온 것 같은 기분이 듭니다.

늦반딧불이 수컷이 그리 나는 이유는 단 하나, 암컷을 찾아 사랑을 나누기 위해서입니다. 늦반딧불이 어른벌레의 수명은 약 15일 정도입니다. 이 짧은 기간 안에 번식을 해야 합니다. 날개가 없는 암컷은 땅바닥이나 풀숲에 앉아 있어 수컷은 '어딘가에 있을' 암컷을 찾으려 공중을 높이 날다가도 수시로 땅바닥을 뒤지듯 낮게 낮게 날아다닙니다.

늦반딧불이는 불빛으로 예비 배우자와 대화를 나누며 결혼 의사를 살펴보지만 그것만으로 역부족입니다. 다행히 비장의 무기인 성페로몬 냄새로도 교신을 합니다. 배우자를 찾아내고 고르는 데 시각과 후각이 총동원되는 것이지요.

마침 풀숲에 앉아 있던 암컷이 성페로몬을 내뿜습니다. 오묘한 페로몬 향기는 바람을 타고 늦여름 밤공기와 섞여 떠다니다 암컷을 찾아 초조하게 날던 수컷의 더듬이에 딱 걸립니다. 수컷의 더듬이가 암컷에 비해 길고 마디의 너비도 넓은 이유입니다. 더듬이에는 감각 기관이 빼곡히 들어차 있는데, 더듬이 마디의 면적이 넓을수록 페로몬의 분자들을 잘 감지해 냄새를 잘 맡을 수 있습니다. 수컷은 잘 발달된 더듬이로 암컷이 보낸 유혹의 냄새를 맡으며, 또

한편으론 배 꽁무니에서 매력적인 불빛을 내며 암컷을 향해 날아 갑니다. 일석이조입니다.

　마침내 암컷이 자기에게 다가오는 수컷의 황홀한 불빛을 봤습니다. 이때를 놓칠세라 암컷은 풀숲에 앉아 배 꽁무니의 발광 기관에서 반짝반짝 불빛을 내어 수컷에게 '나 여기 있어' 하며 화답을 합니다. 수컷은 주저하지 않고 암컷의 불빛과 향기로운 페로몬 냄새에 이끌려 꿈꾸듯 암컷을 향해 날아갑니다. 암컷에게 가까이 다가 갈수록 깜박이는 불빛의 강도는 강렬합니다. 암컷도 수컷이 강렬한 불빛을 내며 가까이 다가올수록 불빛을 강렬하게 내 '나도 네가 좋아.' 하며 적극적으로 응답합니다.

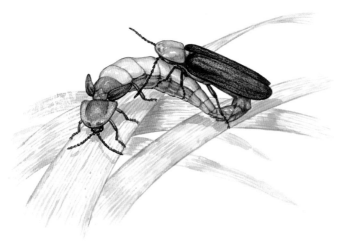

늦반딧불이 짝짓기

드디어 늦반딧불이 수컷이 암컷 곁에 도착합니다. 그리고 곧바로 암컷의 등 위로 올라가려 애씁니다. 암컷은 얌전히 앉아 있고, 수컷은 큰 어려움 없이 암컷의 배 꽁무니 쪽에서 암컷의 등 위로 올라갑니다. 이어 배 꽁무니를 길게 늘인 뒤 생식기를 빼내 암컷의 배 꽁무니에 갖다 댑니다. 암컷도 한눈에 수컷한테 반했는지 배 꽁무니를 길게 빼내 최대한 협조합니다. 짝짓기 '과업'은 밀고 당기는 신경전 없이 일사천리로 매끄럽게 척척 진행됩니다. 드디어 짝짓기 성공! 초저녁마다 불빛을 내며 공중을 날던 수컷의 노고가 결실을 맺는 순간입니다. 암컷 또한 풀밭에 무작정 앉아 날아다니는 수컷들 중 하나를 선택해야 했던 고민이 삽시간에 해결되는 순간입니다. 이쯤이면 해피 엔딩입니다. 늦반딧불이 부부는 사랑을 나누면서도 여전히 불빛을 냅니다. 마치 자축의 축포를 터트리듯이 말입니다.

알로
겨울나기

짝짓기를 마친 늦반딧불이 암컷은 알 낳을 곳을 찾습니다. 날개가 없으니 멀리 가지 않고 땅바닥을 걸어 다니다 돌 밑이나 풀뿌리 밑에다 알을 낳습니다. 알 생김새는 공 모양으로 색깔은 노르스름합니다, 알은 4일에 걸쳐 적게는 40개에서 많으면 120개 정도 낳습니다. 대부분 산란 1일째에는 약 65퍼센트, 산란 2일째에는 91퍼센트까지 알을 낳아서 산란을 시작한 지 하루나 이틀 사이에 알을 거의 다 낳습니다. 알 크기는 1.7밀리미터이고, 알의 모습으로 겨울잠을 잡니다. 늦반딧불이는 알을 8~9월에 낳기 때문에 이때 애벌레로 깨어나면 먹잇감이 부족한 데다 곧 추위가 닥쳐와 가을에 부화하지 않고 알로 겨울을 나는 것입니다.

늦반딧불이 애벌레
등쪽

일 년에
한살이는 한 번

이듬해 봄이 되면 알에서 애벌레가 깨어납니다. 늦반딧불이 애벌레의 단계는 1령에서 5령까지입니다. 먹이와 환경 조건이 잘 갖춰진 실내 실험실에서 깨어난 애벌레는 번데기가 되기까

늦반딧불이 애벌레 주둥이

지 약 100~110일 정도 걸립니다. 애벌레는 땅 위를 기어다니며 달팽이류, 민달팽이 같은 연체동물을 잡아먹으며 몸을 키웁니다. 어른벌레처럼 애벌레도 야행성이라 낮에는 산기슭이나 논밭 주변의 돌 밑에 숨어 있다가 밤이 되면 풀숲으로 나와 달팽이류를 사냥합니다. 낫처럼 날카롭게 생긴 큰턱에서 분비물을 내어 먹잇감을 기절시키고 소화를 시킨 뒤에 식사합니다. 뿐만 아닙니다. 식사 중에 큰턱에서는 먹이가 상하지 않게 막아 주는 방부제 물질이 나옵니

늦반딧불이 애벌레
배쪽

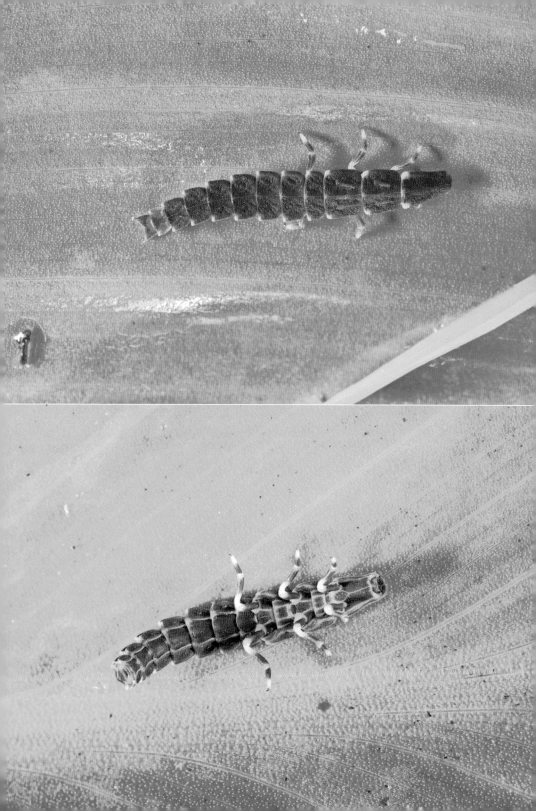

다. 우리가 풀숲에서 흔히 만나는 달팽이들은 이렇게 늦반딧불이 애벌레의 없어서는 안 될 주식입니다.

다 자란 5령(종령) 애벌레의 몸길이는 25~40밀리미터 정도로 몸집이 꽤 큰 편이라 맨눈으로도 잘 보입니다. 신기하게도 애벌레도 발광 기관을 지니고 있어 풀숲이나 땅바닥을 기어다닐 때 불빛을 깜박깜박 냅니다. 초저녁부터 오밤중 넘어서까지 땅 위를 기어다니며 달팽이를 사냥합니다. 발광 기관이 있는 배마디가 2개인 어른벌레와 달리, 애벌레의 발광 기관 배마디는 1개라서 어른벌레에 비해 빛은 약한 편이지만 몸집이 큰 탓에 불빛이 선명합니다. 애벌레가 내는 불빛은 천적에게 '나는 독을 품고 있어. 맛이 없으니 먹지마.' 하는 경고용입니다.

다 자란 늦반딧불이 애벌레는 7월 말경에 흙 속에서 번데기로 탈바꿈합니다. 번데기는 돌 틈, 풀뿌리 밑에서도 만듭니다. 애반딧불이와 달리 번데기 방을 만들지 않습니다. 약 10일 후 어른벌레가 되어 초저녁에 불빛을 내며 날아다닙니다.

늦반딧불이 한살이는 대개 일 년에 한 번 돌아갑니다. 하지만 달팽이가 모자라거나 환경이 안 좋아 제대로 자라지 못한 애벌레는 그해에 한살이를 마치지 못하고(어른벌레로 날개돋이 못 함.) 애벌레 상태로 겨울잠을 잘 때도 있습니다. 즉 환경이 안 좋으면 햇수로 2년을 사는 2년형 애벌레가 가끔 나타납니다.

2장

향기에
반하다

꽃 밥상에서 향기 내뿜는

꼽추등에

꼽추등에

꼽추등에가 미나리냉이 꽃 위에 앉아
밥을 먹고 있습니다.

6월 초, 강원도 계방산입니다. 계곡을 옆에 끼고 산길을 걷습니다.

이따금씩 부는 선선한 바람을 타고 실려 오는

찔레나무 꽃향기가 참 상큼합니다.

그늘진 오솔길 옆에는 미나리냉이 꽃이

제법 군락을 이뤄 소담스럽게 피어났습니다.

길섶 군데군데에서 하얀 산딸기나무 꽃과 찔레나무 꽃도

가는 봄을 배웅하며 소박하게 피었습니다.

미나리냉이 꽃밭에 잠시 쪼그리고 앉아 꽃들을 들여다보는데

생소하다 못해 요상하게 생긴 파리가 눈앞에서 알짱거립니다.

등이 꼽추마냥 엄청나게 굽어 있습니다.

게다가 주둥이는 뾰족한 이쑤시개같이 생겼습니다.

누굴까요? 몸매가 특이해 한눈에 알아볼 수 있는 꼽추등에입니다.

애써 맘먹고 찾아야만 볼 수 있는 꼽추등에를 여기서 만나다니!

반가워 저도 모르게 입꼬리가 귀밑까지 올라갑니다.

미나리냉이

이 꼭지는 파리목 꼽추등에과 종인 꼽추등에(*Oligoneura nigroaenea*) 이야기입니다.

꼽추등에 몸매는
기역(ㄱ) 자

미나리냉이 꽃밭을 뒤로하고 몇 걸음 옮기자, 이번에는 산딸기나무 꽃 위에 꼽추등에 몇 마리가 앉아 꼼짝도 안 합니다. 얼마나 배가 고팠는지 불청객이 들여다보고 있는 줄도 모르고 꽃꿀 식사에 몰두하고 있습니다. 그런 꼽추등에의 모습은 영락없는 기역(ㄱ) 자입니다. 몸매는 균형이 잘 맞지 않아 우스꽝스럽다 못해 기묘합니다. 사람이 만든 조각품이라면 만들다가 실패한 작품처럼 불균형미의 최고봉입니다.

꼽추등에는 몸길이가 10밀리미터도 안 될 정도로 몸이 작습니다. 몸매는 뚱뚱한데, 등이 곱사등처럼 직각으로 굽어 꼽추 같습니다. 왜 여느 파리들과 달리 요상한 모습으로 살게 되었는지 몹시 궁금합니다.

꼽추등에는 몸집이 작고, 등이 직각으로 굽어 있다.

몸 색깔은 전체적으로 회갈색으로 칙칙하지만, 다리는 부분적으로 하얀색을 띠어 마치 하얀 장화를 신은 것 같습니다. 피부에는 희끗희끗하고 매우 짧고 부드러운 솜털이 빽빽이 덮여 있어 보송보송합니다. 머리는 몸집에 비해 매우 작은데 가뜩이나 작은 머리를 아래쪽으로 수그리고 있어 잘 안 보입니다. 겹눈은 동그란데 머리에 비해 너무 커서 머리를 거의 덮을 정도입니다. 더듬이는 있는 둥 마는 둥 가늘고 짧습니다. 주둥이는 엽기적입니다. 길이가 제 몸길이만큼 길고, 송곳처럼 날카롭고 뾰족해 무시무시하지만 꽃꿀을 먹기엔 안성맞춤입니다. 날개는 2장뿐입니다. 겉날개는 항상 시옷(ㅅ) 자로 펼치고 있는데, 2장을 겹친다 해도 배를 덮지 못할 정도로 폭이 좁습니다. 뒷날개는 퇴화해 평균곤으로 변형되었는데

꼽추등에 뒷날개는 퇴화되어 잘 보이지 않는다.

꼽추등에 주둥이는
제 몸길이만큼 길어
꽃꿀을 빨아 먹기에
좋다.
—

잘 보이지 않습니다. 날개 아래쪽의 어깨판은 반투명하며 조개껍
질 모양입니다. 배는 임신한 것처럼 매우 뚱뚱하고 두루뭉술합니
다. 그래도 행동은 느리지 않습니다. 잽싸게 꽃 위에 날아오고, 위
험하면 바람처럼 훌쩍 날아 도망갑니다.

꼽추등에는 파리목 가문의 꼽추등에과 식구로 우리나라에는 단
3종만이 살고 있습니다. 영어권에서는 꼽추등에의 머리가 눈에 띄
게 작다고 '작은머리파리(small-headed fly)'라고 부릅니다. 또 애벌
레 시기에 거미에게 기생한다고 해서 '거미파리(spider fly)'라고도
부릅니다.

짝짓기 모습은
쌍기역(ㄲ) 자

꽃꿀 식사 삼매경에 빠진 꼽추등에를 숨죽이고 들여다보고 있는
그때, 다른 꼽추등에가 산딸기나무 꽃에 부웅 날아와 합류합니다.
그런데 꽃꿀을 먹을 생각은 아예 안 하고 식사 중인 꼽추등에 옆
에서 조바심 내며 얼쩡댑니다. 그러고 보니 미리 와 식사 중인 녀
석은 암컷이고, 나중에 온 녀석이 수컷이군요. 암컷이 이미 꽃꿀을
먹으며 페로몬을 풍겨 어딘가에 있을 수컷을 불러들인 것입니다.

꼽추등에 수컷은 암컷에게 다가갔다 이내 날아 바로 옆에 있는
꽃봉오리에 앉습니다. 다시 날아서 암컷 뒤꽁무니 쪽에 앉기 무섭
게 곧바로 암컷의 등 위에 올라탑니다. 하지만 자세가 불안정하니
금세 바닥으로 떨어집니다. 몸을 바로잡은 수컷이 이번에는 암컷
의 머리 위쪽으로 걸어 올라가지만 역시 실패합니다. 여러 번의 시
도 끝에 수컷은 날아서 암컷 등 위에 내려앉습니다. 수컷의 입장에
서 직각으로 굽은 '꼽추 등' 위에 앉는 것 자체가 무모한 도전처럼
느껴집니다. 또 암컷의 배가 너무 뚱뚱해 수컷이 끌어안기도 버겁
습니다. 그래도 수컷은 아슬아슬하게 암컷의 부푼 배 위에 올라타
는 동시에 긴 다리로 암컷의 옆구리를 잡습니다. 졸지에 수컷의 자
세가 엉거주춤합니다. 수컷은 엉거주춤하게 서서 서둘러 배 꽁무
니를 구부려 더듬거리며 암컷 배 꽁무니에 갖다 댑니다. 이때 암컷
이 배를 움직이며 기꺼이 협조합니다. 이윽고 수컷 배 꽁무니가 암
컷 배 꽁무니와 맞닿으며 꿈에 그리던 짝짓기에 성공합니다. 재밌
게도 짝짓기 자세는 기역(ㄱ) 자 2개가 나란히 놓인 쌍기역(ㄲ) 자

모양입니다.

특이하게 맞닿은 꼽추등에의 배 꽁무니를 자세히 들여다보면 결합된 암컷과 수컷의 생식기가 적나라하게 드러나 있습니다. 하지만 꼽추등에 부부의 짝짓기 모습은 굉장히 덤덤합니다. 신부는 여전히 기다란 주둥이를 산딸기나무 꽃에 꽂은 채 꽃꿀을 먹고, 수컷은 암컷의 등 위에 숨죽인 채 가만히 앉아 있을 뿐 별다른 움직임이 없습니다. 그런 꼽추등에의 사랑을 방해하지 않으려는 듯 불어오던 산들바람도 잠시 멈춥니다.

꼽추등에 암컷과 수컷의 생식기가 결합된 모습

난입한
훼방꾼 수컷

짝짓기를 시작한 지 5분이 지나갑니다. 그때, 훼방꾼 수컷이 날아와 꼽추등에 부부 옆에 앉습니다. 이미 페로몬 냄새에 흥분이 된 상태라 인정사정 보지 않고 눈 깜짝할 사이에 날아 꼽추등에 부부를 덮칩니다. 훼방꾼 수컷은 다짜고짜 신부의 굽은 등짝 위에 다리를 올려놓은 채 걸터앉아 생식기를 꺼내 신부의 등을 더듬더듬 찌릅니다. 졸지에 기역(ㄱ) 자가 세 개 생겼습니다. 생식기가 단단한 암컷의 등에 들어가지 않자 신부 머리 쪽으로 걸어가며 계속 생식기를 찔러 넣으려 애쓰나 실패합니다. 신부의 몸에서 떨어져도 훼방꾼 수컷은 다시 신부의 머리를 밟고 등 위에 올라탄 뒤 주춤거리며 180도 몸을 돌려서 짝짓기 자세를 취합니다. 그리고 배 꽁무

뒤늦게 날아온 또 다른 꼽추등에 수컷이 암컷의 머리 위로 올라갔다.

니 속에서 빼낸 생식기를 연신 신부의 등 위에 찔러 댑니다. 들어
가지 않는 데도 아랑곳하지 않고 자꾸 찔러 보지만 역시나 실패입
니다. 여전히 배 꽁무니 속에서 빼낸 생식기는 겉으로 드러나 있습
니다. 이렇게 훼방꾼 수컷의 행동이 무례하기 짝이 없는데도 신부
는 신경질 하나 내지 않고 잠자코 앉아 식사에 열중합니다. 또 신
랑은 바로 눈앞에서 벌어지는 훼방꾼 수컷의 기막히는 행동을 바
라볼 뿐 응징도 못한 채 신부의 몸에서 떨어지지 않으려 신부 몸만
꽉 잡고 있습니다.

　　3분 넘게 훼방꾼 수컷의 난동이 계속됩니다. 말이 3분이지 꼽추
등에 부부에게는 30분으로 느껴질 만큼 공포의 시간입니다. 훼방
꾼 수컷은 무법자처럼 신부의 등 위를 차지하고 여러 번 짝짓기를
시도하지만 번번이 실패하자, 다른 곳을 날아가 버립니다.

　　드디어 꼽추등에 부부에게 평온이 찾아옵니다. 훼방꾼 수컷에게
밀려 신부의 배 꽁무니 쪽으로 내려온 신랑은 전열을 가다듬고 다
리를 살살 움직이며 신부 머리 쪽으로 옮겨 안정적인 자세를 취합
니다. 그렇게 꼽추등에 부부는 달콤한 향기가 가득한 산딸기나무
꽃 속에서 한동안 사랑을 나눕니다.

거미 몸속에
기생하는 애벌레

짝짓기를 성공적으로 마친 꼽추등에 암컷은 알을 낳습니다. 알

은 땅속에다 낳는 것으로 여겨집니다. 놀랍게도 암컷 한 마리가 낳
는 알의 수는 5천 개 정도입니다. 알에서 애벌레가 깨어나면 그때
부터 생태계 먹이망의 전통적인 질서에 대반전이 일어납니다. 대
개 곤충의 최대 포식자이자 천적은 거미인데, 꼽추등에 애벌레는
자신들의 천적인 거미의 몸속에서 기생하기 때문입니다. 꼽추등에
어른벌레는 기생을 하지 않고 꽃꿀을 먹으며 삽니다.

　우선 꼽추등에 애벌레는 과변태, 즉 지나친 탈바꿈을 합니다. 알
에서 갓 깨어난 꼽추등에 1령 애벌레를 플라니듐(planidium)이라
부르는데, 몸이 납작하게 생겼습니다. 딱정벌레목 가문의 남가뢰
애벌레도 과변태를 하는데, 남가뢰 1령 애벌레는 특이하게 각각의
다리에 발톱이 3개씩 있습니다(triungulin). 꼽추등에 1령 애벌레는
남가뢰 1령 애벌레와 닮지 않고 오히려 부채벌레목의 꽃벌부채벌

레속(*stylops*) 곤충과 매우 비슷하게 생겼습니다. 꼽추등에 1령 애벌레는 알에서 깨어 나오자마자 곧바로 거미를 찾아다닙니다. 다행히 꼽추등에 1령 애벌레는 거머리나 자벌레처럼 꿈틀꿈틀 몸을 움직여 기어다닐 수 있고, 심지어 곡예사처럼 공중으로 몇 밀리미터 뛰어오를 수도 있어 거미를 찾는 데 큰 어려움은 없습니다. 곡예사인 꼽추등에 1령 애벌레는 거미를 발견하면 곧바로 거미를 꽉 잡은 뒤 다리를 거쳐 몸으로 기어 올라갑니다. 그리고 거미의 다리와 몸이 연결된 관절에 도착하면 관절막을 뚫고 몸속으로 들어갑니다. 그런 뒤 거미의 호흡 기관인 책허파 근처에 머물며 애벌레 시절을 보냅니다. 애벌레가 무사히 다 자 자라면 거미의 몸 밖으로 나와 번데기로 탈바꿈합니다.

이렇게 꼽추등에 한살이는 참으로 기묘하고 드라마틱합니다. 새로운 창작품같이 요상하게 생긴 어른벌레의 생김새, 거미 몸속을 파고들어 기생하는 애벌레의 끔찍한 행동에 신비함보다는 놀라움이 느껴집니다.

아쉽게도 꼽추등에의 한살이에 대해 알려진 게 많지 않습니다. 앞으로 연구가 더 많이 되면 굉장히 변화무쌍한 꼽추등에의 사생활을 엿볼 수 있을 것 같습니다.

밤나무산누에나방

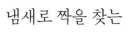

밤나무산누에나방 애벌레

밤나무산누에나방 애벌레가
가래나무 잎사귀를 먹고 있습니다.

10월 중순, 연구소 정원에 가을이 머뭅니다.

초록빛이었던 나뭇잎과 풀잎들은 그새

울긋불긋한 가을 옷으로 갈아입는 중입니다.

낮의 길이가 점점 짧아져 일찌감치 해가 서쪽 산을 넘어가 버리고

별들은 하나둘 떠올라 하늘을 밝히며 밤을 알립니다.

밤이면 기온이 뚝 떨어져 제법 춥습니다.

가을 내내 우렁차게 불러 대던 풀벌레들의 떼창이 수그러들고,

때를 놓친 늦둥이 왕귀뚜라미 몇 마리만이 풀 죽은 울음을 웁니다.

문득 쓸쓸함이 엄습합니다.

적막함을 달래며 별들을 머리에 이고 정원을 어슬렁거리며 느릿느릿 걷는데

개회나무 쪽에서 '푸드드득' 나방의 거친 날갯짓 소리가 납니다.

소리가 얼마나 큰지 대형 나방임에 틀림없습니다.

얼른 뛰어가 손전등을 비추어 보니

밤나무산누에나방이 날개를 활짝 펼치고 앉아 있습니다.

오호! 이 밤에 아기 손바닥보다 더 큰 나방을 만나다니!

가라앉았던 마음이 순식간에 흥분되어 호흡이 빨라집니다.

밤나무산누에나방

이 꼭지는 나비목 산누에나방과 종인 밤나무산누에나방(*Caligula japonica*) 이야기입니다.

가을 신부
가을 신랑

　밤나무산누에나방이 날개를 활짝 펼치고 앉아 있습니다. 날개를 편 길이가 무려 100밀리미터도 넘어(105~135밀리미터) 일단 몸 크기에 압도됩니다. 다른 나방들은 이미 겨울 준비에 들어갔는데, 밤이슬 차가운 가을밤에 나와 어쩌겠다는 것일까요? 걱정스러운 마음에 혼잣말로 두런거리며 손전등을 조심스레 비춥니다. 난데없는 불청객에 놀라 밤나무산누에나방이 긴장해 움직입니다. 조금씩 움찔거릴 때마다 머리 아래쪽에 숨겨진 더듬이가 보이는데, 더듬이가 요란하게 화려하지 않고 단순한 걸 보니 암컷입니다. 이참에 수컷을 몇 마리나 유혹하는지 알아보기 위해 잠시 녀석을 데려오기로 맘먹습니다. 후다닥 연구소 창고로 뛰어가 포충망을 들고 다시 녀석이 자리 잡고 있는 개회나무로 갑니다. 그 사이 밤나무산누에나방 암컷은 좀 전에 있었던 곳보다 더 위쪽으로 기어 올라가 잎사귀 사이에 매달려 있어 포충망 작업을 할 수 없습니다. 하는 수 없이 실험은 포기하고, 수컷이 올 때까지 기다리기로 맘먹습니다.

　몇 분쯤 지났을까? 한동안 꼼짝하지 않던 녀석이 슬그머니 머리를 낮추고 배를 살짝 들어 올리고선 배 꽁무니를 파르르 떨듯 미세하게 움직입니다. 한 번이 아니고 쉬지 않고 연속으로 떱니다. 지금 암컷은 수컷을 유혹하기 위해 일생일대의 가장 성스러운 작업을 하는 중입니다. 수컷을 불러들이기 위해 배 꽁무니 쪽에 난 구멍을 통해 수컷을 흥분시키는 오묘한 향수를 뿌리고 있습니다. 눈으로 보이지 않지만 배 꽁무니가 움직일 때마다 성페로몬 물질이

공중으로 흩뿌려집니다. 아! 이게 바로 첫날밤을 준비하는 암컷의 정성 어린 의식입니다. 말로만 듣던 암컷의 성대하고 은밀한 유혹을 눈앞에서 보다니! 암컷이 손전등 불빛에 놀라 첫날밤 준비 작업을 그만둘까 봐 가슴이 조마조마해집니다. 사진 촬영을 할까 싶어 만지작거리던 카메라를 내려놓고, 손전등도 끈 채 그 자리에 붙박이처럼 서서 수컷이 오기만을 기다립니다.

10여 분이 지났을까? 암컷이 신방을 차린 개회나무에 날아오는 커다란 물체를 포착했습니다. 어둡지만 나는 폼이 분명히 나방의 실루엣입니다. '푸드드득' 육중한 몸이 나뭇잎에 부딪치는 소리는 두말할 것도 없이 나방의 보디랭귀지입니다. 조심스레 손전등을 켜고 암컷의 신방 주변을 살피니, 암컷과 약 20센티미터 거리를 두고 다른 밤나무산누에나방이 안절부절못한 채 날개를 퍼덕이며 걸어 다닙니다. 참빗처럼 생긴 화려한 깃털 모양의 더듬이를 보니 수컷입니다. 일단 암컷의 은밀한 첫날밤 작전은 성공입니다.

이제부터 실전입니다. 밤나무산누에나방 수컷은 암컷이 흩뿌린 성페로몬 냄새에 흥분한 나머지 암컷에게 돌진하려 좌충우돌합니다. 비좁은 잎사귀 위에서 날갯짓을 하며 암컷의 머리 쪽으로 다가가지만 헛수고입니다. 이번에는 성욕을 주체하지 못한 수컷이 잎 위에 앉아 있는 암컷을 다리 6개로 안아 보려 하지만 잎에 가로막혀 실패합니다. 성페로몬 향기에 취해 이미 몸이 달아오를 대로 달아오른 수컷은 날개를 파르르 떨며 비좁은 잎 사이에서 암컷과 접촉하며 호시탐탐 기회를 노립니다. 암컷도 가만있지 않습니다. 수컷의 스킨십이 있을 때마다 암컷도 자기만의 방법으로 수컷에게 스킨십을 합니다. 더듬이를 휘휘 저어 수컷의 더듬이와 머리를 어루만지고 날개를 퍼덕여 수컷의 날개와 부딪칩니다. 이때 암컷은 수컷이 건강한지, 우수한 유전자를 가졌는지 심사합니다. 약 5분 동안 성욕을 주체 못해 안달 난 수컷의 집요한 집적거림이 계속됩니다. 수컷이 배 꽁무니를 암컷 배 꽁무니에 저돌적으로 갖다 대지만 자세가 안 좋아 실패합니다. 여러 번 실패해도 물러설 줄 모르는 수컷입니다.

잠시 멈칫하나 싶더니 이내 마음을 가다듬은 밤나무산누에나방 수컷이 암컷이 매달린 잎사귀의 바로 맞은편 잎에 매달립니다. 각자 매달린 잎사귀를 사이에 두고 암컷과 수컷이 서로 마주 봅니다. 잎에 가려 얼굴은 볼 수 없지만 배 꽁무니를 마주 댈 수 있는 자세입니다. 수컷이 배 꽁무니를 암컷을 향해 슬금슬금 구부리며 암컷 배 꽁무니를 더듬거립니다. 그런 수컷을 신랑감으로 골랐는지 암컷도 배 꽁무니를 움직거리며 화답합니다. 수컷은 자기 배 꽁무니가 암컷 배 꽁무니에 닿자 더듬더듬, 움찔움찔, 조심조심 온 신경을 집중해 배 꽁무니를 암컷의 생식기 속에 비비적거리며 쏘옥 집어넣습니다. 수컷 배 꽁무니 속에 들어 있는 생식기가 암컷 몸속으로 들어가는 순간입니다. 드디어 짝짓기 성공! 밤이슬 내리는 깜깜한 밤에, 나뭇잎을 침대 삼아 나무 위에서 밤나무산누에나방 신부와 신랑이 첫날밤을 치릅니다. 하늘에 떠 있는 무수한 별들이 성대한 밤나무산누에나방의 결혼식에 무한한 축복을 내립니다. 저도 그 별들과 함께 밤나무산누에나방의 신방을 숨죽이고 엿보며 축하 인사를 보냅니다.

그런데 짝짓기 자세가 묘합니다. 배 꽁무니만 자물쇠처럼 맞붙어 있을 뿐 서로 외면하고 있습니다. 각각 다른 나뭇잎에 매달려서

밤나무산누에나방
이 반대 방향을 바
라보며 짝짓기하고
있다.

얼굴이 가려진 탓도 있지만 아예 서로 반대 방향을 바라보기 때문
이지요. 비록 외면하고 있지만, 밤나무산누에나방 부부는 찰떡처
럼 딱 붙어 있어 움직이지 않습니다. 손전등을 비추면 배 꽁무니가
붙은 상태로 약간 위쪽으로 기어갈 뿐 똑같은 자세를 유지하고 도
통 떨어질 생각을 하지 않습니다. 개회나무에 신방을 차린 그들만
의 은밀한 사랑은 밤새도록 계속됩니다.

밤새 나눈
사랑

긴 밤이 지나고 이튿날 아침이 밝았습니다. 밤새 연구소 정원에 서리가 내려앉았습니다. 사랑에 빠진 '밤나무산누에나방의 신혼 방'이 궁금해 눈곱만 떼고 개회나무로 갑니다. 세상에! 밤나무산누에나방 부부가 아직도 배 꽁무니를 맞대고 사랑을 나누고 있습니다. 벌써 몇 시간째인가요? 얼추 계산해도 10시간째입니다. 수컷의 정력도 대단하지만 암컷의 체력도 대단합니다. 접사 렌즈로 촬영하기엔 멀리 떨어져 있지만 희미하게나마 사랑에 빠진 밤나무산누에나방 부부를 기념 촬영합니다. 그때 딱새 한 마리가 부부가 매달린 개회나무 줄기에 앉습니다. 놀란 밤나무산누에나방 암컷이 도망치려 날개를 퍼덕이면서 배를 비틀며 요동치자 수컷의 생식기가 쑤욱 빠집니다. 암컷과 수컷은 '우리가 언제 부부였었냐?'라는 듯이 각자 날아갑니다. 수컷은 힘이 빠졌는지 날아올랐다가 잎사귀 위에 내려앉아 쉽니다.

밤나무산누에나방 수컷은 힘이 닿는 한 또 다른 암컷을 찾아가 짝짓기를 하며 자신의 유전자를 퍼뜨릴 테지만 녹록지 않습니다. 체력을 밤새 다 써 버렸기 때문입니다. 게다가 어른벌레는 '짝짓기 용'으로 태어난 탓에 영양 섭취에는 도통 관심이 없습니다. 나방 어른벌레들은 미식가들이어서 빨대 주둥이를 이용해 대개 달달한 꽃꿀, 영양가 많은 짐승 똥, 수액(나뭇진)을 빨아 마시며 영양 보충을 합니다. 하지만 밤나무산누에나방은 식욕도 없거니와 설령 먹고 싶어도 식사할 주둥이가 퇴화되어 주둥이는 흔적만 있을 뿐 제 구실을 하지 못합니다. 그러니 위장에 영양가 있는 즙이 한 방울도 들어가지 못합니다. 체력을 유지할 영양분을 섭취하지 않으니 오래 살지 못합니다. 어른벌레가 배우자를 만나 짝짓기를 할 수 있는 시간은 고작 2~3일 뿐인데, 그것도 밤 시간대 뿐입니다. 밤나무산누에나방 수컷에게 주어진 생명의 시간은 매우 짧습니다. 어른벌레 수컷은 짝짓기만 하다 죽는 셈입니다. 그래도 짝짓기에 성공해 유전자를 남긴 수컷은 천하를 얻은 만큼 행복해 지금 당장 죽어도 여한이 없습니다.

짝짓기를 마친 암컷 또한 죽음의 시간이 멀지 않습니다. 알을 낳아야 하는 암컷은 수컷보다 더 오래 살지만, 수명은 길어 봤자 일주일 정도입니다. 암컷은 죽기 전에 서둘러 밤나무나 참나무류를 찾아가 나무줄기에 알을 낳습니다. 하나씩 하나씩 낳는 알이 무려

밤나무산누에나방 알은 2밀리미터쯤으로 맨눈으로도 잘 보인다.

300개 정도니 긴 시간 동안 산고를 겪어야 합니다. 그리고 밤나무산누에나방 암컷은 알은 낳은 뒤 시름시름 힘이 빠져 서서히 눈을 감습니다.

밤나무산누에나방 알은 달걀 모양입니다. 어미의 몸집이 크니 알도 당연히 큰데, 2밀리미터 정도라 맨눈으로도 잘 보입니다. 알들은 추운 겨울을 잘 이겨 내야 이듬해 봄에 새로운 한살이를 시작할 수 있습니다. 딱 봐도 알 껍질이 매우 튼튼하게 생겼지만 새들에겐 속수무책입니다. 알들 가운데 몇몇은 겨울 동안 단백질이 부족한 새들의 밥으로 희생됩니다.

성페로몬의
힘

아무것도 보이지 않는 깜깜한 밤에 밤나무산누에나방 암컷과 수컷은 어떻게 만날까요? 도대체 밤나무산누에나방에겐 어떤 장치가 있기에 어둠을 뚫고 암컷과 수컷이 만날 수 있을까요? 비결은 암컷이 풍기는 페로몬 향기와, 그 향기를 맡은 수컷의 더듬이에 있습니다. 야행성 곤충들에게 시각적 신호는 무용지물입니다. 대신 공간을 가로지르며 퍼지는 냄새가 큰 역할을 합니다.

우선 밤나무산누에나방 암컷은 배 꽁무니 근처에 있는 분비선에서 성페로몬을 내뿜습니다. 이 성페로몬의 성분은 종마다 다 다릅니다. 숲속에는 매우 많은 나방들이 사는데, 각각의 종들은 어떻

게 깜깜한 어둠을 뚫고 자기와 같은 종의 암컷을 찾아낼 수 있을까요? 만일 유혹 물질인 성페로몬 성분이 모두 같다면 자신의 종을 찾는 데 대혼동이 벌어질 게 뻔합니다. 그래서 다른 종이 오해하지 않도록 종마다 자신만의 특수하고 고유한 분자를 함유한 페로몬 물질을 내뿜어야 합니다.

암컷이 페로몬 냄새를 풍기고, 수컷이 그 냄새를 맡아야 혼인이 성사됩니다. 냄새는 더듬이로 맡습니다. 곤충에게 있어 더듬이는 사람의 코 역할을 해 냄새를 잘 맡습니다. 밤나무산누에나방 암컷이 내뿜은 성페로몬 냄새는 공기를 타고 멀리멀리 퍼져 나가 수컷의 더듬이에 걸려듭니다. 페로몬의 냄새 물질은 공기 중에 낮은 농도로 떠다니기 때문에 냄새를 잘 맡으려면 면적이 넓은 더듬이가 유리합니다. 밤나무산누에나방 수컷 더듬이는 털이 부슬부슬 달린 화려한 깃털 모양인데, 더듬이의 표면적이 암컷보다 3배 정도 넓습니다. 또한 더듬이에 페로몬 냄새 물질이 잘 스며들도록 구멍이 셀 수 없이 많이 뚫려 있습니다. 페로몬 냄새가 더듬이에 닿으면 수컷은 흥분하여 바람을 안고 냄새의 진원지를 찾아 바삐 날아갑니다.

파브르는 산누에나방류 암컷을 철망 새장에 가두어 놓고 실험을 했습니다. 그러자 매일 밤마다 수컷 나방들이 몰려들었는데, 저녁 8시에서 10시 사이에 주로 날아왔습니다. 파브르는 날아온 수컷 몇 마리를 잡아 더듬이를 떼어 낸 뒤 암컷이 있는 새장을 다른 곳으로 옮겼습니다. 예상한 대로 더듬이가 없는 수컷은 밤이 되어도 암컷을 찾아오지 않았습니다. 이렇게 수컷의 더듬이는 암컷을 찾는 데, 아니 짝짓기를 하는 데 굉장히 중요한 기관입니다. 만일 수

컷의 더듬이가 어떤 이유로 사라진다면 더 이상 수컷 구실을 못할
수도 있습니다.

밤나무산누에나방
이름의 유래

밤나무산누에나방은 나비목 가문의 산누에나방과 집안 식구입
니다. 대개 산누에나방과 식구들은 몸집이 매우 커 날개를 편 길이
가 아무리 못해도 10센티미터가 넘습니다. 우리나라에서 사는 산
누에나방과 식구에는 참나무산누에나방, 긴꼬리산누에나방, 옥색
긴꼬리산누에나방, 유리산누에나방, 네눈박이산누에나방과 가중
나무고치나방이 있습니다. 그 가운데 밤나무산누에나방의 애벌레
는 식성이 매우 좋아 가래나무, 붉나무, 밤나무, 참나무류 같은 여
러 종류의 나뭇잎을 먹는데 가래나무와 밤나무 잎을 유난히 좋아
합니다. 몸집이 어른 손가락만 하게 큰 애벌레는 대식가라 녀석이
먹고 지나간 나무의 잎사귀는 초토화될 정도입니다. 특히 사람들
이 재배하는 밤나무 잎사귀까지 뜯어 먹는 바람에 사람들의 따가
운 눈총을 한 몸에 받으며 '밤나무산누에나방'이란 이름까지 얻게
되었습니다.

밤나무산누에나방은 일 년에 한살이가 한 번 돌아갑니다. 가을
에 암컷이 낳은 알에서 이듬해 가을에 2세대 어른벌레가 나오니
한살이의 출발점은 가을입니다.

봄,
알에서 깨어난 애벌레

밤나무산누에나방 2령 애벌레들이 모여 있다.

추운 겨울이 지나고 따뜻한 봄이 찾아왔습니다. 봄이 무르익어 가는 5월 초, 중미산입니다. 밤나무 줄기 표면에 붙은 채 겨울을 무사히 보낸 알에서 밤나무산누에나방 애벌레가 깨어납니다. 알에서 갓 깨어났으니 1령 애벌레입니다. 한 마리, 두 마리, 세 마리, 네 마리……. 애벌레들이 알껍데기를 빠져나와 꼬물꼬물 기어 새로 돋아난 연한 잎사귀에 모입니다. 잎에 도착하자마자 누가 먼저랄 것도 없이 잎사귀를 한 입씩 한 입씩 베어 씹어 먹기 시작합니다. 애벌레의 임무는 오로지 먹는 일입니다. 열심히 먹어야 어른벌레가 되었을 때 쓸 영양분을 비축할 수 있기 때문입니다. 수십 마리가 모여 걸신들린 것처럼 잎을 먹으면 잎사귀 하나가 금방 동이 납니다. 그러면 바로 옆의 잎사귀로 굼실굼실 기어 이사를 가 게걸스럽게 식사를 합니다.

열심히 잎사귀를 식사하고 나면 몸집이 커지는데, 이때 허물을 벗어야 합니다. 만일 벗지 않으면 질긴 큐티클 피부에 갇혀 죽습니다. 1령 애벌레가 허물을 벗으면 2령 애벌레가 됩니다. 역시 밤나무산누에나방 2령 애벌레도 열심히 식사를 하다가 몸이 불어나면 허물을 벗고 3령 애벌레가 됩니다. 애벌레는 몸이 불어날 때마다 허물을 벗는데, 허물을 모두 5번 벗으며 성장합니다. 여느 나방들에 비해 애벌레 기간이 꽤 길어 약 60일 정도나 됩니다. 애벌레들의 몸 색깔은 허물을 벗을 때마다 조금씩 다릅니다. 특이하게 1령에서 4령 애벌레 때까지는 몸 색깔이 거무칙칙한 까만색이고, 5령

에서 6령(종령) 애벌레 때는 보호색인 초록색을 띱니다. 그리고 대개 4령 애벌레 시기까지는 집단으로 모여 살고, 몸집이 훨씬 커지는 5령과 6령 애벌레 시기에는 흩어져 삽니다.

모여 사는
까만색의 4령 애벌레

마침 가래나무 잎에 시커먼 색깔의 밤나무산누에나방 4령 애벌레가 다닥다닥 붙어 있습니다. 초록색 잎에 붙은 수십 마리의 까만 애벌레들의 색 조화가 정신을 번쩍 들게 합니다. 얼른 세어 보니 스무 마리입니다. 빈틈없이 줄 맞춰 머리를 잎에 수그려 박고 식사 삼매경에 빠져 있습니다. 얼마나 진지하게 먹는지 아삭아삭 잎사귀 씹는 소리가 들릴 정도입니다. 기특하게 모여서 식사를 하는데도 밥상머리에서 서로 더 먹겠다고 다투지 않고 자기 구역의 잎만 먹습니다. 잎사귀(소엽) 하나 먹어 치우는 데 10분이 걸립니다. 잎사귀 하나가 없어지자 한 마리가 앞장서 바로 옆의 잎사귀로 기어 갑니다. 약속이나 한 듯이 다른 동료들도 앞서간 동료를 따라갑니다. 이때 녀석들은 집합페로몬을 내기 때문에 다른 잎으로 이사를 가도 낙오자는 생기지 않습니다. 1분도 안 걸려 새 잎에 모인 애벌레들은 또 머리를 잎에 박고 식사를 합니다. 모여서 살면 먹을 잎이 금방 동이 나 이사를 해야 해서 불편하지만 천적을 겁먹게 하는 장점이 있습니다. 멀리서 보면 힘없는 애벌레로 보이지 않고, 힘세

고 커다란 곤충으로 보일 수 있기 때문에 천적이 맘 놓고 잡아먹지 못합니다.

4령 애벌레의 몸 색깔은 전체적으로 까만색인데, 옆구리의 등과 배의 경계 부분만 연녹색입니다. 연녹색을 띤 옆구리엔 숨구멍이 뚫려 있습니다. 무엇보다 까만색의 몸엔 길고 부드러운 새하얀 털들이 시원시원하게 나 있어 중후한 기품이 풍겨 나옵니다. 까만색의 4령 애벌레가 허물을 벗으면 초록색의 5령 애벌레가 됩니다.

밤나무산누에나방 애벌레 다리 끝에는 억센 털들이 붙어 있다.

다 자란 애벌레는 털북숭이

밤나무산누에나방 애벌레 시기의 마지막 단계는 6령(종령)입니다. 애벌레 단계를 통틀어 6령 애벌레 때 가장 많이 먹습니다. 몸집이 어른 손가락보다 더 크니 초특급 대식가인 것은 당연한 일입니다. 6령 애벌레들은 모여 살지 않고 제각각 흩어져 살면서 잎이란 잎은 닥치는 대로 먹어 치웁니다. 잎사귀를 다 먹으면 어슬렁어슬렁 기어 다른 잎사귀로 옮겨 가 닥치는 대로 먹고 또 먹습니다. 그러고 보면 가래나무 잎에 앉아 식사하는 모습이 아주 볼만합니다. 몸집이 크니 몸무게까지 많이 나가 앉아 있는 잎이 아래쪽으로 휘청거리며 휘어집니다. 바람이 불 때마다 녀석은 잎에서 떨어지지 않으려 다리로 잎을 꼭 잡습니다.

밤나무산누에나방 6령 애벌레의 생김새는 정말이지 뭐라 표현

밤나무산누에나방 6령 애벌레

할 수 없을 정도로 카리스마가 철철 넘칩니다. 일단 거대한 몸집에서 압도당합니다. 몸길이가 10센티미터가 넘고, 몸통까지 굵어 도무지 애벌레란 생각이 들지 않을 정도입니다. 그래도 가만히 들여다보니 몸 색깔이 참 아름답습니다. 전체적으로 연둣빛이라 청초하고 곱습니다. 옆구리에 연노란색 줄이 그려져 있고, 그 위쪽에는 동전 같은 하늘색 동그란 무늬가 8개씩이나 쪼르르 줄 맞춰 찍혀 있는데, 하늘색 동그란 무늬를 까만색 무늬들이 감싸고 있습니다. 특이하게 동그란 무늬 속에는 숨구멍이 뚫려 있습니다. 배 색깔은 초록색과 검은색이 섞여 있습니다. 다리를 세어 보니 모두 8쌍입니다. 가슴에 3쌍, 배에 4쌍, 꼬리에 1쌍이 붙어 있습니다. 다리 끝에는 가시 같은 억센 털들이 빽빽하게 붙어 있어 바람이 불어도 떨어지지 않고 나뭇잎이나 줄기를 꽉 잡을 수 있습니다.

뭐니 뭐니 해도 밤나무산누에나방 6령 애벌레의 자랑거리는 무성한 털, 셀 수도 없는 수천 개의 털들이 복슬복슬 나 있습니다. 털은 몸 색깔과 비슷한 연두색으로 온몸을 빽빽하게 뒤덮고 있어 완전히 털북숭이처럼 보입니다. 털 길이는 제 몸통의 높이보다 더 길고, 하늘에서 잡아당기는 것처럼 똑바로 직립해 있어 카리스마가 철철 넘칩니다. 강아지 쓰다듬듯 녀석의 털들을 살살 만져 보니 아주 부드럽지는 않고 약간 거칠고 뻣뻣합니다. 털들을 눕혀 보지만 이내 똑바로 섭니다.

털에는 독 물질이 들어 있을까요? 아닙니다. 보기엔 무시무시하게 생겼지만, 털에는 독 물질이 전혀 들어 있지 않습니다. 아무리 만져도 가렵거나 아프지 않습니다. 그러면 녀석은 왜 무시무시한 털들을 달고 살까요? 살아남기 위해서입니다. 털은 감각 기관입니다. 모든 털들은 신경 기관에 연결되어서 온도, 습도, 진동, 체온 같은 주변에 일어나는 환경 변화를 알아차립니다. 심지어 천적이 가까이 다가오는 것까지도 눈치챌 수 있습니다. 털들이 지나치게 길고 숱이 많아 겉으로는 무서워 보이지만 알고 보면 털들은 자기를 지키는 고마운 수호천사입니다. 그런 털들을 보고 징그럽다고 하면 애벌레에 대한 예의가 아닙니다.

그래도 밤나무산누에나방 애벌레 주변에는 새, 거미, 장수말벌, 쌍살벌 같은 힘센 포식자가 널려 있고 늘 녀석을 노립니다. 포식자들에겐 밤나무산누에나방 애벌레가 소중한 밥이 됩니다. 녀석은 몸집이 어마어마하게 커서 애벌레 한 마리만 잡아먹어도 몸집이 작은 곤충 몇십 마리를 포식한 것과 같은 효과가 있기 때문입니다. 그러니 포식자가 녀석을 사냥한 날은 대박 난 날입니다.

애벌레의 마지막 옷
앞번데기

6월 말, 탈 없이 다 자란 밤나무산누에나방 종령 애벌레가 번데기로 탈바꿈할 채비를 합니다. 날마다 정신없이 가래나무 잎을 먹던 종령 애벌레가 거식증에 걸린 것처럼 식사를 딱 멈춥니다. 그리고 무엇에 홀린 듯 이리저리 돌아다닙니다. 번데기를 만들 시기가 다가와 안전한 장소를 찾고 있는 중입니다. 녀석은 번데기로 탈바꿈하기 위해 안전한 곳에 자리 잡은 뒤 이삼일에 걸쳐 몸속에 있는

노폐물을 빼기 시작합니다. 이때는 몸길이도 원래 몸의 3분의 2 정도로 줄고, 온몸을 뒤덮었던 길고 무성한 털들이 탈모증에 걸린 것처럼 엄청나게 많이 빠집니다. 얼마나 털이 빠졌는지 낯설고 초췌하기 이를 데 없습니다. 더구나 연둣빛 몸빛은 포도주 빛깔로 변해 전혀 다른 종의 애벌레 같다는 착각을 일으킵니다. 그래도 옆구리에 난 숨구멍은 밤나무산누에나방 애벌레답게 여전히 하늘색입니다. 이렇게 번데기가 되기 직전의 단계를 '앞번데기 단계' 또는 '전용 단계'라고 합니다.

특이한
그물망 고치

6월 말, 밤나무산누에나방 종령 애벌레가 앞번데기 기간 동안 노폐물을 빼고 털옷을 벗으며 번데기로 탈바꿈할 만반의 준비를 마칩니다. 우선 애벌레는 번데기가 되기 전에 중요한 작업을 해야 합니다. 바로 번데기를 보호할 고치(번데기 방)를 만드는 일입니다. 종령 애벌레는 안전한 풀 줄기나 나무줄기에 자리 잡고선 서둘러 기초 공사를 합니다. 가슴다리를 이용해 주변의 잎사귀와 연한 줄기를 몸 쪽으로 끌어옵니다. 그런 뒤 주둥이에서 명주실을 토해 끌어온 잎사귀들을 자기가 자리 잡고 있는 줄기에 얼기설기 엮습니다. 줄기에 어느 정도 아늑한 공간이 만들어지면 엮은 잎사귀들 안쪽에다가 본격적으로 고치를 짓기 시작합니다.

밤나무산누에나방 애벌레가 고치를 만들고 있다.

　좀 거칠게 생긴 것과는 달리 종령 애벌레의 집 짓는 솜씨는 굉장히 정교하고 신중합니다. 주둥이에서 가늘고 고운 명주실을 토해 내 자기 몸을 감싸는 달걀 모양 고치를 짓기 시작합니다. 몸집이 커서 집도 커야 하니 시간 품이 많이 듭니다. 상반신을 이리저리 흔들며 새하얀 명주실을 수백 번 아니 수천 번도 넘게 뽑아 내 명주실 위에 덧붙이기를 수없이 반복합니다. 어마어마하게 토해 낸 명주실들은 서로 찰싹 달라붙으면서 점점 두꺼워집니다. 녀석이 잠시도 쉬지 않고 열심히 명주실 공사를 한 덕에 점점 달걀 모양 고치가 완성되어 갑니다.

　그런데 희한한 일이 벌어집니다. 고치 모양이 특이합니다. 쉬지 않고 명주실을 계속 토해 붙였는데도 고치에 구멍이 숭숭 뚫렸군요. 한두 개가 아닙니다. 일정한 크기의 다각형 구멍들이 수십 개가 같은 간격을 두고 뚫려 있습니다. 마치 설계도를 보고 만든 것처럼 정교한데, 그 모습이 마치 그물망을 쳐 놓은 것 같습니다. 그러니 고치 안이 다 보이고, 마무리 공사하느라 고치 속에서 분주하게 꼬물거리는 녀석의 몸도 훤히 다 보입니다.

얼마나 지났을까. 마침내 고치가 완성되었습니다. 녀석은 더 이상 고치 속에서 움직이지 않습니다. 고치를 만드느라 기진맥진한 애벌레는 구멍 난 고치 속에서 이삼일을 쉽니다. 그리고선 애벌레 시절의 허물을 벗고 번데기가 됩니다. 번데기는 구멍 뚫린 고치 속에서 여름잠을 자며 가을이 오길 기다립니다.

신기하게도 막 지었을 때 고치 색깔은 하얀색인데, 점차 시간이 흐르면서 갈색으로 바뀝니다. 명주실로 지은 고치는 굉장히 튼튼하고 단단해서 잡아당겨도 찢어지지 않습니다. 더구나 구멍이 숭

밤나무산누에나방 애벌레는 고치 속에서 번데기로 탈바꿈한다.

숭 뚫려서 비가 와도 고치 속에 빗물이 고이지 않고 잘 빠집니다. 더운 여름에 통풍까지 잘 되니 일석이조입니다.

가을은
어른벌레의 계절

더운 여름이 지나고, 일교차가 심한 가을이 왔습니다. 드디어 고치 속에서 편히 지내던 번데기가 밤나무산누에나방 어른벌레로 날개돋이를 합니다. 날개돋이에 성공한 어른벌레는 날개가 활짝 펼쳐지기 전 꼬깃꼬깃한 상태에서 고치 밖으로 탈출해야 합니다. 제때 탈출하지 못하면 좁은 고치 속에서 꼬깃꼬깃 뭉쳐진 날개를 펼치지 못해 기형이 되니까요. 다행히 고치를 지을 때 한쪽 면에 구멍을 뚫어 놓았기 때문에 무사히 고치 밖으로 빠져나올 수 있습니다. 고치 탈출에 성공한 다음, 고치 위나 고치 주변에 앉아 꼬깃거리는 날개를 활짝 펴 말린 뒤 날아갑니다.

쌀쌀한 가을밤, 밤나무산누에나방 어른벌레가 불빛을 향해 힘차게 날아옵니다. 퍼드덕퍼드덕하며 창문에 앉았다 바닥에 앉았다 변덕이 심합니다. 녀석은 대개 밤 8시에서 10시 사이에 활발하게 활동합니다.

1	
2	3
4	5

1. 시간이 지나 단단히 굳은 밤나무산누에나방 고치
2. 개망초에 지은 고치
3. 디디에 지은 고치
4. 산딸기나무에 지은 고치
5. 싸리나무에 지은 고치

밤나무산누에나방 어른벌레의 몸은 굉장히 커 날개를 편 길이가 105~135밀리미터나 됩니다. 앞서 얘기한 것처럼 주둥이가 흔적만 남고 퇴화되어 아무것도 먹을 수 없습니다. 특이하게 몸 색깔이 암 컷과 수컷이 약간 다릅니다. 수컷의 날개 색깔은 진한 갈색이고 암 컷의 날개 색깔은 연한 갈색입니다. 날개를 다소곳이 반쯤 펼치고 앉아 있는 어른벌레를 찬찬히 들여다보니 날개에 여러 무늬가 추 상화처럼 그려져 있군요. 갈색 바탕에 물결무늬가 여러 겹 있어 마 치 고요한 호수에 잔물결이 일렁이는 것 같습니다.

사진을 찍으려 카메라를 가까이 갖다 대자, 녀석이 갑자기 앞날 개를 스르륵 움직입니다. 그러자 앞날개에 가려졌던 뒷날개가 모 습을 드러냅니다. 놀랍게도 뒷날개의 한가운데에는 올빼미가 눈을 부릅뜬 것처럼 커다랗고 화려한 눈알 모양의 무늬가 박혀 있군요. 눈알 모양 무늬가 하도 선명해서 금방이라도 툭 튀어나올 듯 저를 노려봅니다. 녀석은 천적을 피하기 위해 눈알 모양 무늬를 최대한 활용합니다. 여느 나방들처럼 녀석도 날개를 펼친 채 앉는데, 평소 에는 앞날개로 뒷날개를 덮습니다. 그러다 위험에 맞닥뜨리면 갑 자기 앞날개를 들어 올려 뒷날개에 있는 커다란 눈알 모양 무늬를 드러내 '나는 올빼미다.'라고 메시지를 보냅니다. 이 눈알 모양 무 늬는 새들을 놀라게 해 쫓아 버리는 데 효과 만점입니다.

초저녁에 향기 내뿜는

큰쥐박각시

큰쥐박각시 2령 애벌레

큰쥐박각시 2령 애벌레가
쥐똥나무 잎에 앉아 있습니다.

7월 말입니다. 장마가 물러가자 날마다 찜통더위가

온 세상을 뜨겁게 달굽니다. 낮이면 뜨거운 태양이 이글이글 타올라

사람도 곤충도 나다니기 겁이 납니다. 그나마 온도가 떨어지는 밤을 틈타

산길을 걸으며 밤 곤충과 데이트합니다.

밤길은 무섭습니다. 새들이 부스럭거리는 소리에 깜짝깜짝 놀라고

멧돼지가 어지럽게 파 놓은 구덩이만 봐도 긴장이 되어 심장이 쫄깃합니다.

마음을 다잡고 손전등을 비추며 걷는데

풀잎에 분홍색 옷을 입은 주홍박각시가 다소곳이 붙어 있고

나무줄기에 줄박각시가 새초롬하게 앉아 있습니다.

100미터쯤 더 걸었을까?

이번에는 손전등 불빛에 갑자기 아기 손바닥만 한 나방이

붕 소리를 내며 날아와 손전등에 부딪혀 땅바닥에 뚝 떨어집니다.

자세히 보니 분홍등줄박각시입니다. 과연 여름은 박각시의 계절입니다.

생각지도 않았던 커다란 박각시 여러 마리를 보니

깜깜한 밤을 압도하는 무서움은 사라지고

백석의 시, 〈박각시 오는 저녁〉에 나오는 시 구절이 떠오릅니다.

오늘 저녁은 왠지 박각시가 대박을 칠 것 같은 예감이 들어

발걸음이 가볍습니다.

생강나무

이 꼭지는 나비목 박각시과 곤충 큰쥐박각시(Psilogramma increta) 이야기입니다.

우린 절대
떨어지지 않아

　여름밤은 '박각시의 시간'입니다. 어떤 박각시들은 번데기로 겨울잠을 잔 뒤 이듬해 봄(5월)에 1세대 어른벌레로 탈바꿈을 합니다. 1세대 어른벌레가 낳은 알에서 깨어난 애벌레는 무럭무럭 자라서 무더운 여름(7~8월)에 2세대 어른벌레가 됩니다. 또 어떤 박각시들은 번데기로 겨울을 난 뒤 여름(7~8월)에 1세대 어른벌레로 날개돋이합니다. 종에 따라 일 년에 1번 또는 2번 번식하는 셈입니다. 그러니 여름밤 숲속은 박각시들의 놀이터입니다.

　손전등을 이리저리 비추며 손전등 불빛에 날아오는 크고 작은 나방들과 함께 걷는데, 길옆으로 길게 삐져나온 생강나무 줄기에 연이 걸려 있는 것처럼, 아니 빨래를 널어놓은 것처럼 누군가 매달려 있습니다. 오늘 밤 대박 날 예감이 맞아떨어진 것 같습니다. 실

—
등줄박각시가 짝짓기를 하고 있다.

루엣만 봐서는 누군지 얼른 짐작이 가지 않습니다. 나방인 것 같긴 한데 삼각형이 아니라 마름모꼴입니다. 움직이지는 않고, 불빛에 반사된 빨간 눈만 보석처럼 반짝입니다.

살금살금 다가가 보니 박각시 두 마리가 곡예 하듯이 배를 마주 대고 매달려 있습니다. 한 마리는 생강나무 잎을 4개의 다리(뒷다리 2개는 공중에 떠 있음.)로 꼭 잡고 있고, 다른 한 마리는 나뭇잎을 잡고 있는 녀석의 배 꽁무니에 자신의 배 꽁무니를 붙인 채 공중에 매달려 있습니다. 세상에! 박각시 부부가 짝짓기를 하고 있군요. 이 밤에 좀처럼 구경하기 힘든 짝짓기 장면을 보다니! 너무 놀랍고 반가워 심장이 뜁니다. 몇 년에 한 번 볼까 말까 한 귀한 장면을 보다니! 들뜬 마음으로 짝짓기 중인 부부를 요모조모 엿봅니다. 짝짓기의 주인공은 누굴까요? 등줄박각시입니다. 누르스름한 베이지색 날개에 짙은 갈색의 파도 무늬가 추상화처럼 여러 겹 그려져 있어 참 멋스럽습니다.

호들갑을 떠는 것도 잠시, 흥분을 가라앉히고 나니 문득 등줄박각시의 아슬아슬하고 드라마틱한 짝짓기 자세가 눈에 들어옵니다. 어떻게 이런 자세가 가능할까? 걱정과 함께 궁금증이 폭발해 앞쪽에서도 보고, 옆쪽에서도 보고, 뒤쪽에서 보고, 보고 또 봅니다. 손전등을 비추는데도 등줄박각시 부부는 꼼짝도 하지 않고 똑같은 자세를 그대로 유지합니다.

우선 더듬이와 배를 보니 나뭇잎을 붙잡고 있는 녀석이 암컷이고, 암컷 배 꽁무니에 거꾸로 매달린 녀석이 수컷입니다. 수컷 더듬이는 깃털 모양으로 암컷 더듬이보다 크고 화려해 금방 알아볼 수 있습니다. 또 암컷 배는 뚱뚱하고 수컷 배는 약간 홀쭉합니다.

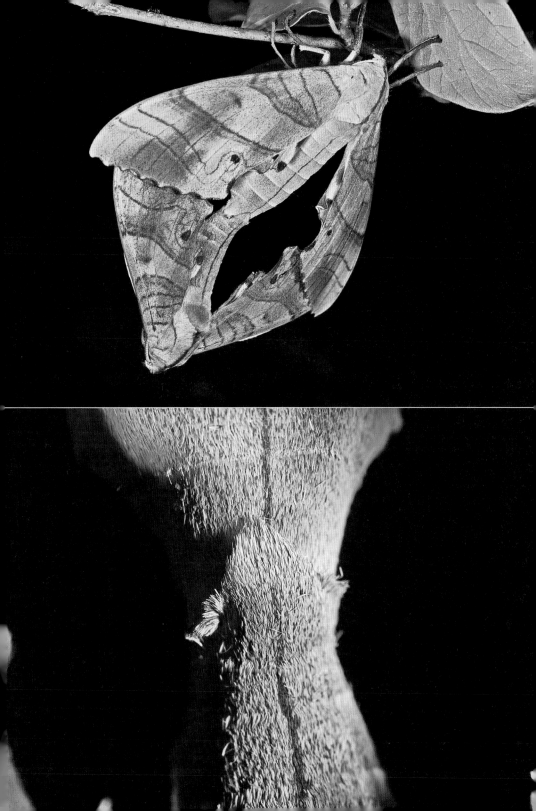

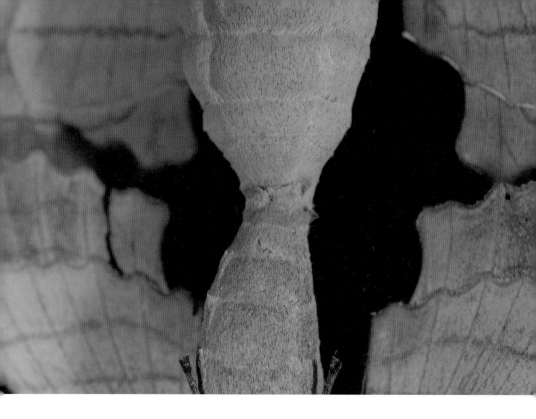

수컷은 배 꽁무니를 암컷 배 꽁무니에 완전히 결합한 채 날개를 반쯤 펴고 매달려 있습니다. 이때 수컷의 날개와 몸뚱이는 그 어느 것도 붙잡지 않고 공중에 떠 있는 상태입니다. 오롯이 수컷은 암컷의 배 꽁무니에 의지한 채 매달려 있는 것입니다. 가냘픈 4개의 다리로 나뭇잎을 붙잡고 있는 암컷이 감당하기엔 수컷의 몸무게가 너무 무거워 보입니다. 그래서 배 꽁무니를 자세히 들여다봅니다. 등줄박각시 수컷은 생식기를 암컷 생식기에 깊이 넣은 후, 자신의 배 꽁무니로 암컷 배 꽁무니를 완전히 감싸고 있습니다. 그래서 수컷 배 꽁무니 속에 암컷 배 꽁무니 전체가 함몰되듯이 삽입되어, 암컷이 배를 뒤틀거나 요동치지 않는 한 암컷과 수컷의 생식기가 쉽게 떨어지지 않습니다. 과연 암컷을 꽉 잡고 있는 수컷 생식기의

등줄박각시 짝짓기.
결합된 배 꽁무니
배 쪽 모습.

힘은 대단합니다.

산들바람이 이따금 불어오지만, 사랑을 나누는 등줄박각시의 자세는 흐트러지지 않습니다. 아마 박쥐에게 잡아먹히지만 않는다면, 아니 그 어떤 천적도 방해를 하지 않는다면 등줄박각시 부부의 짝짓기는 밤새도록 오래오래 계속될 태세입니다.

큰쥐박각시의
사랑

등줄박각시 부부의 신방을 훔쳐보는 사이 밤이 깊어 갑니다. 집으로 돌아갈 시간, 등줄박각시 부부를 뒤로 하고 가던 길 되짚어 주차장으로 향합니다. 하늘에 뜬 별들의 배웅을 받으며 주차장에 도착하자, 희미한 가로등 불빛 아래 담벼락에서 짝짓기하는 박각시 발견! 온몸이 거무튀튀한 쥐색인 걸 보니 큰쥐박각시이군요. 이쯤이면 오늘 대박 칠 것 같은 예감이 200퍼센트 적중한 날입니다. 귀한 박각시의 짝짓기 광경을, 그것도 하루 저녁에 연거푸 2번씩이나 보다니! 3대가 덕을 쌓아야만 볼 수 있을 것 같은 명장면을 연속으로 마주하니 살이 떨립니다.

숨을 고르고 큰쥐박각시의 은밀한 사랑을 엿봅니다. 생각보다 참 무덤덤합니다. 좀 전에 봤던 등줄박각시의 짝짓기처럼 드라마틱하게 꼴깍한 긴장감은 전혀 찾아볼 수 없고, 그저 서로 붙어 있을 뿐 아무런 걱정이 없는 듯 평온합니다. 무엇보다 신방을 차린

담벼락이 바람을 막아 줘 아늑하고, 풀숲과 떨어져 있어 천적이 덜 꼬일 것 같습니다. 더구나 둘 다 담벼락에 붙어 있어 체중을 분산시킴으로써 사랑을 나눌 때 배우자에게 일방적으로 체중을 부담시키지 않아 안정적으로 보입니다. 자세히 보니 위쪽이 암컷이고 아래쪽이 수컷입니다. 부부는 서로 반대 방향을 바라보고 있네요. 큰쥐박각시 암컷과 수컷은 제각각 담벼락을 다리 6개로 짚은 채 배 꽁무니를 마주 대고 있을 뿐 미동도 없습니다. 배 꽁무니를 자세히 들여다보니, 역시 수컷 배 꽁무니 속에 암컷 배 꽁무니가 쑥 들어가 있습니다. 결합된 배 꽁무니 속에서 수컷 생식기와 암컷 생식기가 단단히 교접을 하고 있어 웬만한 자극이 와도 떨어지지 않습니다. 특히 수컷은 배 꽁무니에 털 뭉치인 발향총(나방의 부속 교접 기관) 한 쌍이 붙어 있어 암컷을 꽉 잡아두고, 암컷의 성욕을 더욱 자극하는 교미 자극 물질을 내보냅니다.

큰쥐박각시 부부는 안전한 담벼락에 붙어서 가장 안정적인 자세로 짝짓기를 해서인지 플래시를 터뜨리며 찰칵찰칵 사진을 찍어도 끄떡하지 않습니다. 큰 위험이 없는 한 수컷은 오래도록 암컷의 배 꽁무니를 포기하지 않습니다. 그러면 다른 수컷이 접근하는 것을 몸으로 막는 효과가 있습니다. 그래서 수컷은 암컷의 배 꽁무니를 차지한 채 할 수만 있다면 밤이 새도록, 아니 이튿날 낮까지도 오래오래 짝짓기를 할 것입니다. 사랑을 오래 나누는 행동은 암컷과 수컷 모두에게 이득이 됩니다. 수컷은 다른 수컷의 접근을 막아 자신의 유전자를 퍼뜨려서 좋고, 암컷은 수컷의 보호를 받으며 수컷이 건네 준 정기 주머니에서 영양분을 얻으니 둘 다 손해 볼 건 없습니다.

깜깜한 밤에
어떻게 짝을 만날까

　큰쥐박각시는 밤이면 생기가 돈는 야행성 나방입니다. 사물이 보이지 않는 깜깜한 밤에는 시력보다 후각이 굉장히 큰 역할을 합니다. 어찌 보면 겹눈은 깜깜한 밤이 되면 무용지물인 셈입니다. 큰쥐박각시는 땅거미가 지고 어둠이 오면 전적으로 후각에 의지해 짝짓기 작업을 시작합니다. 짝짓기의 주도권은 암컷에게 있습니다. 초저녁부터 암컷은 한곳에 머물며 특유의 야한 향기를 내뿜습니다. 야한 향기는 다름 아닌 성페로몬입니다. 페로몬은 몸에서 분비하는 화학 물질로 같은 종끼리 신호를 주고받는 의사 전달 수단으로써 상대방의 행동을 변화시킵니다. 보통 해가 진 뒤 한 시간

큰쥐박각시 머리

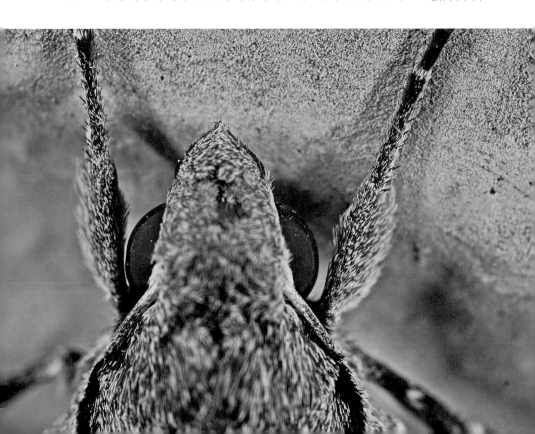

에서 한 시간 삼십 분 사이에 집중적으로 향기를 풍깁니다. 암컷의 배 끝부분에는 분비샘과 연결된 분비 구멍이 있는데, 이곳에서 수컷을 유혹하는 향기인 성페로몬을 뿜어냅니다. 암컷이 오묘한 냄새를 풍길 때는 배의 마지막 두 마디인 배 끝부분을 일정한 속도로 부르르 떱니다. 이들 배마디 사이에는 얇은 막으로 된 분비 구멍이 있기 때문에 부르르 떨 때 페로몬이 몸 밖으로 퍼져 나갑니다. 떠는 주기는 1초에 한두 번입니다.

큰쥐박각시 암컷이 풍긴 페로몬 향기는 바람을 타고 공기 속으로 퍼져 나갑니다. 우연히 가까이에 있던 수컷의 더듬이에 유혹의 향기가 걸리면 수컷은 본능적으로 발정을 일으킵니다. 만일 코 역할을 하는 더듬이가 없으면 암컷이 보낸 구애용 향기를 맡지 못해 수컷 구실을 할 수 없습니다. 성욕이 발동한 수컷은 바람을 거스르며 커다란 더듬이로 냄새를 맡으며 지그재그로 날면서 야한 향기의 진원지인 암컷을 찾아옵니다.

암컷과 딱 마주친 수컷은 암컷 주변을 얼씬거리며 짝짓기 기회를 노립니다. 이렇게 저렇게 시도하지만 실패합니다. 수컷은 몇 번 퇴짜를 맞지만 포기하지 않고 계속 시도합니다. 끝내 암컷이 수컷을 받아들입니다. 수컷은 배 끝에 있는 붓처럼 생긴 털 뭉치를 뒤집어 암컷 배 꽁무니에 댑니다. 그리고 암컷 배 꽁무니 속에 자기 생식기를 들이밀면서 붓 같은 털 뭉치로 암컷을 쓰다듬듯 애무합니다. 이 털 뭉치를 전문 용어로 발향총(나방의 부속 교접 기관. 일곱 번째와 여덟 번째 배마디 위에 한 쌍이 있음.)이라 부릅니다. 어떤 연유인지 모르지만 만일 큰쥐박각시 수컷한테 발향총이 없다면 생명에는 지장이 없으나, 암컷은 대개 그런 수컷과 짝짓기하지 않습니다.

몸집이 큰
큰쥐박각시

큰쥐박각시는 나비목 가문의 박각시과 집안 식구입니다. 큰쥐박각시의 몸집은 매우 커 대형 곤충에 들어갑니다. 날개를 편 길이가 103~125밀리미터쯤이라 작은 새로 착각할 정도입니다. 몸 색깔은 거무칙칙합니다. 날개는 검은색이 도는 회색을 띠며, 앞가슴 등판엔 까만색 테두리가 굵게 그려져 있고, 배의 등 쪽에도 까만색 세로줄 무늬가 그려져 있습니다.

큰쥐박각시가 속해 있는 박각시과 집안은 우수한 유전자를 가져서인지 몸집이 매우 크고, 비행력이 좋습니다. 우리나라에 박각시과는 등줄박각시, 산등줄박각시, 우단박각시, 주홍박각시, 줄박각시 등 58종이 살고 있습니다. 이들은 대부분 여름밤에 숲 근처나 들판을 날며 꽃꿀도 먹고 맘에 드는 짝을 찾아 짝짓기도 합니다.

여러 식물 잎을 먹는
애벌레

밤새 짝짓기를 했으니 큰쥐박각시 어른벌레의 마지막 여정은 알을 낳는 일입니다. 알 낳을 시간이 가까워지자 큰쥐박각시 암컷은 자기가 죽고 난 뒤에 태어날 애벌레가 좋아하는 먹이식물을 찾아다닙니다. 다행히 큰쥐박각시 애벌레는 식성이 까다롭지 않아 쥐

1	2
3	4
5	6

1. 주홍박각시   2. 머루박각시

3. 줄박각시   4. 우단박각시

5. 녹색박각시   6. 콩박각시

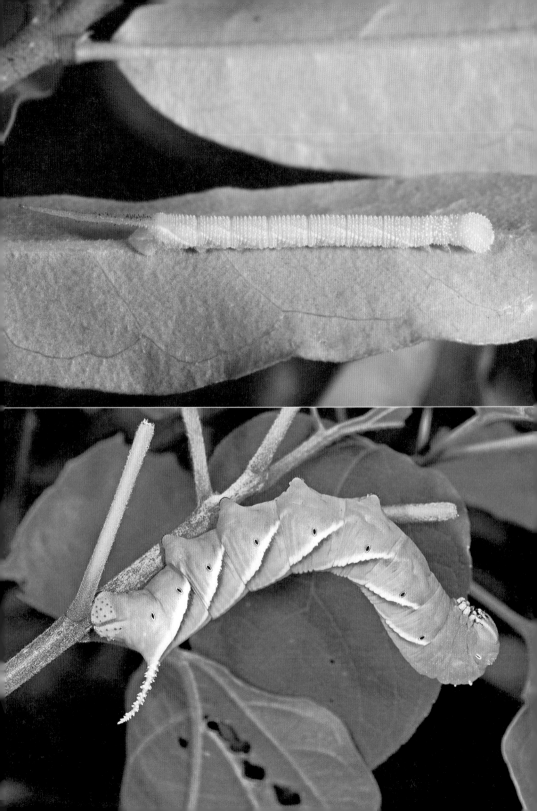

쥐똥나무 2령 애
벌레. 꼬리돌기가
있다.

쥐똥나무, 광나무, 개회나무, 수수꽃다리, 목서, 누리장나무, 참오동나무, 오동나무, 갈참나무같이 여러 종류의 식물 잎을 먹습니다. 큰쥐박각시 어미가 선택한 나무는 쥐똥나무인가 봅니다. 암컷은 산자락에 많이 사는 쥐똥나무를 찾아가 알을 낳은 뒤 힘이 빠져 서서히 죽어 갑니다. 갓 낳은 알은 반투명한 초록색이지만, 시간이 지나며 배발생이 일어나면서 점차 불투명하고 노르스름한 색으로 변합니다.

알을 낳은 지 열흘 뒤, 8월 중순에 쥐똥나무 잎에 붙은 알에서 큰쥐박각시 애벌레가 깨어납니다. 갓 깨어난 1령 애벌레의 몸 색깔은 노르스름한 색깔인데, 박각시 집안의 후예답게 배 꽁무니 쪽에 기다란 검은색 뿔을 달고 있습니다. 애벌레의 역할은 오로지 먹는 일이라 배를 채울 때까지 쥐똥나무 어린잎을 먹습니다. 이때는 길이 성장에 주력합니다. 그래서 길이만 자라고 몸통은 거의 불어나지 않습니다. 몸이 자라면서 몸 색깔은 점점 초록색으로 바뀝니다.

이틀 뒤, 큰쥐박각시 1령 애벌레가 허물을 벗고 2령 애벌레가 됩니다. 허물을 벗고 나니 제법 몸이 길어졌습니다. 몸에는 전체적으로 등과 옆구리에 걸쳐 여덟 팔(八) 자 모

큰쥐박각시 애벌레 꼬리돌기

양의 무늬가 7개씩이나 희미하게 그려져 있습니다. 피부에는 여드름이 다닥다닥 난 것처럼 돌기가 빽빽이 나 있습니다. 까만색이었던 뿔(꼬리돌기)은 초록색으로 바뀌었습니다. 2령 애벌레는 자는 시간과 쉬는 시간만 빼고 보림생처럼 잎사귀 뒷면에 앉아 잎을 먹습니다. 먹고 또 먹고 싸고, 또 먹고 싸는 동안 몸은 불어 갑니다.

큰쥐박각시 4령 애
벌레 옆모습

허물을 벗으며 드디어 4령 애벌레가 되었습니다. 큰쥐박각시 4 령 애벌레는 어린 애벌레와 영 딴판으로 생겨 다른 종으로 오해하기 딱 좋게 생겼습니다. 몸길이도 쑥 자랐고, 몸통도 어린 애벌레의 서너 배가 될 정도로 불어나 있군요. 피부에는 돌기가 있지만 아주 작아 언뜻 봐선 매끈합니다. 하지만 회색빛의 꼬리돌기에는 하얀색의 커다란 돌기들이 빽빽이 박혀 있습니다. 몸 색깔은 전체적으로 초록색인데 등에서 옆구리에 이르기까지 새하얀 색의 '八' 자 무늬가 굉장히 굵고 선명하게 그려져 있어 한 번만 봐도 반할 정도로 아름답습니다. 빗금 줄무늬는 모두 일곱 줄로 꼬리 쪽으로 갈수록 굵게 그려져 있어 추상화를 감상하는 것 같습니다. 또 몸통의 옆구리에는 입술처럼 생긴 숨구멍 9쌍이 하얀색의 타원형으로 크게 뚫려 있군요. 4령 애벌레는 커다란 몸집을 채우기 위해 걸신 들린 듯 쥐똥나무 잎을 먹어 치웁니다. 잎 하나를 다 먹으면 옆에 난 잎으로 옮겨 가 식사를 합니다.

큰쥐박각시 4령 애벌레가 허물을 벗고, 드디어 마지막 애벌레 단계인 5령 애벌레로 탈바꿈했습니다. 놀랍게도 5령 애벌레는 몸 색깔이 바뀌었네요. 영롱하고 맑은 초록빛은 거의 사라지고 몸 군데군데에 갈색 무늬가 얼룩덜룩하게 그려져 있어 초록색 반 갈색 반입니다. 꼬리돌기도 까만색으로 변해 4령 애벌레 때 몸 색깔과 전혀 다릅니다. 옆구리에 뚫린 숨구멍 색깔도 까만색으로 변해 있습니다.

숨구멍은 가슴에 1쌍, 배에 8쌍으로 모두 9쌍인데, 녀석은 이곳을 통해 숨을 쉽니다. 녀석은 숨구멍을 통해 공기 중의 산소를 몸속의 각 세포 조직에 실어다 주고, 물질대사 후 생긴 이산화탄소를

몸 밖으로 빼냅니다. 뿐만 아닙니다. 때로 숨구멍은 자기를 지키는 수호천사 역할을 합니다. 힘센 천적이 다가오면 배 꽁무니 쪽 숨구 멍을 열었다 닫았다 하는데, 이때 생기는 압력으로 쉭쉭 소리가 납 니다. 그 소리에 천적은 깜짝 놀라 녀석을 잡아먹는 걸 포기할 수 있습니다.

큰쥐박각시가 애벌레 단계에서 가장 많이 먹는 시기는 5령 애벌 레 때입니다. 5령 애벌레는 몸집이 매우 큽니다. 몸길이가 11센티 미터로 어른의 손가락 길이만큼 깁니다. 몸통도 커서 천적 눈에 띄 기 딱 좋습니다. 그래서 큰쥐박각시 애벌레는 빨리 성장을 마칩니 다. 녀석은 대식가로 잎을 닥치는 대로 먹습니다. 먹는 양이 엄청 나 녀석이 식사한 자리는 나무줄기만 앙상하게 남습니다.

큰쥐박각시 5령 애 벌레. 위험하면 입 에서 토사물을 내뿜 고 상체를 올려 거 세게 흔든다.
—

번데기로 탈바꿈하
기 직전 큰쥐박각시
애벌레 모습

　　정신없이 밥을 먹던 5령 애벌레가 식사를 딱 멈추고 잎에 매달
려 잠시 쉽니다. 미안하지만 꼼짝 않고 잎에 붙어 있는 녀석을 슬
그머니 건드려 봅니다. 성난 녀석이 몸을 양옆으로 마구 흔들며 위
협합니다. 그런 녀석을 살짝 쓰다듬어 보니 긴장했는지 몸이 뻣뻣
하게 굳어서 단단합니다. 입에서는 초록색 거품을 내뿜고 머리와
상체를 들어 올려 코브라처럼 거세게 흔들며 대듭니다. 놀랍게도
저항을 할 때마다 배 꽁무니 쪽의 숨구멍을 열었다 닫았다 하니 작
지만 쉭쉭 소리가 납니다.

　　이렇게 큰쥐박각시 애벌레는 다 자랄 때까지 허물을 모두 4번
벗습니다. 1령부터 5령까지 단계별로 크리는 것이기요.

번데기는
땅속에서

다 자란 큰쥐박각시 애벌레가 번데기가 되려나 봅니다. 게걸스럽게 먹던 잎사귀 식사를 딱 멈추고 이리저리 돌아다닙니다. 번데기로 탈바꿈하기 위해 안전한 장소를 찾는 중입니다. 녀석은 나무줄기를 타고 땅으로 내려간 뒤 포슬포슬한 흙 속으로 들어갑니다. 흙 속에서 몸속 노폐물을 빼면서 번데기가 될 준비를 합니다.

드디어 번데기로 탈바꿈합니다. 특이하게 큰쥐박각시는 여느 나방들처럼 명주실을 이용해 단단한 고치를 만들지 않고 흙 속에서 번데기가 됩니다. 번데기는 몸길이가 5센티미터가 넘을 정도로 매우 큽니다. 특이하게 번데기 머리에는 코끼리 코같이 생긴 두텁고 기다란 돌기가 붙어 있습니다.

이제부터 큰쥐박각시 번데기는 애벌레 시절을 추억하며 땅속에서 편히 쉽니다. 겨울잠을 자면서 따뜻한 봄이 오길 손꼽아 기다립니다. 이듬해 6월이 되면 비로소 번데기에서 큰쥐박각시 어른벌레가 날개돋이해 숲속과 들판을 날아다닐 것입니다.

큰쥐박각시는 강원도에서 제주도에 이르기까지 우리나라 곳곳에서 삽니다. 일 년에 한살이가 한 번 돌아가고, 어른벌레는 6~8월에 나와 다니고, 애벌레는 7~9월쯤에 만날 수 있습니다.

큰쥐박각시는 몸집이 커 대형 곤충에 속한다.

3장

소리에
반하다

갈
색
여
치

갈색여치 애벌레

갈색여치 3령 애벌레가
풀잎 위에 앉아 있습니다.

여름 문턱인 6월입니다. 선선한 아침나절에 산길을 걷습니다.

숲길 가장자리에 풀들이 무성하고

키 작은 나무들도 가지를 쭉쭉 뻗으며 기세 좋게 자라고 있습니다.

부지런한 꿀벌들은 이 꽃 저 꽃 옮겨 다니며 꽃가루 모으기에 바쁩니다.

어딜 가나 흔한 갈색여치들은 띄엄띄엄 풀잎과 나뭇잎 위에 앉아

햇볕을 쬐며 한가로이 아침의 여유를 만끽합니다.

풀잎과 나뭇잎을 스치며 걸을 때마다

갈색여치들은 화들짝 놀라 툭툭 튀어 저만치 도망갑니다.

얼마쯤 걸었을까. 세상에! 뾰족한 나뭇가지에

통통한 갈색여치 한 마리가 콱 꽂혀 죽어 가고 있습니다.

때까치가 갈색여치를 사냥한 뒤 나중에 먹으려고

나뭇가지에 꽂아 두었군요.

때까치가 외출한 사이 개미들이 줄줄이 비참하게 꽂혀 있는

갈색여치 몸 위를 기어오르며 파먹고 있습니다.

한 번 받은 충생(蟲生)인데 제대로 피어 보지도 못하고

때까치의 먹이, 아니 개미의 먹이가 되다니! 짠합니다.

갈색여치

이 꼭지는 메뚜기목 여치과 종인 갈색여치(*Paratlanticus ussuriensis*) 이야기입니다.

이른 봄부터 가을까지
갈색여치 세상

갈색여치는 족보상 메뚜기목 여치아목 가문의 여치과 집안 식구입니다. 여치과는 여치아목 가운데 굉장히 큰 분류군으로 지구에 6,000종 이상 살고 있고, 우리나라에도 53종이 살고 있습니다. 여치과 식구들은 온대 지방과 난대 지방을 비롯한 온 세계에 흩어져 살고 있는데, 특히 열대 지방에 많은 종이 터를 잡고 삽니다. 서식지도 종에 따라 바닷가 풀밭부터 고산 지대의 풀밭까지 넓게 퍼져 있습니다.

그 가운데 갈색여치는 우리나라에서 매우 흔해 숲 언저리나 들판에서 자주 마주칩니다. 심지어 과수원 같은 농장까지 진출해 농사꾼의 눈총을 받을 때도 있습니다. 야행성이라 밤에 산길 주변의 덤불숲과 풀숲, 땅바닥을 성큼성큼 걸어 다니며 먹이를 찾습니다.

갈색여치의 생애 주기는 1년입니다. 즉 한살이가 일 년에 한 번 돌아갑니다. 안갖춘탈바꿈을 해 '알-애벌레-어른벌레' 단계를 거치며 한살이를 완성합니다. 한살이의 시작은 봄입니다. 겨울을 무사히 난 알에서 애벌레가 깨어나고, 애벌레는 여러 번 허물을 벗으며 무럭무럭 자란 뒤, 뜨거운 여름쯤이면 어른벌레로 탈바꿈합니다. 이때 여러 호르몬이 날개돋이 과정을 진두지휘합니다. 날개돋이할 때가 되면 갈색여치 애벌레는 공기를 들이마셔 몸을 부풀리고, 배 쪽의 근육을 수축시킵니다. 그러면 몸 앞부분은 혈압이 올라가 팽창되면서 머리에서 가슴등판으로 이어지는 탈피선이 벌어지고, 그 탈피선 사이에서 어른벌레의 몸이 나옵니다.

이렇게 갈색여치는 번데기 단계를 생략하고 애벌레에서 곧바로 어른벌레 단계로 넘어갑니다. 그러다 보니 애벌레와 어른벌레는 몸집 크기만 다를 뿐 생김새는 거의 비슷합니다. 다만 애벌레는 날개가 완전히 자라지 않고, 생식기 또한 성숙하지 않을 뿐입니다.

잡식성!
풀도 먹고 작은 곤충도 먹고

갈색여치는 이른 봄부터 가을까지 활동합니다. 식성이 좋은 잡식성이라 식물이나 작은 곤충과 동물 시체 따위도 가리지 않고 닥치는 대로 먹습니다.

갈색여치가 자기가
벗은 허물을 먹고
있다.

이른 봄, 땅속에서 겨울잠을 자던 알에서 깨어나는 1령 애벌레는 주둥이가 연약한 데다 둘레에 작은 곤충들이 많지 않아 당장 먹을 게 부족합니다. 그래서 어린 애벌레는 피나물 꽃이나 노루귀 꽃같이 이른 봄에 피어나는 꽃의 꽃잎을 먹습니다. 애벌레는 여러 번 허물을 벗으며 성장하는데, 몸집이 커지면 그제야 식물뿐만 아니라 작은 곤충을 사냥해 먹기도 합니다. 특히 다 자란 종령 애벌레나 어른벌레는 식욕이 매우 왕성해 식물도 먹지만 대개 자기보다 힘없는 곤충을 잡아먹거나 죽은 동물의 시체를 게걸스럽게 먹어 치웁니다. 어떤 때는 제 몸보다 큰 곤충도 잡아먹습니다.

7월 말 경기도 가평에 있는 화야산에서 야간 관찰을 한 적이 있습니다. 산 밑 주차장뿐만 아니라 숲길에서 갈색여치 애벌레와 어른벌레 들이 총출동해 먹잇감을 찾느라 분주합니다. 한 어른벌레 수컷은 자그마한 자나방류를 잡아먹고, 또 다른 수컷은 제 몸집과

갈색여치 1령 애벌레가 피나물 꽃잎을 먹고 있다.

갈색여치 2령 애벌레.
등에 응애가 붙어 있다.

갈색여치 3령 애벌레

갈색여치 4령 애벌레 수컷

갈색여치 5령 애벌레 암컷

비슷한 크기의 흰제비불나방을 사냥합니다. 어떤 어른벌레 암컷은 땅에 뒤집힌 채 죽은 풍뎅이를 야금야금 파먹고 있습니다. 심지어 다 자란 종령 애벌레는 사람 발에 무참히 밟혀 죽은 갈색여치, 즉 자기 동족이자 동료이기도 한 갈색여치의 시체를 아무렇지도 않은 듯, 걸신들린 것처럼 맛있게 먹고 있습니다. 갈색여치에겐 모든 생물은 그저 먹잇감일 뿐 친척이나 종족의 개념이 없습니다. 갈색여치처럼 잡식성이지만 육식성 성향이 강한 곤충들은 배고프고 먹잇감이 부족하면 자기 가족까지도 잡아먹습니다.

이렇게 갈색여치가 육식성에 가까운 잡식성이다 보니 몸도 그에 맞게 적응했습니다. 주둥이(큰턱)가 아주 튼실해 뭐든지 아작아작 잘 씹어 먹을 수 있고, 다리에는 억센 가시털이 많이 나 있어 작은 곤충을 놓치지 않고 잘 잡을 수 있습니다.

갈색여치가 동족인 갈색여치 시체를 먹고 있다.

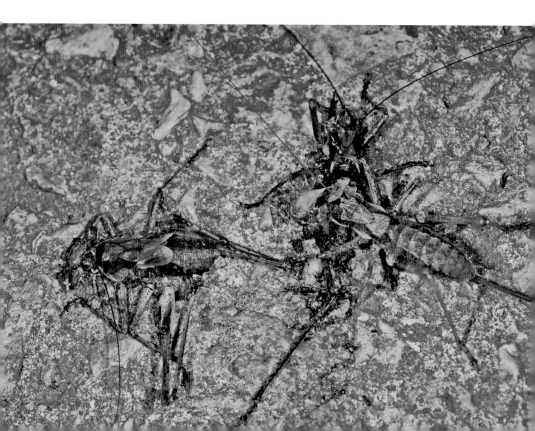

갈색여치의
살아남기

갈색여치는 몸 색깔이 둘레 환경과 잘 어울리는 보호색을 띠어 포식자의 눈을 피합니다. 만일 포식자와 맞닥뜨렸다면 몸집은 크지만 대항 한 번 못 하고, 긴 다리로 톡 튀어 도망갑니다. 날개가 매우 짧아 비행 능력이 떨어지기 때문에 식물 잎 위에서 쉬다가도 위험이 닥치면 재빠르게 덤불 속이나 풀숲으로 폴짝 뛰어내려 숨습니다. 불행히 천적에게 잡히기라도 하면 우악스러운 주둥이로 꽉 물어 버립니다. 실제로 물리면 앗! 소리가 절로 나올 정도로 따끔합니다. 그래도 안 놓아주면 주둥이에서 거무죽죽한 물질을 여러 방울 게워 내서 '나 무섭지?' 하며 포식자를 위협합니다. 또한 소화액 물질에서는 풀 냄새가 납니다. 그래도 여의치 않으면 도마뱀이 꼬리를 스스로 자르고 도망치는 것처럼 기다란 뒷다리를 순식간에 스스로 떼어 버리고 도망치기도 합니다.

짧아도
너무 짧은 날개

갈색여치의 몸집은 메뚜기목 식구 중에서 큰 편에 속합니다. 어른벌레는 7월부터 보입니다. 몸길이는 머리에서 배 끝까지 25~32밀리미터인데, 암컷은 산란관 길이가 26~30밀리미터이니 산란관

갈색여치 어른벌레
수컷. 보호색을 띠
어 천적으로부터 몸
을 지킨다.

을 포함한 몸길이가 약 70밀리미터에 달합니다. 몸 색깔은 전체적으로 갈색과 녹색이 섞여 얼룩덜룩합니다. 까만 더듬이는 제 몸길이보다 훨씬 길고 실처럼 가느다랗습니다. 다리는 길고 늘씬해서 잎사귀 위나 나뭇가지 위를 경중경중 잘 걸어 다닐 수 있습니다. 특히 사람의 허벅지에 해당하는 뒷다리의 넓적다리마디는 알통이 밴 것처럼 굵고 통통해 위험을 맞닥뜨리면 툭툭 튀어 도망치기에 안성맞춤입니다. 뭐니 뭐니 해도 갈색여치의 트레이드마크는 짧은 날개입니다. 어른벌레인데도 날개가 너무 짧아 배를 다 드러내고 있는 모습이 귀엽다 못해 얄궂습니다. 대개 메뚜기목 가문 식구들은 어른벌레의 날개가 배 끝을 덮을 정도로 길지만, 갈색여치는 겨우 배 앞부분만 덮을 정도로 날개가 짧아 생기다 만 것 같습니다. 더구나 암컷 날개는 수컷보다 더 짧아 뒷가슴만 덮습니다.

갈색여치는 암컷과 수컷이 다르게 생겼는데, 맨눈으로도 쉽게 구분할 수 있습니다. 우선 암컷은 배 끝에 긴 산란관을 칼처럼 차고 다닙니다. 굵은 산란관은 아래로 약간 굽었는데 길이가 얼마나 긴지 자기 몸길이와 맞먹습니다. 또 암컷의 겉날개에는 마찰 기관이 없습니다. 반면에 수컷 배 끝에는 산란관이 달려 있지 않습니다. 하지만 수컷의 앞날개에는 마찰 기관, 인간 세상으로 치면 노래방 기계가 달려 있습니다. 갈색여치 수컷은 마찰 기관이 있는 앞날개끼리 비벼 아름다운 소리를 내어 암컷을 유혹합니다.

갈색여치 어른벌레
암컷. 제 몸길이만
한 긴 산란관이 있다.

수컷이 부르는
구애의 노래

여름은 갈색여치의 짝짓기 계절입니다. 7월이면 여기저기서 갈색여치 어른벌레가 유난히 눈에 많이 띕니다. 어른벌레의 임무는 번식입니다. 보통 곤충들은 성페로몬을 이용해 짝을 찾지만 여치류, 매미 들은 소리를 이용해 결혼할 배우자를 찾는 쪽으로 진화해 왔습니다. 그래서 갈색여치 수컷은 어른벌레가 되면 암컷을 꼬드기기 위해 성적 매력이 충만한 노래를 부르고, 암컷은 유전자가 우월한 수컷을 고르느라 동분서주하며 온 신경을 곤두세웁니다.

무더운 여름밤, 깜깜한 숲길을 걷습니다. 손전등을 켜고 천천히 주변을 살피니 역시 키 작은 나무나 풀잎 위에 띄엄띄엄 앉아 있는 갈색여치들이 제법 보입니다. 녀석들이 맨 위쪽 잎을 차지하는 까닭은 수컷은 될 수 있으면 탁 트인 공간에서 노래해야 소리가 멀리 퍼져 나가고, 암컷은 장애물이 없는 잎 위에 있어야 자신을 향해 부르는 수컷의 노래를 잘 들을 수 있기 때문입니다.

그때 저만치서 이따금씩 '치릿~ 치릿~ 치릿~' 소리가 들립니다. 들릴락 말락 가냘픈 소리지만 분명히 날개를 비비는 소리입니다. 밤이라 주변이 고요한데도 집중해서 귀를 기울여야 또렷이 들립니다. 얼른 손전등을 이리저리 비추며 살펴보니 역시 갈색여치 수컷이 풀잎 위에 앉아 노래를 부르는군요. 앞날개를 약간 들어 올린 채 앞날개끼리 비비는데 언뜻 보기에는 바람에 파르르 떠는 것처럼 보입니다. 덩치는 큰데 날개가 짧다 보니 앞날개를 비벼 봤자 소리가 크게 나지 않습니다. 그래도 연신 '치릿~' 하며 아주 짧은

갈색여치 수컷이 앞
날개를 살짝 들어
올려 비비면서 울고
있다.

음(약 3초)을 냅니다. 그 노랫소리가 하도 가냘파 연민의 정이 절로
생깁니다.

갈색여치 수컷은 어떻게 짧은 앞날개로 노래할까요? 왼쪽 앞날
개 아랫면으로 오른쪽 앞날개 윗면을 비비면 소리가 납니다. 수컷
의 왼쪽 앞날개(기부 쪽) 아랫면에는 살짝 U자로 굽은 마찰판이 있
는데, 마찰판은 맨눈으로는 볼 수 없고 현미경으로 봐야 보입니다.
마찰판은 줄(file) 모양의 날개맥이 발달된 것으로 타원형인 마찰
돌기가 95개씩이나 촘촘히 줄지어 배열되어 있는 구조입니다. 또
오른쪽 앞날개 윗면에는 긁는 역할을 하는 마찰기(scraper)가 있는
데, 이것도 현미경으로 봐야 보입니다. 수컷은 암컷을 만날 때까지
왼쪽 앞날개의 줄칼 모양 마찰판과 오른쪽 앞날개의 마찰기를 쓱
쓱쓱 비벼 소리를 냅니다. 마치 현악기의 줄을 활로 켜서 연주하듯
이 말이지요. 이때 왼쪽 앞날개의 마찰판과 연결되어 있는 투명하

고 얇은 경판(거울판, mirror)이 진동하면서 소리가 증폭됩니다. 경판은 울림통 역할을 해 원래 소리보다 더 큰 소리를 내게 합니다.

갈색여치가 짝짓기를 하고 있다.

　잠시 뒤, 끊임없이 애절하게 부르는 노랫소리에 이끌려 암컷이 수컷 곁으로 다가옵니다. 아마 짧디짧은 날개를 비비며 성심껏 부르는 수컷에게 진정성을 느꼈나 봅니다. 암컷은 앞다리 넓적다리마디와 종아리마디 사이의 관절에 있는 고막과 앞가슴 옆구리의 숨구멍으로 공중으로 전파되는 수컷의 소리를 듣습니다. 물론 고막은 암컷, 수컷 모두에게 있습니다. 소리 속에는 많은 정보가 들어 있어 암컷은 소리만 듣고 수컷의 유전자가 우월한지, 몸이 건강한지를 저울질합니다. 그러다 그 소리가 맘에 딱 들면 성큼성큼 다가옵니다. '이 남자는 건강한 것 같아. 노랫소리가 정말 매력적이야.'

이상한
짝짓기

　갈색여치 암컷이 다가오자, 수컷은 노래를 멈추고 더듬이를 흔들며 초조하게 암컷 주변을 서성입니다. 한동안 암컷과 수컷이 대치하듯이 일정한 거리를 두고 조심스럽게 상대방을 살핍니다. 암컷이 다른 곳으로 도망가지 않는 걸 보니 마주 보고 있는 수컷이 맘에 든 모양입니다. 호시탐탐 기회를 노리고 있던 수컷이 암컷의 배 밑으로 파고듭니다. 잠시 암컷과 수컷의 몸이 엉키면서 요동치더니 수컷 배 꽁무니와 암컷 배 꽁무니가 연결됩니다. 그런데 자세

가 희한합니다. 보통 곤충들은 수컷이 암컷 등에 업힌 자세로 짝짓기를 하는데, 갈색여치는 그 반대입니다. 세상에! 암컷이 수컷 등 위로 올라가 짝짓기를 합니다. 암컷은 기다란 다리로 풀잎과 수컷의 몸을 짚은 채 균형을 잡고 수컷은 다리로 풀 줄기와 풀잎을 짚으며 균형을 잡습니다.

이제 수컷은 본격적으로 생식기를 결합하기 시작하는데, 배 꽁무니에 있는 단단한 꼬리털(미모)로 암컷의 생식기 근처 부분(아생식판)을 벌린 뒤 생식기를 넣습니다. 드디어 짝짓기 성공입니다! 갈색여치 암컷과 수컷은 깜깜한 밤중에 풀숲을 신방 삼아 사랑을 나눕니다. 별 움직임이나 특별한 행동 없이 갈색여치 부부의 사랑은 계속됩니다. 워낙 배 꽁무니끼리 단단히 결합되어 커다란 방해가 없는 한 떨어질 염려가 없습니다. 한동안 은밀한 사랑이 계속되고, 하늘의 별도 부부에게 축복의 빛을 보냅니다.

얼마 뒤 짝짓기가 끝날 무렵, 신기한 일이 벌어집니다. 수컷은 생식기 쪽에서 거품으로 뭉쳐진 하얀색 정자 주머니(정포)를 만들어 암컷 생식기 입구(산란관이 시작되는 부분)에 턱 붙여 줍니다. 정자 주머니는 결혼 증표로, 수컷이 암컷에게 주는 소중한 결혼 선물입니다. 정자 주머니에는 수컷 입장에서 세상에서 가장 중요한 유전자인 정자가 들어 있습니다. 보통 수컷 곤충들은 정자를 암컷 생식기에 직접 전달합니다. 그런데 갈색여치 수컷은 정자를 직접 암컷 생식기에 전달하지 않습니다. 정자는 단백질과 같은 영양물질이 풍부한 물질로 포장해 주머니 형태로 암컷의 생식기에 붙여 간접적으로 줍니다. 실제로 정포를 만들려면 수컷 몸속에 있는 영양분이 많이 쓰입니다. 보통 정자 주머니 하나를 만드는 데 수컷 체

잔날개여치(왼쪽)와 갈색여치(오른쪽) 암컷의 생식기에 붙어 있는 정자 주머니

갈색여치 수컷이 넘겨준 정포가 시간이 흘러 갈색으로 바뀌었다.

중의 30퍼센트 이상 소비됩니다. 그러니 짝짓기를 여러 번 하면 정자 주머니 만드는 데 모든 체력을 소진해 '몸이 파산'될지도 모릅니다. 사람으로 치면 막대한 물질 투자로 허리가 휠 지경입니다.

짝짓기가 끝나고 수컷은 정자 주머니만 넘겨준 채 뒤도 안 돌아보고 제 갈 길을 가고, 암컷은 홀로 남습니다. 수컷은 떠났지만 정자 주머니 속에 들어 있는 정자는 암컷의 생식기 속으로 들어가고 정자를 포장한 물질은 암컷이 먹어 치웁니다. 암컷은 머리를 요가 선수처럼 배 쪽으로 둥글게 구부리고선 결혼 선물로 받은 정자 주머니를 맛있게 먹습니다. 젤라틴으로 만들어진 정자 주머니는 영양이 풍부해 암컷이 먹으면 난소와 알의 발육에 도움이 됩니다. 재미있게도 수컷에게서 받은 정포를 먹은 암컷이 안 먹은 암컷보다 더 오래 산다고 하니 정자 주머니의 재료는 영양 만점입니다.

암컷은 보통 짝짓기 후 며칠 정도 있다 알을 낳는데, 그 알에는 정자 주머니에 함유된 물질(단백질 분자)이 섞여 있다고 알려졌습니다. 그래서 수컷은 자기 유전자가 무사히 다음 세대로 이어지도록 영양가 높은 정자 주머니를 만드는 데 막대한 물질 투자를 하며 공을 들이는 것입니다.

알은
땅속에

이제 갈색여치 암컷은 마지막 임무인 알 낳는 일에 힘을 쏟습니

갈색여치 암컷이 야
자매트에 산란관을
꽂고 알을 낳고 있다.
——

다. 보통 알은 땅속에 낳습니다. 암컷은 엉거주춤한 자세로 땅 위에 앉은 뒤 긴 산란관을 포슬포슬한 땅이나 부엽토가 쌓인 부드러운 땅에 쑤욱 집어넣고 알을 하나씩 하나씩 낳습니다. 산란관은 굉장히 질기고 튼튼해 땅속에 곧잘 들어갑니다.

문제는 사람들의 간섭으로 이제 그런 땅이 사라지고 있습니다. 어떤 등산로 같은 산길은 포장이 되어 있습니다. 또 언제부터인지 우리나라 곳곳의 산책로에 야자매트를 까는 바람이 불고 있습니다. 슬프게도 오늘 만난 갈색여치 암컷은 알 낳을 땅을 찾지 못해서 야자매트가 땅인 줄 착각하고 그곳에 알을 낳았습니다. 수많은 사람들이 밟고 다니는 야자매트 속에 있는 알이 살아남을 리 만무합니다. 땅에 터를 잡고 사는 생물에 대한 배려가 없어 씁쓸하긴 합니다.

밤낮으로 노래하는

긴
꼬
리

긴꼬리 수컷

긴꼬리 수컷이
환삼덩굴 잎의 갈라진 틈에 머리를 넣고
암컷을 찾기 위해 노래를 부르고 있습니다.

8월 말, 집에서 가까운 산으로 야간에 곤충을 관찰하러 갑니다.

한낮의 찜통더위와는 달리 밤바람은 선선합니다.

하늘엔 배부른 반달이 덩그러니 떠 있어 달빛이 교교합니다.

오솔길 옆 풀숲에선 풀벌레들이

제각각 리드미컬한 소리를 내며 부산한 음악회를 엽니다.

음악회의 백미는 긴꼬리의 독창입니다.

마치 밤의 정령이 환희의 찬가를 부르는 것처럼 해맑습니다.

루루루루루…… 은쟁반에 옥구슬 굴러가는 듯이 맑은 소리가

배경음 역할을 톡톡히 합니다.

교교한 달빛과 어우러진 긴꼬리의 낭랑한 노랫소리에 취해

한 걸음 한 걸음 내딛습니다.

저는 개인적으로 여러 곤충의 노랫소리 중에서도

긴꼬리의 군더더기 없이 맑은 소리를 제일 좋아합니다.

그 소리를 듣고 있노라면 어릴 적 시골집 앞뜰이 생각나기 때문입니다.

긴꼬리 암컷

이 꼭지는 메뚜기목 귀뚜라미과 종인 긴꼬리(*Oecanthus longicauda*) 이야기입니다.

꼬리가 긴
긴꼬리

긴꼬리는 메뚜기목 여치아목 가문의 귀뚜라미과 긴꼬리아과 족보를 가진 연둣빛 곤충입니다. 우리나라 긴꼬리아과 식구는 단 2종, 긴꼬리와 폭날개긴꼬리입니다. 긴꼬리는 가슴과 배 아랫부분(복부)이 까만색이고, 폭날개긴꼬리는 가슴과 배 아랫부분이 연한 연두색이라 잘 구분할 수 있습니다. 폭날개긴꼬리는 주로 섬이나 해안 사구의 풀밭에 살고, 긴꼬리는 우리나라 어디든지 덤불숲이나 풀숲만 있으면 살기 때문에 흔히 만날 수 있습니다.

긴꼬리의 몸길이는 머리부터 배 끝까지 10~15밀리미터(뒷날개 끝까지 포함하면 14~20밀리미터)입니다. 암컷의 경우 산란관 길이가 10밀리미터라 암컷의 총 몸길이는 약 25밀리미터입니다. 몸 색깔

긴꼬리는 가슴과 배 아랫부분이 까만색이다.

은 연한 연두색으로 속살이 다 들여다보일 정도로 투명합니다. 머리는 작은 편입니다. 주둥이는 메뚜기목 가문의 식구들 가운데 유일하게 전구식이라 앞쪽을 향하고 있습니다. 홑눈은 없고, 겹눈은 동그랗습니다. 더듬이는 실처럼 가늘고 제 몸길이보다 약 2.5배 깁니다. 앞가슴등판은 세로가 폭보다 길어 마치 '목'이 긴 것처럼 보여 메뚜기목 식구가 아닌 것 같습니다. 다리는 굉장히 가늘고 깁니다. 특히 사람의 허벅지에 해당하는 뒷다리의 넓적다리마디는 그리 통통하지 않아 잘 뛰지 못합니다.

여느 귀뚜라미과(여치아목) 집안 식구들처럼 긴꼬리도 암컷과 수컷의 생김새가 조금 다릅니다. 수컷은 투명한 날개에 암컷에게 구애할 때 사용하는 마찰 기관이 있습니다. 오른쪽 앞날개의 아랫면에 있는 마찰판(수많은 돌기가 촘촘히 배열되어 있음.)으로 왼쪽 앞날개의 가장자리(마찰편, scraper)를 긁듯이 수없이 비비면 소리가 납니다. 이 소리를 얇고 투명한 '경판'(날개의 맥이 구조적으로 변형된 부분)이 크게 증폭시킵니다. 뒷날개는 앞날개에 비해 조금 길고, 배 꽁무니에는 산란관이 없습니다. 또 뒷가슴등판에서 분비물을 분비하는 커다란 분비샘이 있는데, 이 분비물은 암컷을 유혹할 때 씁니다.

반면에 암컷은 반투명한 앞날개에 마찰 기관이 없습니다. 대신에 알을 낳아야 하니 배 꽁무니에 까만색 기다란 산란관이 달려 있습니다. 또 뒷날개는 앞날개에 비해 매우 긴데, 앞날개 밖으로 길게 나와 마치 꼬리처럼 보입니다.

긴꼬리라는 이름은 학명인 'Oecanthus longicauda'에서 종소명인 'longicauda'에서 따온 것 같습니다. 'longicauda'는 꼬리가 길다

는 의미인데, 여기서 말하는 꼬리는 암컷의 산란관이나 꼬리처럼
뻗은 암컷의 뒷날개를 가리킵니다. 그래서 북한에서는 여전히 '긴
꼬리귀뚜라미'라고 부릅니다.

　긴꼬리는 우리나라 방방곡곡에서 삽니다. 덤불숲, 풀숲, 관목들
이 우거진 곳이면 어디서나 터를 잡기 때문에 아직까지는 굉장히
흔한 종입니다. 식성은 까다롭지 않아 아무거나 잘 먹는 잡식성입
니다. 큰턱이 발달해 꽃가루를 먹기도 하고, 진딧물 같은 작은 곤
충들을 사냥해 먹기도 합니다.

잎사귀 틈에서
노래 부르는 수컷

기특하게 긴꼬리 수컷은 낮에도 울고 밤에도 웁니다. 다만 주로 밤을 좋아해 해가 지고 나면 아름다운 세레나데를 부르며 짝짓기할 암컷을 애타게 찾습니다.

9월 저녁, 중미산의 임도를 걷습니다. 붉게 타던 노을이 힘없이 물러가고 어둠이 슬금슬금 내려오자 긴꼬리의 노랫소리가 더 또렷하게 들립니다. 천천히 걷는데 몇 발짝 앞 덤불 숲에서 '루루루루루' 낭랑한 긴꼬리 노랫소리가 납니다. 어찌 저리 음색이 고울까? 중얼거리며 살금살금 다가가 노래 부르는 긴꼬리를 찾습니다. 어두워 손전등을 켜고 풀잎과 나뭇잎을 살살 뒤지는데, 칡 잎을 건드리는 순간 딱 멈춥니다. 아! 노래 부르는 무대가 칡 잎이었군요. 가만히 서서 긴꼬리가 노래하길 기다리니 얼마 안 있어 '루루루루루르' 경쾌하게 한 곡조를 뽑습니다. 조심스럽게 칡 잎을 살피니 과연 3장의 소엽 가운데에서 긴꼬리가 노래하고 있습니다. 엎드려뻗쳐 자세로 머리를 소엽 사이에 처박고 날개를 몸통과 직각으로 세운 뒤 앞날개를 파르르 떨듯 비빕니다. 그 모습이 너무 신비로워 입만 떡 벌어집니다. 손전등을 비추니 깜짝 놀라 직각으로 세운 날개를 배 위에 내려놓고 노래를 딱 멈춥니다.

미안한 마음에 손전등을 다른 방향으로 비추어 간접 조명으로 긴꼬리의 라이브 공연을 계속 엿봅니다. 한참 지나자 녀석은 긴장을 풀고 오른쪽 앞날개를 왼쪽 앞날개 위에 얹은 채 비비면서 계속 노래를 합니다. 졸지에 무대인 칡 잎의 소엽 3개가 울림통 역할

날개를 비벼 우는 긴꼬리

을 해 노랫소리는 더욱 크게 퍼져 나갑니다. 영특한 긴꼬리 수컷은 노랫소리를 크게 증폭시키기 위해 엄청난 노력을 합니다. 넓은 잎사귀 한가운데를 씹어 구멍을 만든 뒤 그 구멍 속에 머리만 내밀고 노래를 부르기도 하고, 겹쳐진 잎사귀들 틈에서 날개를 비벼 노래를 부르기도 합니다.

긴꼬리 수컷이 칡 잎 3장을 울림통 삼아 노래하고 있다.

긴꼬리의 노랫소리는 온도에 영향을 받는데, 그럼에도 기본적인 박자와 음정은 그대로 살아 있습니다. 그래서 암컷들은 어떤 변수가 생긴다 해도 같은 종인 예비 신랑이 내는 특유의 노랫소리를 알아차리고 반응합니다. 이전에 한 번도 그 노랫소리를 들어본 적이 없는데도 그렇습니다. 결국 긴꼬리에게 있어 노랫소리는 자연 상태에서 다른 종과의 잡종 번식을 원천 봉쇄하는 예방 역할을 합니다. 이 모든 능력은 유전자의 힘입니다.

암컷에게 주는
수컷의 달달한 선물

얼마쯤 노래했을까. 한참 뒤 긴꼬리 수컷의 노랫소리가 암컷 귀에 포착되었나 봅니다. 귀는 넓적다리마디와 종아리마디 사이에 있는 앞다리의 무릎관절에 붙어 있습니다.

긴꼬리 수컷이 환삼 덩굴 잎 사이에 머리를 넣고 노래를 부르고 있다.

수컷이 노래를 부르는 동안 심사 위원인 암컷은 짝짓기를 준비하느라 바쁩니다. 실은 암컷은 수컷보다 더 많이 돌아다니며 예비 신랑이 부르는 노랫소리에 귀 기울입니다. 대개 암컷은 크게 우는 수컷에게 관심을 줍니다. 그래서 가까운 거리에 있는 수컷이 유리합니다. 수컷의 노랫소리를 들으면 우선 하던 일을 멈추고 소리가 나는 쪽으로 몸을 돌리며 격하게 반응합니다. 암컷의 앞다리 종아리마디에 있는 2개의 고막 사이가 넓은 편이라 소리 나는 쪽을 정확히 감지할 수 있습니다.

수컷의 노랫소리가 마음에 딱 들었나 보네요. 암컷은 노래의 진원지를 향해 재빠르게 다가갑니다. 노랫소리가 잠시 멈추면 암컷은 주춤거리거나 걸음을 멈춥니다. 이미 수컷의 노래에 눈먼 암컷에게 겹눈은 아무런 역할을 하지 않습니다. 결국 긴꼬리 암컷이 예비 남편을 선별하는 데는 시각과 후각이 아닌 청각이 지대한 역할

긴꼬리 수컷의 노랫소리를 듣고 암컷이 찾아왔다.

을 합니다. 실제로 실험을 해 보았는데, 전화기와 조금 떨어진 곳에서 수컷을 울게 하고 그 소리가 나는 수화기를 암컷이 들을 수 있는 거리에 놓아두면 암컷은 곧장 수화기로 다가간다고 합니다.

어둠을 헤치고 드디어 긴꼬리 암컷이 노래의 진원지인 수컷을 찾아왔습니다. 수컷 노랫소리에 반한 암컷은 거두절미하고 수컷에게 다가가 더듬이로 건드립니다. 암컷의 스킨십에 황홀해진 수컷은 부드럽고 사랑스러운 노래로 화답합니다. 이때 직각으로 세웠던 날개를 약간 낮춥니다. 수컷은 진심을 다해 정성껏 구애의 노래를 부르며 암컷 쪽으로 뒷걸음질 치며 다가갑니다. 암컷은 수컷 노랫소리에 반했는지 더듬이로 수컷의 몸을 더듬으며 적극적으로 스킨십을 합니다. 흥분한 수컷은 재빠르게 바닥에 납작 엎드리고선 날개를 약간 들춥니다. 기다렸다는 듯이 암컷은 망설임 없이 그런 수컷의 날개 속으로 파고들어 가 분비물을 먹기 시작합니다. 놀랍

긴꼬리 짝짓기

게도 수컷 뒷날개 아래(뒷가슴등판)에는 커다란 분비샘이 있는데, 이 분비샘에서는 유인 물질이 나옵니다. 암컷을 유혹하기 위해 만들어진 이 유인 물질은 인류가 등장하기 훨씬 전부터 생겨났으니 참 대단합니다.

긴꼬리 암컷은 수컷의 날개 속에 머리를 파묻은 채 수컷이 선물한 달달한 분비 물질을 먹으며 황홀한 사치를 누립니다. 이때를 놓칠세라 수컷은 뒷걸음질로 암컷 몸 아래쪽에서 배 꽁무니 쪽으로 파고들며 암컷에게 업힙니다. 암컷의 배 아래로 완전히 파고들자, 곧바로 배 꽁무니를 위쪽으로 치켜들어 올려 암컷의 배 꽁무니에 댑니다. 한번 상상해 보세요. 수컷의 짝짓기 자세가 얼마나 불편할지! 다행히 수컷의 등에 올라탄 암컷이 분비 물질을 먹으면서 배 꽁무니를 거침없이 아래쪽으로 내리며 적극적으로 협조합니다. 이로써 수컷의 생식기와 암컷의 생식기가 결합했으니 완벽한 짝짓기 성공입니다. 수컷 입장에서는 짝짓기 자세가 매우 불편하지만 자기 유전자를 성공적으로 넘기기 위해선 그만한 불편함을 충분히 감수할 수 있습니다.

정자 주머니 속에
들어 있는 정자

짝짓기가 끝날 즈음, 수컷은 암컷의 생식기 입구에 정성스럽게 포장한 정자 주머니를 붙여 줍니다. 긴꼬리 수컷은 정자를 직접 암

긴꼬리 암컷이 수컷 뒷날개 아래에 머리를 묻고 분비물을 먹고 있다.

긴꼬리 암컷 산란관 옆에 구슬 같은 정포낭이 달려 있다.

컷 생식기에 넣어 주지 않고 정자 주머니를 통해 간접적으로 줍니다. 정자 주머니는 수컷이 자신의 소중한 정자를 생식 부속샘에서 분비한 물질로 감싸 만든 주머니입니다. 정자 주머니는 작은 구슬 모양으로 이 속에 소중한 유전자 전달체인 정자가 들어 있습니다.

기나긴 짝짓기 행사가 끝이 났습니다. 신기하게도 암컷은 짝짓기가 끝났는데도 수컷 날개에 얼굴을 묻고 분비 물질을 먹느라 정신이 없습니다. 수컷도 그런 암컷을 떼어 내지 않고 가만히 납작 엎드려 분비 물질을 먹도록 배려합니다. 수컷은 암컷이 오래도록 자신의 분비 물질을 먹는 게 이득입니다. 암컷의 생식기 입구에 달아 놓은 정자 주머니 속에 들어 있는 정자가 암컷 생식기로 들어가는 시간을 벌 수 있기 때문입니다. 만일 정자가 몸속에 들어가기도 전에 암컷이 정자 주머니를 먹어 치운다면 자기 유전자를 남길 기회를 놓칠 수도 있습니다.

긴꼬리를 포함한 귀뚜라미류가 양쪽 앞날개를 비비며 소리를 내는 방식은 바퀴벌레의 짝짓기 방식에서 진화된 것으로 추정합니다. 그 예로 바퀴벌레가 짝짓기할 때 수컷은 앞날개를 뒤로 들어 올립니다. 그리고 암컷을 유혹하는 분비물이 나오는 뒷가슴샘을 노출시킵니다. 그러면 잽싸게 암컷은 그 분비물을 핥아 먹는데, 그때 자연스럽게 수컷이 다가가 짝짓기를 합니다. 이와 마찬가지로 귀뚜라미류 수컷도 자기 울음소리를 듣고 찾아온 암컷에게 날개를 들어 올립니다. 그러면 귀뚜라미류 암컷은 수컷의 뒷가슴샘 분비물을 핥아 먹고, 그 틈을 타 수컷은 자신의 정자 주머니를 암컷 배 끝에 붙입니다.

풀 줄기에
알 낳기

짝짓기를 마친 긴꼬리 암컷은 나무껍질(수피)이나 식물 줄기에 알을 낳습니다. 단단한 세포벽을 가진 식물 줄기에 구멍을 뚫은 뒤 기다란 산란관을 식물 조직 속에 넣고 알을 낳습니다. 산란관 끝이 이빨처럼 날카로워 식물의 표피 조직을 잘 뚫을 수 있습니다. 그래서 긴꼬리가 알 낳은 줄기를 보면 송곳으로 뚫은 것처럼 동그란 구멍이 있습니다. 알 모양은 길쭉해 꼭 바나나같이 생겼습니다. 알을 다 낳은 뒤 암컷은 죽고 알만 남습니다. 긴꼬리 알은 추운 겨울을 버텨야 대를 이을 수 있습니다.

어미 긴꼬리의 배려 덕분에 식물 줄기 속에 있는 알은 혹독한 추위를 잘 이길 수 있고, 겨울이면 먹이가 부족한 새들한테도 덜 쪼아 먹혀 안전하게 겨울을 날 수 있습니다. 알은 따뜻한 봄을 기다리며 긴 겨울을 보냅니다. 이듬해 봄이 되면 겨울잠을 잔 알에서 애벌레가 깨어나 새로운 세대를 이어 갑니다.

식물 줄기 속에서 겨울을 나는 긴꼬리 알

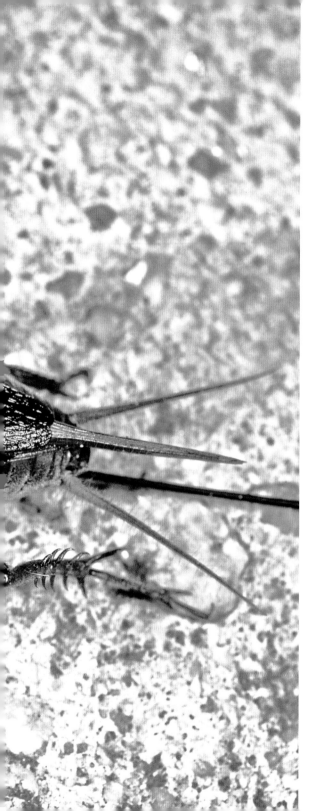

청아한 세레나데 부르는

왕
귀
뚜
라
미

왕귀뚜라미 암컷

왕귀뚜라미 암컷의 산란관은
몸길이와 맞먹을 정도로 깁니다.

9월, 양평 연구소에서 며칠째 머무는 중입니다.

한낮에는 뜨겁다가 저녁이면 제법 선선한 바람이 불어와

한낮의 더위를 식혀 주니 살 것 같습니다.

해가 뉘엿뉘엿 서쪽으로 넘어가니 어둠이 냉큼 정원에 내려옵니다.

하나둘 떠오르는 별을 보며 살을 간질이는 바람에

몸을 맡긴 채 앉아 있으니 이보다 더 좋을 순 없습니다.

왕귀뚜라미들까지 여기저기서 또르르륵 또르르륵

청아한 노래를 부르니 문득 무릉도원인 것 같습니다.

밤이슬이 온몸에 내려앉을 때까지 왕귀뚜라미 노랫소리에 취합니다.

힘 빼고 의자에 기대고 앉아 왕귀뚜라미 멍을 합니다.

왕귀뚜라미 수컷

이 꼭지는 메뚜기목 귀뚜라미과 종인 왕귀뚜라미(*Teleogryllus emma*) 이야기입니다.

몸집이 큰
왕귀뚜라미

왕귀뚜라미는 족보상 메뚜기목 여치아목 가문의 귀뚜라미과 식구입니다. 우리나라에 사는 귀뚜라미과 식구는 41종으로, 그 가운데 왕귀뚜라미는 몸집이 큰 편이고 굉장히 흔해 전국 방방곡곡 어디에서나 삽니다.

왕귀뚜라미 몸길이는 머리부터 배 끝까지 17~24밀리미터입니다. 암컷은 산란관 길이가 19~22밀리미터라 총 몸길이가 40밀리미터를 넘습니다. 주로 왕귀뚜라미는 풀밭, 공원, 야산과 논밭의 땅바닥에서 삽니다. 그러다 보니 몸 생김새나 색깔이 땅 생활을 잘할 수 있게 진화해 왔습니다. 우선 몸 색깔은 갈색이 도는 까만색으로 땅바닥 색과 비슷한 보호색을 띱니다. 땅바닥 중에서도 주로 돌 밑이나 움푹 파인 굴속처럼 자기 몸을 숨길 수 있는 은신처에서 생

왕귀뚜라미 암컷.
죽을 때가 가까워져
산란관이 갈라졌다.

활하기 때문에 뭔가에 눌린 것처럼 몸이 위아래로 납작합니다. 머리는 매우 독특하게 생겼는데, 어찌 보면 대머리처럼 보여 애니메이션 영화에나 나옴 직합니다. 훌러덩 벗겨진 이마는 털 하나 없이

참기름 바른 것처럼 맨들맨들 반짝거립니다. 동그란 두 겹눈은 까꿍이라도 할 것같이 귀엽고, 겹눈 안쪽에서 나온 더듬이는 철사처럼 가늘고 제 몸길이보다 깁니다. 주둥이의 일부분인 작은턱

왕귀뚜라미 겹눈

수염은 웬만한 곤충의 더듬이만큼 깁니다. 뭐니 뭐니 해도 왕귀뚜라미의 특징은 겹눈 위쪽 가장자리를 따라 밝은색으로 그려진 V자 모양의 띠무늬입니다.

또한 앞다리와 가운뎃다리는 땅 위를 잘 걸을 수 있게 적당히 길고 가시털도 많이 났습니다. 뒷다리는 앞다리의 두 배나 될 정도로 길고, 특히 넓적다리마디(사람의 허벅지에 해당)는 제 몸통의 절반이나 될 정도로 두꺼운 알통 모양입니다. 튼튼한 뒷다리 덕에 천적이 다가오면 툭 튀어 도망칠 수 있습니다. 또 땅바닥에서 살아 풀이나 나무줄기를 붙잡을 일이 적어서 발목마디(사람의 발가락에 해당)가 3마디로, 여치류(4마디)보다 적습니다. 날개는 장시형이라 배 꽁무니를 완전히 덮습니다. 앞날개는 날개맥(하프맥과 코드맥이 섞여 있음.)이 미로처럼 배열되어 있고, 뒷날개는 앞날개 밖으로 길게 나와 마치 새의 꼬리처럼 보입니다. 배 끝부분에는 긴 꼬리털 두 개 붙어 있습니다.

여느 귀뚜라미들처럼 왕귀뚜라미도 암컷과 수컷의 생김새가

조금 다릅니다. 수컷은 암컷을 유혹하기 위해 구애의 노래를 쉼 없이 불러야 하니 앞날개에 발음 기관인 마찰 기구(stridulatory appaaratus)가 있습니다. 마찰 기구는 왼쪽과 오른쪽 날개 기부에서 소리를 만드는 장치로, 마찰판과 마찰기, 경판으로 구성됩니다. 또 수컷이니 알 낳을 일이 없어 배 끝에 산란관이 없습니다. 암컷은 수컷이 부르는 노래를 듣기만 하면 되니 앞날개에 마찰 기구가 없습니다. 대신에 알을 낳아 대를 이어야 하니 배 끝에 긴 산란관이 몸 밖으로 뻗어 나와 있습니다. 산란관은 송곳처럼 생겼는데, 길이가 무려 자기 몸길이와 거의 맞먹을 정도로 깁니다.

왕귀뚜라미 어린 애벌레는 등판에 흰 줄무늬가 있다. 줄무늬는 자랄수록 희미해진다.

왕귀뚜라미
한살이

왕귀뚜라미의 생애 주기는 1년입니다. 안갖춘탈바꿈을 해 '알-애벌레-어른벌레'의 3단계를 거치며 한살이를 완성합니다. 알로 겨울을 나고, 봄이 되면 알에서 애벌레가 깨어납니다. 애벌레는 한꺼번에 자라지 못하고 허물을 모두 9번 벗으면서 성장합니다. 애벌레는 등판에 또렷한 하얀색 줄무늬를 지니고 있어 금방 알아볼 수 있습니다. 이 하얀 줄무늬는 애벌레가 자랄수록 희미해집니다. 봄과 여름 동안 애벌레의 모습으로 살다가 늦여름부터 드디어 어른벌레로 날개돋이(우화)하기 시작합니다. 왕귀뚜라미 어른벌레는 가을 동안 짝짓기를 한 뒤 알을 땅속에 낳고 죽습니다.

왕귀뚜라미 중간 애벌레. 등판에 흰 줄무늬가 조금 희미해졌다.

왕귀뚜라미는 식성이 좋아 동물과 식물을 다 먹는 잡식성입니다. 주둥이(큰턱)가 굉장히 발달해 살아 있는 작은 곤충, 죽은 곤충, 채소나 과일 들도 닥치는 대로 잘 먹습니다. 야행성이라 낮에는 돌멩이 틈, 구멍 속, 낙엽 아래에 들어가 숨어 있다가 밤이 되면 땅바닥을 돌아다니며 먹잇감을 찾습니다.

암컷을 만날 때까지 울어야 해

선선한 가을이면 왕귀뚜라미의 전성시대입니다. 풀밭이 있는 곳이면 어디서나 어김없이 은쟁반에 옥구슬 굴러가는 듯이 청아한 노랫소리가 납니다. 왕귀뚜라미는 수컷만 울고, 암컷은 울지 못합니다. 왕귀뚜라미가 소리를 내어 우는 이유는 단 하나, 자신의 동료와 대화를 하기 위해서입니다. 사람이 말과 글로 대화하듯이 왕귀뚜라미는 결혼할 배우자를 구할 때도, 사랑을 나눌 때도, 자기 영역에 들어오지 말라고 경고할 때도 소리를 내어 '그들만의 대화'를 나눕니다. 그중 짝짓기용 노래가 대화의 대부분을 차지합니다.

9월 밤, 손전등을 들고서 연구소 정원을 한 바퀴 돕니다. 왕귀뚜라미 수컷들이 '내가 잘났어, 아니야 내가 더 잘났어.' 하며 경쟁하듯 여러 곳에서 청아하게 웁니다. 소리 나는 곳은 돌 밑입니다. 살금살금 다가가니 제 발걸음이 내는 진동 소리에 긴장해 울음을 뚝 멈춥니다. 손전등을 켜고 소리 나는 곳을 찾아보지만 녀석이 안 보

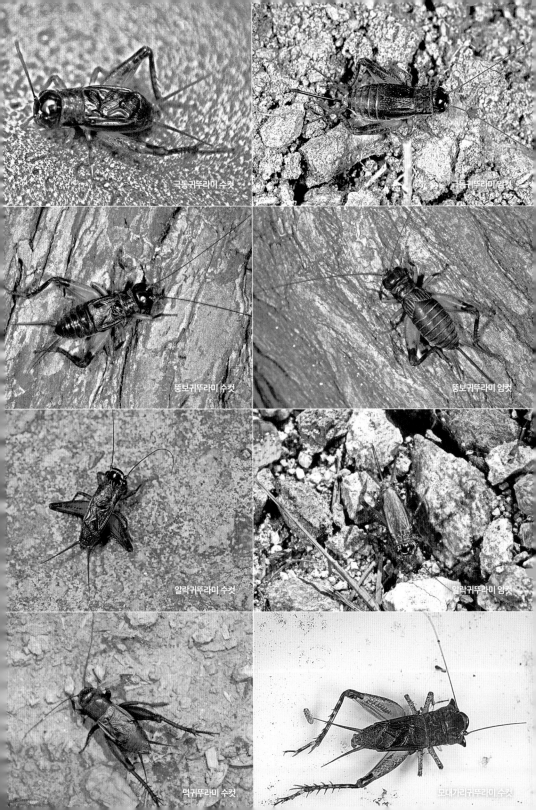

극동귀뚜라미 수컷

극동귀뚜라미 암컷

뚱보귀뚜라미 수컷

뚱보귀뚜라미 암컷

알락귀뚜라미 수컷

알락귀뚜라미 암컷

먹귀뚜라미 수컷

모대가리귀뚜라미 수컷

입니다. 돌 밑에 자연적으로 파인 자그마한 구멍 속에서 숨어 울기 때문입니다. 그러니 울음소리는 땅바닥에서 들리는데, 아무리 눈에 불을 켜고 찾아봤자 헛수고입니다.

그때 암컷이 정원의 땅 위에 짠 하고 나타납니다. 배 꽁무니에 송곳 같은 산란관을 차고 있으니 분명히 암컷입니다. 짝짓기할 준비가 된 암컷은 이곳저곳에서 불러 대는 수컷의 노랫소리에 마음이 싱숭생숭해 외출한 것입니다. 갑자기 암컷이 고민에 빠졌습니다. 수컷이 자신의 영토인 돌 밑을 떠나지 않고 울어 대는 통에 얼굴을 볼 수 없는데, 노랫소리는 너무 많이 들려 도대체 누굴 선택해야 할지 고민합니다. 잠시 암컷은 이 수컷에게 갈까 저 수컷에게 갈까 하며 거리에서 서성입니다. 놀랍게도 암컷은 수컷의 노랫소리만 듣고도 수컷의 신체 정보를 스캐닝 하듯 알아차립니다. 몸이 튼튼한지 약한지, 큰지 작은지 따위를 파악해 누가 더 우월한 유전자를 가졌는지 따져 봅니다. 재밌게도 크고 우렁차게 노래하는 수컷에게는 암컷들이 줄을 서고, 그렇지 못한 수컷은 찬밥 신세입니다. 그러다 보니 어떤 열등감을 가지거나 자신감이 적은 수컷은 아예 울지 않고 풀밭을 돌아다니다 멋진 수컷의 노랫소리를 찾아가는 암컷을 가로채기도 합니다.

왕귀뚜라미 암컷이나 수컷 둘 다 이렇게 얼굴을 안 보고 노랫소리만으로 결혼할 배우자를 찾다 보니 편리한 점이 많습니다. 암컷은 어둡거나 멀리 떨어진 곳에서 소리만 듣고도 상대방이 어떤지 알아차릴 수 있습니다. 배우자로 고를 때 얼굴은 아무 쓰잘머리가 없고 소리만 매력적이면 됩니다. 수컷 또한 어딘가에 있을 암컷을 찾으러 이리저리 헤매지 않아도 됩니다. 그저 돌 틈에 앉아 노래만

멋지게 부르면 암컷이 알아서 찾아오니 그보다 더 경제적일 수는 없습니다.

암컷이 직접
수컷을 찾아가다

왕귀뚜라미 수컷들은 쉼 없이 청아한 노래를 부릅니다. 드디어 길 위에서 서성이던 암컷이 결단을 내립니다. 여러 수컷들 가운데 가장 비장하게 돌 틈에서 노래하는 수컷, 즉 예비 남편에게 다가갑니다. 풀밭을 가로질러 돌 틈으로 들어갑니다. 어둡고, 돌에 가려 왕귀뚜라미 남녀가 상봉하는 게 잘 보이지 않지만, 수컷 노랫소리만으로도 신방의 분위기를 가늠하기에 충분합니다.

암컷이 가까이 다가가자 수컷은 대환영하며 암컷을 맞습니다. 얼마쯤 지나 수컷은 암컷의 배 아래쪽으로 파고들어 가 짝짓기를 시도합니다. 이렇게 구애 행동을 하는 내내 수컷은 이전과는 다르게 훨씬 부드러운 노래를 부르며 암컷의 환심을 삽니다. 이때 달갑지 않은 불청객이 들이닥쳐 은밀한 짝짓기 작업을 방해하면 즉시 노래의 톤을 바꾸어 앙칼지고 날카로운 소리를 냅니다. 불청객이 사라지면 다시 부드러운 노랫소리를 내며 암컷의 기분을 고조시킵니다. 짝짓기에 성공했는지 수컷은 암컷을 유혹하는 힘찬 세레나데를 더 이상 부르지 않습니다.

이상한
정자 전달식

왕귀뚜라미의 짝짓기 과정은 매우 놀랍고도 신기합니다. 암컷이 노랫소리에 반해 수컷이 사는 은밀한 공간으로 찾아오면 수컷은 날개를 들어 올립니다. 이때 수컷의 뒷가슴에서는 분비액이 나옵니다. 이 순간만을 기다렸다는 듯이 암컷은 수컷 뒷날개 아래로 파고들어 가 뒷가슴샘에서 나오는 분비액을 핥아 먹고 수컷은 여전히 부드러운 구애송을 부릅니다. 암컷이 사랑의 묘약인 분비액을 계속 핥아 먹자, 수컷은 '이때다!' 하며 암컷의 배 아래쪽으로 기어

들어 가 암컷 배 꽁무니에 자기 생식기를 갖다 댑니다. 드디어 짝짓기 성공! 짝짓기가 끝날 무렵 수컷은 작은 구슬 모양의 정자 주머니를 암컷 생식기 주변(아생식판 아래)에 붙여 줍니다. 이로써 왕귀뚜라미 수컷 일생일대의 가장 위대한 과제인 짝짓기가 끝이 납니다. 이렇게 왕귀뚜라미 수컷은 정자를 직접 암컷 생식기에 전달하지 않고 생식기 주변에 붙여 주는, 간접적인 방법으로 전달합니다.

왕귀뚜라미의 정자 주머니는 구슬 모양입니다. 한쪽 끝은 철사같이 긴 꼬리(정자관)가 붙어 있고, 반대편 쪽은 둥글고 뭉툭한 모양입니다. 긴 꼬리관 부분만 암컷의 생식기에 들어가고 뭉툭한 부분은 암컷의 배 끝에 붙어

귀뚜라미과 식구인 풀종다리 암컷. 산란관 근처에 구슬 같은 정포낭이 달려 있다.

있습니다. 그러다 보니 자칫 암컷이 조심성 없게 움직이면 떨어져 나갈 수도 있습니다. 더구나 눈치코치 없는 개미들이 달려들어 정자 주머니를 훔쳐 갈 수도 있으니 잘 간수해야 합니다.

정자 주머니 속에 있는 왕귀뚜라미 수컷의 정자는 어떻게 암컷 생식기에 들어갈까요? 놀랍게도 정자 주머니는 자체적으로 펌프질하는 능력이 있습니다. 정자 주머니에서 펌프질을 하면 정자는 긴 꼬리관을 타고 암컷의 생식기 속으로 들어가니 그저 신기하기만 할 뿐입니다.

한편, 정자 주머니를 만들어 암컷에게 선물한 수컷은 기진맥진합니다. 정자 주머니에 들어간 영양물질이 수컷 몸무게의 40퍼센

트에 해당된다고 하니 엄청난 물질적 투자를 한 셈입니다. 하지만 정자 주머니 속에는 유전 물질을 가진 소중한 정자가 들어 있으니 온갖 공을 다 들여도 모자람이 없습니다. 정자 주머니에는 단백질 성분이 많이 들어 있어 암컷의 알을 성숙시키는 데 많은 도움이 됩니다. 또한 암컷에게도 훌륭한 영양밥이 됩니다. 노래 부르랴, 정자 주머니 만들랴, 자신의 종족을 대대손손 이어 가려는 수컷의 몸부림이 안쓰럽기만 합니다.

성대한 결혼과 함께 수컷의 정자 전달식이 끝나면 암컷은 일생 일대의 가장 중요한 임무인 알을 낳아야 합니다. 송곳 같은 긴 산란관을 촉촉한 땅에 꽂고서 알 낳을 채비를 합니다. 흙이 알을 낳기에 알맞다고 판단되면 알을 하나씩 하나씩 긴 산란관을 통해 내보냅니다. 알은 땅속에서 엄마의 보살핌도 없이 추운 겨울을 보냅니다. 그리고 이듬해 봄이 되면 알에서 왕귀뚜라미 애벌레가 깨어나 모험과도 같은 한살이를 시작합니다.

수컷의
앞날개 비벼 노래하기

왕귀뚜라미 수컷은 어떻게 노래를 불러 암컷의 마음을 흔들어 놓을까요? 앞날개를 서로 비비면 노랫소리가 납니다. 여치류와 달리 오른쪽 앞날개를 왼쪽 앞날개 위에 포갠 채 앞날개를 약간 들어 올려 비비면 '또르르르' 청아한 소리가 흘러나옵니다. 수컷의 오른쪽 앞날개(기부 쪽) 아랫면에는 마찰판이 있습니다. 마찰판은 오돌 토돌한 돌기가 촘촘히 배열되어 있는 줄(file) 모양의 구조입니다. 또한 왼쪽 앞날개의 윗면에 있는 빨래판 같은 마찰편(scraper)이 줄을 긁는 역할을 합니다. 이 두 장의 앞날개를 비비면 소리가 나 는데, 이때 오른쪽 날개에 투명한 경판(거울판, mirror)이 있어 원래 의 소리보다 더욱 크게 증폭시킵니다. 대부분 초당 4000~5000번 을 진동시켜 노래를 부르는데, 주파수 주영역대는 4킬로헤르츠입 니다. 암컷이 수컷의 영역 안에 들어와 은밀한 사랑을 속삭일 때는 그 음은 훨씬 높아집니다.

명가수 왕귀뚜라미도 사람처럼 화나면 앙칼진 소리를 냅니다. 본래 귀뚜라미 수컷은 암컷을 유혹하기 위해 날개를 비벼 '또르르 르 또르르르' 아주 감미롭고 사랑스럽게 노래를 부릅니다. 하지만 자기 영역에 다른 수컷이 침입하면 무척 화를 내며 날카롭게 소리 를 냅니다. 실제로 들으면 한 옥타브가 높아 비명 소리에 가까울 정도로 앙칼져 소리만으로도 화난 줄 알 정도입니다.

소리가 부른
천적

왕귀뚜라미가 노랫소리로 교신한다는 건 잘 아는 사실입니다. 노랫소리를 들으려면 당연히 귀가 있어야 합니다. 그렇다고 우리 네 사람 같은 귀를 상상한다면 그것은 오산입니다. 그렇다면 귀는

어디에 붙어 있을까요? 앞다리 무릎에 붙어 있습니다. 종아리마디의 안쪽과 바깥쪽 두 군데에 붙어 있는데, 안쪽 고막은 작고 둥글며 바깥쪽 고막은 큰 타원형입니다. 이 고막들은 소리가 들리는 방향을 잘 알아차립니다. 얇은 고막 안쪽으로는 청신경이 연결되어 있기 때문입니다.

왕귀뚜라미 귀는 4개인 셈입니다. 그래서 사고로 다리 하나가 잘려 나가도 암컷은 수컷이 어디서 노래 부르는지 알 수 있습니다. 게다가 다리 하나가 없어도 소리가 나는 방향을 확인하는 데는 아무런 문제가 없습니다. 소리가 나는 쪽으로 향한 고막은 반대쪽 고막보다 훨씬 더 강하게 진동합니다. 그래서 암컷은 양쪽 고막이 느끼는 소리의 강도가 같아지도록 방향을 잡고선 노래하는 수컷을 만나러 갑니다.

하지만 뛰는 놈 위에 나는 놈이 있는 법. 바로 기생자입니다. 귀뚜라미의 노랫소리만 골라 듣고 기생하기 위해 날아오는 침파리류가 있습니다. 침파리류 귀는 아치 모양으로 머리 뒤편 가슴 부분에 붙어 있는데, 귀뚜라미가 내는 소리의 음역을 기막히게 잘 듣습니다. 침파리류는 귀뚜라미 노랫소리의 위치를 정확히 듣고 날아와 귀뚜라미 몸통에 애벌레를 낳고 갑니다. 침파리류 애벌레는 귀뚜라미 몸속으로 들어가 야금야금 귀뚜라미 몸통을 파먹습니다. 침파리류 애벌레가 자랄수록 귀뚜라미는 서서히 죽어 갑니다.

땅속에서 노래하는

땅강아지

땅강아지 애벌레

땅강아지 애벌레가 땅속에 숨어 있습니다.
털과 더듬이 같은 감각 기관으로
땅속에서 많은 정보를 모읍니다.

4월 초, 연구소 정원에도 봄바람이 붑니다.

도시보다 늦지만 양지바른 곳에

큰개불알풀, 서양민들레, 양지꽃, 세잎양지꽃처럼

자잘한 풀꽃들이 땅바닥에서 피어나기 시작합니다.

쪼그리고 꽃 앞에 앉기도 하고, 화단 구획용 벽돌과

돌을 들추기도 하며 겨울을 무사히 난 곤충을 찾아 순례합니다.

산책로를 따라 놓아둔 커다란 디딤돌도 떠들어 봅니다.

반갑게도 디딤돌 아래에 땅강아지 어른벌레 한 마리가

천하태평 휴식을 취하고 있다가

불청객의 무단 침입에 화들짝 놀라 땅굴 속으로 쏘옥 들어갑니다.

녀석은 도망갔지만, 디딤돌 아래엔

녀석이 파 놓은 지렁이 같은 굴과 Y자 모양의 굴이

선명하게 남아 있습니다.

땅강아지

이 꼭지는 메뚜기목 땅강아지과 종인 땅강아지(*Gryllotalpa orientalis*) 이야기입니다.

땅강아지의
족보

　연구소 정원에 땅강아지가 삽니다. 몇 마리가 사는지는 모르지만 눈으로 확인한 땅강아지는 대여섯 마리입니다. 땅강아지는 무더운 여름(7월 중순~8월)만 빼고 봄부터 가을까지 밤마다 웁니다.

　5월 초순, 꽃밭에 잡초가 무럭무럭 제멋대로 자라나 날 잡아 '원치 않는 풀들'을 뽑습니다. 아뿔사, 호미질을 하는데 땅강아지 두 마리가 흙에 딸려 나옵니다. 날개가 다 자라지 않은 걸 보니 애벌레입니다. 애벌레지만 앞날개 싹의 날개맥을 보니 수컷입니다. 땅속살과 함께 호미에 끌려 바깥세상으로 나온 어린 땅강아지는 눈부신 햇살과 불청객에 소스라치게 놀라 허둥댑니다. 흙 속으로 도망가려 앞다리로 땅을 파느라 정신없습니다. 그런 녀석을 살짝 잡

으니 벗어나려 꼬무락댑니다. 버둥거리는 힘이 제법 세 이내 손가락 틈으로 빠져나가 쏜살같이 흙 속으로 파고들어 갑니다.

도로 포장에다 지나친 살충제의 남용으로 사라지고 있는 땅강아지는 논밭, 논둑이나 물기 많은 풀밭에서 삽니다. 땅강아지는 족보상 '메뚜기목 여치아목 귀뚜라미상과 땅강아지과'의 식구입니다. 우리나라에는 땅강아지과에 땅강아지 단 1종만 속해 있습니다. 족보가 메뚜기목 여치아목에 속하다 보니 넓은 의미로 땅강아지를 여치 종류 혹은 귀뚜라미 종류라 불러도, 심지어 메뚜기라 불러도 그리 틀린 말은 아닙니다. 수컷이 앞날개의 마찰 기구를 비벼 우는 점, 암컷과 수컷 모두 앞다리 무릎에 고막이 있는 점은 여치류나 귀뚜라미류와 비슷하기 때문입니다. 그런데도 사람들은 땅강아지를 귀뚜라미 친척이라고 하면 놀랍니다. 아마 귀뚜라미류와 달리 생김새가 땅을 잘 팔 수 있도록 두더지처럼 특이하게 변형되었기 때문인 것 같습니다.

땅강아지 수컷은 날개에 발음 기관이 있다.

땅파기 명수
땅강아지

    땅강아지는 땅에 엎드려 있는 강아지처럼 생겼습니다. 그래서 땅강아지란 이름이 붙었습니다. 영어 이름은 두더지처럼 땅을 잘 판다 해서 '두더지 귀뚜라미'라는 뜻의 '몰 크리켓(mole cricket)'입니다.

    땅강아지는 몸길이가 3~3.5센티미터나 될 정도로 몸집이 커 눈에 금방 띕니다. 몸 색깔은 황갈색으로 흙과 비슷한 보호색을 띱니다. 피부는 짧고 보드라운 털로 덮여 있어 벨벳처럼 보들보들합니다. 머리는 원뿔 모양이고, 주둥이는 뾰족합니다. 더듬이는 가느다란 실 모양으로 수십 개의 마디가 촘촘히 연결되어 있습니다. 특이하게 여치아목의 가족인데도 더듬이가 짧습니다. 깜찍한 겹눈은 동그랗고 작으며 홑눈은 2개입니다. 앞날개는 짧아 배 중간 부분

땅강아지 머리와 더듬이

땅강아지 암컷의 앞
날개에는 마찰 기구
가 없고, 날개맥만
있다.

까지 덮고, 뒷날개는 길어 앞날개 아래에서 제비 꼬리처럼 접혀 있
습니다. 앞날개는 암컷과 수컷이 약간 다르게 생겼습니다. 수컷 앞
날개에는 소리를 담당하는 긴 삼각형 모양의 마찰 기구가 있고, 암
컷 앞날개에는 마찰 기구가 없고 단순한 날개맥만 있습니다.

　뭐니 뭐니 해도 땅강아지의 트레이드마크는 땅파기에 좋은 앞다
리입니다. 앞다리 종아리마디(경절)에는 4개의 삽날이 있는데, 그
가운데 앞쪽 2개는 가시가 변형된 것입니다. 게다가 종아리마디와
이어진 발목마디(1~2번째 마디)도 땅파기 좋게 삽날 모양으로 바뀌
었습니다. 대개 모래거저리처럼 땅속에서 사는 토양성 곤충들의
앞다리는 땅파기 수월하게 넓적하지만, 엽기적으로 넓은 땅강아지
앞다리와는 비교가 안 됩니다. 배 꽁무니에는 더듬이 길이와 맞먹
을 정도로 긴 꼬리털(미모)이 달려 있습니다. 다만 여느 여치아목
식구와 달리 땅강아지 암컷의 배 꽁무니에는 산란관이 겉으로 드
러나 있지 않습니다.

땅굴에서
노래하는 수컷

　땅강아지는 따뜻한 4월이면 기지개를 펴고 활동을 시작합니다.
겨울잠은 개체마다 생활 주기에 차이가 있어 어른벌레나 애벌레
상태로 자는데, 깊이가 30~100센티미터 되는 땅속에서 겨울잠을
잡니다. 그래서 땅강아지 어른벌레나 애벌레는 겨울만 빼고 일 년

땅강아지는 땅파기
에 유리하도록 앞다
리가 매우 넓다.

내내 보입니다.

어른벌레로 겨울을 난 수컷 땅강아지는 본연의 임무인 번식에 성공하기 위해 짝짓기 작업을 합니다. 땅강아지의 생활 공간이 깜깜한 지하 세계인 땅속이다 보니 어떤 방식으로 사랑을 나누는지 훔쳐볼 수는 없지만, 수컷의 매력적인 바리톤 노랫소리는 언제든지 들을 수 있습니다.

운문산반딧불이가 나는 6월 저녁, 연구소 정원의 여러 곳에서 땅강아지들이 저음으로 '비이~~~비이~~~' 밤공기를 가르며 합창을 합니다. 짧은 앞날개로 비벼 우는 것치고는 울음소리가 제법 커 5미터 떨어진 곳에서도 또렷이 들립니다. 귀를 바짝 세우고 가장 크게 소리 나는 쪽으로 걸어가 보니 배수구 근처입니다. 배수구 앞에 서자, 울음소리가 뚝 끊깁니다. 잠시 숨죽이며 가만히 서서 기다리자 얼마 안 있어 또 울기 시작하는데, 분명히 소리는 배수구 속에서 납니다. 배수구의 폭은 30센티미터이고 깊이는 50센티미터 정도인데, 깊은 배수구가 울림통 역할을 해 녀석의 소리에 에코 현상까지 생겨 더 크게 들립니다. 쉬지 않고 '비이~~~비이~~~' 바리톤 같은 저음을 쭉 뽑을 때마다 배수구 주변이 우렁우렁 울립니다. 손전등을 비춰 보지만 배수구 안이 너무 후미져 땅강아지를 찾을 수 없습니다. 배수구지만 물이 지하에 묻은 관으로 빠져나가는 바람에 배수구 구실을 하지 못해 물이 흐르지 않습니다. 그 덕에 땅강아지 수컷은 배수구 바닥을 무대 삼아 예비 신부를 위한 구애 공연을 밤새 펼칩니다.

땅강아지는 땅속의 명가수로 이름났습니다. 수컷이 울면 암컷은 이곳저곳에서 우는 수컷들의 소리를 일일이 심사하며 맘에 드는

땅강아지굴

수컷을 손수 고릅니다. 그런 뒤 울음소리의 진원지인 수컷을 찾아가 짝짓기를 합니다. 암컷도 약한 울음소리를 낸다고 알려졌으나 암컷 울음소리를 직접 들은 적은 없습니다.

땅강아지 수컷은 유능한 가수답게 땅속에서 날개를 비비며 우는데, '메아리' 효과를 제대로 이용할 줄 압니다. 수컷은 짧은 앞날개에 긴 삼각형 모양의 마찰 기구가 있는데, 왼쪽 앞날개 아랫면의 마찰기와 오른쪽 앞날개 윗면의 마찰편을 비비면 소리가 납니다. 그런데 땅강아지가 우는 장소는 땅속이라 울음소리가 자칫하면 작게 들릴 수 있습니다. 울음소리가 멀리멀리 퍼져 나가야 암컷이 듣고 찾아올 텐데요. 땅속에서 나는 소리는 땅 위에서 나는 소리에 비해 작게 나고 널리 퍼지지 않습니다. 그래서 수컷은 특단의 대책을 마련합니다. 바로 Y 자 모양의 쌍굴을 파고 그 한가운데 앉아 울기로 시도합니다.

녀석은 땅거죽에 난 입구에서부터 땅굴을 한 갈래로 파고들어 가다 어느 정도 길이가 되면 두 갈래로 땅굴을 팝니다. 땅굴 입구는 땅 밖으로 연결된 비상구이고, 반대편은 탈출구가 없는 앞이 막힌 굴입니다. 완성된 땅굴에서 수컷은 배 꽁무니를 굴 입구 쪽을 향하고, 머리 쪽은 굴이 양 갈래로 나뉘는 지점에 댑니다. 그리고 날개를 약간 벌리고선 오른쪽 앞날개와 왼쪽 앞날개를 서로 비벼 노래를 부릅니다. 이때 양 갈래로 뚫린 굴은 소리를 메아리처럼 증폭시키는 역할을 합니다. 그 덕에 소리가 우렁우렁 울리면서 굴 밖으로 크게 퍼져 나갑니다.

그 소리는 고스란히 가까이에 있는 암컷에게 전해집니다. 암컷 앞다리 안쪽에는 가느다란 고막이 있는데, 이 고막으로 수컷이 연

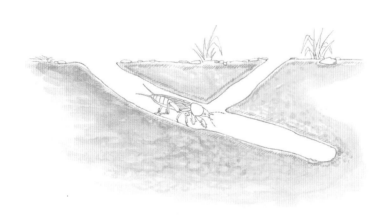

땅강아지가 Y자 굴을 파고 그 안에서 노래를 부르고 있다.

주하는 노랫소리를 듣습니다. 노랫소리를 건성건성 듣지 않고 노래 속에 들어 있는 수컷의 신체 정보를 꼼꼼히 심사합니다. 보통 수컷은 땅속에서 노래하느라 잘 안 보이지만, 암컷은 밤에 곧잘 돌아다니며 수컷의 노랫소리에 귀 기울입니다. 암컷은 불빛에도 잘 날아옵니다.

땅속에
알 낳기

땅강아지 애벌레는 허물을 8번 벗으며 자란다.

짝짓기 후 땅강아지 암컷은 땅속에 알 낳을 방을 만듭니다. 땅파기 명수답게 땅속 15센티미터 정도까지 굴을 파고 들어간 뒤 흙을

곱게 다져 타원형 알 방을 4~10개 만듭니다. 그리고는 각각의 방에 20개에서 50개 정도 알을 낳으며 돌봅니다. 알은 달걀 모양으로 하얀색이고, 길이도 3밀리미터 정도로 제법 큽니다. 알에서 애벌레가 깨어나기까지는 약 3주가 걸립니다. 알에서 깨어난 애벌레는 흙 속에 섞인 식물 부스러기나 연한 식물 뿌리를 먹고 자랍니다. 애벌레는 허물을 8번 벗으며 자라는데, 애벌레가 어른벌레가 되기까지 1년 이상 걸립니다. 땅강아지는 안갖춘탈바꿈(불완전변태)을 해 '알-애벌레-어른벌레'의 단계를 거쳐 한살이를 완성합니다.

땅강아지는 잡식성입니다. 논밭 둘레나 풀밭의 땅 둘레에서 살면서 땅속에 있는 풀뿌리를 먹고, 작은 곤충들도 보이면 닥치는 대로 잡아먹습니다. 불빛도 없는 땅속에서 땅강아지는 어떻게 살까요? 땅속은 빛이 거의 안 들어오니 겹눈이 있어도 주행성 곤충만큼 큰 역할을 못 합니다. 그래서인지 땅강아지의 겹눈은 다른 메뚜기목 곤충에 비해 작습니다. 땅강아지는 털과 더듬이 같은 감각 기관을 최대한 활용하는데, 땅속을 돌아다니며 감각 기관으로 많은 정보를 수집합니다. 감각 털들은 머리와 가슴 사이, 가슴과 배 사이, 다리 관절에 많이 나 있습니다. 이 털들은 몸 밖의 정보를 수집해 자기 위치를 알아차리고, 중력을 감지하기도 합니다. 땅강아지가 지하 세상인 땅속에서 적응하며 사는 데는 다 그만한 이유가 있습니다.

풀밭에서 노래하는

삽사리

삽사리 암컷

삽사리 암컷이 풀잎 위에 앉아 있습니다.
암컷은 수컷과 달리 소리를 내지 못합니다.

여름 들머리인 6월, 양평에 있는 사나사 계곡에 왔습니다.
계곡을 끼고 걷다 보면 넓은 풀밭과 나무가 울창한 숲길이
숨바꼭질하듯 번갈아 나옵니다.
숲과 이어진 풀밭에는 다양한 곤충들이 살고 있어
관찰하는 재미가 쏠쏠합니다.
아직은 노래 부르는 곤충이 나오기엔 이른 시기인데
풀밭과 덤불숲에서
'사사사사사사사' 노랫소리가 요란하게 흘러나옵니다.
이곳저곳에서 정확한 박자를 타며 우렁차게 노래합니다.
누굴까요? 여름 들머리부터 노래하는 삽사리입니다.
메뚜기아목 가운데 노래하는 종이 드문데
삽사리는 그 몇 안 되는 메뚜기 중 한 녀석입니다.

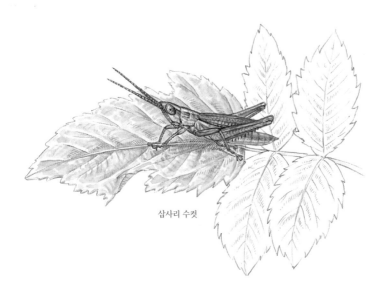

삽사리 수컷

이 꼭지는 메뚜기목 메뚜기과 종인 삽사리(*Mongolotettix japonicus*) 이야기입니다.

사사사사사
노래하는 삽사리

삽사리는 메뚜기목 메뚜기아목 메뚜기과 집안 식구입니다. 삽사리란 이름은 수컷이 암컷을 유혹할 때 '사사사삭~' 소리를 낸다 해서 붙은 것으로 여겨집니다. 별명도 있는데 섬나라인 일본에서 처음 발견했다 해서 '섬나라메뚜기'입니다.

삽사리 생김새는 비교적 홀쭉해서 늘씬해 보입니다. 머리는 긴 삼각형 모양으로 정수리 쪽이 뾰족합니다. 몸 색깔은 풀잎과 비슷한 보호색을 띠어 풀밭에 숨어 있으면 눈에 띄지 않습니다. 겹눈은 타원형이고 더듬이는 채찍형으로 머리 길이보다 두 배나 더 깁니다. 뒷다리는 매우 튼실한데, 알통처럼 생긴 넓적다리마디가 운동 근육으로 가득 차 있어 천적을 만나거나 위험하면 재까닥 제자리

삽사리 수컷. 앞날개가 배 꽁무니를 완전히 덮지 못하고, 끝부분이 잘린 것처럼 보인다.

에서 높이 뛰어오를 수 있습니다.

삽사리는 암컷과 수컷이 다르게 생겼습니다. 수컷부터 살펴보면, 수컷은 몸길이가 19~23밀리미터 정도로 몸집이 암컷에 비해 작은 편입니다. 몸 색깔은 대개 노란빛이 도는 황갈색인데, 가끔 검은색 띠무늬가 있는 개체도 있습니다. 수컷 앞날개는 배 꽁무니를 완전히 덮지 못하지만, 그래도 암컷 앞날개보다 긴 편입니다. 특이하게 앞날개의 끝부분은 잘린 것처럼 보입니다. 이에 비해 암컷은 몸길이가 24~32밀리미터 정도로 몸집이 수컷보다 더 큽니다. 몸 색깔은 회색빛이 도는 갈색이고, 앞날개는 매우 짧아 애벌레로 착각하기 쉽습니다. 아주 드물게 암컷과 수컷 모두 날개가 긴 장시형이 나타날 때도 있습니다.

삽사리 암컷. 수컷보다 앞날개가 짧다. 몸집은 암컷이 더 크다.

위험하면
토하는 삽사리

삽사리는 알로 겨울을 납니다. 겨울이 지나고 따뜻한 봄이 되자, 알에서 삽사리 애벌레가 태어납니다. 애벌레는 본능적으로 강아지 풀이나 억새풀 같은 벼과 식물의 잎을 먹고 허물을 모두 4번 벗으며 성장합니다. 다른 메뚜기류와 다르게 삽사리는 이르면 5월부터 어른벌레로 날개돋이합니다. 어른벌레는 5월부터 8월까지 활동하는데, 6월에 가장 많이 나옵니다.

삽사리는 어른벌레와 애벌레 모두 산언저리의 햇볕이 잘 드는 풀밭이나 무덤가에서 삽니다. 우리나라 강원도 이남 지역에서 매우 흔히 보이는데 주로 벼과 식물을 즐겨 먹습니다. 삽사리도 다른 메뚜기들처럼 천적에게 잡히면 자기를 지키기 위해 곧바로 입에서

삽사리 애벌레 암컷 애벌레는 5령까지 자란다.

푸르죽죽한 물질을 토합니다. 토한 물질에서는 풀 냄새가 나는데, 먹이식물이 품고 있는 독 물질이 들어 있어 천적들을 따돌릴 수 있습니다. 또 천적에게 들키면 풀 줄기 뒤로 슬그머니 미끄러지듯 옆걸음질 쳐 숨어 천적의 눈을 피합니다.

경쾌한
수컷의 노래

삽사리는 메뚜기목 곤충 가운데 이른 시기에 노래를 부르는 종입니다. 주행성이라 낮에 활동하고 밤에는 쉽니다. 여름 들머리면 삽사리는 어느 풀밭이든 상관하지 않고 날마다 경쾌하게 노래를 부릅니다. 물론 노래는 수컷만 부를 수 있고, 암컷은 노래를 부르지 못합니다. 다만 암컷은 노래 부르는 수컷을 심사합니다.

수컷은 일생을 통틀어 가장 중요한 임무인 번식을 위해 하루도 쉬지 않고 낮만 되면 암컷을 만날 때까지 노래합니다. 여치아목과 달리 메뚜기아목 곤충에겐 앞날개에 발음 기관이 없어 울지 못하는데, 특이하게 삽사리는 뒷다리와 앞날개를 서로 비벼 소리를 냅니다. 뒷다리의 넓적다리마디 안쪽에는 수십 개의 작은 돌기들이 쭈르르 줄지어 붙어 있습니다. 이 돌기들을 앞날개의 날개맥이 매우 빠른 속도로 쓱쓱 비비면 '사사사사~' 하고 경쾌하고 리드미컬한 소리가 납니다. 만일 다른 수컷이 자기 영역을 침범하면 경쾌한 소리 대신 날카로운 경계음을 내며 쫓아냅니다.

수컷은 풀 줄기를 다리로 꼭 잡은 채 날개를 약간 부풀린 후 날개와 다리를 아주 빠르게 비빕니다. 순식간에 삽사리 수컷들의 노랫소리가 풀밭을 가득 메웁니다. 여기저기서 수컷의 구애 노래인 '사사사사사~' 소리가 흘러나오자 근처에 있던 암컷들이 바빠지기 시작합니다. 대개 수컷 가까이에 있는 암컷일수록 노랫소리에 빨리 반응을 합니다. 암컷은 배의 첫 번째 배마디에 고막이 있어 수컷의 노랫소리를 잘 들을 수 있습니다. 암컷은 고막을 통해 노랫소리를 즉각 알아차린 후, 소리에 담긴 정보를 분석하기 시작합니다. 어떤 수컷이 더 건강한지, 어떤 수컷이 더 매력적인 유전자를 가졌는지 파악합니다. 마음의 결정이 내려지면 주저 없이 매력적인 소리의 진원지를 찾아 걸어갑니다. 암컷이 찾아온 줄도 모르고 여전히 수컷은 날개와 다리를 쉬지 않고 파르르 떨듯 비비며 성심성의껏 노래를 부릅니다.

검정무릎삽사리 수컷. 날개와 다리를 비벼 소리를 낸다.

삽사리 암컷이 가까이 다가가자 수컷이 노래를 멈춥니다. 처음 만난 암컷과 수컷은 조심스럽게 구애를 시작합니다. 서로 더듬이를 툭툭 치며 기분을 살피는데 몸집이 날렵한 수컷이 적극적으로 암컷의 몸을 건드립니다. 그도 잠시 마음이 급한 수컷이 탐색전을 끝내고 잽싸게 암컷의 등 위에 올라탑니다. 그리고 앞다리와 가운뎃다리로 암컷의 옆구리를 잡으며 암컷에게 업힙니다. 그런데 수컷의 몸이 암컷보다 작다 보니 짝짓기 자세가 불편합니다. 가까스로 수컷은 배 꽁무니를 암컷 배의 오른쪽으로 구부려 암컷 배 꽁무니에 댑니다. 암컷도 순순히 수컷 쪽으로 배 꽁무니를 구부려 협조합니다. 드디어 수컷 배 꽁무니와 암컷 배 꽁무니가 맞닿습니다. 짝짓기에 성공한 수컷은 곧바로 정자를 방출해 암컷 생식기 안에 넣어 줍니다.

한창 풀 줄기에 매달려 사랑을 나누는데, 어리호박벌 한 마리가

삽사리 수컷이 암컷
등 위에 올라타 짝
짓기를 하고 있다.

풀숲에 핀 꽃에 날아듭니다. 깜짝 놀란 삽사리 부부가 풀 줄기 사
이로 도망치다 바닥으로 떨어집니다. 예기치 않는 돌발 상황에 마
주 댄 배 꽁무니가 떨어졌습니다. 이로써 삽사리 부부의 사랑도 허
무하게 그만 끝이 나 버렸습니다. 수컷은 못내 아쉬운 듯 여전히
암컷 등에서 떨어지지 않으려 다리로 암컷을 꼭 잡고 있습니다.

　짝짓기를 마친 뒤 암컷은 식물 줄기에 알을 낳습니다. 알은 덩어
리 모양의 알집 형태로 낳는데 알들이 나올 때 거품 같은 물질도
같이 나와 수많은 알들을 주머니처럼 포장합니다. 식물 줄기에 붙
은 알 덩어리는 이듬해 봄이 올 때까지 추운 겨울을 잘 견뎌야 합
니다.

지글지글 우는

유
지
매
미

유지매미

유지매미 울음소리는
기름 끓는 소리와 비슷합니다.

7월, 제주도 곶자왈의 숲길을 걷습니다.
큰키나무들이 빽빽하게 늘어선 데다
수관부가 하늘을 가려 숲속이 어두컴컴합니다.
바람 한 점 없고 습해 무척이나 무덥습니다.
찾는 곤충이 안 보여 속이 타는데
걷는 내내 유지매미가 길동무를 해 줘 그나마 기운이 납니다.
'지글지글지글'
여기저기서 어찌나 울어 대는지
또 소리는 어찌나 큰지 귀가 따갑습니다.
그야말로 오늘의 곶자왈 숲은
유지매미들의 콘서트 장입니다.

유지매미

이 꼭지는 노린재목 매미과 좋인 유지매미(*Graptopsaltria nigrofuscata*) 이야기입니다.

기름매미
유지매미

유지매미는 노린재목 매미아목 매미과 집안 식구입니다. 우리나
라 매미과 집안 식구는 모두 13종인데, 그중 유지매미는 날개가 불
투명합니다. 유지매미가 우리나라에 처음 기록된 때는 강압적으로
1차 한일 협약을 맺은 지 2년 뒤인 1906년입니다. 이때 일본 연구
자는 보고서에 '기름매암이'라는 이름을 올렸는데, 아마도 울음소
리가 기름 끓는 소리와 비슷해서 이름을 그리 붙인 것으로 여겨집
니다. 그 뒤 1946년에 조복성 박사는 기름매미를 유지매미로 이름
을 바꿉니다. 그 이유는 날개가 유지(油紙, 기름종이)와 비슷한 느낌
을 주기 때문입니다. 그 이후로 지금까지 유지매미를 정식 한국명
으로 쓰고 있습니다. 북한에서는 지금도 기름매미로 부릅니다.

—
유지매미는 몸집이
큰 편이다.

유지매미 머리

유지매미는 몸집이 큰 대형종에 들어갑니다. 몸길이가 36밀리미터 정도이고, 날개 끝까지의 길이는 그보다 훨씬 더 길어 55밀리미터 정도나 됩니다. 몸통 색깔은 전체적으로 까만색인데 가슴과 배의 등 쪽은 희끗희끗한 하얀색의 무늬가 있습니다. 배 쪽은 갈색 바탕에 하얀색 가루가 덮여 있습니다. 여느 매미들의 투명한 날개와 다르게 유지매미 날개는 불투명해 기름종이 같은 느낌이 물씬 납니다. 날개는 전체적으로 갈색인데 군데군데 까만색 무늬가 있고, 날개맥이 연둣빛이라 고상합니다. 수컷의 배 옆구리에는 커다란 발음 기관이 있습니다.

유지매미는 평지나 나지막한 산지에서 사는데, 탁 트인 공간보다는 울창한 숲속을 좋아합니다. 무더운 한낮에는 대개 나무의 낮은 곳에서 꼼짝 않고 쉬기도 합니다.

유지매미의
의사소통 방법

여느 매미들처럼 유지매미도 애벌레와 어른벌레가 사는 곳이 서로 다릅니다. 애벌레는 땅속에서 몇 년 동안 식물 뿌리를 먹고 살고, 어른벌레는 땅 위의 나무에서 식물 즙을 먹으며 열흘 정도 삽니다.

유지매미 어른벌레의 역할은 번식입니다. 다 알다시피 유지매미는 결혼할 배우자를 찾을 때 소리를 이용합니다. 동물계를 통틀어 소리로 의사소통을 하는 동물은 새나 개구리가 속한 척추동물이나 곤충이 속한 절지동물뿐입니다. 소리로 나누는 의사소통 방식은 발신자와 수신자가 접촉하거나 만날 필요가 없어 매우 경제적입니다. 소리는 멀리 퍼져 나가니 장애물이 있거나 거리가 멀리 떨어져 있을 때도 효율적입니다. 어두운 밤이라 보이지 않을 때도 소리는 상대방과 쉽게 소통할 수 있게 도와줍니다. 또한 소리는 흔적이 남지 않아 천적을 어느 정도 따돌릴 수 있습니다. 물론 소리를 듣고 찾아온 천적도 있지만 단점보다 장점이 더 많습니다.

곤충 가운데 소리로 소통하는 대표 주자는 여치류, 귀뚜라미류, 매미류입니다. 여치류나 귀뚜라미류는 두 장의 앞날개를 비벼 마찰음을 내고, 매미류는 배 근육을 수축시켜 진동음을 냅니다. 매미들은 종마다 특유의 소리를 내어 자신의 종과 소통합니다. 그래서 암컷은 여러 종의 수컷들이 같은 장소에서 한꺼번에 운다 해도 자기와 종이 같은 수컷의 울음소리를 알아차립니다.

유지매미 수컷도 짝을 구할 때까지 소리를 내 암컷에게 자기 정

체를 알립니다. 유지매미 수컷의 울음 기관은 첫 번째 배마디의 옆구리에 있습니다. 울음 기관은 진동막, 발음근과 공기주머니 따위로 이루어져 있고, 발음 기관은 진동막 덮개로 덮여 있습니다. 진동막은 굉장히 질기고 얇은 키틴질 막이고, 발음근은 진동막과 연결된 V자 모양의 근육입니다. 공기주머니는 소리를 크게 울려 퍼지도록 하는데, 진동막 바로 밑에 한 쌍이 있습니다. 울음소리는 발음근이 움직이며 진동막을 빠르게 진동시킬 때 납니다. 이때 수컷은 배 부분을 최대한으로 늘려 공기주머니를 크게 만드는데, 공기주머니가 크면 클수록 울음소리 또한 더 크게 증폭됩니다. 이렇게 배를 늘리면 자연스럽게 배 끝이 위쪽으로 치켜 올라가고, 그러면 배딱지와 복수 사이에 틈이 벌어져 울음소리가 밖으로 잘 퍼져 나갑니다.

지글지글지글
노래하는 수컷

유지매미는 낮에도 곧잘 노래하지만, 주로 저녁 무렵에 더 정열적으로 노래합니다. 늦은 오후, 유지매미 수컷이 제 눈높이에 있는 나무에 붙어 멋들어지게 노래를 부릅니다. 노래는 '서주-본 멜로

1. 참매미가 나무에 주둥이를 꽂고 수액을 먹고 있다.
2. 참매미 수컷 배 쪽 발음관
3. 참매미 수컷 배 쪽 발음 기관
4. 참매미 울음 기관
5. 참매미 생식기

유지매미가 나무에 앉아 소리를 내고 있다.

디-마무리' 음 순서로 비교적 입체적으로 부릅니다. 처음엔 '따아 따아 따아……' 약 25초 동안 천천히 부드럽게 분위기를 한껏 돋웁니다. 이어 '지글지글지글지글' 기름 끓는 듯한 멜로디로 약 20초 동안 노래하는데, 이때는 박자가 점점 빨라지고, 음정도 높아지고, 소리도 커지며 클라이맥스에 도달합니다. 그리고 약 25초 동안 '딱 따그르르 딱 따그르르' 하며 노래를 마무리하고 다음 노래를 준비합니다. 이렇게 한 곡을 부르는 데 50초 이상 걸립니다. 수컷 다섯 마리가 노래하는 모습을 관찰해 보니 두 곡을 한자리에서 연이어 부른 다음 다른 곳으로 쌩하고 날아갑니다. 더 신기한 건 노래를 부르면서 이따금씩 여섯 다리로 나무줄기를 오르내리며 춤을 추듯 경쾌한 스텝을 밟습니다. 다른 곳으로 날아간 수컷은 어딘가에 있을 암컷을 기다리며 죽을 때까지 노래를 부릅니다. 암컷은 2번째 배마디 옆구리에 있는 고막으로 수컷의 신체 정보가 고스란히 들어 있는 노랫소리를 듣습니다. 암컷은 여기저기서 노래하는 여러 마리의 소리를 평가한 뒤 최종 결정을 내립니다. 가장 매력적인 소리를 내는 수컷에게 다가갑니다. 이때를 기다린 수컷은 암컷 곁으로 다가가 암컷 옆에 나란히 앉은 채 배 꽁무니를 암컷의 배 꽁무니에 갖다 대고 짝짓기를 합니다. 그래서 유지매미 짝짓기 자세는 V자 모양입니다. 성대한 짝짓기 행사는 낮에도 하지만, 대개 해 질 무렵에 진행됩니다.

짝짓기를 마친 암컷은 배 꽁무니에 있는 뾰족한 산란관으로 나무껍질에 구멍을 내고, 그 속에 알을 낳습니다. 암컷이 낳는 알의 수는 200~600개 정도입니다. 알은 거의 1년 동안 나무 속에서 지냅니다. 알을 낳고 바로 다음 해 여름이 되어서야 알에서 애벌레가

깨어난 뒤 나무에서 땅바닥으로 떨어져 땅속으로 들어갑니다. 애벌레는 3~4년 동안 깜깜한 지하 세계인 땅속에서 식물 뿌리를 먹고 삽니다.

유지매미 어른벌레의 수명은 길어 봤자 일주일에서 열흘 정도입니다. 주어진 생명의 시간 안에 짝짓기를 하든 못 하든 생을 마감해야 합니다. 다행히 짝짓기에 성공한 수컷은 자기 유전자를 다음 세대에 남기고 죽으니 보통 행운이 아닙니다. 짝짓기에 성공한 암컷 또한 짝짓기를 마친 뒤 알을 낳아 대를 잇고 죽으니 여한이 없습니다.

유지매미 짝짓기

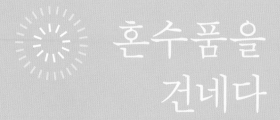

4장

혼수품을
건네다

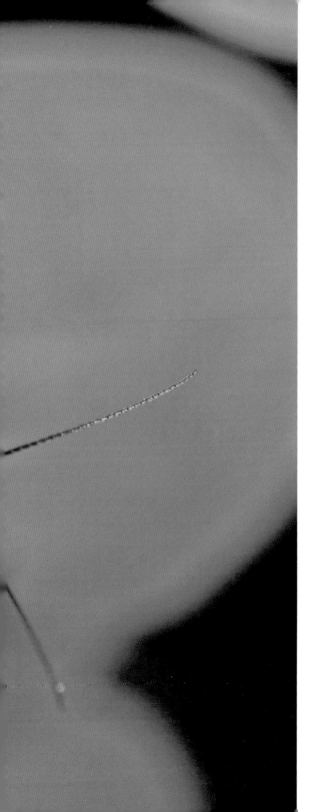

혼수품 마련하는

밑들이

밑들이류 짝짓기

밑들이류 암컷은 수컷이 마련해 온
먹잇감이 있어야 짝짓기를 허락합니다.

5월 말입니다. 숲속에서 식물은 식물대로 전성시대로 접어들고
곤충은 곤충대로 전성시대를 맞습니다.
나무와 풀들이 본격적으로 성장하는 시기라
어디를 가든 온 세상이 초록빛입니다.
특히 이즈음이면 밑들이들이 숲길을 누비며 날아다닙니다.
이른 아침, 말간 하늘을 머리에 이고 계곡 옆 숲길을 걷습니다.
밑들이 한 마리가 햇빛이 내려앉은 풀잎 위에서 일광욕을 하다가
인기척에 놀라 재빨리 날아 도망갑니다.
얼마쯤 더 걸어가자, 또 밑들이 한 마리가 풀잎 뒤에 숨어 있습니다.
살금살금 다가가 들여다보는데도 날아 도망갈 기미가 보이지 않습니다.
무슨 일일까? 좀처럼 곁을 주지 않는
까칠한 밑들이에게 무슨 일이 있는 게 틀림없습니다.
조심조심 잎사귀 뒤를 살펴보니 게거미에게 잡혔군요.
날렵하기로 따지면 일이 등을 다툴 밑들이가 독 안에 든 쥐처럼
게거미의 독니에 찔린 채 체액을 빨리고 있습니다.
아침부터 어쩌다 게거미에게 딱 걸려 제삿날이 되었을까?
밑들이가 불쌍해 혀를 끌끌 차고 있는 나에게 시위라도 하듯
게거미가 밑들이를 끌고 잎사귀 뒤로 숨어 버립니다.

밑들이 수컷

이 꼭지는 밑들이목 밑들이과(Panorpidae)에 속한 곤충 이야기입니다.

밑이 들린
밑들이

5월 말에서 6월 중순은 밑들이의 전성시대입니다. 밑들이는 족
보상으로 밑들이목 가문에 속하는데, 온 세계에 약 550종이 살고
우리나라에 15종이 삽니다. 밑들이는 이름처럼 수컷의 배 꽁무니
부분이 하늘을 향해 위쪽으로 치켜올려져 있습니다. 위로 들린 배
꽁무니 모습이 마치 전갈의 배 꽁무니와 비슷하다 해서 영어 이름
이 스콜피온플라이(scorpionfly, 전갈파리)입니다.

밑들이는 몸은 작지만 생김새가 개성 만점이라 한 번만 봐도 기
억에 남습니다. 겹눈은 동그란 공 모양으로 크고, 더듬이는 실 모
양으로 제 몸길이만큼 깁니다. 주둥이는 땅바닥 쪽을 향해 쭉 뻗
어 있어 마치 도요새의 기다란 부리 같습니다. 기다란 주둥이 끝에
는 곡괭이처럼 생긴 큰턱이 붙어 있어 먹잇감을 야금야금 씹어 먹

밑들이류 수컷이 나
방 애벌레를 사냥했
다. 수컷은 배 꽁무
니가 하늘을 향해
들려있다.

을 수 있습니다. 다리는 학처럼 길고 가늡니다. 날개는 2쌍으로 앞
날개와 뒷날개의 크기는 같고, 대개 기하학적인 무늬가 그려져 있
습니다. 잎 위에서 쉴 때는 날개를 맞배지붕 모양 또는 시옷(ㅅ) 자
모양으로 펼치고 앉습니다.

　배 꽁무니의 생김새는 암컷과 수컷이 다릅니다. 우선 수컷부터
볼까요? 수컷의 배 끝부분은 다른 곤충의 추종을 불허할 정도로
개성이 넘칩니다. 수컷 밑들이의 배 꽁무니 부분(배 끝 3마디)은 전
갈 꼬리처럼 생겼는데 보일 듯 말 듯 한 잔털이 빽빽이 덮고 있습
니다. 배 끝부분은 공처럼 크게 부풀어 약간 둥글고 우람하게 생겼
는데, 자세히 보면 두 갈래로 나뉘어 빨래집게같이 생긴 무시무시
한 한 쌍의 파악기를 형성합니다. 재밌게도 엽기적으로 생긴 수컷
밑들이의 배 꽁무니 부분은 하늘을 향해 들려 있습니다. 들린 배

밑들이류 암컷은 배
꽁무니 부분이 수컷
에 비해 가늘다.

꽁무니 부분은 약간 구부러지듯 말려 있어 코브라의 머리처럼 보입니다. 반면에 암컷의 배 꽁무니 부분(배 끝 3마디)은 부풀지 않고 가늘고 긴데, 수컷과 달리 하늘을 향해 치켜들리지 않고 송곳처럼 길게 뻗은 뒤 살짝 들어 올려 있습니다.

작은 곤충
사냥꾼

밑들이는 대생걱스로 요 식성이리 주로 자기보다 약하고 직은 곤충들을 잡아먹습니다. 곤충의 종류를 가리지 않고 파리류, 진딧물,

밑들이류 입틀은 아래로 향한 하구식이다.

나비목 애벌레처럼 자기가 감당할 수 있는 작은 곤충들을 사냥하지만 먹이가 부족할 때는 작은 곤충의 신선한 시체나 꽃가루, 열매, 식물의 새순이나 이끼도 먹습니다. 살아 있든, 죽어 있든 간에 먹을 수 있는 음식을 보면 기다란 주둥이를 박은 채 식사를 합니다.

밑들이는 육식성치고 몸이 작고 가냘프지만 행동은 무척 날렵하고 민첩합니다. 눈치까지 빨라 조금만 가까이 다가가도 재빨리 날아 도망가 버립니다. 얼마나 경계심이 많은지 좀처럼 곁을 주는 법이 없습니다. 그래서 식사를 할 때도 끊임없이 긴장하며 경계를 늦추지 않고 빠른 속도로 먹어 치우는데, 미세한 움직임이 느껴지면 맛난 음식을 두고 그대로 날아가 버립니다.

그런데 밑들이는 사냥꾼으로서 최적화된 몸을 지니지 않았습니다. 밑들이를 자세히 들여다보면 유능한 사냥꾼의 몸이 아닙니다. 몸집이 호리호리하고 작은 데다 다리도 가냘파 먹잇감을 자유자재로 잡을 만큼 튼튼하지 않아 사냥하는 게 녹록지 않습니다. 밑들이는 대개 잘 움직이지 못하는 번데기나 죽어 가는 애벌레를 잡아먹곤 합니다. 그래서인지 밑들이 암컷은 수컷이 정성껏 가져오는 '고기 선물'을 좋아합니다. 어른벌레의 첫 번째이자 마지막 임무는 짝짓기인데, 암컷은 짝짓기할 때 노골적으로 수컷에게 혼수품인 '고기 선물'을 요구합니다. 암컷이 정성껏 사냥한 '고기 선물'을 건넨 수컷하고만 결혼을 하는 통에 수컷은 자기 배 채우기도 힘든 판에 암컷에게 줄 혼수품까지 마련해야 하니 산 넘어 산입니다.

혼수품은 덤
스스로 사냥하는 암컷

밑들이 어른벌레에게 주어진 생명의 시간은 그리 길지 않습니다. 짧으면 일주일, 길어 봤자 열흘 정도입니다. 그 짧은 기간에 대를 잇는 어마어마한 일에 성공해야 합니다. 암컷은 이제나저제나 마냥 손 놓고 수컷이 마련한 고기 선물을 기다릴 수만은 없습니다.

밑들이류가 털겨울
가지나방 애벌레를
사냥했다.

영양가 많은 음식을 먹어야 난자가 성숙해 튼튼한 알을 낳을 수 있기 때문입니다. 암컷은 날마다 열심히 풀밭을 날아다니며 손수 먹잇감을 사냥해서 영양을 보충합니다.

마침 털겨울가지나방 애벌레가 갈참나무 잎 위에서 천적을 만났는지, 주둥이에서 낸 명주실을 잎에 고정시킨 뒤 잎 아래로 뚝 떨어집니다. 졸지에 줄타기 광대처럼 털겨울가지나방 애벌레가 공중에 대롱대롱 매달려 바람에 몸을 맡깁니다. 바람이 불 때마다 털겨울가지나방 애벌레가 빙그르르 빙그르르 공중에서 돕니다. 운 좋게 이 장면을 포착한 밑들이 암컷! 잽싸게 날아와 공중에 매달린 털겨울가지나방 애벌레를 부둥켜안듯 사뿐히 잡습니다. 그리고는 주둥이를 살아 있는 나방 몸통에 꽂고서 큰턱을 오므렸다 펼쳤다 하며 야금야금 살점을 씹어 먹습니다. 경쟁자도 없이 공중 밥상에서 나방 애벌레 한 마리를 독차지하니 이보다 더 좋을 순 없습니다.

수컷의
선물 구하기 작전

밑들이 수컷 역시 짧다면 짧은 기간 동안 살아남아 짝짓기를 통해 자신의 유전자를 남기려면 먹잇감을 사냥해서 영양 보충을 해야 합니다. 뿐만 아니라 암컷에게 줄 혼수품까지 마련해야 하니 숲 언저리 이곳저곳을 부지런히 날아다니며 열정적으로 먹잇감을 찾습니다.

마침 뱀허물쌍살벌이 잎 위에서 나방 애벌레를 사냥합니다. 주 둥이(큰턱)로 잘근잘근 씹어 동그랗게 경단을 만들려는 찰나, 인 기척에 놀라 작업을 멈추고 날아 도망갑니다. 이미 죽은 나방 애벌 레가 체액이 흥건히 흘러나오는 상태로 덩그러니 잎 위에 남아 있 습니다. 이 광경을 지나던 밑들이 수컷이 순간 포착합니다. 수컷은 비록 죽었지만 크고 싱싱한 나방 애벌레에게 망설임 없이 다가가 기다란 주둥이를 박고 고픈 배를 채웁니다.

“이만한 선물이 없지. 아마 이 ‘고기 선물’을 보고서 암컷이 굉장 히 만족할 거야. 암컷을 부를까 말까. 아니야, 배고파. 일단 내 배 부터 채우고 나서 암컷에게 선물하자.”

수컷이 욕심껏 먹고 있는데 별안간 검정파리류가 죽은 나방 애 벌레의 냄새를 맡고 붕 날아옵니다. 겁 많은 밑들이 수컷은 소중한 고기 음식을 놔두고 잽싸게 날아 도망갑니다.

밑들이류가 나방류 를 사냥해 먹고 있다.

그때 또 다른 밑들이 수컷은 임도 바닥에 버려진 장갑 위에서 사람의 발에 밟혀 죽은 나방 시체를 발견합니다. 포르르 날아가 죽은 나방 옆에 앉은 뒤 짓이겨진 나방의 통통한 몸통에 주둥이를 처박고 허겁지겁 식사를 합니다. 금강산도 식후경입니다. 몇 분 동안 식사를 하지만 도통 암컷을 부를 생각이 없는 것 같습니다. 이쯤이면 수컷이 암컷을 꼬드길 페로몬을 내뿜어야 할 때인데, 제 배 채우기 바빠 페로몬을 풍기지 않았나 봅니다. 페로몬은 냄새도 나지 않고 보이지도 않아 알 수는 없지만, 수컷을 찾아오는 암컷이 보이지 않습니다.

잠시 뒤 수컷이 어느 정도 허기를 채웠는지, 남은 음식을 암컷에게 선물하려는 것 같습니다. 먹는 걸 이따금씩 멈추면서 암컷을 불러들이는 페로몬을 풍깁니다. 하지만 기회는 늘 오지 않는 법, 그만 비포장 임도 위를 덜컹대며 달려오는 트럭의 진동 소리에 깜짝 놀라 먹잇감을 통째로 놔두고 날아 도망갑니다. 사람들의 등쌀에 암컷을 만나기는커녕 자기 배도 다 못 채웠으니 밑들이 수컷의 인생 아니 충생도 알고 보면 참 녹록지 않습니다.

얼마쯤 더 걸어가자, 나뭇가지에 웬 날개알락파리들이 줄타기하듯 매달려 있습니다. 다가가 보니 꽤 커다란 나방 애벌레가 내장만 남긴 채 죽어 있고, 그 시체를 날개알락파리들이 끌어안고 식사 삼매경에 빠져 있습니다. 한 녀석은 시체 옆 잎사귀에서 잠시 쉬고, 한 녀석은 나방 애벌레의 몸에서 간당간당하게 떨어질 것 같은 머리를 부여잡고 핥아 먹느라 정신을 쏙 빼고, 한 녀석은 날았다 앉았다 장소 선점에 공을 들이고 있습니다. 반갑게도 그 틈에 밑들이 수컷도 끼어 있어 순간 제 두 눈이 커집니다. 밑들이 수컷은 내장만 남은 나방의 몸통을 여섯 다리로 꼭 붙잡고 먹느라 여념이 없습니다. 진귀한 광경이라 카메라 플래시를 터뜨리는데 그리도 예민한 밑들이가 아랑곳하지 않고 '내장 회'를 먹느라 정신이 없습니다. 마음 같아선 나방 시체를 통째로 암컷에게 선물하고 싶지만, 날개알락파리들 사이에 꼽사리 끼어 식사하는 처지라 대놓고 암컷을 부를 수도 없습니다. 그러니 일단 수컷은 건강한 정자를 만들기 위해 굶주린 배를 채우며 영양 보충을 합니다.

밑들이류 수컷이 황다리독나방 앞번데기를 발견하곤 페로몬을 풍겨 암컷을 불러들이고 있다.

훈훈한 혼수품과 달달한 짝짓기

우여곡절 끝에 드디어 밑들이 수컷에게 일생에 한 번 올까 말까 한 기회가 왔습니다. 혼수품인 '고기 선물'을 구하러 풀숲을 누비다가 제 몸보다 훨씬 커다란 황다리독나방 앞번데기(전용, 번데기 되기 직전)를 만났습니다. 딱 봐도 아주 통통하고 실합니다. 앞번데기 시기는 이동할 수 없을 뿐만 아니라 잘 움직이지 않아 연약한 밑들이 수컷이 암컷에게 줄 혼수품으론 최고입니다. 한술 더 떠 혼수품인 황다리독나방 앞번데기가 굉장히 커 암컷이 기뻐할 게 빤합니다. 암컷은 혼수품의 크기를 보고 수컷의 능력을 평가하기 때문입니다. 혼수품이 작으면 그 혼수품을 장만한 수컷의 유전자가 우수하지 못하다고 판단해 퇴짜를 놓습니다.

수컷 역시 혼수품이 크면 클수록 자신의 유전자가 선택될 가능

밑들이류 암컷이 수컷의 페로몬 냄새를 맡고 찾아왔다.

성이 많아 될 수 있으면 커다란 혼수품을 마련하려 애씁니다. 무거
우면 옮기기 힘드니 커다란 곤충의 애벌레, 죽은 곤충이나 먹음직
스러운 열매를 발견하면 그 앞에서 떡하니 지키며 다른 수컷이 넘
보지 못하게 합니다. 그리곤 암컷을 유혹하는 성페로몬을 내뿜습
니다. 밑들이 암컷은 식사하는 중에만 짝짓기를 허락하기 때문에
수컷 밑들이가 할 수 있는 일은 큰 혼수품을 암컷에게 선물해 오랫
동안 짝짓기하면서 암컷을 잡아 두는 것입니다. 그러니 수컷의 입
장에선 선물이 클수록 다른 수컷의 접근을 막을 수 있어 자기 유전
자를 넘겨주는 데 유리합니다.

황다리독나방 앞번데기를 마주한 밑들이 수컷. 제 몸보다 훨씬
뚱뚱해 먹음직스러운 혼수품 주변을 서성이며 먹잇감을 지킵니
다. 이때 성페로몬을 내뿜어 어딘가에 있을 암컷에게 자신의 존재
를 알리며 구애를 합니다. 과연 기적처럼 가까이에 있던 밑들이 암
컷이 포르르 날아와 먹잇감과 좀 떨어져 수컷이 지키고 있는 '고기
선물', 황다리독나방 앞번데기를 얼른 훑어보며 심사합니다. 수컷
은 심사받는 동안 암컷을 마주 보고 기다란 더듬이를 휘휘 저으며
암컷의 기분을 살핍니다.

"아! 혼수품이 굉장히 크네. 이 정도면 아주 훌륭해. 딱 맘에 들
어. 먹음직스런 혼수품을 선물한 수컷은 분명히 건강한 유전자
를 가졌을 거야."

혼수품을 검사한 지 1분도 안 되어 암컷이 흡족한 마음으로 혼
수품을 접수하러 다가옵니다. 빠른 발놀림으로 풀잎을 타고 올라
온 암컷은 이것저것 따지기 않고 바람처럼 재빨리 먹잇감에 주둥
이를 꽂고 식사를 시작합니다. 오로지 혼수품만 보고 짝짓기를 허

락한 것입니다. 이렇게 혼수품 전달식은 싱겁게 끝나 버렸고, 이제
남은 건 본 행사인 짝짓기입니다. 이때를 놓칠세라 수컷은 날개를
파르르 떨며 혼수품을 먹느라 정신이 팔린 암컷 곁으로 재빨리 다
가갑니다. 암컷 옆에 나란히 앉자마자 아무런 구애 의식 없이 다짜
고짜 짝짓기를 시도합니다.

수컷은 배 꽁무니 부분(전갈처럼 생긴 외부 생식기가 시작되는 배마
디)을 암컷의 배 꽁무니 쪽(암컷의 생식기가 들어 있는 배마디)에 댑
니다. 그러자 이미 수컷한테 첫눈에 반한 암컷이 배 꽁무니 속에서
가늘고 긴 생식기를 길게 빼내며 수컷의 생식기가 잘 들어가도록
적극적으로 협조합니다. 이때를 기다린 수컷은 전갈같이 하늘을
향해 치켜 올라간 외부 생식기를 암컷의 배 꽁무니 아래쪽으로 내
리고 X자 모양으로 비튼 뒤 암컷의 송곳같이 길쭉한 생식기 속에
자신의 생식기를 넣습니다. 부부의 생식기가 완전히 결합되면 수

컷이 암컷과 각도가 90도가 되도록 몸의 방향을 틉니다. 이렇듯 수컷의 외부 생식기가 하늘을 향해 치켜 올라가 있어 암컷과 수컷의 짝짓기 자세는 늘 L자 모양입니다. 밀고 당기는 게임도 없이 눈 깜짝할 사이에 짝짓기에 성공했습니다.

　아무리 봐도 밑들이의 짝짓기 자세는 아주 복잡하고 난해합니다. 그 이유는 암컷과 수컷의 생식기 위치가 다르기 때문입니다. 암컷의 생식공은 배 아래쪽에 있지만 수컷의 생식공은 배 위쪽에 있습니다. 수컷이 배 꽁무니를 암컷의 배 아래쪽으로 가져가 생식기를 삽입해야 하니 수컷의 자세가 불편합니다. 그래서 수컷은 구부러진 배를 바로잡기 위해 몸을 90도 틀어 편한 자세인 L자 모양을 유지하는 것입니다.

　재미있게도 암컷은 자기 배 꽁무니에서 무슨 일이 일어났는지 아무런 관심이 없는 것처럼 혼수품에 주둥이를 박고 오로지 식사

밑들이류의 결합된
생식기 모습

만 합니다. 수컷은 그런 암컷에게 떨어지지 않으려 안간힘을 쓰며 고행의 시간을 보내고 있습니다. 실제로 밑들이의 짝짓기 장면은 고난의 혼수품 구하기와 비교될 정도로 싱겁고 밋밋하고 평온합니다. 오로지 암컷은 먹기만 하고, 수컷은 암컷의 생식기에서 떨어지지 않으려 얌전히 앉아만 있으니 말입니다.

드디어 30분이 지났습니다. 혼수품이 워낙 큰 탓에 먹을 양이 절반도 넘게 남았습니다. 그런데도 암컷은 배가 부른지 주둥이를 혼수품에서 빼더니 날개를 눈 깜짝할 사이에 빠르게 퍼덕이더니 이내 생식기를 빼낸 후 뒤도 안 돌아보고 포르르 날아갑니다. 드디어 밑들이 부부의 짝짓기가 끝이 났습니다.

졸지에 혼자가 된 밑들이 수컷이 잠시 어리둥절하며 암컷이 먹다 남긴 혼수품 곁을 맴돌며 서성거립니다. 암컷은 떠나갔지만 자신의 정자를 넘기는 데 성공했으니 대만족입니다. 오랫동안 움직이지도 못한 채 같은 자세를 유지하느라 에너지를 소모한 수컷은 암컷이 남긴 음식을 마저 먹습니다. 그리고 또다시 성페로몬을 내뿜어 다른 암컷을 불러들입니다. 그런 수컷이 얌체 같지만, 수컷 입장에서는 한 번 얻은 기회를 여러 번 이용하는 게 경제적입니다. 문제는 후에 올 암컷이 먼저 다녀간 암컷이 먹다 만, 쪼그라든 혼수품을 먹을지 안 먹을지 모른다는 것입니다.

짝짓기를 마친 암컷은 알을 땅속에 낳습니다. 알은 한곳에 1개씩 혹은 100개를 무더기로 낳습니다. 알에서 깨어난 애벌레는 나비 애벌레와 비슷한 털벌레 모양 또는 구더기 모양인데 실제로 본 적은 없습니다. 주로 애벌레는 썩은 나무, 숲이 우거진 습지나 진흙 속에서 유기 물질을 먹고 산다고 알려져 있습니다.

선물 끌어안고
짝짓기하는

춤
파
리

춤파리 수컷

춤파리 수컷이 신나무 꽃에 앉아
꽃꿀을 빨아 마시고 있습니다.

5월 중순, 봄의 끝자락입니다.

온 세상이 초록빛으로 물든 가운데

하얀 아까시나무 꽃이 탐스럽게 피어났습니다.

춘천 남면의 어느 자그마한 계곡 길을 걷습니다.

아프리카돼지열병 방지용 철제 울타리가 계곡 길을 따라

끝도 없이 쳐 있어 살벌합니다. 철조망 울타리에 갇힌

고라니 몇 마리가 하늘만큼 높은 울타리를 탈출하려

머리를 끊임없이 울타리에 부딪치고 또 부딪치며 사투를 벌이고,

그걸 지켜보자니 가슴이 미어집니다.

철조망 울타리 중간중간에 야생동물의 생태 통로가 안 보입니다.

울타리 앞 표지판에 적힌 국립생태원, 동물복지재단 같은

설치 관련 기관의 이름이 공허합니다.

가여운 고라니를 뒤로 한 채 철조망 울타리를 옆에 두고 걷는 동안

울타리 너머로 꽃 같지 않은 꽃, 신나무 꽃이 한창입니다.

청정 지역답게 깨알처럼 자그마한 꽃에 꽃하늘소,

파리들이 날아와 꽃 식사 삼매경에 빠져 있습니다.

그 가운데 평소에 잘 보지 못한 낯선 파리가 눈에 들어옵니다.

몸매가 길쭉한 게 파리매로 착각하기 딱 좋은 춤파리군요.

기다란 주둥이를 신나무 꽃 한가운데에 정확히 꽂고

꽃꿀을 쭈욱쭈욱 마십니다.

생각지도 못한 춤파리와의 뜻밖의 조우에

심란했던 마음이 좀 가라앉습니다.

파리매

이 꼭지는 파리목 춤파리과(Empididae)에 속한 곤충 이야기입니다.

늘씬한
춤파리

오늘은 춤파리의 날입니다. 푸짐하게 피어난 신나무 꽃은 춤파리의 밥상입니다. 춤파리 몇 마리가 푸짐하고 소담스럽게 피어난 신나무 꽃을 제집인 양 들락거리며 식사를 합니다. 동작이 매우 빠른 데다 눈치까지 빨라 잠시도 가만있질 않고 꽃 위에 앉았다, 저 멀리 보이지 않는 곳으로 날아갔다, 다시 꽃 위에 날아와 앉았다를 반복합니다. 식사하는 모습을 찍을라치면 마치 초상권이 있다는 듯 쌩 날아가며 사진 촬영을 거부합니다. 오늘은 그런 춤파리와 밀당을 벌이는 것조차 즐겁습니다. 한동안 곁을 안 주더니 드디어 춤파리가 꽃차례 위에 앉아 다리로 꽃들을 꼬옥 부여잡고 맛난 꽃꿀을 먹습니다. 다리와 몸에 하얀 신나무 꽃가루가 덕지덕지 묻은 걸

춤파리류 암컷. 신
나무 꽃꿀을 마시고
있다.

보니 오전부터 이 꽃 저 꽃을 부지런히 날아다녔나 봅니다. 또 날아갈까 봐 긴장하고 춤파리의 몸을 자세히 들여다봅니다.

춤파리는 몸길이가 8밀리미터 정도로 몸집이 왜소합니다. 파리목 가문의 식구치고 몸매가 길쭉하고 늘씬해서 곤충 입문자들은 종종 파리매로 착각을 하나 파리매와는 족보가 멉니다. 몸 색깔은 회색, 갈색과 검은색이 섞여 있습니다. 머리는 몸에 비해 매우 작습니다. 머리가 작아도 있을 건 다 있습니다. 우선 겹눈은 머리를 거의 차지할 정도로 커 마치 헬멧을 쓴 것처럼 보입니다. 얄궂을 정도로 짧은 더듬이는 겹눈 사이에 붙어 있습니다. 무엇보다 기다란 주둥이가 압권입니다. 주둥이는 머리의 2배 정도로 긴 데다 두께도 두꺼워 매우 튼튼한 빨대 또는 도요새 주둥이처럼 생겼습니다. 평소에는 가슴 아래쪽 다리 사이에 붙여 보관하고 있다가 식사할 때에는 꺼내 꽂아 먹잇감의 몸속에 쏘옥 집어넣습니다. 다리와 날개가 붙어 있는 가슴은 근육이 발달해 크고 뚱뚱한 데다 등쪽이 매우 볼록해 마치 꼽추처럼 구부정하게 굽어 보입니다. 회색빛 가슴에는 짧은 센털이 성글게 나 있고, 짙은 갈색의 세로줄 무늬가 4개씩이나 시원스레 그려져 있습니다. 다리는 매우 길고, 뭐든지 잘 잡을 수 있게 털들이 붙어 있습니다. 날개는 겉날개가 2장 있고, 뒷날개는 곤봉 모양의 평균곤으로 변형되어 있습니다. 배는 매우 길어 전체 몸길이의 3분의 2나 차지합니다.

특이하게 춤파리는 암컷과 수컷의 생김새가 약간 다릅니다. 첫째, 겹눈의 크기가 다릅니다. 수컷은 겹눈이 매우 커서 겹눈과 겹눈 사이가 서로 맞붙어 있고, 암컷은 수컷에 비해 작아 겹눈과 겹눈 사이가 떨어져 있습니다. 둘째, 다리에 붙은 털의 양이 다릅니

다. 수컷의 가운뎃다리와 뒷다리에는 짧은 털들이 평범하게, 약간 성글게 붙어 있지만, 암컷의 가운뎃다리와 뒷다리에는 어마무시하게 많은 센털들이 물샐틈없이 빽빽하게 붙어 있어 마치 페인트칠하는 붓이 연상될 정도입니다. 대부분의 곤충들은 수컷의 다리가 암컷에 비해 우람하고 튼튼한데 춤파리의 경우엔 암컷의 다리가 월등하게 잘 발달되어 있습니다. 셋째, 배의 크기입니다. 수컷 배는 호리호리하게 날씬하고, 배 꽁무니 부분은 약간 위쪽으로 들려 있고 뭉툭합니다. 암컷 배는 배불뚝이처럼 뚱뚱하고, 배 꽁무니 부분은 끝 쪽으로 갈수록 매우 가늘고 뾰족해집니다.

춤파리, 한 번만 들어도 기억하기 좋은 이름입니다. 이름처럼 춤파리는 춤을 춥니다. 짝짓기할 때가 되면 수컷들이 큰 무리를 이뤄 암컷의 환심을 사기 위해 공중에서 집단으로 위아래로 날며 춤을 추는데, 이런 수컷의 행동을 보고 영어권에서 '댄싱 플라이 (dancing fly)'라는 이름을 붙여 줬습니다. 자연스럽게 우리나라에서 사용하는 국명인 춤파리는 댄싱 플라이에서 따왔습니다. 갑자기 국명을 짓는 사람이 무용파리라고 이름 지었으면 어땠을까 생각하니 키득키득 웃음이 나옵니다. 무용파리보다 춤파리의 느낌이 백번 낫습니다. 춤파리는 온대 지방에 많은데, 우리나라에서 현재까지 19종이 기록되어 있습니다.

계곡 물가에서
춤추는 춤파리

한 시간 넘게 신나무 꽃을 들락거리며 꽃꿀을 먹은 춤파리는 여남은 마리였는데 대개 암컷이었습니다. 보통 춤파리는 다른 힘없는 곤충을 잡아먹는 육식성인데, 오늘은 꽃꿀로 영양 보충을 합니다. 춤파리를 뒤로하고 한참을 걷는데, 산길이 계곡과 X자로 교차합니다. 혹시나 춤추는 춤파리를 만날까 싶어 발아래에 있는 계곡으로 조심조심 내려갑니다.

계곡엔 큰 바위와 크고 작은 돌멩이와 모래가 섞여 있고 그 틈에 썩은 낙엽들이 끼어 있습니다. 물웅덩이가 군데군데 있고 적은 양이지만 계곡물이 졸졸졸 흐르며 나무 그늘이 드리워 어두컴컴하고 서늘합니다. 계곡에 들어서자마자 놀라운 광경이 펼쳐집니다.

세상에! 날파리 같은 곤충이 떼를 지어 날아다닙니다. 수십 마리가 떼 지어 물웅덩이 위, 바위와 자갈돌 위 30센티미터 상공에서 마치 뭔가를 찾는 것처럼 날고 있습니다. 실로 장관입니다. 혹시 알을 낳는 중일까? 하고 유심히 바라보지만 그건 아닙니다. 누굴까? 날도래는 아니고, 깔다구도 아니고, 하루살이는 더더구나 아닙니다. 가까이 다가가니 모두 흩어집니다. 일단 흥분을 가라앉히려 바위 위에 앉아 녀석들을 살핍니다. 마침 개미 한 마리가 바로 앞 돌멩이 위에서 죽은 곤충 한 마리를 끌고 가는데 자세히 보니 춤파리입니다. 또 발밑 바위 아래에서 춤파리 암컷 한 마리가 물 묻은 돌멩이에 주둥이를 박고 물을 마십니다. 아! 그렇구나. 물 위를 날아다니는 녀석들이 춤파리구나! 춤파리가 바로 코앞에서 춤을 추다니! 일생일대에 처음 본 장면이라 너무 놀랍고 흥분되어 숨이 멎을 것만 같습니다.

꿈인 것 같아 눈을 몇 번씩이나 비비고 춤추는 춤파리를 감상합니다. 족히 50마리는 넘는 것 같습니다. 수십 마리가 떼 지어 위로 날았다 아래로 날았다 옆쪽으로 날았다를 현란하게 반복하며 춤을 춥니다. 길게 다리를 늘어뜨리고 마치 절구질을 하는 것처럼 쉬지 않고 통통 튀듯 날아다닙니다. 수십 마리가 같은 동작이지만 시간차를 두고 제각각 날아다니니 아이돌 가수의 멋진 군무를 보는 것 같습니다. 가끔 춤을 추다 잠시 바위 위에 앉아 있는 녀석도 있지만 개성 만점인 집단 춤은 쉬지 않고 계속 이어집니다.

그때입니다. 수컷 한 마리가 먹잇감을 사냥해 주둥이로 콕콕 찔러 죽인 뒤 다리로 꼭 잡습니다. 그리고 날개를 흔들며 '여기 멋진 선물 있어, 나랑 결혼해 줄래?' 먹잇감을 자랑하며 춤을 춥니다. 그

개미가 죽은 춤파리
류 암컷을 끌고 가
고있다.

장면을 본 암컷은 수컷의 선물을 보고 홀딱 반해 선물을 덥석 받아
여섯 다리로 껴안습니다. 이때를 기다린 수컷은 순식간에 암컷의
등에 올라타 생식기를 암컷의 배 꽁무니에 집어넣습니다. 모든 일
정은 속전속결로 진행됩니다.

암컷을 끌어안고
사랑을 나누는 수컷

춤파리의 군무 구경에 취해 있는데 뭔가 묵직하게 보이는 춤파
리가 내 머리 위를 가로질러 계곡 위 풀밭으로 날아갑니다. 재빨

리 춤파리가 날아간 지점을 찾아 계곡 위로 올라가 한참을 두리번거립니다. 분명히 이쪽에 앉았는데, 산딸기나무와 국수나무가 무성히 자라 있는 덤불 주변을 이 잡듯 두 눈 부릅뜨고 뒤집니다. 아! 짝짓기하는 춤파리 발견! 가느다란 국수나무 가지에 춤파리 부부가 매달려 있습니다. 인기척에 날아 도망칠까 봐 조심조심 다가가 땅바닥에 앉아 숨죽이며 춤파리 부부의 신방을 구경합니다.

　과연 암컷은 여섯 다리로 수컷이 건네준 선물을 꼭 끌어안고 있군요. 다리에 거친 털들이 숲처럼 빽빽하게 달려 있어 선물을 끌어안기에 안성맞춤입니다. 그리고 뾰족하고 기다란 주둥이를 선물에 꽂고선 먹잇감의 체액을 쭉쭉 빨아 마시고 있습니다. 배는 얼마나 부른지 풍선처럼 빵빵합니다. 수컷은 그런 암컷을 등에서 끌어안고 있습니다. 말 그대로 '백 허그' 자세입니다. 수컷의 앞다리는 만세를 부르듯 번쩍 치켜올려 나뭇가지를 붙잡고 있고, 가운뎃다

춤파리류가 계곡가에서 짝짓기를 하고 있다.

리와 뒷다리로 풍선같이 불룩한 암컷의 배를 껴안습니다. 뒷다리
는 매우 길어 암컷의 배를 껴안고도 남습니다. 그리고 가장 중요한
배 꽁무니를 꽈배기처럼 한 번 꼰 뒤 뾰족한 암컷의 배 꽁무니 속
에 완전히 집어넣고 있습니다. 암컷도 배 꽁무니를 하늘을 향해 치
켜올려 수컷의 생식기와 잘 결합할 수 있도록 최대한 협조를 합니
다. 수컷은 길고 뾰족한 주둥이가 암컷의 몸에 닿지 않게 조심하느
라 암컷과 일정한 거리를 유지합니다.

졸지에 짝짓기 자세가 우스꽝스러워졌습니다. 맨 앞쪽에 선물
(먹잇감), 그 뒤에 먹잇감을 끌어안은 춤파리 암컷, 맨 뒤에 암컷을
끌어안은 춤파리 수컷이 나란히 나뭇가지에 매달려 있습니다. 이
들의 모든 체중은 수컷의 앞다리에 실려 있습니다. 실로 춤파리 수
컷은 매달리기 도사입니다.

그런데 반전이 일어납니다. 신랑이 결혼 선물로 건넨 먹잇감은

춤파리류 짝짓기.
수컷이 배 꽁무니를
꽈배기처럼 한 번
꼬아서 암컷의 배
꽁무니 속에 집어넣
었다. 혼수품은 다
른 춤파리이다.

동료인 춤파리 수컷입니다. 어떻게 이런 일이 일어날 수 있을까요! 수컷은 떼로 모여 집단 춤을 추다가 먹잇감이 없으니 옆에서 함께 춤을 추던 동료를 사냥한 것입니다. 암컷에게 환심은 사야겠고, 결혼을 해서 유전자를 남겨야겠고, 그런데 먹잇감은 없으니 마음이 급한 수컷은 자기와 같은 처지인 수컷을 과감하게 사냥해 뾰족한 주둥이로 콕콕 찔러 죽인 뒤 암컷에게 선물한 것입니다. 아무리 피도 눈물도 없는 비정한 곤충 세계라 하지만 짝짓기를 갈구하는 동료를 잡아 혼수품으로 받치다니요!

그러든 말든 암컷은 자신의 잠재적인 배우자이며 동족이기도 한 춤파리 먹잇감을 맛있게 먹습니다. 먹잇감이 크니 먹는 시간이 오래 걸립니다. 먹잇감이 클수록 암컷은 충분히 영양분을 섭취해서 좋고, 수컷은 오랫동안 암컷을 붙잡아 둔 채 정자를 넘겨서 좋습니다. 암컷이 선물을 맛있게 먹어 치우는 동안 수컷의 정자는 안전하

춤파리류 짝짓기.
암컷이 먹이를 먹는
동안 수컷이 정자를
넘긴다.

게 암컷의 수정낭 속으로 들어갑니다. 머지않아 수컷의 정자는 암
컷의 난자와 수정이 될 테니 수컷의 수태 작전은 일단 성공입니다.
짝짓기는 30분 이상 이루어졌습니다. 만족스러운 식사와 짝짓기
가 끝나면 암컷과 수컷은 우리가 언제 부부였나? 할 정도로 남남
이 되어 각자의 길을 찾아 날아갑니다.

　암컷은 짝짓기를 마친 뒤 알을 낳아야 합니다. 적어도 오늘 만난
춤파리는 계곡에서 춤을 추고, 계곡 주변의 나무에서 꽃꿀을 먹는
것으로 보아 계곡이나 습기가 많은 곳에 알을 낳을 것으로 여겨집
니다.

　춤파리의 생태에 대해 알려진 것이 많지 않으나 거의 모두 땅 위
에서 생활하고 몇몇은 수서(물살이) 또는 반수서 생활을 하는 것으
로 보입니다. 기록에 따르면 수컷은 그늘이 드리운 식물 둘레에서
사냥을 하는데, 특히 모기 사냥을 굉장히 잘합니다. 하지만 사냥감

춤파리류 암컷. 알
을 낳을 계곡의 바
위에 앉아 물을 마
시고 있다.

이 부족하면 암컷과 수컷 모두 꽃에 날아와 꽃꿀로 배를 채우기도 합니다. 애벌레 또한 알려진 게 거의 없으나 대개 흙, 썩은 낙엽, 이끼 들이 있는 습기가 많은 곳에서 산다고 합니다.

춤은
왜 출까

춤파리는 왜 춤을 추는 걸까요? 암컷의 마음을 얻기 위해서입니다. 짝짓기 철이 되면 춤파리는 집단으로 모여 춤을 추며 짝을 찾습니다. 수컷은 짝짓기할 때 암컷의 환심을 사기 위해 결혼 선물을 합니다. 결혼 선물은 영양가 많은 먹잇감이어야 합니다. 그래서 짝짓기 전에 수컷은 혼인 선물을 미리 준비하는데, 대개 자기보다 힘없는 곤충을 사냥해 여섯 다리로 꽉 움켜줍니다. 그렇게 맛있어 보이는 음식을 암컷이 잘 알아볼 수 있도록 보여 주며 춤을 춥니다. 암컷을 향해 날개를 흔들어 대며 격렬하게 구애를 합니다. 수컷은 암컷이 관심을 보일 때까지 지칠 줄도 모르고 혼인 선물을 자랑합니다. 자, 이제 암컷이 심사할 차례입니다. 암컷은 결혼 선물의 크기를 보고 수컷의 능력을 판단합니다. 선물은 크면 클수록 좋습니다. 암컷은 작은 선물을 주는 수컷은 퇴짜를 놓고, 큰 선물을 주는 수컷을 선택합니다. 즉 수컷의 선물이 마음에 들면 혼인 선물인 먹잇감을 우악스러운 다리로 덥석 끌어안듯 잡습니다. 아마도 암컷은 큰 선물을 사냥해 온 수컷이 힘이 세고, 우수한 유전자를 지니

고 있고, 능력이 많다고 여기는 것 같습니다. 혼인 선물은 암컷이
알을 낳는 데 온전히 다 쓰입니다. 성숙된 알을 낳을 때나 알에서
배발생이 이뤄질 때 소중한 영양분이 되어 주기 때문입니다.

　수컷은 반드시 암컷에게 결혼 선물을 주어야만 결혼할 수 있
기 때문에 선물 준비에 열을 올립니다. 대부분의 춤파리(*Empis*속,
*Hilara*속, *Rhamphomyia*속) 수컷은 직접 사냥을 해서 암컷에게 선물
하지만, 어떤 사랑꾼 수컷은 직접 사냥한 선물을 그냥 주는 게 아
니라 정성스레 포장까지 해서 건네줍니다. 수컷은 작은 곤충을 낚
아채 길게 뻗은 주둥이로 쿡쿡 찔러 죽인 뒤 앞다리에서 하얀 실을
뽑아내 사냥감을 잘 감싸서 포장합니다. 아름다운 춤도 모자라 정
성스레 포장한 선물까지 받아 기분이 좋아진 암컷은 선물 보따리
를 받아 든 뒤 그 속의 먹잇감을 맛있게 쭉쭉 빨아 먹고, 그동안 수
컷은 짝짓기를 합니다. 이 경우에는 음식을 다 먹은 뒤여서 암컷이

춤파리류가 짝짓기
를 하고 있다. 암컷
이 작은 파리를 먹
고 있다.

짝짓기를 계속 허락합니다. 정성스럽게 선물 포장을 한 수컷의 수고를 알아주는 것 같아 훈훈합니다.

사정이 이렇다 보니 아주 드물게 어떤 수컷은 사기를 치기도 합니다. 물론 대개 춤파리는 거의 속임수를 쓰지 않습니다. 이 수컷 역시 하얀 실로 선물 보따리를 만들어 암컷에게 보여 주며 열심히 춤을 춥니다. 선물 공세에 홀딱 넘어간 암컷은 먹잇감을 받아 들고 식사를 하려고 주둥이를 쭉 뺍니다. 그 사이 수컷은 암컷의 생식기에 자신의 생식기를 넣고 정자를 넘겨줍니다. 그런데 암컷이 완전히 사기를 당했습니다. 포장한 선물 보따리 속이 텅 비어 있습니다. 그럴 듯하게 포장한 보따리만 있을 뿐 그 속엔 음식이 없습니다. 심지어 어떤 수컷은 자신의 똥이나 먹을 수 없는 식물 부스러기를 포장해 선물하고는 암컷이 낌새를 알아챌까 봐 재빨리 번갯

춤파리류 암컷

불에 콩 볶아 먹듯이 짝짓기를 한 뒤 도망치기도 합니다. 인간 세상에 있을 법한 사기를 춤파리가 친다니 놀랍기만 합니다.

암컷의
자기 과시

춤파리 수컷만 암컷에게 잘 보이려 노력하는 것은 아닙니다. 암컷도 질 높은 혼인 선물을 가진 수컷의 눈에 띄려 노력합니다. 우선 암컷은 깃털처럼 생긴 다리를 배 쪽에 놓아 '엉덩이(배)'를 부풀게 보여 알을 많이 낳을 수 있다는 걸 과시합니다. 한술 더 떠 암컷은 배 옆구리에 있는 공기 주머니를 부풀려 배를 굉장히 커 보이게 합니다. 이런 암컷의 행동은 암컷 자신이 질 좋은 난자를 많이 가지고 있다고 수컷에게 과시하는 것이고, 이를 본 수컷은 성적으로 매우 흥분하는 것으로 여겨집니다. 결국 수컷은 아무 탈 없이 '임신 가능할 것같이' 뚱뚱한 배를 가진 암컷에게 선물을 더 많이 건네줌으로써 수컷의 최대 목표이자 최대 희망인 짝짓기에 성공하는 것 같습니다.

근사한 혼수품을
몸속에서 만드는

청
가
뢰

청가뢰

보리수나무에서 청가뢰들이
집단으로 짝짓기를 하고 있습니다.

5월, 충남 보령에 있는 소황사구에 들렀습니다.

탁 트인 바다 뒤로 넓은 해안사구가 펼쳐져 있어 눈맛이 시원합니다.

이곳 사구는 침식과 환경 파괴에 비상이 걸린 사구와는 다르게

굉장히 건강한 사구를 유지하고 있습니다.

끝도 없이 펼쳐지는 고운 모래밭에 사구성 식물들이 잘 자라고

그 식물의 뿌리 주변에 모래거저리 같은

모래살이 곤충들이 터를 잡고 살고 있습니다.

개발의 바람이 이곳을 영원히 비켜나길 바라며 모래밭을 지나

바닷가에서 좀 떨어진 배후사구 구역으로 발길을 옮깁니다.

잡목림에 들어서자 향긋한 아까시나무 꽃향기가 코를 찌릅니다.

두리번거리며 곤충을 찾는데 저만치 떨어져 있는

키 작은 아까시나무에 초록빛을 띤 딱정벌레가 매달려 있습니다.

다가가 보니 청가뢰입니다! 몇 년에 한 번 볼까 말까 한 청가뢰가

아까시나무 꽃을 먹고 있어 화들짝 놀랍니다.

평소에 보기 힘든 청가뢰가 반상회를 하는지

아까시나무 한 그루 한 그루마다 몇 마리씩 앉아 있습니다.

햇빛을 받아 반짝반짝 빛이 나니

마치 보석이 주렁주렁 달려 있는 것 같습니다.

청가뢰

이 꼭지는 딱정벌레목 가뢰과 종인 청가뢰(*Lytta caraganae*) 이야기입니다.

화려하지만
독을 품은 청가뢰

청가뢰의 몸길이는 12~20밀리미터로 몸집이 제법 큽니다. 청가뢰는 미모로 따지면 비단벌레와 견줄 만큼 아름답습니다. 무엇보다 몸 색깔이 환상적입니다. 딱지날개는 짙은 초록빛으로 별을 빻아 만든 가루를 뿌린 것처럼 광택까지 나 신비로운 색을 띱니다. 그 밖에 머리, 다리와 배는 초록빛이 도는 짙은 남색이라 몸빛이 전체적으로 화려하면서 고상합니다. 한술 더 떠 햇빛이 비치는 각도에 따라 딱지날개가 부분적으로 초록빛이 도는 황금색으로 보입니다. 피부는 전체적으로 참기름을 바른 것처럼 반지르르 윤이 나는데, 딱지날개에는 우글쭈글한 점각이 덮여 있어 멋스럽습니다. 머리는 동글동글한 삼각형이고, 더듬이는 염주 모양으로 구슬을 실에 가지런히 꿰어 만든 것 같습니다. 다리는 가늘고 길어 잘 걸

—
청가뢰가 아까시나
무 꽃을 먹고 있다.

어 다닐 수 있습니다.

청가뢰는 족보상 딱정벌레목 가문의 가뢰과 집안 식구입니다. 가뢰과 가족으로는 남색을 띠는 남가뢰, 노란색을 띠는 황가뢰, 초록색을 띠는 청가뢰, 점을 4개 지닌 네눈박이가뢰, 검은빛을 띤 먹가뢰가 있는데, 모든 가뢰과 식구의 가장 큰 공통점은 몸속에 맹독성 물질인 칸타리딘을 지니고 있는 점입니다. 그 가운데 청가뢰의 독성이 제일 강합니다.

청가뢰를 건드리면 다리의 관절에서 이슬 같은 노란 액즙을 분비하는데, 이 액즙 속에 칸타리딘이 들어 있습니다. 칸타리딘은 청가뢰의 몸속에 퍼져 있어 포식자가 자기를 잡아먹는 것을 미리 막습니다. 새나 쥐 같은 포식자가 칸타리딘을 품고 있는 가뢰류를 먹었다가는 큰 낭패를 볼 수 있습니다. 그래서 한번 먹어 봤던 경험이 있는 포식자는 가뢰류를 피합니다. 칸타리딘의 독성은 매우 강해 치사량을 넘는 양을 먹었다가는 목숨을 잃을 수도 있습니다. 실제로 칸타리딘이 사람 몸에 닿으면 피부에 물집이 생겨 고통스럽습니다.

그래서인지 청가뢰는 자기 몸속에 있는 독 물질을 믿고 어디엔가 있을 천적을 별로 경계하지 않아 행동이 느긋한 편입니다. 칸타리딘은 수컷의 생식 기관에서 만들어지며 색깔이 없고 맛도 없는 독 물질입니다. 칸타리딘은 가뢰류뿐만 아니라 하늘소붙이과 집안의 곤충도 만들 수 있습니다.

서아시아에서는 가뢰의 칸타리딘이 혈관 확장과 피부 자극에 도움을 준다는 점을 이용해 칸타리딘을 최음제로 사용한 적도 있습니다. 그래서인지 오늘날 인간 세상의 성인용품점에서 '스페니쉬

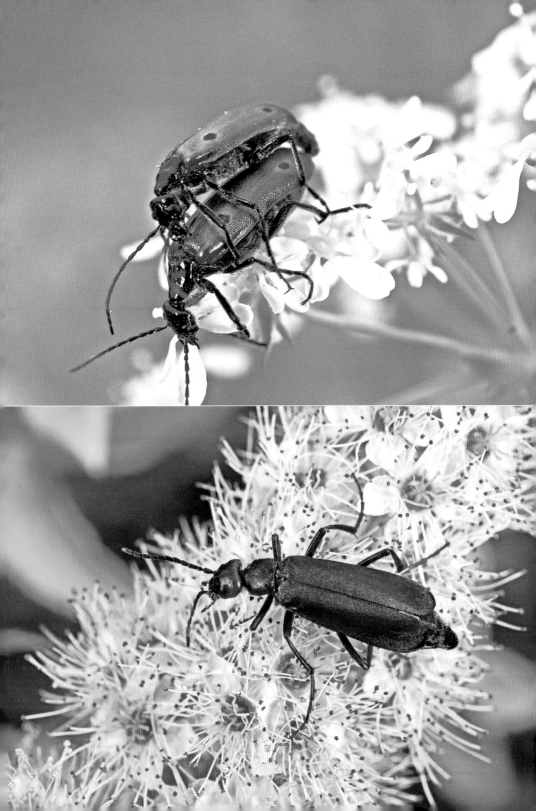

플라이'란 상품명을 가진 최음제를 팔고 있는데, '스페니쉬 플라이'는 유럽에 서식하는 청가뢰의 이름입니다.

보석 달린
보리수나무

5월 중순, 연구소 정원에 귀한 곤충 손님이 찾아왔습니다. 보석 뺨칠 정도로 아름다운 청가뢰입니다. 정원 구석에서 씩씩하게 자라고 있는 보리수나무가 청가뢰 곤충 손님을 맞느라 분주합니다. 세상에! 이런 경사가 다 있을까. 연구소 정원을 가꾼 지 8년째, 그동안 한 번도 찾아온 적이 없는 청가뢰가 이곳을 제 발로 방문하다니! 그것도 한두 마리가 아니라 단체 방문입니다. 내 키보다 더 높은 나무 꼭대기에 있어 제대로 셀 수는 없지만 스무 마리는 족히 넘습니다. 너무 놀랍고 반가워 입이 다물어지지 않은 채 아! 아! 감탄사만 연발합니다.

청가뢰 여럿이 보리수나무 가지에 제각각 앉아 식사 삼매경에 빠져 있습니다. 몇 년 전에 만났던 청가뢰는 아까시나무 잎과 꽃을 먹었는데, 지금 눈앞에 있는 청가뢰는 보리수나무 잎사귀를 먹고 있습니다. 그런 걸 보면 청가뢰의 식성은 까다롭지 않은가 봅니다. 많은 녀석들이 내 키보다 더 높은 나무줄기의 꼭대기에 앉아 햇빛을 오롯이 받고 있습니다. 고개를 들어 그 광경을 올려다보니 청가뢰들이 마치 보석이 빛나는 것처럼 반짝거립니다. 바람이 세게 불

청가뢰들이 보리수
나무에서 짝짓기를
집단으로 하고 있다.

어와 보리수나무 줄기가 흔들릴 때마다 '청가뢰 보석'은 현란하게
더욱 빛납니다.

먼저 도착한 청가뢰들이 집합페로몬을 내뿜는지, 몇 마리가 더
날아와 합류합니다. 청가뢰를 제대로 관찰하고 싶은 욕심에 나무
줄기 하나를 내 눈높이에 맞게 살짝 당겨 봅니다. 고맙게도 청가
뢰들의 일거수일투족이 한눈에 다 보입니다. 이미 3쌍은 짝짓기에
성공해 잎사귀 위에서 사랑을 나누고 있고, 서너 마리는 짝을 찾느
라 나무줄기 위를 돌아다니고, 몇 마리는 보리수나무 잎을 야금야
금 한 입씩 베어 맛있게 먹고 있습니다.

암컷은
큰 수컷을 좋아해

얼마쯤 지났을까. 식사하던 청가뢰가 잎사귀 절반 정도를 게걸
스럽게 먹고 나더니 식사를 딱 멈추고 걸어 다니기 시작합니다. 줄
기를 타고 오르락내리락하고, 잎사귀 사이를 헤집고 다닙니다. 아
마 걸음걸이가 초조하게 빠른 걸 보니 수컷임에 틀림없습니다. 이
미 암컷이 성페로몬을 풍겼기 때문에 냄새의 진원지만 찾으면 됩
니다. 다행히 집단으로 모여 있기 때문에 암컷을 찾는 것은 누워
서 떡 먹기입니다. 수컷은 이리저리 기웃거리며 식사 중인, 자기보
다 몸집이 훨씬 큰 암컷 청가뢰를 건드려 보지만 단번에 거절당합
니다. 암컷은 몸집이 큰 수컷을 원하기 때문에 몸집이 작은 수컷이

청가뢰 수컷이 암컷
등 위로 올라가서
짝짓기를 시도하고
있다.

다가오면 즉시 퇴짜를 놓습니다.

　드디어 수컷은 자기 몸집 크기와 비슷한 암컷을 발견합니다. 암
컷은 다가오는 수컷을 쳐다보지도 않고 매우 빠른 속도로 게걸스
럽게 잎사귀를 먹습니다. 이제 수컷의 짝짓기 작전이 시작됩니다.

　청가뢰 수컷은 암컷의 등 위로 올라갑니다. 암컷이 당황해 몸을
약간 꿈틀거리자 수컷이 암컷의 등에서 떨어집니다. 다시 수컷은
암컷을 마주 보고 서서 더듬이를 암컷의 더듬이에 부딪칩니다. 그
리고 거침없이 머리를 가로질러 등 위로 올라갑니다. 암컷 등 위에
서 몸을 180도로 돌린 뒤 더듬이로 또 암컷의 더듬이를 더듬거리
기도 하고, 감싸기도 하고, 쓰다듬기도 하며 애무와 구애를 합니다.
이렇게 진한 신체 접촉을 하면서 암컷은 수컷의 더듬이 홈에 있는
칸타리딘 냄새를 맡습니다. 이때 암컷은 수컷이 지닌 칸타리딘의

청가뢰가 짝짓기에
성공했다.

양을 측정하는 것으로 여겨집니다. 암컷의 입장에서 수컷의 외모가 중요한 게 아니라 칸타리딘을 얼마나 지니고 있느냐가 훨씬 중요합니다. 일단 암컷은 칸타리딘을 많이 지니고 있는 수컷을 일등 신랑감으로 꼽습니다.

그뿐 아닙니다. 청가뢰 암컷은 더듬이로 애무하며 간절히 구애하는 수컷의 몸집 크기를 심사합니다. 심사 방법은 간단합니다. 등에 올라탄 수컷의 무게를 재면 됩니다. 수컷이 암컷의 등에 올라탔을 때, 암컷은 수컷의 몸무게가 얼마나 나가는지 본능적으로 알아차립니다. 그러니 암컷의 마음에 쏙 들려면 일단 수컷의 몸집이 커야 합니다. 만일 수컷이 왜소하면 암컷은 매우 실망해 수컷을 거절할 수도 있습니다. 큰 수컷만이 큰 암컷과 짝짓기를 할 수 있는 것이지요. 암컷의 입장에서 수컷의 몸이 크면 짝짓기할 때 결혼 선물로 받을 칸타리딘의 양도 많을 테고, 정자의 양도 많기 때문에 자손의 생존 확률이 매우 높습니다. 또 수컷도 결혼할 예비 신부의 몸이 클수록 이득이 많습니다. 암컷의 몸이 크면 알을 많이 낳을 수 있습니다. 결국 수컷 입장에서 짝짓기할 때 수컷 자신이 결혼 선물로 건네준 칸타리딘이 수정란에 이용되어 자신의 유전자가 다음 세대로 이어질 확률이 매우 높기 때문입니다.

그렇다고 작은 청가뢰 수컷에게 기회가 없는 건 아닙니다. 작은 수컷은 작은 암컷에게 구애해서 짝짓기에 성공하면 됩니다. 청가뢰는 짝짓기를 끼리끼리 하는 셈이니 자기 분수에 맞는 짝을 찾으면 될 일입니다.

청가뢰 암컷이 수컷의 칸타리딘 양과 몸무게를 심사한 결과, 드디어 몸집이 큰 수컷이 심사에 합격했습니다. 수컷은 암컷의 등 위

에서 암컷을 끌어안고 서둘러 배 꽁무니를 암컷의 배 꽁무니에 갖다 댑니다. 이미 암컷은 수컷에게 반했기 때문에 아무런 저항 없이 순순하고 얌전하게 수컷을 받아들입니다. 배 꽁무니가 맞대면서 생식기가 결합되자, 수컷은 암컷의 등에서 다리를 떼고 몸을 뒤로 젖히면서 뒤집습니다. 순식간에 등 위에 타고 있던 수컷이 암컷과 배 꽁무니만 마주 댄 채 암컷과 반대 방향을 바라보며 엎드린 자세가 됩니다. 이제 청가뢰 부부는 가장 편안한 짝짓기 자세를 유지하고 사랑을 나누기 시작합니다.

그때 다른 수컷이 이제 막 짝짓기에 성공한 청가뢰 부부의 등을 밟고 다니며 훼방을 놓습니다. 마주 댄 부부의 배 꽁무니에 자기 생식기를 넣으려고 하지만 단단하게 결합된 부부의 생식기는 떨어지지 않습니다. 훼방을 놓던 수컷은 다른 곳으로 가 버리고, 청가뢰 부부는 무덤덤하지만 깊은 사랑을 나눕니다.

짝짓기 중인 청가뢰에게 다른 수컷이 뒤늦게 찾아와 등을 밟고 오르며 방해하고 있다.

짝짓기하며
식사

청가뢰의 사랑은 참 무드가 없습니다. 한동안 우두커니 배 꽁무니를 마주 대고 있더니 갑자기 암컷이 잎을 먹기 시작합니다. 배가 아주 고픈 것처럼 게걸스럽게 먹습니다. 얼마 안 있어 수컷도 보리수나무 잎사귀를 먹기 시작합니다. 배 꽁무니를 통해 정자와 칸타리딘을 전달하랴, 배고픔을 달래려 식사까지 하랴 낭만적인 사랑은 물 건너갔습니다. 보통 청가뢰 암컷은 짝짓기할 동안 식사를 합니다. 그래서 수컷은 대개 암컷이 맘 놓고 식사할 수 있는 식물에서 짝짓기하는 게 유리합니다. 짝짓기는 길게는 24시간 동안 계속됩니다. 오랫동안 지속하려면 수컷은 어떻게 해서라도 암컷의 식사를 방해해선 안 됩니다. 암컷이 식사를 충분히 할 수 있도록 신경 써야 합니다. 실제로 연구소의 보리수나무에서 청가뢰 부부의 짝짓기는 다음 날 낮까지 계속되었습니다.

짝짓기가 끝난 뒤
청가뢰 암컷이 홀로
남았다.

벌써 16시간째입니다. 청가뢰 부부는 아직도 보리수나무에서 떨어질 줄 모르고 짝짓기를 계속하고 있습니다. 다른 쌍들도 보리수나무 잎을 침대 삼아 밤새도록 짝짓기를 했습니다.

청가뢰 부부가 오래오래 사랑을 나누는 동안 속절없이 시간은 흐릅니다. 한낮이 되자 암컷이 배 꽁무니를 움직이며 수컷의 생식기를 떼어 냅니다. 홀로 된 암컷은 겉날개(딱지날개, 앞날개)를 양옆으로 벌린 뒤, 속날개(뒷날개)를 펼치고 날아갑니다.

알은
땅속에

이제 청가뢰 암컷은 알 낳을 곳을 물색합니다. 알은 땅속에 낳습니다. 청가뢰는 포슬포슬한 땅속에다 알을 무더기로 낳습니다. 알을 낳은 어미는 죽고, 이제부터 알은 스스로의 힘으로 살아남아야 합니다. 놀랍게도 알에서 깨어난 애벌레는 기생을 합니다. 애벌레들은 메뚜기 알 더미를 찾아다닙니다. 땅을 파고 냄새를 맡으며 필사적으로 찾습니다. 그리고 기생을 하며 살아남은 애벌레들은 추운 겨울에 겨울잠을 잔 후 따뜻한 봄이 되면 번데기가 되었다가 5월에 어른벌레로 날개돋이합니다. 2세대 어른벌레는 자신의 부모가 그랬던 것처럼 마음에 드는 배우자를 찾아 짝짓기하며 대대손손 기문을 이어 갑니다.

짝짓기하며 선물 받는

남
가
뢰

남가뢰 수컷

남가뢰 수컷 더듬이는 암컷과 달리
여섯 번째, 일곱 번째 마디가 부풀어 있습니다.

4월, 봄 가뭄이라 따스한 봄볕이 날마다 내리쬡니다.

경기도 양평 중미산 자락의 계곡 길을 걷습니다.

이곳을 드나든 지 벌써 30년째인데 아직까지 사람 손을 거의 안 타

숲속 좁은 오솔길은 마냥 고즈넉합니다.

숲 바닥에는 온갖 제비꽃, 윤판나물 꽃, 피나물 꽃,

큰괭이밥 꽃 같은 봄꽃들이 나뭇잎이 돋아나지 않은 틈을 타

죄다 피어 햇빛을 독차지하고 있습니다.

아리따운 꽃에 들락거리는 꼬마꽃벌과 재니등에 같은

곤충들을 들여다보는데, 배불뚝이 남가뢰가

오솔길과 숲 바닥을 잰걸음으로 뽈뽈뽈 걸어 다닙니다.

날개가 짧아 배를 다 드러내 놓고 있습니다.

날 수 없어 늘 걸어 다니는 뚜벅이라 사람의 발에 밟힐까 염려되지만

다행히 이 비밀 숲속에는 사람이 드물어 안전합니다.

아무 곳에서나 살지 않아 평소 만나기 힘든 남가뢰를

약 2킬로미터를 걷는 동안 스무 마리도 넘게 조우했으니

역시 봄은 남가뢰의 계절입니다.

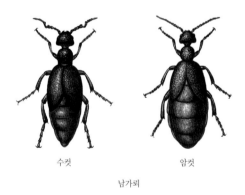

수컷   암컷

남가뢰

이 꼭지는 딱정벌레목 가뢰과 좀인 남가뢰(*Meloe proscarabaeus proscarabaeus*) 이야기입니다.

독성 많은 풀 먹는
남가뢰

남가뢰는 이른 봄이면 어김없이 나옵니다. 포슬포슬한 흙이 있
는 풀밭이나 낙엽이 폭신하게 깔린 숲 바닥을 돌아다닙니다. 어른
벌레의 첫 번째이자 마지막 임무인 짝짓기를 하기 위해 맘에 드는
배우자를 찾아야 하기 때문입니다.

금강산도 식후경, 짝을 만나기 전에 우선 배를 채워야 합니다.
겨우내 굶주린 배를 채우며 영양분을 보충해야 건강한 알을 낳을
수 있고 짝짓기할 기운도 납니다. 남가뢰는 먹성이 좋은 편이라 음
식을 가리지 않습니다. 이른 봄에 숲 바닥이나 풀밭에 돋아나는 식
물은 거의 모두 먹습니다. 숲속에서는 멸가치 잎, 달뿌리풀 잎, 병
꽃나무 꽃, 꿩의바람꽃 잎, 얼레지 잎, 박새 잎같이 이른 봄에 나는
풀을 즐겨 먹고, 풀밭에서는 우리 주변에 널린 쑥 잎을 굉장히 잘

남가뢰가 멸가치 잎
을 씹어 먹고 있다.

먹습니다. 어떤 때는 밭에 들어가 파, 콩, 가지, 고구마 같은 농작물
도 먹습니다. 이런 식물들은 대개 독이 많지만 남가뢰에겐 아무런
해가 되지 않는 것 같습니다. 큰턱이 발달한 씹는형의 주둥이를 가
지고 있어 식물 잎을 한 입씩 베어 쏭덩쏭덩 씹어 먹습니다.

남가뢰 암컷은 머리
에 비해 배가 매우
크다.

배를 드러내는
남가뢰

마침 배가 엄청나게 불룩한 남가뢰 암컷이 어른 손바닥만큼 큰
멸가치 잎에 앉아 잎 가장자리 부분을 걸신들린 듯 빠른 속도로 먹
고 있습니다. 가까이 다가가 쳐다보자, 불청객의 낌새를 알아차린
녀석이 식사를 딱 멈춥니다. 식사를 방해한 게 미안해서 숨죽인 채
가만히 녀석을 들여다봅니다. 잠시 뒤, 남가뢰가 안심이 되었는지
다시 잎사귀를 게걸스럽게 뜯어 먹습니다. 식사하는 녀석을 꼼꼼
히 들여다보니 몸의 균형이 참 엉망진창입니다. 머리는 매우 작고,
날개도 있으나 마나 하게 작은데 뚱뚱한 배는 머리 길이의 10배도
훨씬 넘을 정도로 큽니다. 다리는 뚱뚱한 몸을 감당하기엔 버거워
보입니다. 도대체 조화로운 균형이라곤 찾아보기 힘들어 우스꽝스
럽기까지 합니다.

그래도 몸 색깔은 바다색보다 더 짙은 파란색이라 멋집니다. 수
컷의 몸집은 암컷에 비해 작은 편입니다. 머리는 둥글둥글한 다각
형으로 개미 머리를 닮았는데 앞가슴등판보다 커 한눈에 알아볼

남가뢰 수컷은 더듬
이 생김새가 암컷과
다르다.

수 있습니다. 머리에 달린 더듬이는 염주 모양으로 모두 11마디로 이루어져 있습니다. 더듬이 생김새는 암컷과 수컷이 약간 다릅니다. 암컷 더듬이는 각 마디들의 크기가 비슷해 구슬을 알알이 꿰어 만든 것같이 단순합니다. 수컷 더듬이는 여섯 번째 마디와 일곱 번째 마디가 부풀어 있는 데다가 일곱 번째 마디는 안쪽으로 휘어져 있어 마치 구슬 목걸이가 엉켜 있는 것처럼 보입니다.

남가뢰 피부는 곰보처럼 움푹움푹 파여 있는 데다 우글쭈글해 거칩니다. 배는 몸의 약 90퍼센트를 차지할 정도로 뚱뚱하고 크고 길어 전체적인 몸 균형이 안 맞습니다. 날개도 굉장히 특이합니다. 딱지날개(겉날개, 앞날개)가 얼마나 얄궂게 짧은지 배를 절반도 덮지 못합니다. 심지어 속날개(뒷날개)는 아예 퇴화되어 날 수 없습니다. 날고 싶어도 날 수 없으니 여섯 다리로 평생 걸어 다녀야 합니다. 평생 뚜벅이 신세다 보니 풀밭이나 산길을 걷는 사람들 발에 밟혀 죽을 때도 많습니다. 그 또한 진화 과정에서 날개가 퇴화되어 일어난 일이니 감수해야 하지만, 안타까운 죽음 앞에선 보는 이의 마음을 먹먹하게 만듭니다.

수컷의
집요한 구애

남가뢰는 모여 살지 않고 홀로 독립해서 살아갑니다. 암컷은 암컷대로 식사를 하고, 수컷을 수컷대로 식사를 하기 때문에 좀처럼 한 밥상에서 남녀가 마주치기 어렵습니다. 하지만 어른벌레의 역할은 짝짓기를 한 뒤 자손을 낳는 일이기 때문에 어떤 식으로든 어딘가에 있을 배우자를 만날 기회는 차고 넘칩니다.

짝짓기의 시작점은 암컷입니다. 잎사귀로 배를 채우며 영양을 보충한 암컷은 페로몬을 분비합니다. 페로몬은 공기를 타고 떠다니다 숲속이나 풀밭 어딘가에 있을 수컷에게 전해집니다. 성능 좋은 감각 기관인 더듬이에 페로몬 향기가 닿으면 그때부터 수컷은 뭔가에 홀린 것처럼 매우 바빠집니다. 수컷은 더듬이를 휘저으며 굉장히 빠르게 허둥지둥 걸으면서 페로몬 향기의 진원지를 찾습니다. 걸음걸이가 얼마나 빠른지 경보 선수 못지않습니다. 남가뢰는 날개가 없으니 여섯 다리를 부리나케 움직이며 땅바닥을 헤맵니다. 땅바닥에는 실로 장애물이 많아 걷는 게 만만치 않습니다. 때론 돌멩이에 걸리기도 하고, 풀 줄기 틈을 통과하다 나뒹굴기도 하고, 미로 같은 덤불을 뚫고 가다 멈칫거리기도 합니다. 그럼에도

남가뢰 수컷이 암컷과 짝짓기를 시도하고 있다.

이미 페로몬 향기에 성욕까지 차올라 뭔가에 홀린 듯 발걸음이 흥
분되고 초조합니다. 날아가면 금방인데, 날고 싶어도 날 수 없으니
페로몬의 진원지인 암컷을 찾으려면 시간 품과 발품을 엄청나게
팔아야 합니다.

고진감래입니다. 수컷은 '산 넘고 강 건너는' 고달픈 행군 끝에
드디어 페로몬의 진원지를 알아냈습니다. 그곳은 바위입니다. 바
위 위에 몸집이 우람한 남가뢰 암컷이 새초롬하게 앉아 일광욕을
즐기고 있습니다. 암컷을 발견한 수컷의 발걸음은 더욱 빨라집니
다. 수컷은 위풍당당하게 암컷에게 다가가자마자 다짜고짜 암컷의
배 위로 올라가 자신의 배 꽁무니를 암컷 배 꽁무니에 디밉니다.
당연히 실패입니다. 암컷이 깜짝 놀라 뒤뚱뒤뚱 앞쪽으로 걸어가
자 암컷 등 위에 있던 수컷이 바닥으로 뚝 떨어집니다. 암컷은 아

남가뢰 수컷이 암컷
등 위에 올라타 짝
짓기를 시도하려다
실패하였다.

무 구애 행위 없이 훅 들어온 수컷을 뒤로하고 성큼성큼 앞쪽으로
계속 걸어갑니다.

　이미 암컷을 보고 흥분한 수컷은 앞뒤 가리지 않고 초조한 발걸
음으로 암컷의 꽁무니를 뒤쫓아 갑니다. 암컷이 잠시 멈추자 이번
에는 암컷의 옆구리 쪽을 딛고 등 위에 올라타지만 역시 암컷이 움
직이는 통에 또 땅바닥으로 뚝 떨어져 나뒹굽니다. 집요한 수컷은
포기하지 않고 또다시 암컷의 더듬이를 딛고 등 위로 올라가지만
또 실패합니다. 그러기를 수차례. 몸이 달아오를 대로 달아오른 수
컷은 전열을 정비하고 암컷을 쫓아다니며 암컷을 끌어안을 기회를
엿봅니다.

　열 번 찍어 안 넘어가는 나무는 없습니다. 수컷이 드디어 절호의
기회를 잡습니다. 수컷이 암컷의 배 꽁무니 쪽으로 올라가 잽싸게
여섯 다리로 암컷의 육중한 몸을 끌어안으니 암컷이 움직여도 더
이상 땅바닥으로 떨어지지 않습니다. 수컷은 암컷의 등에 껌 딱지
처럼 업혀 있고, 암컷은 그런 수컷을 등에 업은 채 걸어 다닙니다.
암컷의 육중한 몸이 움직일 때마다 수컷은 암컷의 등에서 떨어지
지 않으려 '젖 먹던 힘'까지 내며 꽉 잡습니다.

수컷의 혼수품
칸타리딘

지성이면 감천입니다. 잠시 뒤 남가뢰 암컷이 수컷을 받아들이

기로 결정했는지 걷는 걸 멈추고, 그 자리에 머뭅니다. 이때를 기다렸다는 듯이 수컷은 재빨리 배 꽁무니를 길게 늘여 암컷의 배 꽁무니 쪽으로 둥글게 구부리며 빠른 동작으로 더듬거립니다. 순식간에 수컷의 배 꽁무니가 암컷의 배 꽁무니 속으로 쏘옥 들어가고, 곧바로 암컷과 수컷의 배 꽁무니 속의 생식기가 결합됩니다. 천신만고 끝에 짝짓기 성공입니다. 남가뢰의 짝짓기 체위는 정상 체위로 암컷이 수컷을 업은 자세입니다. 다시 말하면 생식기를 결합한 채 암컷은 땅바닥에 가만히 엎드려 있고, 수컷은 암컷의 등 위에서 암컷 몸을 끌어안은 채 이따금씩 더듬이만 움직일 뿐 가만히 엎드려 있습니다.

이제부터 수컷은 정자를 다 넘길 때까지 암컷 등 위에 업힌 채 꼼짝도 하지 않고 얌전하게 있어야 합니다. 조금이라도 움직이면 암컷이 놀라 움직이게 되어 짝짓기를 다 끝내지 못할 수 있습니다.

—
남가뢰 수컷이 암컷 등 위에 올라 짝짓기에 성공했다.

남가뢰 수컷은 짝짓기를 통해 칸타리딘을 암컷에게 건네준다.

이제 크게 위험한 사고만 일어나지 않으면 웬만한 자극에도 단단히 결합된 암컷과 수컷의 생식기는 떨어지지 않습니다. 암컷과 수컷의 생식기는 열쇠와 자물쇠 같은 구조이기 때문에 단단히 결합되어 있으니까요.

얼마나 기다렸던 꿈같은 사랑일까요? 남가뢰 부부는 일생일대 가장 행복한 순간을 따스한 봄 햇살을 받으며 즐기고 있습니다. 꿈같은 사랑을 나누고 있으니 그야말로 망중한입니다. 하지만 겉으로는 고요한 것 같지만, 실제로 생식기 속에서는 아주 중요한 일이 일어나고 있습니다. 수컷이 암컷에게 정자와 함께 아주 진귀한 혼수품인 '칸타리딘' 물질까지 건네주고 있습니다. 암컷의 입장에선 일석이조! 정자도 넘겨받고 독 물질인 칸타리딘도 받고! 이보다 더 좋을 순 없습니다.

희대의 도둑
홍날개 등장

짝짓기 중인 남가뢰에게 홍날개가 찾아왔다.

황홀한 사랑을 나누기 시작한 지 벌써 10분 째, 남가뢰 부부에게 비상이 걸렸습니다. 희대의 도둑, 홍날개 수컷이 남가뢰 부부를 덮치니 마른하늘에 날벼락이 칠 일입니다. 남가뢰가 풍기는 칸타리딘 냄새와 남가뢰 고유의 체취를 맡고 날아온 것입니다. 한 마리가 아닙니다. 십여 마리가 휘리릭 날아와 칸타리딘 냄새를 풍기는 남가뢰 부부의 몸에 달라붙습니다. 왜일까요? 홍날개 수컷은 자신의 예비 배우자 암컷에게 칸타리딘을 선물해야만 결혼할 수 있습니다. 애석하게도 홍날개 수컷은 남가뢰의 전매특허 물질인 칸타리딘을 만들어 내지 못합니다. 만들지 못하면 여느 곤충들처럼 칸타리딘을 사용하지 않으면 되는데, 굳이 홍날개 암컷은 수정란을 만들 때 칸타리딘을 사용합니다. 그러니 남가뢰한테서 칸타리딘을 훔쳐 온 수컷하고만 짝짓기를 허락합니다. 결국 홍날개 수컷은 결혼하기 위해 남가뢰가 활동하는 봄에 남가뢰를 찾으려고 혈안이 됩니다. 홍날개 입장에서는 남가뢰가 땅바닥을 걸어 다녀 찾기도 쉽고, 몸집이 크니 달라붙어서 칸타리딘을 훔쳐 먹기도 좋습니다. (홍날개가 남가뢰의 칸타리딘을 훔치는 이야기는 '결혼 선물을 훔쳐 오는 홍날개' 편에서 볼 수 있습니다.)

홍날개 수컷 여러 마리가 동시에 특정 부위를 가리지 않고 온몸에 달라붙어 물어뜯자, 남가뢰 부부가 몹시 괴로워하며 본능적으로 몸을 뒤틉니다. 수컷은 수컷대로 암컷은 암컷대로 괴로워 몸을 비틀고 꿈틀거리더니 이윽고 암컷이 걸어가기 시작합니다. 졸지

홍날개가 물어뜯어 남가뢰가 짝짓기 자세를 바꾸었다.

에 남가뢰 부부의 정상적인 짝짓기 자세가 흐트러지고 영문도 모른 채 수컷은 암컷의 등 위에서 떨어집니다. 수컷은 끌어안고 있던 암컷 몸에서 떨어졌지만 천만다행으로 생식기는 여전히 암컷 몸에 결합되어 있습니다. 당황한 수컷은 암컷의 생식기에서 떨어지지 않으려 자세를 고쳐 잡습니다. 수컷은 암컷과 배 꽁무니를 마주 대고 암컷과 반대 방향을 바라보며 여섯 다리로 땅바닥을 딛고 엎드립니다. 체위만 달라졌을 뿐 생식기의 결합 각도는 등 위에 올라탔던 체위와 똑같습니다.

남가뢰 암컷이 악착같이 물어뜯어 대는 여러 마리의 홍날개 수컷을 떼어 내려 앞쪽으로 걸어가니 수컷은 뒷걸음치며 끌려갑니다. 암컷은 홍날개들이 매달린 몸을 이끌고 바위를 지나 풀밭 덤불 속으로 들어가고 수컷도 질질 끌려갑니다. 그럴 때마다 남가뢰 부부의 배에 달라붙어 있는 홍날개들은 풀 줄기에, 풀뿌리에, 바닥의

남가뢰 암컷이 홍날개 수컷을 떼어 내려고 기어가고 있다.

돌멩이에 걸려 하나둘씩 떨어져 나갑니다. 애석하게도 이때 암컷에게 끌려다니던 남가뢰 수컷도 좁은 돌멩이 틈을 통과하면서 그만 돌멩이에 걸려 암컷의 생식기에서 떨어지고 맙니다.

그래도 남가뢰 수컷은 20분 넘게 짝짓기하면서 자신의 정자를 암컷에게 넘겨주었으니 성공입니다. 암컷 또한 짝짓기를 하면서 수컷에게서 정자와 더불어 알을 보호해 주는 칸타리딘까지 선물받았으니 대성공입니다.

대이변
암컷이 수컷을 찾아오다

'남가뢰 짝짓기의 주도권이 암컷에게만 있을까?' 하는 의문을 품고 한낮에 연구소에서 남가뢰 짝짓기 행동을 실험한 적이 있습니다.

연구소가 아닌 다른 장소에서 데려온 남가뢰 수컷을 레어링 디쉬(rearing dish, 사육통)에 넣고 뚜껑을 닫은 채 연구소 거실에 두었습니다. 30분 후, 놀랍게도 남가뢰 암컷이 거실 앞까지 걸어서 찾아와 창문 앞에서 돌아다닙니다. 연구소 정원에는 남가뢰의 개체 수가 매우 적어 일 년에 한두 마리 볼까 말까 할 정도인데, 오늘은 제 발로 걸어와 얼굴을 보여 줍니다. 그런데 보통 남가뢰 암컷이 페로몬을 풍기고, 그 냄새에 이끌려 수컷이 암컷을 찾아온다고 알려졌는데, 어딘가에 있던 남가뢰 암컷이 수컷을 찾아온 것입니다.

남가뢰가 짝짓기를
끝낸 뒤 각자 떨어
져서 쑥 잎을 먹고
있다.
———

더 놀라운 것은 연구소 건물의 위치입니다. 연구소는 정원보다 높은 곳에 있고, 건물 앞에는 목조 데크를 깔아 놓았는데, 정원에서 목조 데크 위로 올라오려면 몇 개의 계단을 지나야 합니다. 더구나 낮에는 햇볕이 강해 열 받은 목조 데크는 매우 뜨거워 맨발로 다니기 어려운 곳입니다. 날개가 없는 남가뢰 암컷이 몇 개의 계단을 오르고 뜨거운 목조 데크를 지나 연구소 거실 앞까지 왔다는 사실이 믿겨지지 않을 정도였습니다. 암컷은 잰걸음으로 거실에 둔 레어링 디쉬 뚜껑 위에까지 올라왔습니다. 아마도 칸타리딘이 필요한 암컷이 수컷의 몸에서 풍기는 칸타리딘 향기에 이끌려 온 것으로 추정됩니다. 남가뢰 암컷이 수컷을 찾는 기이한 현상은 앞으로 연구해야 할 귀중한 숙제가 되었습니다.

뚜껑을 열자 암컷은 수컷이 있는 레어링 디쉬 속으로 들어왔고, 얼마 안 있어 좁은 레어링 디쉬 속에서 선남선녀의 짝짓기가 성사

되었습니다. 뚜껑을 덮은 뒤 테이블 위에 올려놓고 계속 관찰했는데 방해받지 않아서인지 짝짓기는 무려 4시간 동안 계속 되었습니다. 짝짓기가 끝난 후 부부를 정원 풀밭에 놓아주자, 암컷과 수컷은 완전히 남남이 되어 제각각 쑥 잎을 열심히 먹어 댔습니다. 아마도 수컷은 다른 암컷과 짝짓기를 더 하려는 것 같았고, 암컷 또한 다른 수컷과 짝짓기를 더 하려는 것같이 보입니다.

수컷만 생산하는 칸타리딘

칸타리딘은 맹독성 물질입니다. 칸타리딘이 사람의 피부에 닿으면 얼마 안 있어 화끈거립니다. 그러다 피부가 부풀어 오르면 물집이 생기고, 시간이 가면 물집이 터지고 물집이 터진 곳에는 염증이 생깁니다. 딱정벌레목 가문의 가뢰과 집안 식구들은 이 맹독성의 칸타리딘을 지니고 있습니다. 그래서 가뢰의 영어 이름은 '물집 만드는 딱정벌레'라는 뜻인 '블리스터 비틀(blister beetle)'이라고 합니다. 동서양을 막론하고 오래전부터 가뢰가 지닌 칸타리딘은 약으로 쓰였습니다. 특히 칸타리딘은 혈관을 확장해 주는 효능이 있기 때문에 서아시아에서는 최음제로 썼다고 합니다.

칸타리딘은 평소엔 혈액 속에 있다가 위험을 느끼면 다리 무릎 관절의 홈을 따고 밖으로 흘러나오는데 이런 현상을 '반사 출혈'이라고 합니다. 자극을 받으면 뇌의 명령을 받지 않고 곧바로 운동

신경이 반응해 반사적으로 피를 내보내는 현상입니다.

남가뢰는 칸타리딘을 스스로 직접 만들어 냅니다. 신기하게 남가뢰 암컷은 생산하지 못하고 수컷만이 '생식 부속샘'에서 칸타리딘을 만듭니다. 물론 짝짓기 전이지만 암컷도 몸에 굉장히 적은 양의 칸타리딘을 가지고 있습니다. 알에 있던 칸타리딘이 애벌레와 번데기로 옮겨 갔기 때문에 어른벌레가 되어서도 몸속에 남아 있기 때문입니다. 하지만 암컷이 몸속에 지닌 칸타리딘 양은 매우 적은 데다 칸타리딘을 직접 만들지 못하기 때문에 짝짓기를 통해서만 수컷이 만들어 낸 칸타리딘을 건네받을 수 있습니다. 수컷은 짝짓기할 때 칸타리딘이 들어 있는 정자를 암컷에게 넘겨주기 때문에 암컷이 낳은 알(정자와 난자가 합쳐진 수정란)에 칸타리딘이 들어 있습니다. 칸타리딘을 품고 있는 암컷과 알은 포식자들에게 잡아

남가뢰는 위험을 느끼면 다리 무릎 관절의 홈을 타고 칸타리딘을 밖으로 내보낸다.

먹힐 가능성이 더 적습니다. 그러니 암컷은 칸타리딘이 들어 있는 알을 낳으려면 반드시 짝짓기를 해야 합니다.

가뢰과 수컷 한 마리가 품고 있는 칸타리딘 양은 종마다 다르지만 대부분 자기 몸무게의 0.2~2.3퍼센트 정도입니다. 몸무게에 비해 양이 적은 것 같지만 독성이 굉장히 강해서 몸집이 큰 동물이라도 잘못 먹다가 부작용이 일어날 수 있습니다.

기생하는
남가뢰 애벌레

짝짓기를 마친 남가뢰는 땅속에 알을 낳습니다. 포슬포슬한 땅속 깊은 곳으로 들어가 약 3,000개의 알을 낳으니 과연 '다산왕'입니다. 실험해 보니 여러 번에 걸쳐 알을 무더기로 낳습니다. 암컷은 땅속에서 알을 낳은 후 다시 땅 위로 올라와 며칠 동안 쑥 잎을 먹으며 영양을 보충합니다. 그리고 다시 땅속으로 들어가 또 알을 무더기로 낳습니다.

알에서 깨어난 애벌레는 혼자 힘으로 살지 못하고 꿀벌류나 메뚜기류에 기생합니다. 즉 꼬마꽃벌류와 애꽃벌류, 뒤영벌과 호박벌 같은 꿀벌과 곤충이 애벌레를 키우기 위해 모아 둔 꽃가루나 메뚜기류의 알을 훔쳐 먹는 기생성 곤충입니다.

남가뢰 애벌레는 지나친 탈바꿈(과변태, hypermetamorphosis)을 해서 허물을 벗을 때마다 생김새가 심하게 바뀝니다. 갓 깨어난 1

령 애벌레는 몸이 굉장히 작고 좀꼴 모양으로 생겼으며 발톱이 3
개입니다. 3령 애벌레가 되면 좀꼴 모양에서 굼벵이 모양으로 생
김새가 완전히 바뀝니다. 또 5령 애벌레가 되면 생김새가 또 확연
히 바뀌어 껍질에 싸인 가짜 번데기 모양(의용), 즉 번데기처럼 생
긴 애벌레 모양이 됩니다. 7령(종령) 애벌레가 되면 다시 굼벵이 모
양이 됩니다. 알에서 깨어난 애벌레가 자라는 단계를 정리하면 '좀
꼴 모양 – 굼벵이 모양 – 가짜 번데기 모양 – 굼벵이 모양'입니다.
이렇게 애벌레의 과정은 순서대로 말하기도 숨 가쁠 만큼 복잡합
니다.

아무튼 남가뢰는 '알 – 애벌레 – 번데기 – 어른벌레'의 과정을 거
치면서 한살이를 마무리합니다. 남가뢰는 일 년에 한 번 한살이가
돌아갑니다.

결혼 선물을
훔쳐 오는

홍
날
개

홍날개

홍날개가 짝짓기 전에
서로 탐색하고 있습니다.
암컷은 수컷이 가져온
칸타리딘의 양을 심사합니다.

4월 초, 경기도 양평입니다.

연구소에서 며칠 밤 묵으며 봄을 맞는 정원을 돌봅니다.

지난겨울 앞산은 벌목 공사로 맨살이 드러나 있고

연구소 주변에서 전원주택 공사가 한창이라 어수선하고 심난합니다.

바로 코앞에서 일어나는 환경 파괴로 인해

이곳 곤충들은 살 곳을 잃고 사라질 일만 남았습니다.

이대로라면 연구소 정원에 사는 곤충들의 앞날에

빨간불이 켜질 게 분명해 내 머릿속은 엉킨 실타래처럼 복잡합니다.

새싹이 파릇파릇 돋아나고 복수초 꽃이 피어난 정원을 둘러봅니다.

평소에 뱀을 만날까 봐 혼자 잘 가지 않는 뒤꼍의 산언덕에 올라가자

빨간색을 띤 자그마한 곤충들이 휘리릭 날다가

졸참나무 고목에 뚝 떨어지듯 앉습니다.

온몸이 빨간색인 홍날개군요.

날개돋이한 지 얼마 안 되었는지 몸 색깔이 선명합니다.

화사한 봄 햇살까지 온몸을 적셔 주니

빨간색이 눈부시게 매혹적입니다.

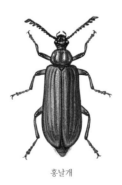

홍날개

이 꼭지는 딱정벌레목 홍날개과 곤충 홍날개(*Pseudopyrochroa rufula*) 이야기입니다.

겨울잠은
애벌레로

홍날개는 추운 겨울 동안 다 자란 종령 애벌레 모습으로 아까시나무나 갈참나무 같은 고목의 나무껍질 아래에서 겨울잠을 잡니다. 대개 쓰러진 고목나무의 껍질은 어느 정도 분해가 진행되어 느슨하게 붙어 있기 때문에 손으로 떼어 내도 쉽게 벗겨집니다. 벗겨진 껍질 아래에는 납작하고 길쭉한 연노란색의 애벌레를 종종 만날 수 있는데, 이 애벌레가 바로 홍날개 애벌레입니다. 홍날개 애벌레는 겨울잠을 자다 이른 봄(2월 중순 이후)이면 9개월 동안의 애벌레 시절을 끝낸 뒤 번데기로 탈바꿈하고, 이어 4월에 날개돋이해 어른벌레가 됩니다.

홍날개는 족보상 딱정벌레목 가문의 홍날개과 식구입니다. 홍날

홍날개 애벌레는 다
자란 종령 애벌레로
고목나무 껍질 아래
서 겨울잠 잔다.

개 어른벌레의 몸길이는 6~10밀리미터 정도로 몸집이 비교적 작지만 맨눈으로 보는 데는 지장이 없습니다. 몸 색깔은 전체적으로 강렬한 빨간색이고 머리와 다리는 까만색입니다. 특이하게 까만색의 머리 한가운데에는 빨간색 점이 찍혀 있어 마치 새색시가 족두리를 쓴 것 같습니다. 더듬이는 빗살 모양으로 암컷과 수컷이 조금 다릅니다. 수컷의 빗살은 가늘고 길게 뻗쳐 있지만 암컷의 빗살은 약간 두툼하고 짧습니다. 겹눈 사이에는 가로로 파인 홈이 있는데 이 홈의 깊이도 암컷과 수컷이 약간 차이가 있습니다. 암컷의 홈은 얕고, 수컷의 홈은 깊습니다.

홍날개는 잠시도 가만있질 않고 부산하게 돌아다닙니다. 포르르 날았다, 나뭇잎 위에 앉았다, 바삐 걸어 다니며 식사하기도 하고 짝짓기 준비도 합니다. 어른벌레는 잡식성이라 자기보다 힘없는 곤충을 잡아먹고, 이른 봄이라 사냥할 먹이 곤충이 없으면 꽃가루를 먹기도 합니다. 장수하는 애벌레(애벌레 기간은 약 9개월)에 비해 어른벌레의 수명은 몇 주 정도로 짧습니다. 어른벌레에게 주어진 유일한 임무는 자손을 퍼뜨리는 일입니다. 그래서 암컷과 수컷은 자나 깨나 오로지 짝짓기 성공을 위해 피나는 노력을 합니다.

암컷은
심사 위원

홍날개의 성생활 주도권은 전적으로 암컷이 쥐고 있습니다. 암컷은 수컷의 짝짓기 준비 과정을 엄격하게 심사합니다. 암컷의 심사 항목은 단 하나, 수컷의 칸타리딘 물질의 소유 여부입니다. 칸타리딘을 지니고 있으면 합격, 지니고 있지 않으면 불합격입니다. 그래서 수컷은 심사 위원인 암컷의 환심을 사기 위해 온몸을 불사를 만큼 동분서주합니다.

홍날개의 성생활에서 칸타리딘은 없어서는 안될 만큼 매우 핵심적인 역할을 합니다. 홍날개의 애벌레나 번데기의 몸속에는 칸타리딘이 전혀 없습니다. 그래서 번데기에서 날개돋이한 어른벌레 암컷과 수컷에겐 당연히 칸타리딘이 없습니다. 실제로 몸속 성분을 조사해 보면 홍날개는 칸타리딘을 몸속에서 자체적으로 만들지 못합니다. 모든 문제는 아주 괴팍하고 까탈스러운 암컷의 취향에서 시작됩니다. 암컷은 자신도 생산하지 못하는 칸타리딘을 수컷에게 혼인 지참금으로 가져오도록 요구합니다. 수컷은 자기한

홍날개가 칸타리딘을 얻기 위해 남가뢰를 찾아왔다.

테 없는 칸타리딘을 도대체 어디서 가져와야 할지 난감해 미칠 노릇입니다. 이 없으면 잇몸으로 사는 법, 수컷은 야비한 방법이지만 칸타리딘을 훔쳐 오기로 작정합니다. 그 칸타리딘은 남가뢰(딱정벌레목 가뢰과)의 몸속에 있습니다. 다행히 홍날개가 활동하는 4월은 남가뢰가 본격적으로 활동하는 시기입니다. 홍날개 수컷은 얼굴에 철판을 깔고 칸타리딘 덩어리인 남가뢰를 미친 듯이 찾아다닙니다.

남가뢰가 지니고 있는 칸타리딘은 강력한 독성 물질이라 포식자들은 칸타리딘을 지닌 곤충을 마음 놓고 잡아먹지 못합니다. 얼마나 독한지 사람의 상처 난 곳에 닿으면 물집이 생기고 피부가 헐어버릴 정도입니다. 사람 몸속으로 많은 양이 들어오면 혈관을 확장시키고, 중추 신경을 마비시킵니다. 그래서 예전부터 동서양을 막론하고 사람들은 칸타리딘을 여러 가지 질병 치료제로 사용해 왔습니다.

칸타리딘 훔치는 홍날개 수컷

홍날개 수컷은 빗살 모양의 더듬이를 이리저리 움직이면서 숲속을 날아다니기도 하고, 남가뢰가 잘 걸어 다니는 숲 가장자리의 풀밭에도 날아갑니다. 남가뢰가 많으면 좋으련만, 서식지 파괴로 점차 남가뢰의 개체 수가 줄어들고 있으니 남가뢰와 조우하지 못하는 홍날개 수컷의 가슴은 까맣게 탑니다. 어쩌다 남가뢰를 만나더

라도 남가뢰가 덤불 속이나 낙엽 속으로 들어가 버리면 허탕을 칠 때도 많습니다.

마침 남가뢰 수컷이 계곡 옆 숲 바닥에서 벼과 식물을 먹고 있습니다. 남가뢰 수컷은 스스로 칸타리딘을 만들어 낼 수 있기 때문에 몸에서 칸타리딘 냄새가 납니다. 홍날개 수컷은 숲속을 날아다니다 공기 중에 떠다니는 칸타리딘 냄새를 귀신같이 맡고 냄새의 진원지를 찾아냅니다. 날렵하게 날아온 홍날개 수컷은 식사 중인 남가뢰 수컷 옆에 앉자마자 곧바로 남가뢰를 덮칩니다. 앞뒤 안 가리고 허겁지겁 남가뢰의 등에 올라타더니 주둥이를 배마디(등 쪽)에 박습니다. 그리고 칸타리딘이 흘러나오도록 큰턱으로 남가뢰의 피부를 깨뭅니다. 식사하다 갑작스러운 홍날개의 공격을 받은 남가뢰 수컷은 당황해 몸을 비틀며 홍날개를 떼어 내려 합니다. 하지만 헛수고입니다. 이미 홍날개의 단단한 주둥이(큰턱)가 남가뢰의 배를 꼬집듯이 꽉 물고 있기 때문에 떨어지지 않습니다.

　엎친 데 덮친 격으로 또 다른 홍날개 수컷이 날아와 남가뢰 곁에 앉더니 부리나케 남가뢰의 배 꽁무니를 덥석 깨뭅니다. 순식간에 두 마리의 홍날개가 남가뢰 몸에 붙어 있습니다. 홍날개 두 마리가 달라붙어 몸뚱이를 미친 듯이 깨물어 대자, 남가뢰 수컷은 괴로운 듯 뚱뚱한 배를 이리저리 비틀며 요동칩니다. 남가뢰가 요동치면서도 여전히 식사를 계속하는 걸 보면 어지간히 배가 고팠나 봅니다. 남가뢰의 저항에도 아랑곳하지 않고 홍날개들은 남가뢰의 배마디에 주둥이를 박고 배어 나오는 칸타리딘을 끊임없이 훔쳐 먹습니다. 1분 정도 지나자, 남가뢰가 더 이상 참기 어려운지 식사를 멈추고 깨물어 대는 홍날개를 떼어 내려 배를 심하게 꿈틀거리며 도망치기 시작합니다. 성큼성큼 걸어 이끼 낀 바위 위를 지나는데도 칸타리딘을 도둑질하는 홍날개들은 떨어지지 않습니다. 남가뢰가 바위 아래의 좁은 틈으로 걸어가자, 배 꽁무니에 붙어 있던 홍날개 한 마리는 떨어집니다. 그러나 등 위에 달라붙은 홍날개는 좀처럼 떨어지지 않습니다. 울퉁불퉁한 자갈돌 위를 지나고 덤불 속 낙엽 위를 지나도 홍날개는 떨어지기는커녕 되레 남가뢰의 등에 업힌 채 유유자적 진귀한 칸타리딘을 마음껏 도둑질하고 있습니다. 남가뢰 수컷도 짝짓기할 때 남가뢰 암컷에게 칸타리딘을 넘겨줘야 하는데, 그 귀한 칸타리딘을 벌건 대낮에 눈 뜨고 홍날개 수컷에게 도둑질 당하고 있으니 미칠 노릇입니다. '눈 뜨고 코 베이는' 남가뢰의 심정은 새까맣게 타들어 갑니다.

수컷의 치열한 칸타리딘 구하기

칸타리딘을 향한 홍날개의 집착은 집요함을 넘어 편집증 수준입니다. 운 좋게 연구소 정원에서 홍날개가 얼마나 처절하게 칸타리딘을 갈구하는지 관찰했습니다. 실험은 실로 우연히, 생각지도 않은 순간에 진행되었습니다. 정원을 손질하다 흙바닥에서 우연히 남가뢰 암컷과 수컷을 발견했습니다. 정원 일을 마치고 사진 촬영을 하기 위해 남가뢰를 먹잇감인 쑥과 함께 레어링 디쉬(rearing dish, 사육통)에 넣어 잠시 그늘진 실내에 두었습니다. 몇십 분 뒤 남가뢰를 사진 촬영하려고 실내에 들어서자, 레어링 디쉬의 뚜껑 위에서 홍날개 수컷 여러 마리가 왔다 갔다 서성이고 있습니다. 레어링 디쉬 속에서는 그새 남가뢰 암컷과 수컷이 짝짓기를 하고 있습니다.

'아! 홍날개가 어디서 왔을까? 뒷산에서 날아왔을까? 그렇다면 남가뢰의 칸타리딘 향기가 뒷산까지 퍼져 나갔을까? 뒷산까지의 거리가 30미터는 넘는데…… 과연 뒷산에서 날아왔을까?' 궁금증과 흥분되는 의문이 꼬리에 꼬리를 뭅니다. 떨리는 마음으로 즉석 실험을 합니다. 남가뢰 부부가 들어 있는 레어링 디쉬를 뒷산 가까이에, 회양목 그늘 아래 바위에 두었습니다. 얼마 안 있어 공중에서 홍날개들이 빨간 날개를 펼치고 날아다닙니다. 5분 정도 지나자, 레어링 디쉬 주변에 홍날개들이 하나둘 모이기 시작합니다. 뚜껑 위를 똥 마려운 강아지처럼 뽈뽈 돌아다니는 녀석들, 레어링 디쉬 위쪽 나뭇잎에 앉아 있는 녀석들, 레어링 디쉬가 놓인 바위 위

를 왔다 갔다 하는 녀석들 같은 홍날개 십여 마리가 죄다 남가뢰를 노리고 있습니다. 빗살 모양의 더듬이를 보니 예상했던 대로 모두 수컷입니다. 그런 홍날개를 건드리면 재빨리 날아 도망갔다가 금방 남가뢰 주변으로 돌아옵니다. 시간이 지날수록 홍날개의 숫자는 점점 늘어납니다.

조심스럽게 레어링 디쉬 뚜껑을 엽니다. 다행히 사랑에 빠진 남가뢰 부부는 레어링 디쉬를 탈출하지 않고 한쪽 구석에 얌전히 있습니다. 그때 찰나처럼 뚜껑에 있던 홍날개들이 하나둘 잽싸게 레어링 디쉬 안으로 걸어 들어가 짝짓기하는 남가뢰를 물어뜯기 시작합니다. 이어 레어링 디쉬 위쪽 잎사귀에서 호시탐탐 기회를 엿보고 있던 홍날개들도 포르르 날아 레어링 디쉬 안으로 들어와 앉더니 바쁜 걸음으로 짝짓기 중인 남가뢰 부부의 몸 위로 올라가 주

시간이 지나면서 점점 더 많은 홍날개들이 찾아와 칸타리딘을 훔치고 있다.

둥이를 박습니다. 1등으로 도착한 홍날개는 배 꽁무니를, 2등으로 도착한 홍날개는 다리를, 3등으로 도착한 홍날개는 배를, 4등으로 도착한 홍날개는 남가뢰 부부의 배 꽁무니가 이어진 부분을……. 홍날개들은 레어링 디쉬 안으로 들어와 도착한 순서와 상관없이 남가뢰의 특정 몸 부위를 가리지 않고 닥치는 대로 남가뢰 몸에 달라붙어 주둥이로 꽉 깨뭅니다. 시간이 지나면서 점점 홍날개의 마릿수는 늘어나, 뚜껑을 연 지 10분이 지날 즈음엔 약 30마리가 남가뢰 부부를 에워싸고 칸타리딘을 훔칩니다. 세상에! 뒷산에 사는 홍날개 수컷은 다 모인 것 같습니다. 암컷까지 포함하면 더 많을 텐데……. 연구소 뒷산에 이리도 많은 홍날개가 살고 있는 줄은 상상도 못했습니다.

홍날개들은 제각각 자기 방식대로 남가뢰를 공략합니다. 딱딱한

홍날개 여러 마리가 짝짓기하는 남가뢰 몸에 달라붙었다.

딱지날개, 머리와 앞가슴 부분을 제외하고 비교적 부드러운 배와 다리 관절에 달라붙어 영혼까지 끌어 모아 칸타리딘을 미친 듯이 훔쳐 먹습니다. 남가뢰는 누군가 몸을 건드리면 몸의 관절이나 마디에서 노란 칸타리딘 물질을 반사적으로 흘려 내보냅니다. 이런 현상을 '반사 출혈'이라 합니다.

홍날개들이 떼거리로 몸에 달라붙어 체액(칸타리딘)을 먹어 대자, 남가뢰는 몹시 괴로워합니다. 고요하게 사랑을 나누던 남가뢰 부부는 마른하늘에 날벼락을 맞은 듯 당황해서 몸을 꿈틀거리기 시작합니다. 두툼한 배를 이리저리 비틀며 좁은 레어링 디쉬 속을 돌아다닙니다. 레어링 디쉬의 재질이 플라스틱이라 미끄러워 밖으로 걸어 나오지 못하고 마치 다람쥐 쳇바퀴 돌듯 레어링 디쉬 바닥을 걸어 다닙니다. 남가뢰 암컷이 앞쪽으로 도망치면 수컷은 암컷

홍날개가 풀숲 사이로 도망치는 남가뢰를 따라가며 칸타리딘을 먹고 있다.

에게 떨어지지 않으려 암컷의 배 꽁무니에 연결된 채 뒷걸음질 칩니다. 수컷이 홍날개의 입질에 괴로움을 느끼고 도망칠라치면 암컷도 수컷 생식기에 연결된 채 수컷이 움직이는 방향으로 뒷걸음질 칩니다. 남가뢰의 저항에도 눈 하나 깜짝하지 않고 홍날개들은 남가뢰 몸에서 떨어지지 않고 착 달라붙어 있습니다. 신기하게 홍날개들은 남가뢰 수컷보다는 암컷의 몸에 더 많이 달라붙어 있습니다. 아마 암컷이 몇 차례 짝짓기하면서 건네받은 칸타리딘의 양이 많아서인 것 같습니다. 발버둥 치는 남가뢰 부부, 지구 끝이라도 쫓아갈 듯 진드기처럼 달라붙어 있는 홍날개들이 엉켜 순식간에 레어링 디쉬 속은 아수라장이 됩니다.

　괴로워하는 남가뢰 부부를 더는 두고 볼 수 없어 핀셋으로 꺼내 풀밭에 놓아줍니다. 남가뢰 부부가 부리나케 풀들로 덮인 흙바닥

홍날개가 핀셋에 묻은 남가뢰의 칸타리딘을 먹고 있다.

을 걸어갑니다. 풀 줄기에 걸린 홍날개 몇 마리는 남가뢰 몸에서 떨어지지만 아직도 몇 마리는 달라붙어 있습니다. 하는 수 없이 핀 셋으로 홍날개를 떼어 내기로 맘먹었습니다. 한 마리씩 한 마리씩 떼어 내는데, 주둥이로 남가뢰의 몸을 얼마나 꽉 깨물고 있는지 잘 떨어지지 않습니다. 홍날개를 다 떼어 주자, 남가뢰 부부는 홀가분 하다는 듯이 덤불 속으로 들어가 못다 한 사랑을 나눕니다. 여전히 홍날개들은 남가뢰가 숨어 있는 풀밭 주변을 날며 남가뢰를 찾는 데 혈안이 되어 있습니다.

한편, 남가뢰를 물어뜯지 못한 홍날개들은 남가뢰가 머물렀던 잎사귀에 묻은 칸타리딘을 먹습니다. 주둥이를 잎 위에 대고 칸타 리딘의 맛을 보지만 절대적으로 부족한 양입니다. 어떤 홍날개는 남가뢰가 지나갔던 바위에 머리를 박고 칸타리딘을 찾습니다. 심 지어 남가뢰를 집었던 핀셋에 매달리는 홍날개도 있습니다. 핀셋 으로 남가뢰를 집은 뒤, 홍날개를 남가뢰 몸에서 떼어 낼 때 묻은 칸타리딘 냄새와 맛에 현혹된 것입니다.

더 놀라운 일이 벌어졌습니다. 한 홍날개 수컷이 다른 수컷의 등 에 올라타 끌어안고 머리 쪽을 더듬거립니다. 수컷끼리 짝짓기하 는 것일까? 긴장한 채 숨죽이며 놀라운 광경을 살펴봅니다. 아! 수 컷끼리 짝짓기를 할 리가 없지요. 위에 올라탄 수컷이 아래에 깔린 동료 수컷의 칸타리딘을 강탈하는 중입니다. 칸타리딘은 동료 머 리의 움푹 파인 부분에 저장되어 있기 때문입니다. 먼저 도착해 칸 타리딘을 많이 먹은 동료 수컷의 칸타리딘까지 빼앗다니! 홍날개 의 칸타리딘을 향한 집착은 혀를 내두른 정도로 집요합니다.

수컷 홍날개는 칸타리딘을 한 번 훔쳐 먹는 데 그치지 않고, 남가뢰를 만날 기회가 있을 때마다 며칠 동안 칸타리딘을 먹습니다. 그래서 수컷 홍날개가 먹는 칸타리딘의 양은 굉장히 많아 제 몸무게의 약 1퍼센트나 될 정도입니다. 이렇게 많은 양의 칸타리딘을 먹는 이유는 영양분을 보충할 뿐만 아니라 암컷에게 줄 결혼 선물을 몸속에 모으기 때문입니다.

홍날개가 냄새를 맡을 수 있는 거리가 궁금해 두 가지 실험을 진행했습니다. 첫 번째 실험은 남가뢰 부부가 들어 있는 레어링 디쉬를 뒷산에서 20미터 정도 떨어진 곳에 두고, 두 번째 실험은 40미터 떨어진 곳에 놓았습니다. 결과는 뒷산 가까이, 20미터 떨어진 곳에 둔 레어링 디쉬에 수십 마리의 홍날개가 모이고, 뒷산과 멀리 떨어진 곳에 둔 레어링 디쉬에는 다섯 마리가 찾아왔습니다.

칸타리딘 맛본 뒤
짝짓기

홍날개 수컷은 고난의 여정을 통해 갖은 고생을 다하며 야비하게 훔친 칸타리딘을 몸속에 저장하는데, 일부는 머리에 있는 분비샘, 나머지는 생식 기관에 있는 커다란 보조 생식선(accessory gland, 부속샘이라고도 부름.)에 저장합니다. 칸타리딘으로 무장한 수컷은 의기양양하게 암컷의 신호를 기다립니다. 기다리다 지치면 직접 암컷을 찾아다닙니다.

위에서 홍날개 암컷이 수컷을 유혹하기 위해 페로몬을 풍기자,

가까이에 있던 수컷이 그 향기를 맡고선 흥분합니다. 성욕이 발동된 수컷은 지체 없이 페로몬 향기를 따라 암컷을 찾아냅니다. 고목 위에 새초롬하게 앉아 있는 암컷과 마주한 수컷. 거리낌 없이 앞뒤 가리지 않고 저돌적으로 구애 행동을 개시합니다. 잠시 맞선을 보는 것처럼 얼굴을 맞대고 암컷의 얼굴을 들여다보며 머리를 수그립니다. 그리고 더듬이를 휘휘 저으며 암컷에게 더 가까이 다가가 더듬이를 위아래로 움직이고, 머리를 숙였다 들었다 합니다. 이때 수컷은 머리 앞부분(겹눈 옆쪽에서 더듬이 기부 위쪽까지의 부분)에 있는 분비샘을 보여 주는데, 분비샘은 도끼로 콱 찍힌 것처럼 깊게 푹 파인 홈으로 그 속에는 칸타리딘이 조금 들어 있습니다. 한참을 그러더니 암컷 머리 쪽으로 더 가까이 돌진해 암컷의 눈앞에 더듬이를 들이댑니다. 당황한 암컷은 더듬이를 뒤로 확 젖히고 사태를 관망합니다. 수컷이 왼쪽으로 움직이면 암컷은 오른쪽으로 움직이

—
홍날개 암컷이 수컷
을 탐색하고 있다.

고 줄곧 수컷을 정면으로 바라보며 더듬이를 뒤로 젖힌 채로 탐색합니다. 기 싸움이 대단합니다.

홍날개 암컷의 마음이 움직이기 시작합니다. 암컷이 수컷의 머리를 딛고 몸을 치켜들자, 수컷도 암컷의 머리를 잡으며 몸을 일으킵니다. 졸지에 권투 시합을 하는 것처럼 암컷과 수컷 둘 다 몸을 치켜들고 서 있습니다. 이때 수컷은 앞다리와 가운뎃다리로 암컷의 옆구리를 잡고, 암컷도 다리로 수컷의 머리를 꽉 잡습니다. 암컷과 수컷이 사이좋게 착 달라붙어서 오랫동안 마주 잡고 서 있는 자세를 유지하는 동안 암컷은 수컷을 심사합니다. 즉, 수컷의 분비샘에 주둥이를 박고 오물오물 뭔가를 빨아 먹듯이 먹습니다. 암컷이 맛을 본 것은 칸타리딘입니다. 신기하게 암컷의 주둥이는 수컷의 푹 파인 분비샘 홈 속에 맞춤형처럼 정확하게 들어맞습니다. 얼마 후 드디어 암컷은 칸타리딘을 충분히 맛본 뒤 수컷의 머리를 놓아줍니다. 수컷이 암컷의 심사에 통과한 순간입니다.

이제부터 까탈스럽고 탐욕적이었던 암컷은 순한 양이 되어 수컷을 순순하게 받아들입니다. 암컷과 수컷은 금세 더듬이를 부딪치며 훈훈하고 화기애애한 분위기를 잡습니다. 수컷은 이미 온순해진 암컷의 머리 쪽으로 올라가 암컷 등 위에 올라타고 암컷은 그런 수컷을 아무 저항 없이 순순히 받아들입니다. 이어 수컷은 재빨리 몸을 180도 돌려 암컷 가슴을 다리로 꼭 껴안고 자신의 생식기를 암컷 생식기 속으로 쏘옥 넣습니다. 생식기가 순조롭게 결합되는 동안 수컷은 더듬이를 뒤로 젖히고 있고, 암컷은 더듬이를 앞으로 쭉 내뻗고 있습니다. 첫 만남부터 짝짓기에 성공하기까지 채 5분도 걸리지 않았습니다.

홍날개 수컷이 암컷 머리 쪽으로 올라가 등에 타고 있다.

홍날개 수컷이 암컷 등 위로 올라가 짝짓기를 하려 하고 있다.

그런데 희한한 일이 벌어집니다. 암컷 등에 업힌 수컷이 갑자기 번지 점프하듯 몸을 뒤로 확 젖힙니다. 암컷은 나무껍질에 그대로 붙어 있고, 수컷은 자기 생식기를 암컷 생식기에 꽂은 채 공중에 대롱대롱 매달려 있습니다. 바람이 불어와 허공에서 뱅그르르 돌아도 떨어지지 않습니다. 이런 자세에서도 수컷 생식기가 암컷 생식기로 들어갔다 나왔다 하면서 정자를 넘기고 있습니다. 도대체 왜 이런 자세를 취하는 걸까요?

보통은 땅에 쓰러진 썩은 나무줄기 위쪽에서 홍날개 수컷이 암컷 등 위에 업힌 자세로 짝짓기합니다. 이 경우는 서 있는 나무줄기에서 하다 보니 바람에 흔들려 마치 번지 점프하는 자세로 암컷 배 꽁무니에 매달려 있게 된 것입니다.

홍날개는 짝짓기 시간도 길지 않아 몇 분 만에 끝납니다. 정자가 암컷 몸속에 다 들어가면 수컷은 암컷 몸에서 생식기를 빼내고 암컷은 앞쪽으로 걸어갑니다. 이제 두 마리는 헤어져 전 아내, 전 남편의 신분이 되어 각자의 길을 갑니다. 짝짓기를 마친 홍날개 암컷은 죽어 가는 나무를 찾아가 수피에 산란관을 꽂고 알을 낳습니다.

퇴짜 맞은
수컷

홍날개의 짝짓기는 늘 수월하게 이루어지는 것은 아닙니다. 때때로 홍날개 수컷은 암컷의 심사에 통과하지 못해 짝짓기를 못할 때도 있습니다. 남가뢰에게 칸타리딘을 훔쳐 오지 못한 수컷은 늘 암컷에게 퇴짜를 맞습니다. 수컷이 칸타리딘을 지니지 않으면 구애 행동 중에 암컷은 수컷과 머리를 맞대다가 이내 머리를 떼고는 수컷을 외면합니다. 그래도 수컷이 집요하게 짝짓기하자고 들이대면 암컷은 배 꽁무니를 배 쪽으로 둥글게 말아 수컷의 생식기가 삽입되는 것을 원천 봉쇄합니다.

칸타리딘은
어떻게 사용할까

　홍날개 수컷이 남가뢰에게서 훔쳐 온 칸타리딘을 모두 어떻게 쓸까요? 짝짓기할 때 머리 앞부분의 분비샘에 있는 칸타리딘의 양은 짝짓기 전에 훔쳤던 양에 비해 매우 적습니다. 수컷 머리의 분비샘은 맛보기용으로 암컷의 심사에 통과하기 위해 암컷에게 아주 조금 맛만 보게 합니다. 즉 수컷은 자신에게 칸타리딘이 있다는 걸 자랑 또는 광고하는 것입니다. 소중한 칸타리딘은 본선(짝짓기)에서 암컷에게 모두 줍니다. 암컷의 생식기에 자기 생식기가 들어갈 때 비로소 보조 생식선에 대부분 저장해 놓은 혼수품인 칸타리딘을 암컷에게 전해 줍니다.
　뛰는 놈 위에 나는 놈 있는 법, 놀랍게도 암컷은 수컷 머리의 분비샘에 있는 칸타리딘의 양으로 보조 생식선에 저장하고 있는 칸타리딘의 양을 측정할 수 있습니다. 분비샘에 칸타리딘이 많을수

록 보조 생식선에도 칸타리딘이 많다는 사실을 아는 것입니다.

화학생태학자인 토마스 아이스너(Thomas Eisner)와 연구팀은 칸
타리딘의 전달 과정을 실험을 통해 다음과 아주 자세하게 밝혀냈
습니다.

1. 칸타리딘을 발견한 수컷은 칸타리딘을 먹은 뒤 일부는 머리의 분
   비샘에 저장하고 나머지는 생식 기관에 있는 커다란 보조 생식선
   에 저장한다.
2. 암컷은 짝짓기 전에 수컷 머리에 있는 분비샘에서 나오는 칸타리
   딘을 먹는다.
3. 암컷에게 합격 판정을 받은 수컷은 짝짓기를 시도한다. 이때 수컷
   은 암컷의 몸에 사정할 때 보조 생식선에 있는 칸타리딘을 암컷의
   수정낭(정자를 보관하는 주머니)에 넣어 준다.
4. 암컷 수정낭에 들어온 칸타리딘은 수정란이 될 때 알로 넘겨진다.

홍날개 암컷이 낳은, 칸타리딘이 들어 있는 알은 무당벌레 같은
천적이 포식하기를 꺼려합니다. 또 칸타리딘을 지닌 알은 칸타리
딘을 지니지 않는 알보다 훨씬 더 강인해 살아남을 확률이 높습니
다. 그러니 홍날개 암컷과 수컷은 자기 유전자를 대대손손 남기기
위해 도둑질을 불사할 정도로 칸타리딘 확보에 집착합니다.

5장

밥상에서
사랑하다

꽃 밥상에서 짝짓기하는

수검은산꽃하늘소

수검은산꽃하늘소 암컷

수검은산꽃하늘소 암컷이 풀잎 위에
앉아 있습니다. 암컷과 달리 수컷의 몸은
이름처럼 까맣습니다.

5월 중순입니다.

찔레나무 꽃, 국수나무 꽃, 쥐똥나무 꽃, 산딸기나무 꽃,

백당나무 꽃 같은 늦은 봄꽃들이 여기저기에 피어납니다.

때맞춰 긴알락꽃하늘소, 붉은산꽃하늘소,

열두점박이꽃하늘소, 노랑각시하늘소, 옆검은산꽃하늘소 들이

꽃에 날아와 꽃가루 식사를 즐깁니다.

마침 백당나무 꽃에 수검은산꽃하늘소가 찾아왔군요.

오전 내내 백당나무 꽃을 들락거렸는지

몸에 꽃가루가 가는 모래 알갱이처럼 더덕더덕 묻어 있습니다.

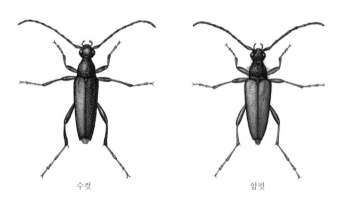

수컷   암컷

수검은산꽃하늘소

이 꼭지는 딱정벌레목 하늘소과 곤충
수검은산꽃하늘소(*Anastrangalia scotodes continentalis*) 이야기입니다.

수컷은 까만색
암컷은 붉은색

수검은산꽃하늘소는 이름 그대로 수컷의 몸 색깔이 까맣습니다. 암컷의 몸 색깔은 전체적으로 까만색인데 딱지날개만 고운 빨간색이라 무척 귀엽습니다. 몸길이는 7~14밀리미터이고 몸매는 길쭉합니다. 더듬이는 채찍 모양이고, 더듬이 길이는 제 몸길이와 비슷할 정도로 굉장히 깁니다. 딱지날개는 긴 역삼각형으로 배 꽁무니 쪽으로 갈수록 약간 좁아집니다.

수검은산꽃하늘소 어른벌레의 밥은 꽃가루이고, 애벌레의 밥은 썩은 나무입니다. 어른벌레의 수명은 고작 열흘 정도이고, 애벌레로 사는 기간은 9달 이상으로 어른벌레와 애벌레의 삶이 다릅니다. 어른벌레의 역할이자 최대 임무는 번식이라서 열흘 사는 동안

수검은산꽃하늘소 암컷이 백당나무 꽃 위에 앉아 있다. 암컷은 딱지날개만 빨간색이다.

짝을 만나 짝짓기를 하고 알을 낳아야 합니다. 그래서 어른벌레는 바삐 꽃에 날아와 꽃가루를 먹으며 영양을 보충합니다. 다행히 꽃가루 속에는 탄수화물, 지방, 단백질, 비타민, 무기질이 골고루 들어 있는데, 특히 아미노산과 지방이 많습니다. 어른벌레의 주둥이는 씹는형이라 꽃가루를 씹어서 맛있게 먹으며 건강한 알을 낳을 수 있도록 몸보신을 합니다.

어른벌레가 되면 암컷과 수컷 가리지 않고 고픈 배를 채우기 위해 꽃 식당에 몰려옵니다. 식사도 식사지만 수명이 짧다 보니 허락받은 시간, 즉 목숨이 다하기 전에 번식을 해야 합니다. 녀석들은 멀리 갈 필요 없이 식당인 꽃에서 밥을 먹다가 맘에 드는 짝을 만납니다. 그래서 수검은산꽃하늘소는 비슷한 시기에 날개돋이를 해 짝과 조우할 확률을 높입니다.

수검은산꽃하늘소가 짝짓기하고 있다. 수컷의 하얀 사정관이 드러났다.

에로틱한
수검은산꽃하늘소 짝짓기

마침 수검은산꽃하늘소 암컷 옆에서 꽃가루를 먹던 수컷이 식사를 딱 멈추고 암컷에게 다가갑니다. 수컷은 칼싸움하듯 더듬이를 휘휘 저으며 암컷의 몸을 스치다 뭔가에 깜짝 놀랐는지 날아갑니다. 잠시 뒤 날아온 수컷, 이번에는 암컷과 마주 보고 긴 더듬이로 암컷의 더듬이를 부딪치더니 후다닥 암컷의 등 위로 올라갑니다. 이어 거칠고 긴 다리로 암컷의 몸을 끌어안듯 꼭 붙잡습니다. 졸지

수검은산꽃하늘소 수컷은 사정관이 있어서 암컷 배 꽁무니에 배를 갖다 대지 않아도 된다.

에 수컷의 다리에 갇힌 암컷이 앞쪽으로 걸어가도 등 위에 올라탄 수컷은 떨어지지 않습니다.

수컷은 서둘러 배 꽁무니를 길게 늘이는 동시에 구부려 암컷 배 꽁무니에 댑니다. 시행착오도 없이 순식간에 수컷 배 꽁무니 속의 생식기가 암컷 생식기 속으로 들어갑니다. 그런데 놀라운 일이 일어납니다. 수컷이 배 꽁무니를 약간 위쪽으로 치켜들자, 고무호스 같은 하얀색의 길고 가느다란 관이 몸에서 나옵니다. 그 관은 정자를 만드는 정소와 이어진 사정관(ejaculatory duct)입니다. 사정관의 맨 끝에는 페니스(음경, aedeagus gonopore)가 붙어 있습니다. 암컷의 생식기 속에는 페니스만 들어가 있고, 사정관은 암컷과 수컷의 사이에 드러나 있어 마치 기생충이 나오는 것처럼 보입니다. 수검은산꽃하늘소 수컷은 사정관 덕분에 배 끝부분을 암컷의 배 꽁무니에 맞대지 않아도 됩니다. 그래서 수컷은 암컷과 몸을 약간 띄운 상태에서 짝짓기를 합니다.

드디어 수컷이 정자를 넘기기 시작합니다. 신기하게도 수컷은 배 꽁무니를 위아래로 리드미컬하게 움직입니다. 규칙적으로 피스톤 운동을 하면서 배 꽁무니를 들었다 내렸다 하는데 이때 정자가 암컷의 생식기 속으로 들어갑니다. 그럴 때마다 밖으로 드러난 사정관이 길게 늘어났다 줄어들었다 합니다.

수검은산꽃하늘소도 거의 모든 곤충들처럼 수컷이 음경을 통해 직접 정자를 암컷의 생식기 속에 넣어 줍니다. 이때 수컷의 생식기가 발기되어 정자를 전달하는 데 도움을 줍니다. 짝짓기가 본격적으로 시작되면 음경 주변이 근육이 수축하면서 발기가 되어 단단해집니다. 음경은 암컷의 수정낭(정자를 보관하는 주머니)까지 넣어

야 하는데, 평소에 수컷 음경은 얇은 막질성의 벽으로 되어 있습니다. 짝짓기할 때면 이런 수컷의 생식기가 혈림프나 사정관 쪽의 체액 압력을 강하게 받아 발기됩니다. 이 압력은 복부 근육 수축으로 일어납니다.

그런 수검은산꽃하늘소 부부의 모습을 사진에 닮으려 카메라를 가까이 대니 눈치 빠른 암컷이 빠른 걸음으로 꽃 아래로 도망갑니다. 수컷은 암컷을 놓치지 않으려 등에 업힌 채 암컷을 꽉 붙잡습니다. 수컷을 업은 암컷은 불안한지 잎사귀 위아래로 걸어 다닙니다. 여전히 수컷의 사정관은 밖으로 드러나 있고, 수컷의 생식기는 암컷 몸속에 있습니다. 결국 암컷이 잎사귀 아래쪽으로 들어가면서 부부는 헤어집니다. 수컷이 암컷의 등에서 떨어져 나오며 긴박했던 짝짓기가 끝이 났습니다. 순식간에 사정관은 수컷의 몸속으로 들어가고, 암컷은 날아서 다른 곳으로 가 버립니다.

모든 하늘소들이 다 그런 것은 아니지만 여러 꽃하늘소류들은 짝짓기할 때 사정관을 노출합니다. 수검은산꽃하늘소 말고도 붉은산꽃하늘소, 열두점박이꽃하늘소, 옆검은산꽃하늘소, 긴알락꽃하늘소, 알통다리꽃하늘소도 짝짓기할 때 수컷의 사정관이 보입니다.

침엽수에
알 낳기

짝짓기에 성공한 수검은산꽃하늘소 암컷은 알을 낳으려고 썩은

나무를 찾습니다. 통나무든 죽은 나무든 나뭇가지든 가리지 않고 적당히 썩은 나무면 됩니다. 야외에서 관찰을 하다 보면 수검은산꽃하늘소가 활엽수보다는 침엽수를 더 많이 찾는 경향을 볼 수 있습니다. 암컷은 전나무와 가문비나무 같은 침엽수의 썩은 줄기를 귀신처럼 찾아낸 뒤 고사목 위에 앉습니다. 그리고 더듬이와 다리

로 나무 상태를 살핀 뒤 산란관을 빼내 썩은 나무 틈이나 나무 껍질 틈에 꽂습니다. 산란관이 긴 편이라 알 낳는 장면을 구경할 수 있습니다. 암컷은 배를 움찔거리며 알을 낳습니다. 여러

긴알락꽃하늘소 산란관

곳을 옮겨 다니며 알을 낳은 후 점점 힘을 잃으며 죽어 갑니다.

　무사히 알 낳는 임무를 마친 수검은산꽃하늘소 암컷은 죽고, 얼마 지나 썩은 나무속에 낳은 알에서 애벌레가 깨어납니다. 애벌레는 부모 수검은산꽃하늘소처럼 큰턱을 가져 섬유질이 많은 나무 조직을 씹어 먹습니다. 나무껍질 쪽에서 시작해서 점점 깊은 곳까지 굴을 파고 들어가면서 식사를 하며 무럭무럭 자랍니다. 때때로 애벌레는 곰팡이 균이 살고 있는 뿌리 아래쪽도 먹습니다. 애벌레는 1년 가까이 깜깜한 나무속에서 살다가, 번데기로 탈바꿈할 준비를 합니다. 애벌레는 나뭇결을 따라 비스듬하게 타원형의 번데기 방을 만들고 그 속에서 번데기로 탈바꿈합니다. 그리고 꽃이 지천으로 피는 봄에 번데기 방에서 날개돋이한 뒤 나무를 벗어나 밝은 세상으로 나옵니다.

꽃도 먹고 사랑도 나누는

풀색꽃무지

풀색꽃무지

풀색꽃무지가 백당나무 꽃에 모여
밥을 먹고 있습니다.

꽃샘추위에 멈칫거리던 봄이 속도를 냅니다. 어느덧 4월 초순을 넘어갑니다.

양평 연구소 뒷산에도 벚꽃이 제법 피었습니다.

'붕붕붕, 윙윙윙' 뒷산에서 나는 소리입니다.

꿀벌들이 벚꽃에 몰려들었나? 벚나무 키가 큰 바람에

벚꽃이 하늘 높이 피어 있어 꿀벌이 날아드는 게 보이지 않지만

꿀벌치고 소리가 좀 거친 걸 보니 아무래도 꿀벌들은 아닌 것 같습니다.

서둘러 장화를 신고 어딘가에 숨어 있을 뱀을 살피며 뒷산으로 올라갑니다.

아! 산언덕에 백 마리도 훨씬 넘는 풀색꽃무지들이 몰려들었군요.

붕붕 소리의 주인공은 풀색꽃무지입니다.

이상하게도 풀색꽃무지들이 꽃으로 날아가지 않고

부웅 날아 땅에 뚝 떨어집니다.

땅 위로 기어 나오는 녀석, 부웅 날아 땅속으로 들어가는 녀석,

죄다 땅바닥이나 돌 틈에 여남은 마리씩 무리를 지어 있는데

모두 땅속으로 향하고 있습니다.

아하! 땅속에 있는 암컷을 찾아 수컷들이 총출동했군요.

얕은 땅속 여기저기에서 수컷과 암컷이 뒤엉켜 짝짓기를 하고 있습니다.

심지어 짝짓기 중인 부부를 덮치는 불청객 수컷들도 있습니다.

흙을 뒤집어쓰며 짝짓기에 여념이 없는 풀색꽃무지에게

갑자기 짠한 연민이 듭니다.

풀색꽃무지

이 꼭지는 딱정벌레목 꽃무지과 종인 풀색꽃무지(Gametis jucunda) 이야기입니다.

가장 흔한 꽃무지
풀색꽃무지

    풀색꽃무지는 우리나라에서 가장 개체 수가 많아서 가장 흔한 꽃무지과 식구입니다. 현재 지나친 개발과 환경 오염, 지구 온난화 따위로 곤충들이 급격하게 사라져 가고 있는데도 풀색꽃무지는 여전히 봄만 되면 우르르 쏟아져 나오고 여름과 가을에도 제법 많이 보입니다. 저의 은사이자 풍뎅이류 전문가인 김진일 교수님은 살아 계셨을 때 종종 풀색꽃무지 채집 경험을 영웅담처럼 들려주었습니다.

    "1998년 강원도 대관령 근처에서 수천 마리를 봤는데, 모든 풀과 나무마다 풀색꽃무지가 매달려 있었지. 한편으론 장관이지만 또 한편으론 오싹했어."

쉬땅나무 꽃에 풀색
꽃무지들이 찾아와
밥을 먹고 있다.

25년이 지난 지금, 연구소 이웃에 있는 블루베리 농장에서도 블루베리 꽃이 필 무렵이면 풀색꽃무지가 셀 수 없을 정도로 날아와 친환경 농법을 하는 농장 주인이 여러 개의 커다란 플라스틱 통에 잡아넣을 정도입니다. 물론 대관령에 있었던 녀석이나 블루베리 농장에 있었던 녀석이나 모두 사람들 손에 무자비하게 죽어 갔을 테지만, 지금도 그들의 자손을 여전히 수많은 꽃에서 만날 수 있습니다.

풀색꽃무지
색변이

풀색꽃무지는 몸길이가 10~14밀리미터 정도로 딱 서리태 콩만 합니다. 몸의 생김새는 장방형에 가까운 타원형이고 몸매는 두루 뭉술합니다. 등 쪽은 풍뎅이류와 달리 눌린 듯이 조금 납작합니다. 등 쪽 색깔은 전체적으로 초록색인데 앞가슴등판과 딱지날개에는 베이지 색깔의 함박눈 같은 무늬들이 보기 좋게 흩어져 있습니다. 몸 색깔에 변이가 있어 때때로 등 쪽 색깔이 갈색, 붉은색이 도는

풀색꽃무지 색변이

갈색 또는 까만빛이 도는 갈색인 녀석들도 있습니다. 또 딱지날개에 빨간색의 커다란 무늬가 그려져 있어 무척 귀엽습니다. 온몸에는 옅은 누런색 털들이 반쯤 누운 채로 가지런히 덮여 있어 포근해 보입니다. 암컷의 앞다리 종아리마디는 수컷보다 약간 넓으며, 수컷의 복부 복판에는 함몰된 부분이 없습니다. 풀색꽃무지는 우리나라 말고도 인도, 네팔, 베트남의 통킹, 타이완, 중국, 러시아, 일본과 북아메리카같이 비교적 넓은 지역에서 삽니다.

오월 꽃밭에서
나누는 사랑

풀색꽃무지의 주식은 모든 꽃의 꽃가루라 꽃이란 꽃에는 풀색꽃무지들이 날아옵니다. 드물게 꽃잎도 먹습니다. 풀색꽃무지는 꽃 식당이 제집인 양 진득하게 눌러앉아 꽃가루를 씹어 먹고, 맘에 드는 짝을 만나면 식사하던 그 자리에서 바로 사랑을 나눕니다.

풀색꽃무지 어른벌레의 수명은 열흘 정도밖에 되지 않습니다. 짧은 기간에 어른벌레 본연의 임무인 자손 번식을 성공적으로 하려면 짝짓기를 해서 다양한 유전자를 확보해야 합니다. 그러니 정해진 수명 기간 내에 시간을 효율적으로 활용하려면 밥 먹는 장소에서 짝을 찾는 게 현명합니다. 백당나무, 갯기름나물이나 쉬땅나무처럼 수백 송이 꽃을 피우는 꽃차례를 잘 들여다보면 한쪽에서는 머리를 박고 식사하느라 정신이 없고, 다른 한쪽에서는 짝짓기

삼매경에 빠져 있는 풀색꽃무지들을 자주 만날 수 있습니다.

5월 중순, 연구소 정원에서 자라는 세 그루의 백당나무에서 꽃
이 동시에 흐드러지게 피어나니 그야말로 풀색꽃무지 세상입니다.
꽃차례마다 풀색꽃무지들이 날아와 저마다 자리를 잡고 동료들과
사이좋게 식사합니다. 마침 딱지날개에 빨간색 무늬가 예쁘게 그
려진 녀석도 날아왔습니다. 몇 년에 한 번 볼까 말까 한 귀한 녀석
을 보니 신이 나 입이 귓가에 걸립니다.

보아하니 딱지날개에 빨간색 무늬가 있는 녀석이 풀색꽃무지 수
컷인가 봅니다. 밥은 안 먹고 꽃차례를 걸어 다니며 식사 중인 암
컷 주변을 왔다 갔다 합니다. 머리 쪽으로 가 보고, 배 꽁무니 쪽으
로 가 보며 암컷의 동태를 살핍니다. 암컷은 그런 수컷에게 아무런
관심을 주지 않고 오로지 푸짐하게 차려진 꽃가루 밥을 먹고 또 먹
습니다. 순간 수컷이 다짜고짜 암컷의 배 꽁무니를 딛고 암컷의 등
위로 올라타기 시작합니다. 앞다리와 가운뎃다리로는 암컷의 등
을 짚고 뒷다리로는 백당나무 꽃차례를 짚고 올라탑니다. 다행히
떨어지지 않고 무사히 암컷 등에 올랐으나 엉거주춤하게 서 있습
니다. 암컷 등에 업혔지만 몸이 뚱뚱한 데다 다리까지 짧아 넓적한
암컷의 몸통에 딱 붙어 껴안을 수 없기 때문입니다.

마치 짜여진 각본처럼 암컷은 수컷과 밀고 당기는 구애 신경전
없이 무례하게 들이대는 수컷을 받아들입니다. 성질 급한 수컷은
곧바로 자기 생식기를 꺼내 암컷의 배 꽁무니에 갖다 대나 실패합
니다. 수컷은 성공할 때까지 계속 자기 생식기를 암컷의 배 꽁무
니에 샅나 내는데, 어느 순간 짝짓기에 성공합니다. 그리고 수컷은
안정된 자세를 만들려고 앞다리를 암컷의 등에서 떼어 내 공중에

놓고, 가운뎃다리로는 등을 짚고, 튼튼한 뒷다리로는 꽃차례를 짚습니다. 그러니 비로소 생식기가 암컷 몸에 깊숙이 들어갑니다. 암컷은 여전히 납작 엎드려 식사를 하고, 수컷은 암컷 등 위에서 똑바로 서서 짝짓기를 합니다. 그 모습이 우스꽝스러우면서도 한편으론 에로틱합니다.

풀색꽃무지 부부가 사랑에 빠진 지 5분 정도 지났습니다. 들고 나는 동료 풀색꽃무지들과 꽃하늘소 같은 다른 곤충들로 북새통인 백당나무 꽃차례에서 긴 시간 사랑을 나누는 건 거의 불가능해 보입니다. 마침 풀색꽃무지 한 마리가 날아오다 그만 실수로 짝짓기 중인 부부 위에 앉습니다. 깜짝 놀란 암컷이 도망가려 몸을 꿈틀거리자, 암컷 등 위에 있던 수컷이 옆으로 떨어지면서 마주 대고 있던 배 꽁무니가 떨어집니다. 아무리 짧아도 그렇지, 겨우 5분간 진행된 '짧은 사랑'이 허무하게 끝이 났습니다. 이제 남남입니다. 둘다 놀란 터라 암컷은 암컷대로 뒤뚱뒤뚱 앞쪽으로 걸어가고, 수컷은 수컷대로 옆쪽으로 걸어갑니다.

짝짓기를 마친 암컷은 알을 낳습니다. 알은 땅속에 낳는데, 습한 하천 주변보다는 들이나 산언덕에 있는 땅을 좋아합니다. 알에서 깨어난 애벌레는 땅속에서 풀뿌리를 먹으면서 10달 이상 지냅니다. 번데기도 애벌레가 살았던 땅속에서 만들고, 날개돋이도 땅속에서 해 어른벌레가 된 뒤 땅 밖으로 나옵니다. 그래서 풀색꽃무지 어른벌레의 몸에 흙이 묻어 있을 때가 종종 있습니다.

잎사귀 위에서
짝짓기하는

홈줄풍뎅이

홈줄풍뎅이

홈줄풍뎅이는 딱지날개에 홈줄이 나 있어서
붙은 이름입니다.

6월 말, 제주도 곶자왈에 왔습니다.

큰키나무들이 하늘을 가려 곶자왈 숲길은 어두컴컴합니다.

비가 오락가락하니 습한 데다 바람 한 점 없으니 무덥습니다.

눅눅한 낙엽의 썩은 냄새가 이따금씩 코를 찌릅니다.

버섯살이곤충을 찾으며 걷고 또 걷는데

어두컴컴한 수관부가 걷히면서 햇볕이 내리쬐는 구간이 나옵니다.

하늘이 열리니 그야말로 밝은 세상입니다.

오솔길 옆 개모시풀 잎을 보니 보석처럼 반짝이는 풍뎅이가

떡하니 앉아 쉬고 있습니다.

자세히 보니 홈줄풍뎅이군요.

강낭콩만 한 데다 색깔까지 아름다우니 한눈에 들어옵니다.

아무래도 오늘은 홈줄풍뎅이 날인가 봅니다.

2시간 동안 걸으며 만난 횟수만 벌써 5번째입니다.

홈줄풍뎅이

이 꼭지는 딱정벌레목 풍뎅이과 종인 홈줄풍뎅이(*Bifurcanomala aulax*) 이야기입니다.

암컷 등 위에
오르기

홈줄풍뎅이는 어쩜 저리도 몸 색깔이 아름다울까요? 감탄하면서 들여다보고 있는데, 잎사귀 옆쪽에서 또 한 마리가 뒤뚱뒤뚱 걸어 나옵니다. 잎사귀를 먹을 생각을 안 하는 데다 먼저 온 홈줄풍뎅이와 일정 거리를 두고 서성이는 걸 보니 먼저 온 녀석이 암컷이고 나중에 온 녀석이 수컷이군요. 홈줄풍뎅이가 짝짓기할 때가 되면 페로몬을 풍겨 짝짓기 신호를 보내는지에 대해 연구된 적은 없지만, 나방들처럼 암컷이 성페로몬을 내뿜어 수컷을 유혹하는 것으로 여겨집니다. 그러지 않고서야 시력이 그다지 좋지 못한 홈줄풍뎅이가 수풀 우거진 풀숲에서 약속이나 한 듯이 배우자를 수월하게 찾을 수는 없습니다. 또 잘 발달된 더듬이도 냄새로 교신하는 데 한몫을 합니다.

홈줄풍뎅이 수컷은 암컷 곁으로 점점 다가가 무턱대고 스킨십을 합니다. 암컷 옆구리 쪽에서 올라타려 시도하나 여의치 않습니다. 다시 뒤뚱뒤뚱 걸어서 암컷의 머리 쪽에서 등 위로 올라갑니다. 역시 실패합니다. 암컷이 놀라 앞쪽으로 걸어가니 수컷이 암컷 옆구리 쪽 아래로 떨어져 나뒹굽니다. 수컷은 낯이 두꺼운지 실패해도 멋쩍어하지도 않습니다. 그저 암컷의 등에 올라타려 머리, 옆구리, 뒤꽁무니 쪽을 계속 공략하지만 실패하고 또 실패합니다. 홈줄풍뎅이의 몸매가 워낙 퉁퉁한 데다, 등 쪽이 매우 볼록하기 때문에 올라가 자리도 잡기 전에 떨어집니다.

수컷은 지칠 만도 한데 포기하지 않습니다. 실패는 성공의 어머니! 이번에는 배 꽁무니 쪽에서 올라갑니다. '고지(등)가 저긴데, 이번에는 꼭 성공하고 말테야.' 하고 다짐한 것 같습니다. 암컷 등에 올라탄 수컷은 잠시 자세가 불안정해 흔들거렸지만 본능적으로 암컷의 몸을 다리로 잡습니다. 앞다리로는 암컷의 옆구리 부분을 잡고, 가운뎃다리로는 옆구리와 뒷다리를 한꺼번에 잡으니 암컷이 꿈틀거려도 떨어지지 않습니다. 드디어 암컷 등에 성공적으로 업힙니다.

홈줄풍뎅이의
평범한 사랑

몸에 비해 다리가 짧다 보니 홈줄풍뎅이 수컷은 암컷을 밀착되게 꼭 끌어안지 못합니다. 그래서 자세가 엉거주춤하고 어설픕니다. 이미 암컷 등에 올라탄 상태라 수컷 입장에선 자세가 그리 중요한 건 아닙니다. 드디어 본격적으로 수컷이 짝짓기의 본 행사를 성대하게 치르려 합니다. 수컷은 엉거주춤한 자세로 아무 구애 의식도 없이 막무가내로 배 꽁무니를 암컷의 배 꽁무니에 들이댑니다. 예상했던 대로 실패합니다. 이번에는 노골적으로 배 꽁무니 속의 생식기를 빼내 암컷의 배 꽁무니에 넣으려고 더듬거리지만 생각만큼 쉽지 않습니다. 암컷은 짜증스러울 법도 한데 움직이지 않고 엎드린 자세로 앉아 수컷이 등 위에서 뭘 하든 간에 아무 상관하지 않습니다. 수컷의 생식기는 이미 몸 밖으로 빠져나왔지만 암컷의 배 꽁무니에 넣지 못해 공중에 다 드러내 놓고 있습니다. 홈줄풍뎅이 수컷의 생식기는 여느 곤충들의 생식기에 비해 굉장히 크고 복잡합니다. 저 수컷의 생식기를 암컷이 감당이나 할는지 슬

홈줄풍뎅이 수컷이
배 꽁무니에서 생식
기를 꺼내 짝짓기를
시도하고 있다.

홈줄풍뎅이가 짝짓
기를 하고 있다.
—

그머니 걱정이 앞섭니다.

　여러 번 시도 끝에 홈줄풍뎅이 수컷의 생식기가 암컷의 배 꽁무
니 속으로 들어갑니다. 천신만고 끝에 마침내 짝짓기에 성공합니
다. 수컷은 암컷 등 위에서 얌전히 앉아 서둘러 정자를 암컷의 생
식기 속에 건네줍니다. 수컷을 등에 업은 채 사랑에 빠진 암컷은
무덤덤합니다. 그냥 얌전히 엎드려 있을 뿐 거의 움직이지 않습니
다. 신혼방을 엿보며 조심스레 사진을 찍으려 하니 수컷이 뒷다리
를 번쩍 뒤쪽으로 들어 올립니다. 홈줄풍뎅이는 위험에 맞닥뜨리
면 뒷다리를 번쩍 들어 '나 무섭지?' 하며 가까이 다가오지 못하게
막습니다. 뒷다리를 들고 사랑에 빠진 수컷에게 미안해 얼른 카메
라를 치웁니다.

알은
땅속에

홈줄풍뎅이가 짝짓기를 얼마나 오래하는지 알 수는 없으나 노린 재만큼 길지 않습니다. 실제로 야외에서 보면 풍뎅이류의 짝짓기 는 10분 이내에 끝이 납니다. 조금만 인기척이 나거나, 위험을 느 끼면 홈줄풍뎅이는 가사 상태에 빠지며 바로 아래쪽으로 떨어지는 데, 이때 대부분 사랑도 마침표를 찍습니다.

짝짓기가 끝나면 여느 곤충들처럼 남남이 되어 뒤도 안 돌아보 고 서로 제 갈 길을 갑니다. 암컷은 막중한 임무를 떠맡았습니다. 바로 알 낳기입니다. 그래서 암컷은 땅바닥으로 날아가 포슬포슬 한 명당을 찾습니다. 앞다리로 땅을 파고 들어가서 땅속에 알을 낳 으며 정해진 수명만큼 살다가 서서히 죽어 갑니다.

많은 시간이 흐른 뒤 알에서 깨어난 애벌레는 풀뿌리를 먹으며 약 열 달 동안 깜깜한 지하 세계인 땅속에서 삽니다.

딱지날개에
홈줄 10개

홈줄풍뎅이의 몸집은 몸길이가 11~16밀리미터나 될 정도로 큽 니다. 몸매까지 뚱뚱한 달걀 모양으로 두루뭉술하고 등 쪽이 매우 볼록하니 실물로 보면 더 커 보입니다. 몸 등 쪽의 색깔은 초록색

이나 색깔 변이가 있어 구릿빛
이 도는 초록색, 갈색이 도는 초
록색을 띤 개체도 있습니다. 다
리, 더듬이, 몸 아랫면은 갈색
또는 초록빛이 도는 짙은 갈색
입니다. 피부는 자잘한 점각이

홈줄풍뎅이 색변이. 딱지날개에 홈줄이 10줄 있다.

빽빽하게 찍혀 있고, 보석을 뿌려 놓은 것처럼 광택이 나 화려합니
다. 딱지날개 한 장에는 홈줄이 10개 있는데, '홈줄풍뎅이'라는 이
름처럼 홈줄(전문 용어로 '조구')이 깊게 파여 있습니다. 수컷은 앞
다리의 2~4번째 발목마디가 너비보다 길어 짝짓기할 때 암컷을 잡
는 데 도움이 됩니다.

　홈줄풍뎅이는 딱정벌레목 가문 풍뎅이과 집안의 홈줄풍뎅이속
식구입니다. 원래 홈줄풍뎅이는 청동풍뎅이속 식구였는데, 풍뎅이
과 연구자인 고 김진일 교수님이 홈줄풍뎅이속을 새로 만들어 홈
줄풍뎅이를 편입시켰습니다. 속을 나누는 근거는 홈줄풍뎅이는 딱
지날개에 홈줄이 10줄 있고, 수컷의 생식기가 굉장히 복잡하게 생
겼다는 점입니다. 현재까지 우리나라의 홈줄풍뎅이속에는 홈줄풍
뎅이 한 종만 있고, 우리나라 말고도 중국, 시베리아 동부 지역에
서도 삽니다.

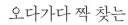오다가다 짝 찾는

남생이무당벌레

남생이무당벌레

남생이무당벌레는 무당벌레 무리 가운데
몸집이 가장 큽니다.

5월 초입니다.

봄 햇살이 온 세상 구석구석을 내리쬐니 봄이 무르익어 갑니다.

춘천 어느 청정 마을 속 산길을 걷습니다.

숲 가장자리에 봄꽃들이 무리 지어 피어 있고

길섶에 가래나무들이 잎사귀를 무성하게 낸 채 우뚝 서 있습니다.

무심코 지나는데 가래나무 잎사귀에

우리나라에서 가장 몸집이 큰 남생이무당벌레가 붙어 있습니다.

일광욕하는 것 같아 그냥 지나치려는데

앉아 있는 품새가 예사롭지 않습니다.

멈춰 살펴보니, 세상에나!

가래나무 잎사귀를 편식하는 호두나무잎벌레가 애써 낳은 알을

훔쳐 먹고 있습니다. 호두나무잎벌레의 일 년 자식 농사는

남생이무당벌레의 한 끼 식사로 완전히 망했습니다.

어찌나 게걸스럽게 먹는지 '잎벌레 킬러'라는 별명을 가질 만합니다.

남생이무당벌레

이 꼭지는 딱정벌레목 무당벌레과 곤충인 남생이무당벌레(*Aiolocaria hexaspilota*) 이야기입니다.

가장 큰
남생이무당벌레

　온 세계에 사는 무당벌레과 식구는 5,000여 종이고, 우리나라에도 90종 넘게 살고 있습니다. 무당벌레, 칠성무당벌레, 남생이무당벌레, 노랑무당벌레, 꼬마남생이무당벌레, 십이흰점무당벌레 들은 우리 주변에서 흔히 볼 수 있습니다. 그 가운데 우리나라에서 제일 몸집이 큰 무당벌레는 남생이무당벌레입니다. 남생이무당벌레는 1990년대까지만 해도 어디를 가든 만날 만큼 흔했지만, 지금은 많이 사라져 일부러 찾아다녀도 그리 쉽게 눈에 띄지 않습니다.

　남생이무당벌레의 몸길이는 10밀리미터 정도이고, 몸매는 아주 동그랗습니다. 등 쪽은 굉장히 볼록해 바가지를 엎어 놓은 것 같고, 피부에는 털이 없어 맨들거리고 반짝반짝 윤이 납니다. 머리는 아래쪽으로 수그린 데다 앞가슴등판이 덮고 있어 잘 안 보입니다.

남생이무당벌레는 더듬이가 짧다. 어른벌레로 겨울나기를 한다.

더듬이 또한 매우 짧아 보일락 말락 한데, 그나마도 긴장해 머리를 아래쪽으로 움츠리면 보이지 않습니다. 몸은 전체적으로 까만색인데 군데군데 주황색의 기하학적인 무늬가 그려져 있어 매우 화려합니다. 특히 딱지날개 무늬는 거북이나 남생이 등딱지 무늬와 비슷해 남생이무당벌레란 이름이 붙었습니다.

남생이무당벌레는 어른벌레의 모습으로 겨울잠을 자는데, 떼를 지어 나무껍질 아래 혹은 틈새나 나무 구멍같이 따뜻하고 안전한 곳에서 추운 겨울을 보냅니다.

잎벌레 킬러
남생이무당벌레

따스한 봄이 되자 남생이무당벌레가 긴 겨울잠에서 깨어납니다. 봄 햇살을 온몸으로 받으며 이리저리 돌아다니면서 먹잇감을 찾습니다. 남생이무당벌레가 찾는 사냥감은 주로 잎벌레(딱정벌레목 잎벌레과)입니다. 몸집이 크다 보니 무당벌레나 칠성무당벌레같이 작은 무당벌레들이 즐겨 먹는 진딧물로는 성이 안 차 진딧물보다 큰 잎벌레를 찾아다닙니다. 다행히 이른 봄이면 여러 종의 잎벌레들이 알을 낳고, 그 알에서 애벌레들이 깨어나니 남생이무당벌레의 밥은 여기저기에 널려 있는 셈입니다. 가래나무에는 호두나무잎벌레가, 오리나무에는 오리나무잎벌레와 금록색잎벌레가 알을 낳습니다. 그 가운데 남생이무당벌레가 즐겨 찾는 곳은 잎벌레의

집성촌인 버드나무입니다. 봄이면 버드나무에 버드나무의 최대 주주인 버들잎벌레를 비롯해 버들꼬마잎벌레와 종종 사시나무잎벌레가 찾아와 알부터 어른벌레가 될 때까지 한평생을 삽니다. 특히 남생이무당벌레가 겨울잠에서 깨어날 무렵이면 잎벌레들은 알을 많이 낳습니다. 잎벌레들의 개체 수가 많다 보니 녀석들이 낳은 알도 엄청나게 많고, 알에서 깨어난 애벌레도 많습니다. 그러니 버들잎벌레가 세 들어 사는 버드나무는 자연스레 남생이무당벌레의 전용 식당이 되어 줍니다.

마침 남생이무당벌레가 잎벌레의 알이 무더기로 모여 있고, 애벌레들이 우글우글 모여 사는 버드나무를 찾아옵니다. 겨울 내내 굶주린 배를 채우고자 남생이무당벌레는 본능적으로 버들잎벌레의 알을 먹기 시작합니다. 힘센 사냥꾼답게 무더기로 모여 있는 알을 닥치는 대로 야금야금 씹어 먹습니다. 알이 없으면 알에서 깨어난 애벌레를 잡아먹기도 합니다. 이렇게 남생이무당벌레는 본능적으로 잎벌레들이 알 낳는 시기와 애벌레가 깨어나는 시기에 딱 맞춰 찾아와 잎벌레 식사를 합니다. 한마디로 남생이무당벌레는 잎벌레 킬러입니다. 남생이무당벌레가 이렇게 열심히 잎벌레를 잡아먹으며 배를 채우는 이유는 단 하나, 번식에 필요한 영양을 채우기 위해서입니다.

보통 남생이무당벌레는 먹잇감인 잎벌레 어른벌레들보다 약간 이른 시기에 주로 보입니다. 이때 짝짓기를 해서 알을 낳아야 그 알에서 깨어난 애벌레가 먹잇감인 잎벌레가 낳은 알을 확보할 수 있기 때문입니다. 이른 봄에 나와 먹잇감이 모자라 배가 고플 경우, 가끔 남생이무당벌레는 동족의 알을 포식하기도 합니다.

위험하면 빨간 피 흘리는
남생이무당벌레

밥 먹을 때는 건드리지 말아야 하는데, 식사하는 남생이무당벌레를 살짝 건드려 봅니다. 순식간에 다리와 더듬이를 몸의 아래쪽으로 오그린 채 혼수상태에 빠집니다. 마치 죽은 듯이 꼼짝을 하지 않습니다. 이런 현상을 죽은 척하는 행동이 아니라 가짜로 죽은 상태, 즉 '가사 상태'라 합니다. 일정한 시간이 지나면 가사 상태에서 벗어나 제정신으로 돌아옵니다. 제정신으로 돌아와 도망치려는 녀석을 또 건드리니 이번에는 공포에 떨고 있는지 다리 관절에서 '빨간 피'가 이슬방울처럼 흘러나옵니다. 빨간 액즙은 방어 물질인데, 좀 쓴 냄새가 납니다. 엄밀하게 따지면 곤충에게는 '피'가 없습니다. 빨간색 액즙은 혈림프로, 군이 비유하자면 사람의 피에 해당됩니다. 남생이무당벌레를 비롯한 모든 무당벌레과 식구들은 위험에 맞닥뜨리면 즉시 각 다리 마디의 관절에서 액즙이 방울방울 나

남생이무당벌레는 위험하면 가사 상태에 빠지고, 방어 물질을 흘린다.

옵니다. 이 액즙에는 독 물질인 코치넬린(coccinellin)이 섞여 있어 포식자가 잡아먹기를 꺼려합니다. 이렇게 천적을 만나자마자 재빠르게 방어 물질인 액즙을 내보내는 것을 '반사 출혈'이라고 합니다. 급박한 상황에서는 천적이 공격한다는 신호를 뇌에 보낼 틈이 없습니다. 그래서 어떤 자극을 받으면 뇌의 명령 없이 운동 신경이 그냥 반사적으로 반응해 액즙을 흘립니다.

포식자들은 남생이무당벌레가 지닌 코치넬린 물질을 싫어합니다. 이 물질은 독성이 있어 삼키면 구역질이 나고 토할 수도 있습니다. 만약 어린 새나 개구리 같은 포식자들이 멋모르고 독 물질을 지닌 무당벌레과 식구를 먹었다가는 낭패를 볼 수 있습니다. 이렇게 남생이무당벌레는 화려한 경고색을 띠는 데다 독 물질까지 지니고 있어 천적들을 따돌릴 수 있습니다.

암컷을 안기에
다리가 너무 짧아

금강산도 식후경, 푸짐한 잎벌레 알을 먹으며 허기를 달래던 남생이무당벌레가 번식 프로젝트를 시작합니다. 배를 채우며 전열을 가다듬은 남생이무당벌레는 자기 유전자를 대대손손 남기기 위해 결혼할 배우자를 찾습니다. 식사를 하다가 우연히 맘에 드는 짝을 만나면 그보다 더 좋을 순 없지만 그럴 확률은 그리 높지 않아 대개 오다가다 사냥터 둘레에서 짝을 찾습니다.

남생이무당벌레가
짝짓기하고 있다.

마침 버드나무 줄기에서 남생이무당벌레 암컷과 수컷이 맞선을
봅니다. 암컷이 성페로몬을 내뿜어 수컷을 불러들인 것으로 여겨
집니다. 수컷은 나무줄기 위에 앉아 쉬는 암컷에게 짧은 더듬이를
꿈틀거리며 다가가 암컷의 등 위를 올라타려 합니다. 암컷이 움직
이자 등 위에 올라가지 못하고 암컷의 머리 쪽으로 걸어갑니다. 암
컷의 머리를 딛고 올라가려다 옆으로 떨어집니다. 다시 옆쪽과 배
꽁무니 쪽에서 올라가려 시도하지만 또 실패합니다. 어느 순간 찰
나처럼 수컷이 암컷의 배 꽁무니 쪽에서 등 위에 올라타는 데 성공
합니다. 실패 끝에 오는 성공이라 남생이무당벌레가 얼마나 기쁠
까 그 마음을 가늠해 봅니다. 그런데 등에 올라타는 것까지는 성공
했으나 다리가 짧아 등이 볼록한 암컷을 뒤에서 껴안는 거 아무래
도 버겁습니다. 수컷은 자신에게 온 짝짓기 기회를 놓치지 않으려

오다가다 짝 찾는 남생이무당벌레　515

앞다리와 가운뎃다리를 암컷의 등에 올려놓고, 뒷다리로 나무줄기를 잡으며 몸의 중심을 잡습니다. 암컷의 등짝은 볼록하고, 털이 없는 데다 매끈거리기까지 해 잘못하다간 미끄러져 떨어질 수 있습니다. 다행히 수컷 다리의 2~3번째 발목마디(사람의 발가락에 해당함)가 하트 모양처럼 옆으로 넓습니다. 또 하트 모양의 발목마디 아래쪽엔 수많은 센털들이 물샐틈없이 빽빽하게 붙어 있어 매끄러운 암컷의 등을 꽉 잡을 수 있습니다.

자세가 안정되게 잡히자, 남생이무당벌레 수컷이 배 끝을 길게 늘여 암컷의 배 끝을 더듬습니다. 산 넘어 산입니다. 보지도 않고 감각으로만 더듬으며 딱지날개 속에 감춰진 암컷의 생식기를 찾는 건 만만치 않습니다. 다행히 암컷은 그런 수컷이 안쓰러웠는지 순순히 배 꽁무니를 살짝 내밉니다. 기다렸다는 듯이 수컷의 생식기가 암컷의 생식기 속으로 빠르게 들어갑니다. 드디어 오매불망 고

꼬마남생이무당벌레 짝짓기

대하던 짝짓기에 성공합니다.

그때 수컷이 흥미로운 행동을 합니다. 수컷은 정자를 넘겨줄 때 몸을, 특히 배 꽁무니 쪽을 부르르 떱니다. 한 번이 아닙니다. 짝짓기하는 동안 방해를 받지 않으면 연이어 몸을 부르르 떱니다. 신기하게도 몸을 떠는데도 짝짓기 자세는 흐트러지지 않습니다.

신혼부부의 신방 모습을 찍어 주려 살금살금 카메라를 가까이 갖다 대자, 눈치 빠른 남생이무당벌레 암컷은 재빠르게 종종거리며 나무줄기를 타고 올라갑니다. 갑작스런 암컷의 움직임에 당황한 수컷은 암컷 등에서 떨어지지 않으려 안간힘을 쓰며 등에 업혀 끌려갑니다. 암컷의 거친 발걸음에도 여전히 수컷의 생식기는 암컷의 몸에서 빠지지 않고 연결되어 있습니다. 남생이무당벌레의 짝짓기 시간은 짧아서 몇 분에서 몇십 분 만에 끝이 납니다. 그리곤 '우리가 아는 사이였어?' 하는 것처럼 뒤도 안 돌아보고 남남이

남생이무당벌레 암컷은 알을 가지런히 하나씩 낳는다.

되어 각자 제 갈 길을 갑니다.

남생이무당벌레 알
에서 애벌레가 부화
하고 있다.

    짝짓기를 마친 암컷은 나무줄기나 잎사귀에 알을 낳습니다. 대개 능력 있는 암컷은 잎벌레들의 먹이식물 주변에 알을 줄을 맞춰 놓은 것처럼 하나씩 하나씩 무더기로 낳습니다. 앞으로 깨어날 애벌레의 식당에다 알을 낳는 것이지요. 남생이무당벌레 알은 모양이 쌀알처럼 길쭉하고 색깔은 맑은 주황색입니다.

애벌레도
유능한 잎벌레 킬러

    알에서 깨어난 애벌레는 부모의 유전자를 쏙 빼닮아 부모가 그랬던 것처럼 잎벌레가 사는 나무를 돌아다니며 잎벌레 알이나 애벌레를 잡아먹으며 성장합니다. 애벌레는 허물을 2번 벗으며 번데기가 되기 전까지 빠릿빠릿 돌아다니면서 잎벌레를 사냥합니다.

    남생이무당벌레 애벌레는 여느 무당벌레들에 비해 몸집이 굉장히 커 한눈에 알아볼 수 있습니다. 몸 색깔은 전체적으로 까만색입니다. 등짝에 주황색 무늬가 그려져 있는데 어린 애벌레는 주황색 무늬가 굉장히 적고, 종령 애벌레는 주황색 무늬가 많습니다. 무엇보다 다리가 길어 잘 걸어 다닐 수 있습니다.

    다 자란 남생이무당벌레 종령 애벌레가 사냥과 식사를 멈추고 식물 둘레를 바쁘게 돌아다닙니다. 번데기 만들 때가 다가온 것입니다. 번데기는 식물이나 돌멩이같이 안전한 곳에 만듭니다. 드디

남생이무당벌레 중
간 애벌레가 호두나
무잎벌레 번데기를
먹고 있다.

남생이무당벌레 종령 애벌레

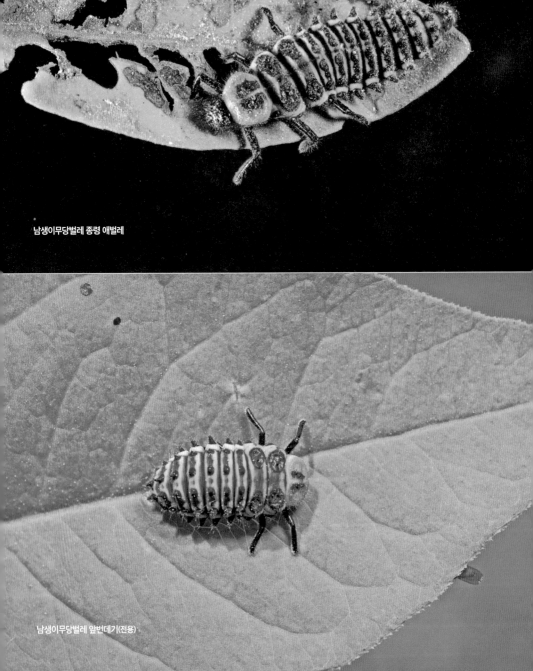

남생이무당벌레 앞번데기(전용)

남생이무당벌레 앞번데기 옆모습.
위험하면 몸을 일으켰다 엎드렸다 한다.

남생이무당벌레 앞번데기 배 쪽 모습

어 녀석이 번데기 만들 명당을 찾았습니다. 식물의 잎을 번데기 만들 장소로 선택한 녀석은 항문에서 분비물을 내 배 꽁무니를 잎에 떨어지지 않게 단단히 고정시킵니다. 아직 몸은 애벌레의 모습을 하고 있습니다. 이 시기를 앞번데기 단계(전용 단계)라고 합니다. 이때 건드리면 잎 위에 납작 엎드리고 있다가 순간적으로 윗몸일으키기 동작처럼 벌떡 일어납니다. 일어났다 엎어졌다를 반복하며 천적을 위협합니다. 이 방어 행동은 번데기 시절에도 이어집니다.

앞번데기로 이틀을 보낸 뒤 애벌레 시절에 입었던 허물을 벗고 번데기가 됩니다. 번데기는 평소에 잎 위에 납작 엎드리고 지냅니다. 개미 같은 천적이 번데기 앞에서 얼쩡거리면 앞번데기 단계에서 그랬던 것처럼 벌떡 일어났다 엎어졌다, 다시 벌떡 일어났다, 또 엎어졌다 하며 포식자에게 겁을 줍니다.

여름잠과 겨울잠 자는
어른벌레

초여름이면 남생이무당벌레 번데기에서 2세대 어른벌레가 날개돋이합니다. 남생이무당벌레는 북방형이라 더위를 싫어합니다. 그래서 사냥을 하다 여름이 되면 여름잠을 잡니다. 선선한 가을이 되면 나와 먹잇감을 사냥해 먹으며 영양을 보충한 뒤 다시 추워지면 겨울잠에 들어갑니다. 남생이무당벌레는 한살이가 일 년에 한 번 돌아갑니다.

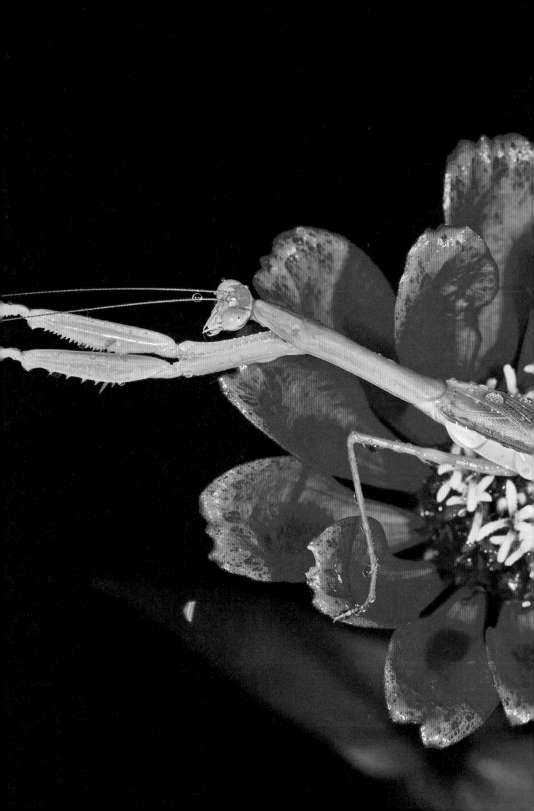

목숨 걸고 짝짓기하는

사
마
귀

사마귀

비 온 뒤 백일홍 꽃 위에서 사마귀가
휴식을 취하고 있습니다.

9월 초, 남설악 주전골에 가는 길입니다. 다 저녁 때 한계령을 넘습니다.

굽이굽이 굽이쳐 휘어 돌아가는 고갯길을 달려 한계령을 넘어서니

어두운 밤입니다. 자동차의 기름이 거의 떨어져

기름 넣을 겸 한숨 돌릴 겸해서 주유소에 들어섭니다.

깜깜한 밤인데 밝은 불빛이 대낮처럼 환합니다.

역시 불빛에 곤충들이 몰려들어 대성황을 이룹니다.

공중에는 불빛에 몰려든 곤충들이 북새통을 이루어 활력이 넘치지만

바닥에는 제법 많은 곤충들이 차에 치여 죽어 가고 있습니다.

안타까워 맘이 쓰린데, 놀랍게도 주유기 뒤쪽 어두컴컴한 건물 벽에서

희미한 불빛을 받으며 좀사마귀가 사랑을 나누고 있습니다.

그런데 그 앞에 다른 수컷이 사랑에 빠진 부부를 덮치려

호시탐탐 기회를 노리고 있습니다.

짝짓기 중인 부부에게 겁 없이 다가가자, 신부가 나섭니다.

신부는 코앞에서 얼쩡거리는 다른 수컷을 먹잇감으로 착각하고

앞다리를 번쩍 들어 낚아채려고 합니다.

그러자 겁먹은 다른 수컷이 껑충 뛰어 주유기 뒤로 도망칩니다.

좀사마귀

이 꼭지는 사마귀목 사마귀과 좀인 사마귀(*Tenodera angustipennis*) 이야기입니다.

무시무시한
사마귀 생김새

사마귀는 사마귀목 가문의 식구입니다. 우리나라에 사는 사마귀목 식구는 모두 9종인데, 이 모든 사마귀들은 생김새, 사냥하는 습성, 한살이 과정, 짝짓기 행동이 거의 비슷합니다. 그 가운데 사마귀는 흔해 우리 둘레에 있는 풀숲에서 자주 만날 수 있는 종입니다. 그러니 사마귀 1종의 사생활만 잘 알아도 다른 8종의 한살이 습성을 이해하는 것은 식은 죽 먹기입니다.

사마귀는 생김새부터 무시무시한 사냥꾼입니다. 위험에 맞닥뜨리면 앞가슴을 일으켜 세우고 날개를 쉬익 펼치면서 앞다리를 양 옆으로 벌려 자기가 몸집이 큰 동물인 것처럼 천적에게 허세를 부립니다. 이때 세모난 얼굴을 휙 돌리며 커다란 눈으로 노려보면 심

왕사마귀가 위험에 빠지자 몸집이 큰 것처럼 날개를 펼쳐 보이고 있다.

장이 쫄깃할 정도로 오싹합니다. 더듬이는 실처럼 가늘고 길고, 가슴 부분도 길어 몸매가 특이합니다.

무엇보다 사마귀의 가장 큰 특징은 앞다리에 있습니다. 거의 모든 곤충들은 6개의 다리 가운데 뒷다리 2개가 가장 길고 두툼하게 잘 발달되었습니다. 하지만 '상식은 편견이다.'라는 말을 반박하기라도 하듯 사마귀는 뒷다리가 평범한 대신 앞다리가 굉장히 우람하고 무지막지하게 생겼습니다. 앞다리를 찬찬히 살펴보면, 종아리마디(경절)는 넓적하고 예리한 주머니칼처럼 생긴 데다 안쪽 가장자리에는 톱니처럼 날카로운 가시털이 쭈르르 붙어 있습니다. 발목마디(부절)의 안쪽 가장자리에도 날카롭고 뾰족한 가시털이 줄지어 쭈르르 붙어 있습니다. 이 가시털들은 확 낚아챈 먹잇감이 빠져나가지 못하게 가두는 역할을 합니다. 재미있게도 쉴 때나 먹잇감을 기다릴 때는 이렇게 무시무시하게 생긴 앞다리 2개를 마치 기도하는 것처럼 가지런히 포개고 있습니다. 그래서 사마귀의 영어 이름이 '프레잉 맨티스(praying mantis)'입니다.

잠복
사냥꾼

사마귀는 봄(5월쯤)에 알에서 깨어나서 애벌레 시절 동안 허물을 4번 벗고 5령까지 자라다 늦여름에서 가을 사이에 어른벌레로 날개돋이합니다. 즉 사마귀는 번데기 시절 없이 '알-애벌레-어른

사마귀가 앞다리로
풀중이를 낚아챘다.

벌레' 단계만 거치는 안갖춘탈바꿈(불완전변태)을 합니다.

사마귀의 사냥 전략은 기다림입니다. 하루 종일 먹잇감이 지나다니는 길목에 앉아 기다렸다가 먹잇감이 나타나면 낚아챕니다. 그래서 사마귀는 몇 시간씩 꼼작도 하지 않은 채 엎드려 먹잇감을 기다립니다. 식성이 까다로워 죽은 생물은 먹지 않고 오로지 살아 있는 생물들만 먹습니다. 사마귀가 좋아하는 먹이는 나비류, 노린재류, 메뚜기, 동족인 사마귀같이 자기보다 힘없는 곤충입니다.

하염없이 기다리다 먹잇감용 곤충이 가까이 다가와야 비로소 움직이는데, 번개처럼 빠릅니다. 순간적으로 앞다리를 뻗어 바람처럼 먹잇감을 낚아채는 데에는 0.1초밖에 안 걸립니다. 그 비결은 목(머리와 가슴 사이)에 있는 털 감각기에 있습니다. 먹이를 발견하

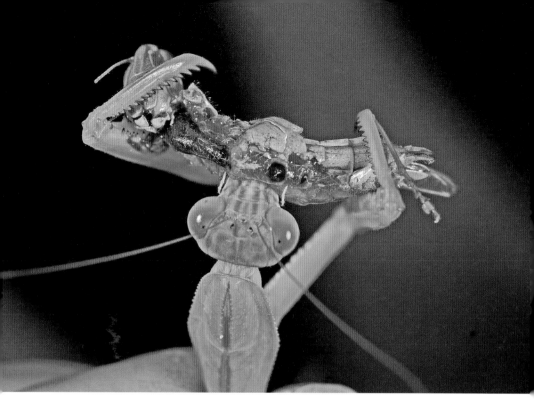

사마귀가 메뚜기류
를 잡아먹고 있다.
—

면 목에 있는 털 감각기가 자신의 머리 위치를 파악하기 때문에 몸
통은 그대로 멈춘 채로 머리만 먹이를 향해 돌릴 수 있습니다. 이
어 두 개의 겹눈으로는 먹이와의 거리를 판단하고, 목에 나 있는
털 감각기로는 먹이가 있는 방향을 판단합니다. 그렇게 사정거리
에 들어오면 잽싸게 앞다리를 뻗어 먹잇감을 낚아챕니다. 이렇듯
정지 상태에서 앞다리로 사냥하기 때문에 암컷 사마귀는 자기와
사랑을 나누고 있는 수컷을 잡아먹을 가능성도 있습니다.

꽃 침대 위에서
짝짓기

사마귀 암컷은 수컷
보다 배가 부풀어
있다.

10월 초순, 강릉 송정해변 근처에 있는 풀숲입니다. 암컷 사마귀가 노란 미역취 꽃 위에 앉아 있습니다. 배가 얼마나 부른지 금방이라도 터질 듯이 빵빵합니다. 저리 부른 배를 끌고 다니려면 얼마나 힘들까? 조금씩 움직일 때마다 만삭처럼 부른 배가 풀잎에 쓸리듯 닿습니다. 아마 짝짓기할 때가 임박한 것 같습니다. 잠시 후 암컷이 풍긴 페로몬 냄새에 홀리듯 찾아왔는지 수컷 사마귀가 암컷이 앉아 있는 풀숲으로 포르르 날아옵니다. 수컷은 풀잎 위에 앉자마자 긴 다리로 어기적어기적 걸어 암컷 곁으로 다가갑니다. 정말이지 수컷 사마귀의 몸은 암컷에 비해 날씬하다 못해 매우 왜소합니다. 배가 얼마나 홀쭉한지 날개에 가려져 보이지도 않을 정도입니다.

수컷은 슬금슬금 암컷 배 꽁무니 쪽으로 걸어갑니다. 별다른 구애 과정 없이 암컷의 등 위로 올라타려 잠시 멈칫거리더니 냅다 튀듯이 껑충 뛰어 암컷의 등 위에 올라갑니다. 순간 암컷이 날개를 반쯤 펼치며 저항하듯 움직이지만 이내 날개를 접고 가만히 있습니다. 아마 암컷이 도망치지 않는 걸 보니 짝짓기를 허락한 모양입니다. 그렇다고 해도 수컷 입장에선 방심은 금물입니다. 이때 수컷이 암컷 머리와 이어진 앞가슴을 덥석 잡아 암컷의 사정권 안에 들어가거나, 덤벙대며 섣부르게 접근해 암컷의 눈에 띈다면 인정사정없이 암컷에게 잡아먹힐 수 있으니까요. 그래서 수컷은 바짝 긴장한 채 암컷의 눈치를 살피며, 암컷의 시야에 포착되지 않게, 조

사마귀 수컷은 배가
홀쭉하다.

심조심 등 위에 올라탑니다. 그런 뒤 가운뎃다리와 뒷다리의 넓적
다리마디와 종아리마디의 관절을 접은 채 암컷의 옆구리를 잡습
니다. 앞다리는 두 손 모아 기도하는 자세로 구부린 채 암컷의 가
운데가슴을 꼭 잡습니다. 그리곤 서둘러 배를 반원형으로 구부리
고 암컷의 배 아래쪽으로 가져간 뒤, 배 꽁무니를 암컷의 배 꽁무
니 속에 넣으려 합니다. 열심히 더듬대며 노력하지만 생각만큼 암
컷의 배 꽁무니와 쉬이 맞닿지 않습니다. 눈으로 보지 않고 배 꽁
무니의 감각으로만 삽입하려니 실패율이 높은 건 당연한 이치입니
다. 여러 번 시도 끝에 드디어 수컷의 배 꽁무니가 암컷의 배 꽁무
니에 들어갑니다.

꽃과 사마귀의 그림이 썩 어울리지 않을 것 같지만, 막상 미역
취 꽃 침대 위에서 사랑을 나누는 사마귀 부부를 보니 매우 근사합
니다. 암컷은 앞다리를 다소곳하게 모으고 있고, 수컷 또한 암컷의
심기를 건드리지 않으려 긴 여섯 다리를 매우 소심하게 웅크리듯
접은 채 업혀 있습니다. 그 모습이 좀 우스꽝스러워 혼자 킥킥대며
웃습니다. 사마귀 부부는 신방을 엿보는 불청객이 있는 줄 모르고
꽃 침대 위에서 20분 넘게 사랑을 나눕니다. 짝짓기하는 내내 암컷
과 수컷은 움직이지 않고 똑같은 자세를 유지하며 밋밋한 사랑을
나눕니다.

짝짓기를 끝내려는지 사마귀 암컷이 움직이기 시작합니다. 꽃
침대를 벗어나 바로 옆 풀 줄기로 경중경중 걸어가자, 수컷은 아
직도 미련이 남아 있는 듯 떨어지지 않으려 안간힘을 쓰며 암컷에
게 업힌 채 딸려 갑니다. 여전히 배 꽁무니는 맞닿아 있습니다. 그
도 잠시, 암컷이 풀 줄기 사이를 헤집고 걸어가니 수컷은 촘촘하게

얽혀 있는 풀 줄기에 걸려 암컷 몸에서 떨어집니다. 이로써 영원할 종사마귀 짝짓기
것 같던 짝짓기가 일순간에 끝이 났습니다. 이제 암컷은 암컷의 길
로, 수컷은 수컷의 길로 뒤도 돌아보지 않고 갑니다.

살아 있는 수컷은
잠재적인 먹잇감

강연 중에 사마귀에 관해 자주 받는 질문이 있습니다.

"신부 사마귀는 짝짓기 중에 신랑 사마귀를 잡아먹나요?"

"신랑 사마귀는 잡아먹히면 짝짓기를 더 왕성하게 한다고 들었는데, 맞는 말인가요?"

이론적으로나 실험실에서는 가능한 일이나, 실제 야생에서는 거의 일어나지 않는 드문 현상입니다. 대개 사마귀 수컷은 암컷에게 아주 조심스럽게 접근하고, 짝짓기 중이라도 암컷의 동태를 세세히 살피기 때문입니다. 만일 짝짓기 중에 암컷의 시야에 들어갔더라도 암컷이 공격하기 전에 껑충 뛰어 도망갑니다. 20년이 훨씬 넘는 세월 동안 야외 관찰을 하면서 곤충과 촌수가 먼 무당거미 암컷이 정자를 건네는 수컷을 잡아먹는 장면을 종종 목격한 적은 있으나 한 번도 사마귀 암컷이 짝짓기 중인 수컷을 잡아먹는 장면은 본 적이 없습니다.

사마귀는 육식성이라 자기보다 힘없는 생물은 뭐든지 잡아먹습니다. 사마귀는 본능에 매우 충실하기 때문에 사마귀에게 있어 살아 움직이는 모든 생물은 잠재적인 먹잇감입니다. 자기와 신방을 차린 수컷조차 암컷에겐 먹잇감으로 보일 정도니까요. 그래서 수컷은 짝짓기를 위해 암컷에게 다가갈 때 열 번이고 백 번이고 조심해야 합니다. 비록 짝짓기 중이라도 암컷의 눈에 띄면 가차 없이 잡아먹힐 수 있으니까요.

만에 하나, 짝짓기 중 수컷이 덤벙대다 머리를 수컷 쪽으로 돌린 암컷의 눈에 걸릴 경우가 있습니다. 이때 암컷은 자기와 짝짓기 중인 수컷을 앞다리로 낚아채 머리부터 씹어 먹기 시작할 것입니다. 놀랍게도 수컷은 머리가 잘려 나가도 죽지 않고 짝짓기를 계속하는데 그 이유는 신경이 분산되었기 때문입니다.

곤충의 중추 신경계는 머리에서 배 끝까지 갱글리아(ganglia)라

는 신경절로 이어져 있습니다. 사마귀의 신경절은 뇌와 식도아래
신경절에 하나씩, 가슴마디에 세 개, 7개의 배마디에 각각 하나씩
있습니다. 즉 사마귀의 중추 신경계는 모두 열두 개의 신경절이 서
로 이어져 형성됩니다. 그 가운데 머리 부분에 있는 신경절, 즉 식
도아래신경절(일차적으로 주둥이와 목에 있는 감각기와 근육을 조절
함.)은 배 끝마디의 신경절에 영향을 미쳐 성적 흥분을 억제시킵
니다. 반면에 배 끝마디에 있는 신경절은 성적 흥분을 일으킵니다.
결국 서로 다른 역할을 하는 두 신경절의 영향으로 성적 흥분의 정
도가 조절됩니다.

　그런데 사마귀 수컷이 암컷에게 머리를 잡아먹히면 식도아래신
경절이 사라져 배 끝마디에 미치던 영향력(성적 흥분 억제)이 사라
집니다. 그러면 배 끝마디 신경절이 아무런 통제를 받지 않고 성적
흥분을 맘껏 고조시킵니다. 그래서 몸 대부분이 암컷에게 잡아먹
힌다 해도 성적 흥분을 관장하는 배 끝마디 신경절의 기능은 여전
히 남아 있기 때문에 수컷은 정자를 방출하며 짝짓기를 계속할 수
있습니다.

밥상에서 짝짓기하는

한국민날개밑들이메뚜기

한국민날개밑들이메뚜기 짝짓기

한국민날개밑들이메뚜기가
반쯤 꼰 꽈배기 자세로 짝짓기하고 있습니다.
우리나라에서만 사는 한국 특산종입니다.

9월 초, 강원도 대관령면에 있는 선자령에 왔습니다.

새파란 하늘에 하얀 뭉게구름이 몽실몽실 탐스럽게 떠다닙니다.

바람도 선선하여 이곳은 벌써 가을 분위기가 납니다.

곤충을 찾느라 아름다운 가을 들꽃들을 무심히 지나칩니다.

어두컴컴한 숲길을 지나 양지바른 오솔길에 접어드니

길옆 풀숲은 곤충들로 북적입니다.

벌, 파리, 나비, 꽃등에 들이 꽃 위로 날고,

메뚜기들은 풀밭에서 툭툭 튑니다. 그런데 잎사귀 위에

날개가 아예 없는 메뚜기 여러 마리가 띄엄띄엄 앉아 있습니다.

몸 옆구리 쪽에 까만색 줄무늬가 그려져 있습니다.

얼마나 진하고 굵은지 먹물 듬뿍 묻힌 붓으로 일부러 그린 것 같습니다.

누굴까요? 학명에 한국을 뜻하는 '코리아나(koreana)'가 들어 있는,

이름도 긴 '한국민날개밑들이메뚜기'입니다.

온 세계에서 우리나라에서만,

그것도 고도가 높은 산지에서만 사는 한국 특산종입니다.

우리벼메뚜기

이 꼭지는 메뚜기목 메뚜기과 종인 한국민날개밑들이메뚜기(*Zubovskya koreana*) 이야기입니다.

한국 특산종
한국민날개밑들이메뚜기

　세상에서 오직 우리나라에서만 사는 한국민날개밑들이메뚜기는 족보상 메뚜기목 메뚜기아목 메뚜기과 밑들이메뚜기아과에 소속되어 있습니다. 한국민날개밑들이메뚜기가 속한 '밑들이메뚜기아과'의 가장 큰 특징은 2종(긴날개밑들이메뚜기, 원산밑들이메뚜기는 날개가 김.)을 제외하고 대개 날개가 퇴화되어 아주 짧은 날개를 가지거나 아예 없습니다. 뒷다리의 종아리마디 말단 바깥쪽에 며느리발톱(가시털)이 없고, 뒷다리의 넓적다리마디 윗면에는 매끄러운 융기선이 있습니다. 또 짝짓기할 때 수컷의 배 꽁무니가 하늘을 향해 들립니다. 우리나라에 사는 밑들이메뚜기아과는 모두 11종으로, 그 가운데 날개가 아예 없는 종은 민날개밑들이메뚜기와

—
한국민날개밑들이
메뚜기

한국민날개밑들이메뚜기 2종뿐입니다. 민날개밑들이메뚜기는 북방형이라 북한 지역에 살아 만날 수 없고, 한반도 고지대에서 사는 한국민날개밑들이메뚜기는 종종 만날 수 있습니다. 한국민날개밑들이메뚜기는 학명에 한국을 뜻하는 '코리아나(*koreana*)'가 들어 있고, 또 국명에도 '한국'이 들어 있어 이름을 통해 녀석이 한국 고유종이라는 것을 확실히 알 수 있습니다.

한국민날개밑들이
메뚜기 수컷

아예 없는
날개

한국민날개밑들이메뚜기의 생김새는 길쭉하면서 오동통합니다. 몸집은 암컷이 수컷보다 큽니다. 수컷은 몸길이가 17~21밀리미터이고, 암컷의 몸길이는 21~30밀리미터입니다. 몸통도 차이가 나 수컷은 날씬한 편이고 암컷은 통통한 편입니다.

몸 색깔은 전체적으로 식물과 비슷한 초록색인데, 뒷머리는 까맣고, 머리와 몸통의 옆구리 쪽에 까만 세로줄 무늬가 시원스럽게 그려져 있습니다. 겹눈은 동그란 공 모양이고, 더듬이는 실 모양입니다. 뒷다리의 넓적다리마디는 알통처럼 불거져 나와 매우 튼튼하게 생겼습니다. 뒷다리 근처의 첫 번째 배마디에 작은 고막이 있습니다. 매우 특이하게 한국민날개밑들이메뚜기는 암컷과 수컷 모두 어른벌레가 되어도 날개가 전혀 자라지 않습니다. 그래서 녀석은 애벌레 시절부터 어른벌레 시절까지 평생 동안 배를 다 드러내

한국민날개밑들이
메뚜기 암컷. 수컷
보다 몸집이 더 크다.

한국민날개밑들이
메뚜기 암컷 색변이.
뒷다리가 붉다.

고 삽니다. 날개가 없다 보니 천적을 만나거나 위험한 상황이 벌어
지면 날아 도망갈 수는 없고, 그 대신 강력한 뒷다리의 힘으로 폴
짝 뛰어 옆에 있는 잎이나 덤불숲으로 도망갑니다.

가끔 몸 색깔에 변이가 일어나, 몸 대부분이 갈색을 띤 갈색형
개체를 만날 때도 있습니다. 또 어떤 녀석은 뒷다리만 붉게 변해
마치 다른 종으로 오해하기 쉬운데 녀석도 틀림없는 한국민날개밑
들이메뚜기입니다.

한국민날개밑들이메뚜기는 여느 메뚜기목 곤충처럼 한살이가
일 년에 1번 돌아갑니다. 알로 겨울나기를 하고, 애벌레는 6월경부
터 보이기 시작합니다. 어른벌레는 7월부터 10월까지 활동해 비교
적 여러 달에 걸쳐 만날 수 있습니다. 한국민날개밑들이메뚜기는
고지대의 풀숲이나 떨기나무 숲의 잎 위에서 삽니다.

가을은
사랑의 계절

9월 말, 들꽃 천국인 만항재 옆구리의 임도를 걷습니다. 나무 그늘이 많지 않아 널찍한 길옆에 풀숲과 떨기나무가 끝도 없이 펼쳐져 있습니다. 걷는 내내 솔솔 부는 가을바람을 맞으며 잎사귀 위에 앉아 망중한을 즐기는 한국민날개밑들이메뚜기들이 제법 보입니다. 뒷다리가 빨간색인 녀석들도 드문드문 눈에 띕니다. 시들어 가는 각시취 꽃 위에도 통통한 암컷이 앉아 있는데, 뒷다리와 배 꽁무니가 빨갛습니다. 특이한 색깔이라 사진 촬영하려고 폼을 잡는데 어디선가 초록색 수컷 한 마리가 암컷이 앉아 있는 꽃 위로 걸어옵니다. 수컷은 가까이에 있는 암컷을 본능적으로 알아보고 찾아온 것 같습니다. 확실치 않으나 시력도 한 역할을 하겠지만 아마 암컷이 페로몬을 풍겨 수컷을 유혹했을 가능성이 매우 큽니다.

수컷은 암컷 가까이 다가와 뭐에 쫓기는 것처럼 초조하게 암컷 주변을 서성입니다. 더듬이를 흔들며 암컷의 몸에 대 봤다가 여의치 않은지 암컷의 머리 쪽으로 갔다가 다시 옆쪽으로 가며 암컷의 동태를 살핍니다. 암컷은 그런 수컷을 모르는 체하며 꼼짝도 않고 앉아 있습니다. 드디어 무덤덤한 암컷의 배 꽁무니 쪽으로 다가간 수컷이 행동을 개시합니다. 재빨리 그리고 거침없이 암컷의 등 위로 올라가더니 앞다리와 가운뎃다리로 암컷의 몸을 잡습니다. 졸지에 암컷이 수컷을 업은 자세가 되었습니다. 무뚝뚝하던 암컷은 그런 수컷이 싫지 않은 듯 저항하지 않고 수컷이 하는 데로 내버려 둡니다. 자세가 안정되자, 수컷은 하늘을 향해 들린 배 꽁무니를

한국민날개밑들이메뚜기 짝짓기

한국민날개밑들이메뚜기 배 꽁무니 결합 부분

팔공산밑들이메뚜기 짝짓기

팔공산밑들이메뚜기 배 꽁무니 결합 부분

암컷의 배 꽁무니에 대려고 암컷의 옆구리 아래쪽으로 구부립니다. 그러자 암컷도 배를 약간 구부려 수컷의 짝짓기 작업에 순순히 호응합니다. 여러 번 시도 끝에 마침내 짝짓기에 성공합니다. 암컷 배 꽁무니 속에 수컷 배 꽁무니가 들어갔습니다.

그런데 짝짓기 자세가 특이합니다. 반쯤 꼰 꽈배기 모양입니다. 수컷의 배 꽁무니가 하늘을 향해 들려 있기 때문에 수컷의 배 꽁무니가 아래쪽에 있어야, 위쪽에 있는 암컷이 배 꽁무니를 구부려 맞대기 좋습니다. 우여곡절 끝에 배 꽁무니끼리 맞물리자, 수컷은 배 끝부분을 움찔움찔 움직이며 정자를 넘겨줍니다.

왜 짝짓기 자세가 이상할까요? 앞서 말했듯이 수컷과 암컷 모두 생식기가 있는 배 끝이 들려 있기 때문입니다. 특히 수컷의 생식기가 심하게 위로 향해 있으니 수컷 아래에 있는 암컷이 자기 배 끝을 수컷의 배 끝 위에 올려놓아야 짝짓기를 할 수 있습니다. 각시취 꽃 위에 신방을 차린 부부는 큰 방해가 없으면 오래 사랑을 나눕니다. 수컷 입장에서 자기와 짝짓기한 암컷이 다른 수컷과 짝짓기하는 것을 원천 봉쇄하려면 붙잡아 두는 게 최고입니다. 그래야 자신의 유전자가 우선적으로 선택될 테니까요.

한참 뒤, 각시취 꽃에 눈치 없는 산은줄표범나비가 날아옵니다. 그러자 한국민날개밑들이메뚜기 부부는 깜짝 놀랍니다. 무엇보다 겁먹은 암컷이 성큼성큼 걸어 꽃 뒤로 숨습니다. 업혀 있던 수컷은 등에서 떨어지지 않으려 안간힘을 쓰며 암컷을 껴안듯 붙잡습니다. 다행히 수컷의 생식기가 암컷의 배 꽁무니에서 떨어지지 않습니다. 부부는 배 꽁무니를 맞댄 채 꽃 뒤로 도망가 계속 사랑을 나눕니다. 짝짓기를 마친 뒤에 암컷은 알을 낳고 생을 마감합니다.

6장

오래
버티다

긴 시간 동안 짝짓기하는

긴수염대벌레

긴수염대벌레 짝짓기
나뭇가지처럼 생긴 긴수염대벌레가
짝짓기를 하고 있습니다.

10월입니다. 날마다 선선한 바람이 불어오는 가을입니다.

초록빛이었던 나뭇잎과 풀잎 들이 제법 색이 바래

예쁜 단풍으로 갈아입을 채비를 합니다.

전북 완주의 어느 절로 가는 산길입니다.

계곡을 옆에 끼고 난 오솔길을 걷습니다.

길섶의 풀들은 예초기로 무자비하게 깎여 나가 삭막합니다.

그래도 곤충들은 겨울을 앞두고 한살이를 갈무리하느라 분주합니다.

배부른 사마귀는 알을 낳고,

곧 겨울잠에 들어갈 뿔나비는 꽃꿀을 빨며 영양분을 비축하고,

홍점알락나비와 왕오색나비 애벌레도 팽나무 잎사귀를 먹으며

다가올 겨울을 대비합니다.

얼마쯤 걸었을까? 나뭇가지 사이에서 막대기랑 똑 닮은

긴수염대벌레가 짝짓기를 하고 있습니다.

세상에! 주로 처녀 생식하는

긴수염대벌레가

짝짓기를 다 하다니!

곤충에 입문한 지 20여 년 만에,

아니 태어나서 두 번째로

대벌레의 짝짓기 장면을 코앞에서 봅니다.

감동의 물결이 쓰나미 되어 밀려옵니다.

떨리는 마음으로 한참 동안

그 자리에 붙박이처럼 서서

긴수염대벌레 부부의 신방을 들여다봅니다.

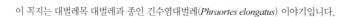

대벌레

이 꼭지는 대벌레목 대벌레과 종인 긴수염대벌레(*Phraortes elongatus*) 이야기입니다.

위장술의 대가
긴수염대벌레

　한라산 둘레길을 걷습니다. 옆으로 쭉 뻗은 팽나무 나뭇가지에
달린 잎사귀 위에 긴수염대벌레가 우직하게 앉아 있습니다. 잎사
귀의 굵은 주맥에 배를 깔고 다리는 옆맥 쪽으로 벌리고 있어 언뜻
보면 누가 잎이고 누가 곤충인지 잘 구분이 안 갑니다. 더구나 몸
색깔까지 잎사귀와 똑같은 초록색이니 눈에 잘 안 띕니다. 역시 긴
수염대벌레는 위장술의 대가입니다.

　가만히 엎드려 있는 긴수염대벌레를 살펴봅니다. 몸길이는
70~100밀리미터 정도로 굉장히 깁니다. 몸매는 기다란 막대기처
럼 늘씬하고 홀쭉합니다. 동그란 머리는 몸길이에 비해 매우 작습
니다. 더듬이는 가느다란 실 모양으로 제 몸길이의 3분의 2만큼 깁

—
긴수염대벌레 수컷
날개가 퇴화되어 배
마디를 드러내 놓고
있다.

니다. 깜찍한 겹눈은 동그랗고, 겹눈과 겹눈 사이에는 아주 작은
홑눈이 3개 있습니다. 다리는 굉장히 길고 가느다랗습니다. 어른벌
레로 탈바꿈했을 때 있어야 할 날개는 퇴화되어 아예 안 보입니다.
날개가 없다 보니 늘 배를 드러내 배마디들이 보여 나뭇가지처럼
보입니다.

긴수염대벌레는 암컷과 수컷의 생김새가 조금 다릅니다. 어른벌
레 암컷은 몸집이 수컷의 2배 정도로 뚱뚱하며, 몸 색깔도 갈색을
띠고, 더듬이도 약간 짧습니다. 이에 비해 수컷의 몸집은 홀쭉해
왜소하고, 몸 색깔은 대개 초록색을 띠고 더듬이는 암컷에 비해 조
금 긴 편입니다.

생김새가 이렇다 보니 대벌레(대벌레목 곤충)를 한자어로 '죽절
충(竹節蟲)'이라 부르고, 우리나라에서는 대나무를 닮았다 해서
'대벌레', 영어권 국가에서는 지팡이를 닮아서 '지팡이벌레(stick
insects)'라 부릅니다.

대벌레목 곤충은 그리 흔하지 않아 야외 관찰을 자주 가는 저도
일 년에 고작 몇 번 만날 뿐입니다. 대벌레목 가문이 다른 곤충들
에 비해 왕성하게 번성하지 못해서 종 수가 적기 때문입니다. 게다
가 먹성이 좋아 아무 식물 잎이나 먹지만, 산지성에다 나름 '예의'
가 있어 사람이 사는 지역까지 내려와 사람들이 키우는 농작물은
잘 먹지 않아 눈에 덜 띕니다.

우리나라에 사는 대벌레목 곤충은 모두 5종입니다. 대벌레, 긴수
염대벌레, 우수리대벌레, 날개대벌레, 분홍날개대벌레가 그들입니
다. 그 가운데 3종(대벌레, 긴수염대벌레, 우수리대벌레)은 날개가 없
고 2종(날개대벌레, 분홍날개대벌레)은 얄궂게 짧은 날개가 달려 있

긴수염대벌레 수컷.
더듬이가 암컷보다
조금 더 길다.

긴수염대벌레의 겹
눈과 겹눈 사이에는
아주 작은 홑눈이 3
개 있다.

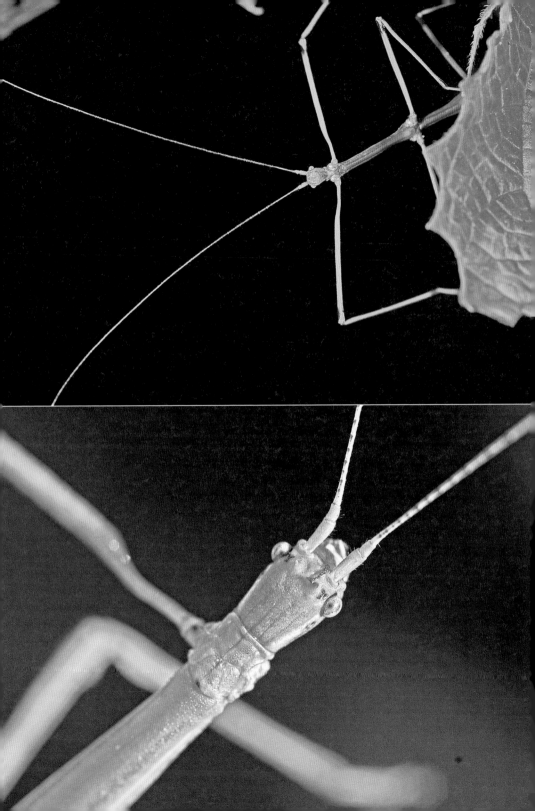

습니다. 긴수염대벌레는 이름처럼 더듬이가 매우 길고, 흔하지 않은 종입니다.

긴수염대벌레가
살아남는 법

긴수염대벌레는 몸에 독이라곤 하나도 지니고 있지 않습니다. 그렇다고 천적을 만나면 장수풍뎅이의 뿔처럼 적과 대적해 싸울 만한 장식품도 몸에 없습니다. 그저 나무 막대기같이 연약한 몸으로 험난한 자연 환경을 이기며 살아가야 합니다. 그래도 긴수염대벌레는 신체적 약점을 극복, 아니 타고난 신체적 약점을 역이용해 지금까지 지구에 살아남았습니다.

긴수염대벌레가 살아남을 수 있는 가장 큰 이유는 보호색 때문입니다. 보호색을 띠는 방법에는 '위장'과 '변장'이 있는데, 긴수염대벌레는 위장에 능합니다. '위장'은 자기 몸을 둘레 환경과 잘 어울리게 치장해 힘센 포식자의 눈을 속이는 방법입니다. 대표적으로 식물 잎 색깔과 비슷한 초록색을 띤 메뚜기류가 있습니다. '변장'은 둘레 환경과 전혀 다른 모습으로 치장해 오히려 도드라지게 하는 방법입니다. 대표적으로 새똥처럼 얼룩덜룩한 색깔을 띤 호랑나비 애벌레(1~4령)가 있습니다.

우선 긴수염대벌레 몸 색깔은 자연의 색깔인 녹색과 갈색이고, 몸매도 가늘고 길어 천적들이 나무 막대기로 착각합니다. 나뭇잎에 앉아 쉴 때는 앞다리를 머리 쪽으로 쭉 뻗고, 가운뎃다리와 뒷다리는 양옆으로 쫙 벌리고 앉아 마치 잎맥처럼 보입니다. 또 나무 줄기에 딱 달라붙듯이 앉아 있다가 위험하면 여섯 다리에 힘을 바짝 주며 팔굽혀펴기 준비 자세라도 하듯 몸을 일으켜 세운 뒤 몸을 양옆으로 천천히 흔듭니다. 그러면 영락없이 가느다란 나뭇가지가 바람에 살랑살랑 흔들리는 것처럼 보입니다. 이쯤이면 위장술의 대가이지요.

긴수염대벌레가 살아남는 방법은 위장술 말고도 또 있습니다. 바로 가사 상태에 빠지는 작전입니다. 나뭇잎 위에 앉아 있다가 포식자를 만나거나 위험한 일이 벌어지면 곧바로 아래로 뚝 떨어져 누워 버립니다. 이때 몸은 경직되어 있고, 다리는 쭉 뻗치고 누워 건드려도 꼼짝도 하지 않습니다. 이런 현상이 '가사 상태'입니다.

죽은 척이 아니라 실제로 정신이 혼미하여 아무리 건드려도 반응
이 없는 상태, 곧 가짜로 죽는 것이지요. 다시 말하면 긴수염대벌
레는 위험과 맞닥뜨리면 혼수상태에 빠져 일정한 시간이 지나야만
제정신으로 돌아옵니다. 2~3분 지나면 가사 상태에서 벗어나 다리
와 더듬이를 꿈틀거리며 정신을 차린 뒤 걸어서 도망갑니다.

어떤 때는 살아남기 위해 더 절박한 작전을 쓰기도 합니다. 적에
게 잡혔을 때는 공포에 질린 채 다리를 잘라 내며 적에게 벗어나려
발버둥 칩니다. 마치 도마뱀이 적을 만나면 꼬리의 일부를 잘라 버
리고 도망치는 것처럼 긴수염대벌레도 다리의 도래마디와 넓적다
리마디 사이의 관절을 끊어 버립니다. 다리를 하나 떼어 내도 나머
지 다리를 이용해 도망가면 되지만, 불행히도 천적이 나머지 다리
를 잡고 있다면 그 다리도 떨어질 수 있습니다. 실제로 산길을 걸
을 때 다리가 서너 개뿐인 녀석들을 심심찮게 만납니다. 애벌레의
경우에는 다리가 잘려 나간 부분은 허물을 벗을 때 돋아나긴 하지
만, 완전하지 못합니다.

수컷이
부족해

긴수염대벌레는 성비의 불균형이 심해 수컷의 비율은 고작 5퍼
센드 정도지만 암컷이 비율은 약 95퍼센트나 됩니다. 그러니 사과
들에 나가면 대부분 암컷들을 만날 뿐이고, 수컷은 가뭄에 콩 나듯

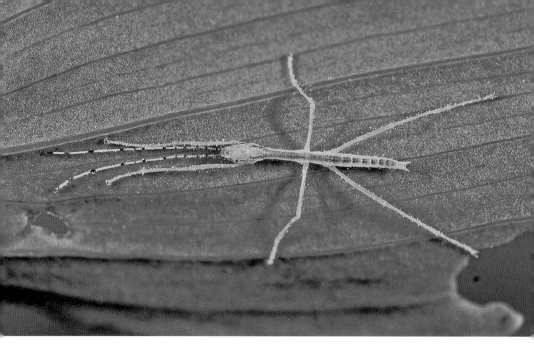

매우 드물게 보여 운수 대통해야 수컷을 만날 수 있습니다.

수컷을 보기가 하늘의 별 따기만큼 어려운데 암컷은 어떻게 알을 낳을까요? 생리적으로 암컷은 난소를 지니고 있기 때문에 때맞춰 난소가 성숙되면 배란을 합니다. 즉 수컷과 짝짓기를 안 해도 알을 낳을 수 있습니다. 다만 알에는 암컷의 유전자만 있기 때문에 돌연변이가 일어날 확률이 적어 극심한 환경 변화에 적응할 기회가 줄어듭니다. 그럼에도 긴수염대벌레 암컷은 어떤 연유에서인지 알 수는 없으나 수컷 없이도 알을 낳습니다. 즉 수컷과 짝짓기해 유전자를 섞지 않고서도 처녀의 몸으로 알을 낳습니다. 수컷의 필요성을 크게 느끼지 못하는 것이지요. 이런 현상을 '처녀 생식' 또는 '단위 생식'이라고 합니다.

실제로 한 연구 기관에서 긴수염대벌레와 친척뻘인 대벌레를 키우며 실험을 한 적이 있습니다. 연구소에서 키운 대벌레는 모두 암컷이었습니다. 그들이 낳은 알에서 부화한 애벌레 가운데 암컷은 98퍼센트나 차지했습니다. 따지고 보면 이 암컷들은 모두 결혼하지 않은 처녀 엄마의 복제품이지요. 수컷과 짝짓기하지 않고 낳은 알이니 알에는 엄마의 유전자만 들어 있습니다. 짝짓기 과정을 건너뛰니 알을 낳기까지 걸리는 시간을 줄일 수 있어 자손 번식에 유리할 수 있으나 문제는 갑작스런 환경 변화가 생기면 적응할 가능성이 줄어든다는 것입니다. 그럼에도 지금 지구에 긴수염대벌레가 살고 있다는 것은 처녀 생식이 그들의 가문 유지에 적잖은 역할을 하는 것 같습니다. 다행히도 수컷이 아예 없는 것이 아니라 어디엔가 살아 있으니 그 수컷과 인연이 닿은 암컷은 짝짓기를 하며 유전자를 섞습니다.

생애 딱 두 번 본
긴수염대벌레의 신방

20년 넘게 야외에 수없이 나가 봤지만 대벌레 짝짓기 장면을 본 것은 딱 두 번입니다. 가을 냄새가 물씬 나는 10월 초, 전북 완주의

어느 계곡 길을 걷습니다. 산이 높지 않아 길은 험하지 않으나 인적이 드물어 꿩이 바스락거리는 발걸음 소리에도 깜짝깜짝 놀랍니다. 길섶은 풀과 키 작은 떨기나무들이 뒤섞여 있어 스치며 걸을 때마다 메뚜기들이 툭툭 튑니다. 그때 키 작은 떨기나무에서 뭔가가 꿈틀거립니다. 멈춰서 보니 긴수염대벌레가 짝짓기 중입니다. 살다 보니 긴수염대벌레 짝짓기 장면을 다 봅니다! 맨날 암컷 혼자 있는 것만 보다 수컷을, 그것도 암컷과 뒤엉켜 짝짓기하는 수컷을 보니 갑자기 맥박이 빨라지고 두 눈이 휘둥그레집니다.

막 구애 의식이 끝났나 봅니다. 수컷이 암컷의 등 위에 올라타 배 꽁무니 속 생식기를 암컷의 배 꽁무니 속 생식기에 갖다 대려는 찰나입니다. 역시 수컷의 몸은 가냘프고 왜소합니다. 암컷은 수컷의 두 배 정도 뚱뚱하고, 몸길이도 수컷의 3분의 2나 될 정도로 깁니다. 그런데 짝짓기 자세가 특이합니다. 보통 곤충들은 배 꽁무니에 생식기가 있어 배 꽁무니를 마주 대며 사랑을 나누는데, 긴수염대벌레는 배 꽁무니를 맞대지 않습니다. 그건 긴수염대벌레의 생식기가 암컷은 8번째 배마디에 있고, 수컷은 9번째 배마디 아래쪽에 숨겨져 있기 때문입니다.

수컷은 배 꽁무니에 있는 파악기(꼬리털 1쌍)를 아래쪽으로 휘어 암컷의 8번째(배마디는 모두 11마디로 이루어짐.) 배마디를 꽉 잡고 있는데, 그 모습이 누운 7자 모양, 또는 지팡이의 손잡이 모양입니다. 그러다 보니 위에서 내려다 보면 수컷의 몸은 암컷의 몸과 포개져 있지 않고 한쪽으로 15도 기울어져 있습니다. 수컷이 긴 다리로 암컷의 몸을 포위하듯 암컷이 앉아 있는 잎사귀 위에 얹어 놓으니 짝짓기 자세가 엉거주춤합니다.

긴수염대벌레 수컷
이 배 꽁무니에 있
는 파악기로 암컷의
배마디를 꽉 잡고
있다.

수컷이 파악기로 암컷의 배마디로 꽉 잡자마자, 9번째 배마디 속에서 초록색의 생식기가 슬금슬금 나오더니 암컷의 8번째 배마디에 있는 생식기 속으로 들어갑니다. 수컷의 생식기는 크고 부풀어 있어 암컷의 몸속으로 들어가기 버거워 보이나, 결국 짝짓기에 성공합니다. 수컷 몸집이 작은 탓에 그 모습은 마치 암컷이 수컷을 업고 있는 것 같습니다.

이제부터 긴수염대벌레 부부는 오래 버티기에 들어갑니다. 건드리지 않으면 몇 시간 이상 사랑을 나눕니다. 짝짓기하는 내내 부부는 거의 움직이지 않고 똑같은 자세로 나뭇가지에 무덤덤하게 앉아 있습니다. 사진을 찍을라치면 암컷이 어기적어기적 걸어 몇 걸음 옮겨 가고, 수컷은 암컷의 등에 업혀 따라갈 뿐 변함없는 사랑은 내내 지속됩니다.

긴수염대벌레는 왜 이토록 오래 짝짓기 자세를 유지할까요? 이런 긴수염대벌레와 달리, 모시나비 수컷은 짝짓기 후 분비물을 내어 암컷의 생식기를 막는 정조대(수태낭)를 달아 주어 다른 수컷의 접근을 막습니다. 수컷이 엄청난 비용을 투자해 스스로 만든 정조대는 암컷을 성적으로 보호하는 역할을 하지만 이런 정조대는 시간이 흐르면 떨어질 염려가 있어 영원하지 못합니다. 반면에 긴수염대벌레 수컷은 이를 방지하게 위해 원시적이며 고전적인 방법을 사용합니다. 바로 자신의 몸을 정조대로 사용하는 것이지요. 즉, 수컷은 정자를 건넨 뒤에도 오랫동안 짝짓기 자세를 유지해 다른 수컷이 자기와 짝짓기 중인 암컷에게 다가오지 못하게 아예 원천 봉쇄합니다. 그렇게 살아야 할 긴수염대벌레의 운명이 참 안쓰럽기 짝이 없습니다.

긴수염대벌레 수컷
생식기

땅에
알 떨어뜨리기

짝짓기를 마친, 또는 짝짓기를 하지 않은 긴수염대벌레 암컷은 알을 낳기 위해 식물 위로 올라갑니다. 그런 뒤 식물 위에 앉아서 알을 하나씩 낳아 땅 위에 떨어뜨립니다. 암컷이 낳은 알의 수는 600~700개 정도로 알려졌습니다. 알은 식물의 씨앗처럼 생겼습니다. 알의 모습으로 겨울잠을 잔 뒤 이듬해 봄에 알에서 애벌레가 깨어납니다. 알 속의 애벌레는 알 윗부분을 동그랗게 오린 뒤 알 껍질을 빠져나옵니다. 갓 태어난 1령 애벌레는 식물의 새로 돋아난 잎이나 꽃잎을 먹습니다. 몸이 자라면 허물을 벗으며 여름까지 성장하다가 가을에 비로소 어른벌레가 됩니다. 긴수염대벌레의 한살이는 일 년에 한 번 돌아갑니다.

포기란 없는

북쪽비단노린재

북쪽비단노린재
북쪽비단노린재가 활짝 핀 꽃 위에
앉아 있습니다.

따스한 4월 말입니다.

연구소 정원에 눈부신 봄 햇살이 내려앉습니다.

올망졸망 모여 햇볕 목욕을 하던 나도냉이 꽃봉오리가

꽃잎 네 장을 활짝 펼칩니다.

누가 십자화과 식물을 안 좋아한다고 할까봐

아침부터 북쪽비단노린재가 나도냉이 꽃잎 위에 앉아

일광욕을 즐기며 아침 식사를 합니다.

햇빛 받아 반짝이는 북쪽비단노린재의 알록달록한 몸 색깔과

노오란 꽃의 색 조화가 참 곱습니다.

노린재치고는 너무 어여뻐 넋을 놓고 바라보는데

눈치 빠른 녀석이 제 숨소리에 놀라

식사하다 말고 재빠르게 꽃잎 뒤로 숨어 버립니다.

나도냉이

이 꼭지는 노린재목 노린재과 종인 북쪽비단노린재(*Eurydema gebleri gebleri*) 이야기입니다.

비단결처럼 고운
북쪽비단노린재

나도냉이 꽃 식사를 하던 북쪽비단노린재가 놀라 재빠르게 숨습니다. 밤새 배고팠는지 녀석은 조금 뒤 다시 꽃 위로 올라와 식사를 합니다. 침 같은 주둥이를 꽃 속에 찔러 넣고 즙을 쭉쭉 빨아 마십니다. 식사 삼매경에 빠진 녀석을 보니 참 매력덩어리입니다.

북쪽비단노린재는 몸길이가 6.5~9.5밀리미터쯤으로 몸집이 제법 커 맨눈으로도 잘 보입니다. 생김새는 방패처럼 넓적한데, 마치 예쁜 옷에 붙여 놓은 브로치같이 앙증맞습니다. 더듬이는 평범한 실 모양이고 다섯 마디로 이루어졌습니다. 몸 색깔은 전체적으로 까만색을 띠는데 등 쪽에 주황색과 하얀색의 띠무늬가 샛길이 난 것처럼 그려져 있어 눈에 확 띕니다. 피부에는 바늘로 콕콕 찍은 것 같은 미세한 구멍들이 수없이 찍혀 있어 매력 만점입니다. 뿐만

북쪽비단노린재(왼쪽)와 홍비단노린재(오른쪽). 같은 비단노린재속 식구이다.

아니라 피부엔 마치 참기름을 발라 놓은 것처럼 윤기가 반지르르 흐릅니다. 그 느낌이 마치 윤기 나는 비단과 같다 해서 이름에 '비단노린재'가 들어갔습니다. 실제로 접사 촬영을 하다 보면 비단결같이 아름다운 피부가 실감이 납니다.

북쪽비단노린재는 족보상 노린재목 가문의 노린재과 집안 식구입니다. 원래 우리나라에 사는 비단노린재속(*Eurydema*)에는 비단노린재(*Eurydema rugosum*)와 북쪽비단노린재(*Eurydema gebleri*)가 기록되었는데, 2011년에 비단노린재를 북쪽비단노린재의 아종으로 정하고, 국명을 북쪽비단노린재로 통일하였습니다. 그래서 현재 우리나라에 사는 비단노린재속 곤충은 북쪽비단노린재와 홍비단노린재 2종입니다.

고약한 냄새

그런데 북쪽비단노린재는 비단결처럼 곱게 생긴 것과 생판 다르게 냄새는 고약합니다. 북쪽비단노린재를 만나거든 살살 쓰다듬어 보세요. 녀석을 만진 손가락을 코에 대고 냄새를 맡아 보면 마치 식초가 섞인 듯한 계피 향이 납니다. 그 냄새를 사람들이 '노린내'라고 해서 노린재라는 이름이 붙었습니다. 알고 보면 그 역겹고 시큼한 냄새는 바로 노린재가 자기를 지키기 위해 몸속에서 만들어 내는 화학 방어 물질입니다. 다시 말하면 자기 목숨을 보호하는

북쪽비단노린재는
위험을 느끼면 화학
폭탄을 분비한다

화학 폭탄인 셈이지요. 여느 노린재들처럼 북쪽비단노린재도 스트
레스를 받거나 위험을 느끼면 여지없이 고약한 냄새를 풍기는 화
학 폭탄을 내뿜어 포식자를 물리칩니다. 신기하게도 화학 폭탄이
나오는 구멍은 애벌레는 등에, 어른벌레는 가슴 옆구리 쪽에 뚫려
있습니다. 북쪽비단노린재는 '신사'라서 절대로 먼저 화학 폭탄을
포식자를 향해 내뿜지 않습니다. 포식자가 자기를 잡아먹으려 할
때 방어하기 위해 화학 폭탄을 분비합니다. 역겨운 냄새를 맡은 포
식자는 순간적으로 폭탄 물질과 냄새 때문에 당황해 우물쭈물합니
다. 그 틈을 타 북쪽비단노린재는 포식자의 눈을 피해 도망칩니다.
결국 화학 폭탄은 공격용이 아니라 방어용입니다.

북쪽비단노린재의
식사법

북쪽비단노린재는 특이하게 편식을 합니다. 보통 노린재목 가문의 노린재아목 곤충들은 먹잇감을 골라 먹지 않고 침 같은 주둥이로 찔러 즙을 먹을 수 있는 식물이면 다 먹습니다. 하지만 큰허리노린재, 큰광대노린재, 방패광대노린재나 참나무노린재처럼 일부 노린재들은 식성이 까탈스러워 특정한 먹이식물을 정해 놓고 먹습니다. 특히 북쪽비단노린재는 톡 쏘는 맛을 지닌 십자화과 식물만 골라 먹습니다. 녀석은 더듬이나 털 같은 감각 기관을 이용해 십자화과 식물이 풍기는 독특한 냄새를 찾아갑니다.

밥을 먹기 시작한 지 벌써 5분째입니다. 북쪽비단노린재 암컷이 거의 움직이지 않고 머리를 나도냉이 꽃에 박고 식사를 합니다. 무엇을 먹을까요? 녀석에게 꽃가루는 그림의 떡이고, 꽃가루 대신 나도냉이 꽃 속에 들어 있는 수술, 암술, 꽃잎의 신선한 즙을 쭉쭉 빨아 마십니다. 북쪽비단노린재는 초식성에다 흡즙형 주둥이를 가져 주둥이가 식물 즙을 잘 빨아 먹을 수 있도록 바늘처럼 가느다랗고 뾰족하게 변형되었습니다. 그래서 녀석은 나도냉이 꽃 뿐만 아니라 연한 줄기, 잎, 열매 따위를 가리지 않고 식물의 어느 부분이든 주둥이를 푹 찔러 넣고 즙을 빨아 마실 수 있습니다. 다행히 풀밭이나 경작지에는 무, 배추, 냉이와 나도냉이 같은 십자화과 식물이 널려 있어 굶을 염려는 없습니다.

침처럼 가늘고 뾰족한 주둥이는 어떻게 생겨났을까요? 곤충의 입틀은 기본적으로 윗입술, 큰턱, 작은턱과 아랫입술, 혀로 구성되어 있는데, 그 가운데 노린재의 주둥이는 큰턱과 작은턱이 침같이 길고 뾰족한 모양으로 바뀌어 식물의 조직 속에 잘 찔러 넣을 수 있습니다. 기특하게도 북쪽비단노린재는 이런 주둥이를 줄기나 열매에 꽂으면서 소화 효소인 펙티나아제(pectinase)를 분비합니다. 이 효소는 식물의 질긴 세포벽의 중간에 있는 박막층을 부드럽게 분해시켜 길고 뾰족한 주둥이가 식물 조직 속에 잘 들어가게 도와줍니다. 또 침 속에는 아밀라아제(amylase)란 소화 효소도 들어 있어 소화가 잘 되게 도와주기도 합니다.

사랑하는 모습도 아름다워

북쪽비단노린재 암컷이 마음껏 식사를 하고 있는데 어디선지 수컷이 날아와 암컷과 조금 떨어져 앉습니다. 수컷은 식사에는 관심이 없는 듯 암컷에게 다가가 더듬이로 암컷의 머리 쪽을 건드립니다. 식사를 딱 멈춘 암컷은 그런 수컷이 맘에 안 드는지 수컷을 피합니다. 자존심 상한 수컷은 이번에는 암컷의 배 꽁무니 쪽으로 걸어가 등 위로 올라탑니다. 역시 암컷이 퇴짜를 놓습니다. 암컷의 의향을 무시하는 듯이 수컷은 연신 암컷에게 다가가 치근댑니다. 이미 암컷이 수컷을 꼬드길 성페로몬을 풍겼기 때문에, 그 냄새를 맡고 찾아온 수컷에게 포기란 절대 없습니다.

몇 분간 수컷의 애간장을 녹이나 싶더니 암컷이 수컷의 집요함에 못 이기는 척하며 남편감으로 간택합니다. 이제 수컷이 암컷 곁에 나란히 앉아도 피하지 않습니다. 이때를 기다린 수컷은 재빨리 자기 배 꽁무니를 암컷 배 꽁무니에 거칠게 들이댑니다. 옆으로 앉은 자세가 불편하지만 암컷은 배 꽁무니를 약간 늘여 수컷에게 협조합니다. 드디어 암컷과 수컷의 배 꽁무니가 연결되고, 배 꽁무니 속에 들어 있는 수컷 생식기가 암컷 생식기 속으로 들어갑니다. 여전히 옆으로 앉아 있어 자세가 불안정해 구경하는 내내 가까스로 결합된 생식기가 빠질까 불안합니다. 더구나 겉으로 암컷과 수컷의 생식기까지 드러나 있어 민망하기 짝이 없습니다. 잠시 뒤 수컷은 오른쪽으로 방향을 틀어 옆걸음질 하면서 편안한 짝짓기 자세를 만듭니다. 드디어 노린재 특유의 짝짓기 자세가 완성되었네요. 서로 반대 방향을 바라본 채 배 꽁무니만 서로 맞대고 있습니다. 희한하게 북쪽비단노린재 부부는 거의 움직이지 않고 나무토막처럼 꽃차례 위에 앉아 얼굴을 외면한 채 사랑을 나눕니다. 그런 부부를 응원이라도 하듯 햇살이 북쪽비단노린재 부부의 등 위에 눈부시게 내려앉습니다.

이때를 놓칠세라 고요하고 평온한 사랑에 빠진 북쪽비단노린재의 결혼식 사진을 몰래 찍습니다. 셔터를 누를 때마다 번쩍번쩍 플래시가 터지자 그만 사랑의 단꿈에 빠져 있던 신부가 깜짝 놀라 꽃차례 아래쪽으로 종종 걸어 도망갑니다. 짝짓기 중에 날벼락을 맞은 수컷은 영문도 모른 채 신부의 배 꽁무니에서 빠지지 않으려 긴장하면서 암컷이 걸어가는 쪽으로 뒷걸음질 치며 끌려갑니다. 예민해진 암컷은 한동안 꽃차례 아래를 걸어 다니고, 수컷은 암컷에게 떨어지지 않으려 안간힘을 쓰며 신부가 하는 대로 아무 불평 없

북쪽비단노린재 수컷이 짝짓기를 시도하고 있다.

북쪽비단노린재가 짝짓기에 성공했다. 생식기가 밖으로 드러나 있다.

이 따라다닙니다. 군소리 못 하고 무작정 끌려다니는 수컷이 안쓰럽기만 합니다. 황홀한 사랑을 나누는 북쪽비단노린재 부부의 사생활을 방해하다니! 너무 미안해 얼른 카메라를 치웁니다.

북쪽비단노린재 부부는 치명적인 위험만 아니면 오래오래 배 꽁무니를 마주 댄 채 떨어지지 않고 사랑을 나눕니다. 특히 신랑은 생식기의 힘만으로 신부를 꼭 붙들고 한 시간, 두 시간……, 방해만 받지 않으면 몇 시간 이상 짝짓기를 할 때도 있습니다. 그 이유는 단 하나, 다른 수컷이 자기와 사랑을 나누는 신부를 덮치지 못하도록 원천 봉쇄하기 위해서입니다. 신랑의 입장에선 신부 곁을 오래오래 지킬수록 자기 유전자가 암컷의 난자와 수정될 가능성이 높아지니 열 일 제치고 사랑이란 이름으로 신부를 놓아주질 않는 것입니다.

알은
원통 모양

짝짓기를 마친 북쪽비단노린재 암컷이 해야 할 마지막 임무는 알 낳는 일입니다. 부모와 마찬가지로 애벌레들도 편식이 심해 아무 식물이나 먹지 않고 십자화과 식물만 먹기 때문에 암컷은 먹이 식물을 찾아 나섭니다. 십자화과 식물에 도착한 암컷은 배 꽁무니를 잎이나 줄기에 대고 움찔움찔하면서 알을 낳습니다. 알을 한곳에 낳다 보니 멀리서 보면 마치 커다란 알 덩어리로 보입니다. 알

을 하나 낳은 뒤에 그 옆에 하나 낳고, 또 그 옆에 하나 낳고……. 그렇게 암컷은 수십 개의 알을 한 장소에 겹치지 않게 차례차례 낳습니다. 그 알들의 모습이 마치 장독대에 줄 맞춰 세워 놓은 항아리들처럼 보입니다.

북쪽비단노린재의 알은 참 특이하게 생겼습니다. 알의 생김새는 원통 모양이고, 색깔은 전체적으로 하얀색인데 회색빛의 띠무늬가 반지 낀 것처럼 둘러져 있습니다. 특히 알 윗부분에는 보일 듯 말 듯 홈이 파여 있어 마치 항아리 뚜껑을 덮어 놓은 것처럼 보입니다. 알이 붙어 있는 잎을 살짝 건드려 보았더니 알이 잎에서 떨어지지 않고 딱 달라붙어 있습니다. 그 이유는 암컷이 알을 낳으면서 산란관 옆에 있는 부속샘에서 풀같이 끈적이는 물질을 분비했기 때문입니다. 분비 물질은 풀 역할을 해 알과 알을 붙여 주고, 알이 잎사귀에서 떨어지지 않게 붙여 줘 거센 비바람이 불어도 알이 희생되지 않게 합니다. 알을 다 낳은 뒤 북쪽비단노린재 암컷은 힘이 서서히 빠져 죽음의 시간을 맞습니다.

모여 사는
애벌레

북쪽비단노린재가 알을 낳은 지 몇 주가 지났습니다. 드디어 항아리 꼴은 원통 모양의 알에서 북쪽비단노린재 애벌레들이 깨어납니다. 애벌레들은 누가 가르쳐 주지 않았는데도 본능적으로 몸으로 뚜껑처럼 생긴 알 윗부분을 힘껏 밀어 올립니다. 뚜껑이 열리면 새까만 머리가 나오고 이어 몸 전체가 뒤따라 나옵니다. 애벌레가 빠져나온 알은 마치 뚜껑이 열린 항아리 같습니다.

북쪽비단노린재
2령 애벌레

북쪽비단노린재 알 윗부분

  알에서 갓 깨어난 북쪽비단노린재 애벌레는 자기가 태어난 십자화과 식물에 주둥이를 꽂고 신선한 즙 식사를 합니다. 대개 어린 애벌레들은 모여 사는데, 많게는 넓적한 잎이나 줄기 하나에 스무 마리가 넘게 붙어 있을 때도 있습니다. 애벌레들이 다른 잎으로 옮길 때는 집합페로몬을 내뿜어 동료들을 불러 모읍니다. 그렇게 애벌레들은 모여 식사를 하며 함께 생활을 합니다. 흩어져 저마다 혼자 사는 것보다 모여 살면 힘센 포식자들의 눈을 헷갈리게 합니다. 아무래도 집단으로 모여 있으면 포식자 입장에선 몸집이 큰 곤충으로 오해해 섣불리 잡아먹지 못할 수도 있습니다. 또 위험해졌을 때 애벌레들이 한꺼번에 역겨운 화학 방어 물질을 내뿜으면 그 냄새에 질려 포식자들이 사냥을 포기할 수도 있습니다.

  북쪽비단노린재 애벌레들은 모여서 열심히 먹다가 몸이 커지면 허물을 벗고, 또 먹다가 몸이 커지면 다시 허물을 벗으며 자랍니다. 애벌레 기간에 모두 4번 허물을 벗는데 5령 애벌레가 마지막 단계입니다. 4령 때부터 애벌레 등에 날개 싹(어른벌레의 날개가 될 예비 날개)이 나옵니다. 날개 싹은 작은 편이라 등의 절반도 못 덮습니다.

  북쪽비단노린재는 번데기 시기를 거치지 않습니다. 애벌레가 번

북쪽비단노린재
4령, 5령 애벌레

북쪽비단노린재 5
령 애벌레. 번데기
시기는 거치지 않고
어른벌레가 된다.

데기 단계를 거치지 않고 곧바로 어른벌레로 날개돋이하는 것을 '안갖춘탈바꿈(불완전변태)'이라 합니다. 북쪽비단노린재처럼 노린재목 가문의 식구들은 모두 안갖춘탈바꿈을 합니다.

따지고 보면 자연 세계에서 안갖춘탈바꿈을 한다는 건 변화무쌍한 지구의 환경에 적응하는 데에 불리할 수도 있습니다. 부모와 자식이 먹는 음식이 같기 때문에 결국 부모와 자식 사이에 먹이 경쟁이 일어날 가능성이 많습니다. 그래서 지구에는 안갖춘탈바꿈을 하는 곤충이 갖춘탈바꿈(완전변태)을 하는 곤충에 비해 훨씬 적게 분포합니다. 안갖춘탈바꿈을 하는 곤충이 13퍼센트 정도, 갖춘탈바꿈을 하는 곤충이 87퍼센트 정도로 월등히 차이가 납니다. 안갖춘탈바꿈을 하는 곤충들을 손꼽아 보면 잠자리목, 강도래목, 사마귀목, 메뚜기목, 노린재목, 바퀴목, 집게벌레목 들을 들 수 있습니다.

애벌레 시절을 무사히 마치고 어른벌레가 된 북쪽비단노린재는 가을 내내 신선한 즙을 먹으며 영양을 보충합니다. 그러다 추워지면 낙엽 더미나 돌 밑처럼 따뜻한 곳으로 들어가 이듬해 봄까지 다섯 달 이상 겨울잠을 잡니다.

북쪽비단노린재의 사촌
홍비단노린재

북쪽비단노린재
어른벌레

한번은 우연히 북쪽비단노린재가 다른 종인 홍비단노린재와 짝짓기를 시도하는 장면을 본 적이 있습니다. '어떻게 다른 종과 짝

짓기를 할 수 있지?' 호기심에 가득 차 녀석들을 바라보았는데, 금방 결합한 생식기가 분리되었습니다. 실제로 홍비단노린재 수컷이 북쪽비단노린재 암컷에게 정자를 넘겼는지, 아니면 짝짓기 시도만 했는지 알 수는 없지만, 자연 세계에서 불가능은 없습니다. 더구나 북쪽비단노린재와 홍비단노린재는 같은 조상에서 갈라져 나온 사촌 사이이기 때문에 생식기의 생김새가 꽤 비슷할 수도 있기 때문입니다. 물론 짝짓기에 성공했다 해도 면역 체계 같은 여러 이유로 인해 정상적인 2세가 태어나기긴 어렵습니다.

　홍비단노린재 몸 색깔은 북쪽비단노린재와 약간 다릅니다. 홍비단노린재는 검정색 바탕에 주황색 줄무늬가 있는데, 줄무늬 수가 북쪽비단노린재보다 더 많습니다. 앞가슴등판의 검은색 무늬는 4~6개이고 앞날개에 세모 모양 무늬가 4개 있습니다. 또 다리 색깔이 까맣습니다. 전체적으로 홍비단노린재는 북쪽비단노린재에 비해 몸 색깔이 더욱 화려합니다. 서로 몸 색깔은 다르지만 먹이식물, 한살이 과정, 짝짓기 습성, 애벌레의 생김새 같은 생태는 두 종이 매우 비슷합니다.

꽃 위에서 합동결혼식
올리는

홍줄노린재

홍줄노린재 짝짓기

홍줄노린재가 갯기름나물 꽃 위에서
배 꽁무니를 마주 대고 짝짓기를 하고 있습니다.

6월 말, 여름 들머리라 낮에는 햇볕이 뜨겁습니다.
드디어 연구소 정원에 갯기름나물과 왜당귀 꽃이 피기 시작합니다.
5월 내내 산호랑나비 애벌레에게 시달리더니
기특하게 원기를 회복하고 하얀 꽃을 팝콘처럼 날마다 팡팡 터뜨립니다.
이때를 기다렸다는 듯 온갖 여름 곤충들이
갯기름나물 꽃에 찾아와 꽃 식사를 합니다.
색동옷 차려입은 불개미붙이, 알록달록 화사한 홍비단노린재,
두루뭉술한 풀색꽃무지, 더듬이가 긴 꽃하늘소류, 털 많은 기생파리들…….
그들 틈에 갯기름나물의 터줏대감인 홍줄노린재가
막 맺기 시작한 열매에 진을 치고 앉아 있습니다.
홀로 식사하는 녀석도 있고 한자리에서 꼼짝도 하지 않고
땡볕 아래서 뜨거운 사랑을 나누는 부부도 있습니다.
그런데 한두 쌍이 아닙니다. 하나의 꽃차례에서 예닐곱 쌍이,
그러니 갯기름나물 한 포기에 피어난 여러 꽃차례에서
스무 쌍도 넘는 부부가 사랑 삼매경에 빠져 있습니다.
이런 장관을 또 볼 수 있을까 싶어
한참 동안 신혼부부들의 합동결혼식을 구경합니다.

홍줄노린재

이 꼭지는 노린재목 노린재과 종인 홍줄노린재(*Graphosoma rubrolinneatum*) 이야기입니다.

합동결혼식 올리는
홍줄노린재

홍줄노린재 부부는 참 무덤덤하게 사랑을 나눕니다. 그저 서로 반대 방향을 바라본 채 배 꽁무니만 마주 대고 엎드려 있습니다. 신부가 이따금씩 즙 식사를 하다 말다 하지만, 대체로 신부와 신랑 모두 아무런 움직임 없이 갯기름나물 열매나 꽃 위에 도 닦듯이 앉아 있습니다. 배 꽁무니를 움찔대지도 않고, 앞다리로 더듬이 청소도 하지 않고 망부석처럼 엎드려 있어 마치 정지된 화면을 보는 것 같습니다. 바로 3센티미터 옆 지척에서 다른 쌍이 사랑을 나누고 있는데도, '투명 곤충'으로 취급하는지 아무런 상관하지 않고 오로지 자신들의 짝짓기 작업에만 몰두합니다. 위에서 내려다보니 날개가 짧아서 신랑과 신부의 생식기가 연결된 게 얼핏 보입니다. 건드리지 않으면 하루 24시간 저렇게 버틸 태세입니다.

—
홍줄노린재 여러 쌍이 구릿대 꽃 위에서 짝짓기를 하고 있다.

홍줄노린재는 어쩌다 부부가 되었을까요? 아마 같은 식당에서 밥을 먹다 보니 가까운 곳에서 식사하던 동료에게 반해 결혼까지 한 것 같습니다. 홍줄노린재는 입맛이 까다로워 아무 식물이나 닥치는 대로 먹는 게 아니고 오로지 미나리과 집안의 식물만 먹습니다. 홍줄노린재 어른벌레의 수명은 길어야 고작 열흘입니다. 그래서 홍줄노린재 어른벌레는 허락된 생명의 시간 동안 미나리과 식물 식당에서 식사를 하며 영양 보충을 합니다.

대개 홍줄노린재를 포함한 노린재들은 날 수 있는 날개를 가졌지만, 두껍고 작은 방패판과 앞날개 절반의 가죽질 성분 때문에 파리류나 잠자리처럼 재빨리 날지 못합니다. 그러니 먹이식물인 미나리과 식물 식당에 오면 큰 위험이 없는 한 한곳에 주구장창 머물러 식사를 합니다. 미나리과 식당에는 암컷과 수컷이 모두 날아올 터, 많은 선남선녀들이 함께 식사하며 같은 공간에 머무르다 보니 동료 중에서 맘에 드는 배우자를 발견할 확률이 높아집니다. 더구나 동료들끼리 거의 붙어 있다시피 가까이 앉아 식사하기 때문에 결혼 적령기인 수컷은 성적으로 성숙한 암컷 동료가 풍기는 페로몬 냄새를 제대로 맡을 수 있습니다. 그래서 수컷은 식사하며 페로몬을 뿜은 암컷에게 다가가 요란한 구애 행동 없이 암컷 등 위로 슬금슬금 올라탑니다. 이때 암컷의 머리 쪽에서 올라가기도 하고, 배 꽁무니 쪽에서 올라가기도 합니다. 암컷 등에 업힌 뒤 수컷은 서둘러 배 꽁무니를 암컷의 배 꽁무니에 들이대는데, 암컷은 큰 저항 없이 수컷을 받아들입니다. 수컷의 집게 같은 생식기가 암컷의 생식기 속으로 들어가고, 수컷은 암컷과 배 꽁무니를 마주 댄 채 천천히 몸을 180도 돌려 암컷과 반대 방향을 바라보는 자세를 취

합니다. 드디어 노린재류의 전통적인 짝짓기 자세, 즉 배 꽁무니를 마주 댄 채 머리는 반대 방향을 바라보는 자세가 완성됩니다.

훼방꾼
수컷 등장

바로 그때, 비상 상태가 발생했습니다. 성욕에 눈이 먼 훼방꾼 홍줄노린재 수컷 한 마리가 평온하게 짝짓기 삼매경에 빠진 홍줄노린재 부부를 덮칩니다. 훼방꾼 수컷은 다짜고짜 신혼의 단꿈에 빠져 있는 부부의 옆구리를 파고듭니다. 깜짝 놀란 부부는 몸을 약간 들썩이더니 이내 갯기름나물의 열매를 꼭 붙잡고 안정된 짝짓기 자세를 유지하며 철벽 방어를 합니다. 몇 번 옆구리 쪽을 집적대다 실패하자, 훼방꾼 수컷은 이번에는 등 위를 공략합니다. 엉금엉금 기어 짝짓기 중인 부부의 등짝을 밟고 다닙니다. 신랑과 신부의 넓적한 등짝이 연결되어 있으니 마치 너럭바위같이 넓어 활보하기 딱 좋습니다. 그러니 훼방꾼 수컷은 부부의 등짝에서 떨어지지 않고 제 안방인 양 걸어 다니며 호시탐탐 암컷의 생식기에 자기 생식기를 넣을 기회를 노립니다. 신랑은 도전하는 훼방꾼 수컷을 쫓아낼 엄두를 내지 못하고, 오로지 방어만 합니다. 자칫 훼방꾼 수컷을 쫓으려 한판 결투를 했다간 생식기가 빠지기 십상이니까요. 그저 신랑은 신부가 움직이는 대로 수동적으로 대처합니다. 그저 귀찮게 하는 훼방꾼 수컷을 피해 본능적으로 암컷이 앞으로 움

직이면 뒷걸음질 치고, 옆으로 움직이면 게처럼 옆으로 따라 움직이며 생식기가 빠지지 않도록 안간힘을 쓸 뿐 달리 훼방꾼 수컷을 물리칠 방법이 없습니다.

집요한 훼방꾼 수컷은 신부가 풍긴 페로몬 냄새에 취해 물러나지 않습니다. 이번에는 거칠고 과감하게 신부를 차지하려 듭니다. 아예 신부를 여섯 다리로 꼭 끌어안듯 잡고서 몰염치하게 자기 생식기를 꺼내 이미 신랑의 생식기가 연결되어 있는 신부의 생식기에 넣으려고 합니다. 이런 무례한 일이 또 있을까요? 사람으로 치면 성폭력범에 해당되는 중죄인데, 훼방꾼 수컷은 대수롭지 않다는 듯 연신 짝짓기 중인 신부를 겁탈하려 합니다. 하지만 신랑은 신부를 놓치지 않으려 젖 먹던 힘까지 다 쓰며 신부의 배 꽁무니에 매달려 있습니다. 이로써 신랑 승리! 해피 엔딩으로 난투극은 막을 내립니다. 훼방꾼 수컷은 2분 넘게 용만 쓰다가 사랑에 빠진 홍줄노린재 부부 곁을 떠나 다른 암컷을 찾아갑니다. 다시 평온을 찾은 홍줄노린재 부부는 밤늦게까지 배 꽁무니를 마주 대고 진한 사랑을 나눕니다.

오래 짝짓기하는
이유

여느 노린재들처럼 홍줄노린재도 한시도 떨어지지 않고 오래오래 사랑을 나눕니다. 건드리지 않으면 24시간 동안 짝짓기를 합니다. 위낙 몸 색깔이 인상적이고 움직임이 적어 오랫동안 짝짓기하는 모습이 눈에 잘 띕니다. 정말이지 수컷 홍줄노린재의 정력은 차고 넘칩니다.

홍줄노린재 부부는 왜 그리 오래도록 짝짓기를 할까요? 가장 큰 이유는 수컷의 '정자 경쟁' 때문입니다. 짝짓기를 오래함으로써 얻는 이익은 수컷이 암컷에 비해 훨씬 많습니다. 수컷은 '오랜 시간 짝짓기 유지'를 통해 자기 유전자를 안정적으로 자손에게 넘길 수 있는데, 이때 두 가지의 효과를 거둘 수 있습니다.

첫 번째 효과는 수컷의 정자가 암컷의 난자와 '완벽하게 수정될 수 있는 기회'를 갖는 것입니다. 설령 암컷이 이미 짝짓기를 한 경험이 있는 유부녀거나, 짝짓기 경험이 없는 숫처녀라 할지라도 수컷에겐 아무 문제가 되지 않습니다. 수컷은 소중한 정자를 암컷의

—
홍줄노린재가 다른 수컷을 물리치고 짝짓기 자세를 유지하고 있다.

수정낭(저정낭, 정자를 보관하는 주머니로 암컷의 생식 기관인 수란관 옆에 있음.)에 넣어 주고선 오로지 짝짓기 자세를 오래오래 유지해 자기 정자가 수정에 먼저 사용되는 우선권을 확보하기만 하면 됩니다. 보통 여러 번 짝짓기한 암컷의 수정낭에는 여러 수컷의 정자들이 차곡차곡 쌓이는데, 암컷의 난자는 가장 마지막에 짝짓기한 수컷의 정자와 수정이 되기 때문에 먼저 들어온 정자는 수정 경쟁에서 참패합니다. 한마디로 말하자면 수컷은 암컷에게 '마지막 남자'가 되고픈 욕망이 큽니다.

두 번째 효과는 '문지기 효과'입니다. 오래 짝짓기 자세를 유지함으로써 자기와 짝짓기한 암컷이 다른 수컷과 짝짓기하지 못하도록 아예 암컷 생식기를 막아 버릴 수 있습니다. 좀 원초적인 방법이지만 홍줄노린재 수컷은 짝짓기 시간을 길게 끌어 다른 수컷이 자기 신부에게 접근하지 못하게 합니다. 이는 수컷의 집요한 독점욕이나 질투심 때문에 생긴 것이지만 그 결과는 창대하여 자기 자손을 많이 남길 수 있습니다.

이렇게 홍줄노린재 수컷의 '정자 경쟁'은 자기 유전자를 다음 세대에 넘기는 데 큰 공헌을 합니다. 자신의 정자를 끝까지 지켜서 '정자 선취권'을 가질 수 있고, 다른 수컷의 접근을 원천 봉쇄해 암컷의 난자와 자기 정자가 수정될 때까지 시간을 벌 수 있습니다. 따지고 보면 홍줄노린재 수컷도 가엾습니다. 암컷과 장시간 짝짓기하느라 밥도 양껏 못 먹고, 천적의 눈에 띨 위험도 많습니다. 더구나 생식기를 빼지도 못한 채 똑같은 자세로 오랫동안 버텨야 하니 고생도 보통 고생이 아닙니다. 유전자를 남긴다는 본능적인 욕심 하나로 이 모든 일을 감수하는 홍줄노린재가 대단해 보일 뿐입니다.

세련미 넘치는
홍줄노린재

　홍줄노린재의 몸 색깔을 보면 개성이 넘쳐 납니다. 등 쪽 색깔은
새까만 바탕에 매혹적인 주홍색 세로 줄무늬가 쭉쭉 그려져 있어,
마치 스트라이프 원피스를 입은 것 같습니다. 그래서 홍줄노린재
라고 부르니 이름 한번 잘 지었습니다. 이 주홍색 줄무늬는 지역에
따라 변이가 심해 주홍색이 짙은 녀석도 있고, 주홍색이 옅은 녀석
도 있습니다. 특히 육지와 떨어진 섬 지방에서 사는 홍줄노린재는
줄무늬 색변이가 뚜렷하게 일어납니다. 또 배 쪽 색깔은 주홍색 바
탕에 까맣고 커다란 물방울 무늬가 화려하게 찍혀 있어 한눈에 확
들어옵니다.

—
홍줄노린재 등 쪽과
배쪽 모습

홍줄노린재는 몸 색깔뿐만 아니라 몸 생김새도 특이합니다. 몸매는 넙데데한 게 마치 방패연처럼 생겼습니다. 몸길이는 9~12밀리미터로 몸집이 아기 손톱만큼 커 맨눈으로도 잘 보입니다. 더듬이는 다섯 마디이고, 앞가슴등판은 볼록해 나름 육감적입니다. 특이하게 몸집에 비해 날개가 작아 굉장히 조금 보입니다.

날개는
소순판 아래에

그런데 홍줄노린재의 날개가 심상치 않습니다. 날개가 보일락 말락 굉장히 조금 보입니다. 어떻게 된 일일까요? 아, 커다란 소 혓

홍줄노린재 날개 편 모습. 노린재는 날개가 있지만 작은 방패판과 앞날개의 성분이 가죽질이라 재빨리 날지 못한다.

바닥 같은 소순판(작은방패판)에 가려져 있군요. 희한하게도 홍줄노린재의 소순판은 날개와 배를 거의 덮을 정도로 굉장히 커 날개로 착각하기 딱 좋습니다. 하지만 소순판에는 날개에 있는 세로 봉합선이 없습니다.

곤충의 가슴은 3부분, 즉 앞가슴, 가운데가슴, 뒷가슴이 연결막으로 이어져 있습니다. 겉날개는 가운데가슴에, 속날개는 뒷가슴에 붙어 있습니다. 그래서 앞가슴은 날개에 가려지지 않아 등 쪽에서 보면 잘 보이고, 가운데가슴 대부분과 뒷가슴은 겉날개에 가려져 등 쪽에서 보면 보이지 않는데, 가운데가슴 중 조금 노출된 부분이 소순판입니다. 즉 소순판이란 가운데가슴의 일부로서 겉날개 시작 부분, 다시 말해 앞가슴과 맞닿은 가운데가슴 앞부분에 조금 노출된 부분입니다.

보통 노린재목 식구들의 소순판은 역삼각형 또는 소 혓바닥 모양입니다. 그런데 희한하게도 홍줄노린재 소순판은 굉장히 커서 가운데가슴과 뒷가슴, 배를 거의 다 덮습니다. 도대체 홍줄노린재의 날개는 어디에 숨어 있을까? 바로 소순판 아래에 겉날개와 속날개가 포개진 채 숨어 있습니다. 쉽게 말하면 소순판 아래에 겉날개가 있고, 겉날개 아래에 속날개가 있습니다. 날개가 있으니 날수는 있으나 가죽질의 소순판이 날개를 덮고 있으니 잠자리나 나비처럼 비행력이 좋지 못해 웬만하면 먹이 식당 위를 성큼성큼 걸어 다닙니다. 그래도 위험하거나 먼 거리를 이동할 때는 소순판의 옆구리 쪽에서 겉날개와 속날개를 꺼내 펼치면서 날아갑니다.

소순판이 큰 노린재들이 여럿 있는데, 홍줄노린재아과(누리재과), 광대노린재과 식구, 알노린재과 식구가 그렇습니다. 홍줄노린

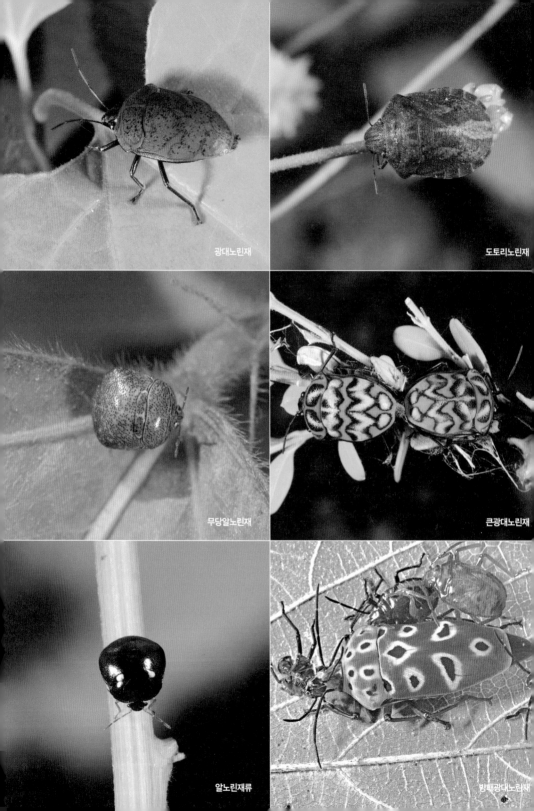

광대노린재

도토리노린재

무당알노린재

큰광대노린재

알노린재류

방패광대노린재

재아과 식구 중에는 거무칙칙한 먹노린재류, 광대노린재과 식구 중에는 제주도와 남부 지방에서만 사는 방패광대노린재, 도토리를 닮은 도토리노린재, 오색찬란한 광대노린재 들이 있고, 알노린재과 식구 중에는 알노린재, 무당알노린재, 눈박이알노린재, 동쪽알노린재 들이 있습니다.

홍줄노린재의
한살이

짝짓기를 마친 홍줄노린재 암컷은 알을 낳습니다. 알은 멀리 갈 것도 없이 암컷 자신의 생활 터전, 즉 식당이자 사랑을 나눴던 신방인 미나리과 식물에 낳으면 되니 편리합니다. 암컷은 알을 하나씩 하나씩 낳아 나란히 꽃대, 열매, 잎에 줄 맞춰 낳습니다. 알은 베이지 색이고 둥근 타원형인데, 알의 위쪽에는 부화한 애벌레가 잘 빠져나올 수 있게 절개선이 있습니다.

알에서 깨어난 홍줄노린재 애벌레는 본능적으로 어미가 낳아 준 식당에 앉아서 식물 즙 식사를 합니다. 몸집이 커지면 허물을 벗고, 또 식사하다 몸이 불어나면 허물을 벗습니다. 애벌레 단계는 1령에서부터 5령까지로, 이 기간 동안 애벌레는 허물을 모두 4번 벗으면서 쑥쑥 자랍니다.

애벌레도 어른벌레만큼은 아니지만 주황색이 섞여 있어 몸 색깔이 전체적으로 알록달록해 예쁩니다. 1~3령 애벌레 때는 머리와

홍줄노린재 알

홍줄노린재 2령 애벌레

홍줄노린재 3령(오른쪽), 4령(왼쪽) 애벌레

홍줄노린재 5령 애벌레

앞가슴등판이 까맣지만 드러난 배는 연둣빛과 주황색이 섞여 있습니다. 4령 애벌레 때부터 5령 애벌레 때까지 머리와 앞가슴등판, 소순판에 드디어 선명한 주홍색 줄무늬가 생겨 애벌레치고 화려합니다. 날개 싹은 3령 애벌레 때부터 나오기 시작합니다.

안갖춘탈바꿈 하는
곤충의 날개돋이

홍줄노린재는 안갖춘탈바꿈(불완전변태)을 하기 때문에 번데기 시절을 거치지 않고, 5령 애벌레에서 곧바로 어른벌레로 날개돋이 합니다. 막 5령 애벌레가 갯기름나물 꽃차례에 거꾸로 매달린 채 날개돋이를 하고 있습니다. 중력의 힘을 이용해 날개돋이하는 녀석이 참 똑똑합니다. 우선 5령 애벌레는 공기를 숨구멍으로 들이마셔 몸의 부피를 늘어나게 하고 배 근육을 수축해 몸 앞부분의 혈압을 높입니다. 그러면 머리(이마)에서 가슴 쪽에 갈라지도록 미리 예정된 약한 홈, 즉 탈피선을 따라 겉피부가 갈라집니다. 마침내 어른벌레의 새로운 머리와 새로운 가슴 부분이 빠져나옵니다. 이어 소순판, 날개, 다리와 배 같은 온몸이 속속 빠져나옵니다. 그리고 혈림프가 날개맥 안으로 쭉쭉 펌프질하며 들어가면 꼬깃꼬깃한 날개가 다림질하듯 펼쳐집니다. 알에서 깨어난 지 약 2달 만에 날개돋이에 성공합니다. 완전히 탈피각(허물)을 빠져나온 어른벌레는 탈피각을 곁에 두고 조금씩 움직여 안정된 자세를 잡은 뒤 쉽

갓 날개돋이한 홍줄
노린재. 시간이 지
나면 몸이 딱딱해지
고, 몸빛이 바뀐다.

니다. 갓 날개돋이한 어른벌레의 몸 색깔은 분홍빛이 도는 주황색
으로 기막히게 아름답고 피부는 부드러워 누르면 우그러지기 쉽습
니다. 시간이 흐르면서 몸은 점점 마르면서 딱딱해지고, 몸 색깔도
주홍색 줄무늬가 시원스레 그려진 검은색으로 변합니다.

경화를 마친 어른벌레는 멀리 가지 않고 자기가 날개돋이했던
갯기름나물을 떠나지 않습니다. 갯기름나물의 씨앗을 먹으며 영양
보충을 하다 추워지면 안전한 곳으로 이동해 겨울잠을 청합니다.

홍줄노린재는 한시도 미나리과 식물을 떠나는 일이 없습니다.
꽃이 피면 꽃 즙을 먹고, 열매가 맺히면 열매 즙을 마십니다. 그래
서 미나리과 식물의 꽃이 필 무렵부터 완전히 열매를 맺을 때까지
홍줄노린재는 미나리과 식물에서 '몇 달 살이'를 합니다. 초여름에
1세대 어른벌레가 날아와 짝짓기한 뒤 알을 낳고 죽으면, 이 알에

서 깨어난 애벌레가 미나리과 식물을 먹으며 무럭무럭 자라나 가
을쯤 날개돋이를 해 2세대 어른벌레가 됩니다. 따지고 보면 미나
리과 식물은 홍줄노린재의 식당이자 신방이자 육아실이자 휴게실
이니, 홍줄노린재는 미나리과 식물이 지구에서 사라지면 동반 멸
망의 길을 걸을 가능성이 많습니다. 미나리, 갯기름나물, 당귀같이
우리 식탁에 흔히 올라오는 쌈 채소를 드실 때 한번쯤 홍줄노린재
를 떠올려 볼 일입니다.

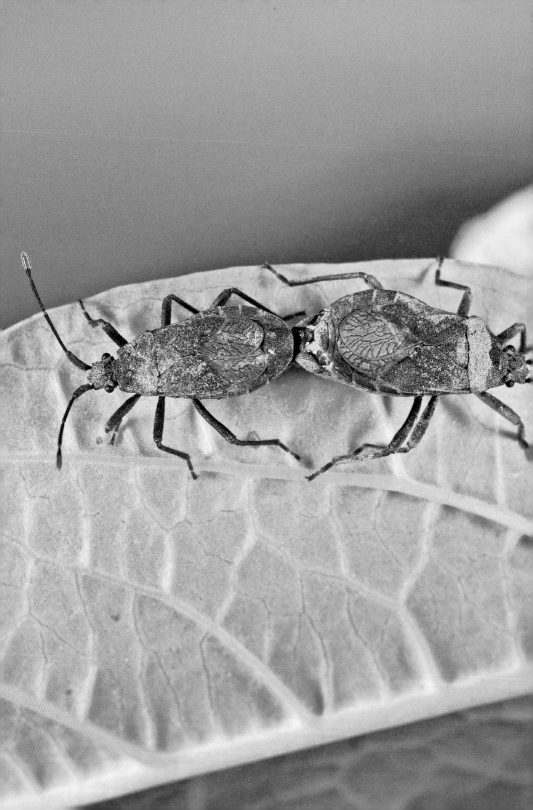

떼
허
리
노
린
재

떼허리노린재

떼허리노린재가 짝짓기를 하고 있습니다.
떼허리노린재는 무리를 지어 삽니다.

7월, 일본 국립공원 중 빼어난 풍광을 자랑하는
오제가하라(尾瀬ヶ原) 습지에 왔습니다.
고산 습지라 여름인데도
산들바람이 살갗을 간질이며 지나가 시원합니다.
목도(木道)가 끝없이 펼쳐집니다.
천혜의 습지를 보호하기 위해 나무판자를 깔아 만든 좁은 길을
한 걸음 한 걸음 내딛습니다.
목도 옆의 넓디넓은 초원에는 붓꽃, 꿩의다리, 원추리,
큰까치수염, 동의나물 같은 야생화가 만발합니다.
우리나라에서도 피고 지는 꽃들을
이국 만리 이곳에서 보니 반갑기만 합니다.

소리쟁이

이 꼭지는 노린재목 허리노린재과인 떼허리노린재(*Hygia lativentris*) 이야기입니다.

떼로 모인
떼허리노린재 부부

　일본에 있는 오제가하라 습지는 2박 3일 동안 걸어야 할 트레킹 코스입니다. 맘 놓고 천천히 눈 호강하며 평원 길을 걷는데, 소리쟁이 줄기에 달라붙은 노린재 떼가 한눈에 들어옵니다. 설레는 마음으로 다가가 자세히 보니, 세상에! 떼허리노린재가 떼로 짝짓기를 하고 있습니다. 마치 연출이라도 한 것처럼 10쌍도 넘는 떼허리노린재 부부가 줄기에 쭈르르 줄을 맞춰 사랑을 나눕니다. 아무리 일본이 가깝다 하지만 우리나라에 사는 떼허리노린재를 일본 땅에서 보니 감회가 새로워 갈 길이 먼 데도 자리를 뜨지 못합니다. 이미 출발한 일행들과는 점점 멀어져 가는데, 한 발짝도 못 떼고 그 자리에 서 있었습니다.

떼허리노린재들이
떼로 모여 짝짓기를
하고 있다.

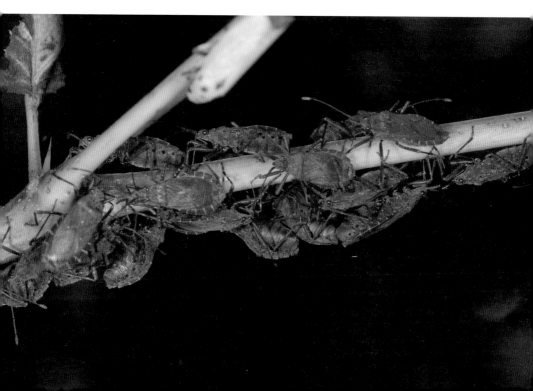

거무칙칙한
떼허리노린재

떼허리노린재의 몸집은 몸길이가 8~12밀리미터 정도로 보통 크기입니다. 몸 색깔은 노린재목 가문의 식구답게 거무칙칙합니다. 전체적으로 짙은 갈색으로 더듬이의 마지막 마디는 갈색이 도는 주황색이고, 옆으로 늘어난 배 옆 가장자리에는 어두운 주황색의 띠무늬가 있습니다. 게다가 피부는 광택이 없고 아주 짧은 털들이 덮여 있어 좀 칙칙합니다. 몸매는 가슴 부분이 약간 잘록하게 굴곡져 있는데, 이런 몸매를 가진 노린재들은 족보상 허리노린재과 식구입니다. 수컷의 배 꽁무니(배 끝마디)에는 한 쌍의 돌기가 달려 있습니다. 특이하게 떼허리노린재의 날개는 배 끝을 덮을 만큼 긴 장시형이 있고, 날개가 배 끝을 덮지 못하는 단시형도 있습니다.

떼허리노린재는 산이나 들판의 풀밭에서 식물의 즙을 먹고 삽니다. 풀과 나무 같은 여러 식물을 먹는 것 같지만 대개 나무에서는 장미과 식물을, 풀에서는 국화과나 마디풀과 식물을 즐겨 먹습니다. 한 마리 또는 서너 마리가 모여서 생활하는 경우도 있지만, 대부분 수십 마리가 떼를 지어 식물의 줄기에 달라붙어 식사를 즐깁니다. 떼를 지어 살고, 허리(가슴 부분)가 잘록하게 들어가 있어 떼허리노린재라고 부르니 이름 한번 쉽습니다.

떼 지어
짝짓기

놀랍게도 떼허리노린재는 모여서 식사하고 또 떼 지어 짝짓기도 합니다. 떼허리노린재는 식물의 잎보다는 연한 줄기를 좋아합니다. 먹기 좋은 줄기를 찾으면 먼저 도착한 녀석들은 집합페로몬을 풍겨 주변의 동료들을 불러 모읍니다. 풀숲에 있던 녀석, 흙 속에 있던 녀석, 덤불 속에 있던 녀석 들이 냄새를 맡고 속속 몰려듭니다. 그래서 때때로 몸에 흙이 묻어 있는 떼허리노린재가 눈에 띄기도 합니다. 이렇게 떼를 지어 무리를 만들면 포식자들을 방어하기도 좋고 짝을 효율적으로 만날 수도 있습니다. 떼허리노린재가 여러 마리 모여 있으면 포식자의 눈에는 먹잇감이 크게 보여 사냥을 포기할 수도 있고, 또 여러 마리가 동시에 방어 물질인 화학 폭탄을 쏘면 역겨운 냄새를 피해 다른 곳으로 갈 수도 있습니다. 혼자 지내다가는 육식성 노린재, 파리매, 거미, 개미, 새 같은 힘센 포식자에게 잡아먹힐 수 있습니다.

줄기 식당에 모인 떼허리노린재 군단은 안부 인사는 생략한 채 누가 먼저랄 것도 없이 뾰족한 주둥이를 줄기에 꽂고 밥을 먹습니다. 떼허리노린재가 속한 노린재목 가문 식구의 주둥이는 침처럼 가늘고 뾰족하게 생겼습니다. 일반적으로 곤충의 주둥이인 입틀(구기, mouthpart)은 윗입술과 아랫입술, 큰턱 한 쌍, 작은턱 한 쌍, 혀로 구성되는데 노린재목의 주둥이는 즙액을 빨아 먹을 수 있도록 큰턱과 작은턱이 침처럼 변형되었습니다. 녀석들은 한곳에 눌러앉아 줄기차게 신선한 즙액 식사를 하며 배를 채웁니다.

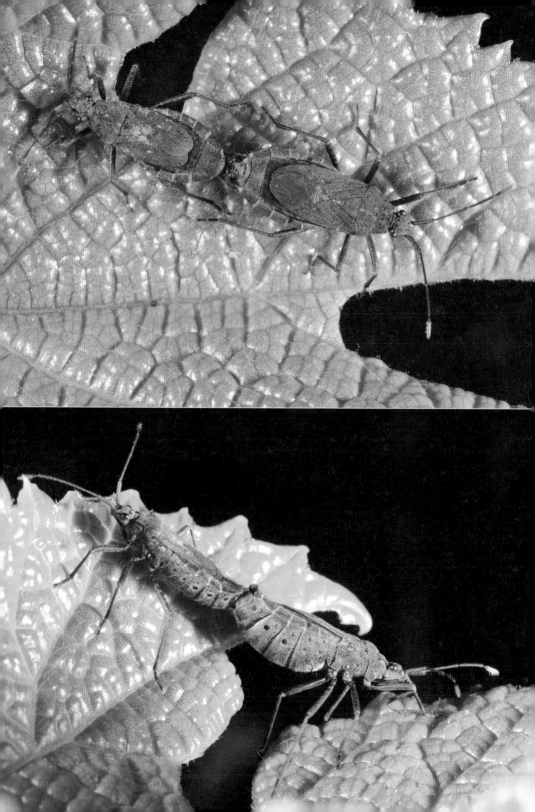

그때 떼허리노린재 수컷들은 곁에서 식사하는 암컷들에게 저마다 다가갑니다. 더듬이를 저으며 암컷의 더듬이와 몸을 부딪치고 암컷 몸 위로 올라갔다 내려갔다 하며 암컷의 환심을 삽니다. 그러든 말든 암컷은 수컷에게 관심을 주지 않고 식사에만 열중합니다. 짧고 소박한 구애가 끝나자 수컷은 암컷 옆으로 비스듬히 다가앉아 배 꽁무니를 늘여 암컷의 배 꽁무니에 넣습니다. 암컷은 그런 수컷이 맘에 드는지 순순히 수컷을 받아들이고, 드디어 수컷의 배 꽁무니가 움찔움찔하다 이내 암컷의 배 꽁무니 속으로 쏘옥 들어갑니다. 그런 뒤 수컷은 암컷과 반대 방향으로 몸을 움직여 배 꽁무니를 마주 대고 안정된 짝짓기 자세를 취합니다.

수컷은 자신의 배 꽁무니를 암컷의 배 꽁무니에 단단히 연결한 뒤 생식기를 빼내 암컷의 생식기 속에 넣습니다. 이때 수컷의 생식기는 매우 단단하고, 근육의 수축으로 발기됩니다. 이어 수컷의 생식 기관에 있는 부속샘이 수축하면 정액이 사정관으로 나오고 동시에 저정낭이 수축하면서 정자가 방출되어 암컷의 몸으로 들어갑니다.

다른 떼허리노린재 수컷도 옆에 있던 암컷에게 다가가 간단하고 짧은 구애 의식을 하고 짝짓기에 성공합니다. 또 다른 수컷들도 저마다 암컷을 찾아가 수월하게 짝짓기에 성공하니 졸지에 식사하던 줄기는 호텔이 되어 버렸습니다. 그 모습이 마치 쌍쌍파티 축제를 연 것 같습니다. 1밀리미터 간격을 두고, 심지어 서로의 다리들이 맞붙을 정도로 붙어서 열 쌍 이상이 집단으로 사랑을 나누고 있습니다. 짝짓기 중인 이웃 쌍이 너무 가까이 있어 서로 부딪치는데도 화내지 않고 다들 오로지 짝짓기에 취해 있습니다. 설령 이웃 부부에게 무슨 일이 일어날지라도 전혀 신경을 쓰지 않고 자신들의 짝짓기에만 몰두합니다. 옆으로 이동도 하지 않고 한자리에서 주구장창 사랑을 나눕니다. 더 신기한 것은 암컷은 짝짓기 와중에 주둥이를 줄기에 꽂은 채 식사를 합니다. 집단 짝짓기도 충격적이지만 짝짓기와 식사를 동시에 해결하는 암컷이 더 흥미롭습니다.

특히 수컷은 암컷에게 오랫동안 떨어지지 않고 짝짓기를 하려 애씁니다. 도무지 떨어질 생각을 하지 않습니다. 그러니 위험한 일이 일어나지 않으면 짝짓기 시간은 굉장히 길어집니다. 한 시간, 두 시간, 열 시간 아니 방해만 받지 않으면 하루 종일도 합니다. 그 이유는 수컷의 집착 때문입니다. 즉 자기 신부가 다른 수컷과 짝짓기할 기회를 원천 봉쇄하기 위해 암컷과 오래오래 사랑을 나누는 것입니다. 수컷의 입장에서 생식기를 결합한 채 신부를 오래 붙잡아 둘수록 자신의 유전자가 선택될 가능성이 높아 부권을 제대로 확보할 수 있습니다. 그래서 또 다른 암컷과 결혼하는 것을 포기하고 '현재의 신부'를 지킵니다.

따지고 보면 수컷의 입장에서 오랜 시간 하는 짝짓기가 꼭 좋은 것만은 아닙니다. 정자 경쟁에서는 유리하지만 한 마리의 암컷과 오랜 시간 짝짓기하게 되어 여러 마리의 암컷과 결혼할 기회는 줄어들기 때문입니다. 세상사가 그렇듯 곤충 세계에서도 하나를 얻으면 하나를 잃는 게 순리입니다.

애벌레도
떼 지어 지내고

하루가 넘게 긴 시간 동안 짝짓기를 한 떼허리노린재 암컷은 알을 낳습니다. 알은 한 장소에 낳는데 하나씩 하나씩 띄어 낳습니다. 하나 낳고, 그 옆에 하나 낳고, 또 그 옆에 하나를 낳다 보니 수십 개가 되었습니다. 배 꽁무니에도 눈이 달렸는지 알은 겹치지 않고 가지런히 낳았습니다. 알을 낳느라 기진맥진한 암컷은 시름시름 앓다 죽어 갑니다.

얼마 후 알에서는 떼허리노린재 애벌레가 태어납니다. 알에서 깨어난 애벌레들은 부모가 그랬듯이 떼를 지어 한곳에 머물며 살아갑니다. 한배에서 태어났지만 성장 속도는 저마다 달라 애벌레

떼허리노린재 알

떼허리노린재 애벌레. 어른벌레처럼 한곳에 모여 산다.

의 크기가 조금씩 다릅니다. 애벌레의 역할은 열심히 먹어 몸을 크게 불리는 일입니다. 애벌레는 식물 즙액을 먹으며 몸이 불어나면 허물을 벗고, 또 신선한 식물 즙 식사를 하다가 몸이 커지면 또 허물을 벗습니다. 떼허리노린재는 애벌레로 사는 동안 모두 4번의 허물을 벗고 5령 애벌레 단계까지 자랍니다.

떼허리노린재 애벌레는 부모(어른벌레)와 생김새가 비슷합니다. 몸매, 더듬이, 머리, 다리 어디 하나 안 닮은 게 없습니다. 단지 다른 게 있다면 몸 크기가 작고 날개가 없을 뿐입니다. 하지만 날개가 맨눈으로 안 보여서 그렇지 몸속에 날개가 될 날개 싹(어른벌레의 날개가 될 예비 날개)은 가지고 있습니다. 4령 애벌레 때부터 등쪽에 생겨나 맨눈으로 볼 수 있고 5령 애벌레의 날개 싹은 제법 커서 확연히 구분이 됩니다. 날개 싹은 등짝의 일부분만 덮을 수 있어 배가 훤히 드러납니다.

5령 애벌레가 된 지 몇 주 뒤면 애벌레 등 쪽에 있는 탈피선이 열리면서 어른벌레로 날개돋이합니다. 드디어 떼허리노린재 어른벌레의 가슴에 날개가 달립니다. 보통 가을에 2세대 어른벌레가 날개돋이하는데, 2세대 어른벌레들도 떼로 모여 식사하면서 영양을 보충하고 추워지면 낙엽이나 나무껍질 아래, 동굴 속처럼 따뜻한 곳에서 수십 마리가 떼를 지어 겨울잠을 잡니다. 떼허리노린재는 일 년에 한살이가 한 번 돌아갑니다.

떼허리노린재 애벌레가 분네와 어느벌레. 애벌레는 날개 싹을 가지고 있다.

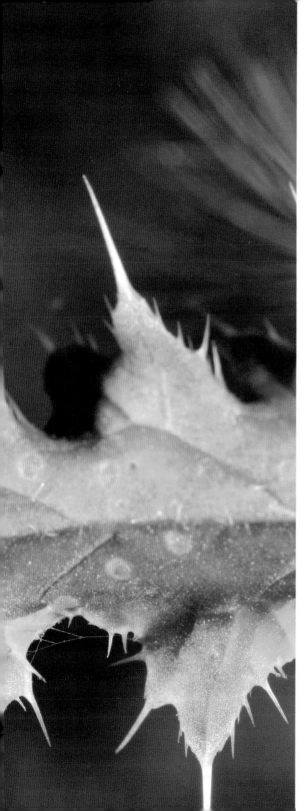

하루 종일 짝짓기하는

흰점빨간긴노린재

흰점빨간긴노린재

흰점빨간긴노린재가 지느러미엉겅퀴 잎 위를
걸어 다니고 있습니다.

가을의 한가운데, 10월입니다.

곤충으로 인연을 이어 가는 지인들과 함께

평창의 야생화 천국에 와 있습니다.

물매화 꽃이 한창입니다. 왜솜다리 꽃, 솔체꽃, 자주쓴풀 꽃같이

깊은 산에서 피는 가을꽃들이 만발했습니다. 과연 야생화 천국입니다.

꽃보다 사람이 더 많습니다. 각지에서 몰려온 사진꾼들이

아름다운 야생화를 카메라에 담느라 분주합니다.

그 틈에 산은줄표범나비가 너울너울 날고, 꽃등에류와 벌 들이

붕붕 날아다녀 어느새 숲속은 활기가 넘치고 들썩들썩합니다.

꽃에 날아든 곤충 손님을 구경하는 찰나,

지느러미엉경퀴의 하얀색 열매에 요염하게 앉아 있는

빨간색 노린재가 한눈에 들어옵니다.

몸 색깔이 채도 높은 주홍색인데

군데군데 까만색 무늬가 있어

첫눈에 반할 만큼 매혹적입니다.

여남은 마리가 모여 있으니

꽃보다 더 아름답습니다.

다들 머리를 씨앗에 박고 식사 중입니다.

누굴까요? 보기 드문

흰점빨간긴노린재입니다.

지느러미엉경퀴

이 꼭지는 노린재목 긴노린재과 종인 흰점빨간긴노린재(*Lygaeus equestris*) 이야기입니다.

연구소로 이사 온
흰점빨간긴노린재

4월 초순, 연구소에도 봄이 와 정원 한 편에서 복수초가 샛노란
꽃을 피웁니다. 세 포기이지만 꽃이 수십 송이가 달려 있으니 봄
기분이 물씬 납니다. 그런데 이게 웬일인가요? 해를 바라보고 있는
복수초 꽃 안에 새빨간 색의 노린재가 들어앉아 있습니다. 수술 다
발 위에 떡하니 앉아 일광욕을 즐깁니다. 언뜻 봐서는 십자무늬긴
노린재 같은데……. 누굴까? 찬찬히 보니 지난 가을에 평창에서 봤
던 흰점빨간긴노린재입니다. 흔하지 않은 녀석을 내 연구소 정원
에서 만나다니! 연구소에 제 발로 걸어 스스로 찾아온 손님을 마주
하고 있으니 마냥 반가워 입이 귀에 걸립니다. 녀석은 적어도 작년
가을에 저도 모르는 사이에 연구소 정원으로 이사를 온 뒤 복수초
둘레에서 겨울잠을 잔 게 틀림이 없습니다.

흰점빨간긴노린재
는 몸빛 때문에 붙
은 이름이다.

'혼자 올 리는 없고, 동료들도 같이 왔을 텐데⋯⋯.' 혼잣말로 중얼거리며 복수초 잎을 살살 뒤적여 봅니다. 과연 흰점빨간긴노린재 다섯 마리가 잎에, 잎 아래 땅바닥에 앉아 있다 불청객의 손길에 화들짝 놀라 산지사방으로 흩어집니다.

그 뒤로 해마다 흰점빨간긴노린재는 봄이면 어김없이 복수초 밭에 나타납니다. 식구도 불어나 15마리 정도가 복수초 꽃이 피는 이른 봄부터 복수초 잎사귀가 시들어 녹는 초여름까지 복수초에서 숙식을 해결합니다.

아직 흰점빨간긴노린재의 생태에 대해 알려진 게 별로 없어 먹이식물이 무엇인지 정확히 알 수는 없으나, 적어도 봄철에 연구소 정원에서는 복수초 꽃과 열매를 먹고, 복수초 꽃과 잎사귀 위에서 사랑을 나눕니다. 마치 바늘과 실의 관계처럼 흰점빨간긴노린재는 복수초 곁을 떠나지 않습니다. 그러다 복수초가 휴면에 들어가는 여름 이후에는 구릿대나 갯기름나물의 씨앗을 먹습니다.

흰점빨간긴노린재
옆모습. 주둥이를
배 쪽으로 접어 숨
기고 있다.

여러 해 관찰해 보니 흰점빨간긴노린재의 주된 먹이가 씨앗인 것은 분명합니다. 그러다 보니 씨앗이 없는 봄철에는 일찍 열매를 맺는 복수초에 자리를 잡고 살고, 복수초가 한살이를 마치고 사라지는 여름 이후에는 미나리과나 국화과 식물의 열매를 먹는 것으로 여겨집니다.

아름답고 화려한 흰점빨간긴노린재

따스한 햇볕을 쬐며 식사 중인 흰점빨간긴노린재를 찬찬히 들여다봅니다. 몸길이가 12밀리미터 정도로 몸집이 큰 편이라 맨눈으로도 잘 보입니다. 몸 색깔은 전체적으로 주홍색인데, 까만색 여러 무늬가 몸 곳곳에 그려져 있습니다. 특히 등짝에 난 까만색 무늬는 인디언 인형처럼 생겨 귀엽습니다. 머리는 세모 모양이고, 겹눈은 공처럼 동그랗습니다. 더듬이는 4마디로 까만색이며, 다리도 까만색입니다. 겉날개는 앞가슴등판 쪽 절반이 단단한 가죽질이고 배꽁무니 쪽 절반은 부드러운 막질로 이루어졌습니다. 특이하게 막질 부분의 색깔은 전체적으로 까만색인데 하얀색 줄무늬와 깜찍한 점무늬가 찍혀 있습니다. 이런 몸 색깔 때문에 '흰점빨간긴노린재'라는 이름을 얻었습니다.

흰점빨간긴노린재는 노린재목 긴노린재과의 긴노린재와 식구입니다. 여느 노린재들처럼 녀석도 안갖춘탈바꿈을 하여 '알-애벌레-어른벌레'의 단계를 거치며 성장합니다. 또 한살이는 일 년에 한 번 돌아갑니다. 어른벌레가 집단으로 겨울잠을 잔 뒤 이른 봄에 나와 짝짓기하고 알을 낳습니다. 알에서 깨어난 애벌레는 봄부터 여름까지 애벌레의 모습으로 지내다 가을에 어른벌레로 날개돋이합니다.

흰점빨간긴노린재의
신선한 즙 식사

한낮이 되자 복수초 둘레가 술렁입니다. 이 꽃 저 꽃 위에서 흰점빨간긴노린재들이 짝짓기하느라 세월 가는 줄 모릅니다. 3쌍의 부부가 뚝뚝 떨어져 서로 간섭을 하지 않고 진한 사랑을 나누고 있

흰점빨간긴노린재가 복수초 열매에 주둥이를 꽂고 즙을 먹고 있다.

네요. 짝짓기를 하지 못한 나머지 싱글 흰점빨간긴노린재들은 짝 짓기 전에 영양을 보충하려는지 복수초 열매를 진지하게 먹고 있 습니다.

몇 마리는 꽃이 지고 이제 막 맺은 연한 열매에 주둥이를 박은 채 즙 식사를 하고, 열매를 차지하지 못한 몇 마리는 꽃잎 안쪽의 씨방에 주둥이를 넣었다 뺐다 하면서 식사를 합니다. 또 몇 마리는 호시탐탐 짝짓기할 기회를 노리느라 잎사귀 둘레를 분주하게 돌아 다닙니다.

흰점빨간긴노린재는 노린재목 가문의 가족이라 주둥이가 침처 럼 뾰족하게 생겼습니다. 흡즙형 주둥이로 먹을 수 있는 음식은 식 물의 즙입니다. 녀석은 침같이 뾰족한 주둥이를 복수초 열매에 꽂 은 뒤 즙을 쭉쭉 들이마십니다. 얼마나 예민한지, 바람이 스치거 나 인기척만 느껴도 뾰족한 주둥이를 냉큼 배 쪽으로 접어 숨깁니 다. 그러다 기척이 안 느껴지면 얼른 주둥이를 직각으로 내뻗어 신 선한 즙 식사를 마저 합니다. 그렇게 녀석은 잠시도 경계를 늦추지 않고 주둥이를 넣었다 뺐다 하면서 식사를 마저 합니다.

수컷의
집요한 사랑

마토 그새, 복수초 잎사귀 위를 배회하던 흰점빨간긴노린재 수 컷이 식사 중인 암컷 곁에 다가옵니다. 걸음이 빠른 게 뭔가 초조해 보입니다. 수컷이 얼쩡거려도 암컷은 수컷을 '투명 곤충' 취급하는지 아무 관심도 보이지 않고 주둥이를 복수초 열매에 꽂고 식사에만 열중합니다. 수컷은 다짜고짜 아무런 구애 이벤트도 없이 식사 중인 암컷 옆으로 앉더니 배 꽁무니를 암컷의 배 꽁무니에 들이대며 찔러 넣으려 합니다. 두말할 것도 없이 짝짓기는 실패합니다. 암컷은 배 꽁무니를 급하게 비틀며 즉시 수컷을 거절하고는 여전히 주둥이를 열매에 꽂은 채 식사합니다.

거절당해 머쓱해진 수컷은 암컷 옆을 종종걸음으로 왔다 갔다 합니다. 더듬이를 몇 번 툭툭 부딪치는가 싶더니 이내 암컷 머리 쪽에서 기어올라 눈 깜짝할 사이에 등에 올라탑니다. 그러자 암컷이 신경질적으로 몸을 움직이며 저항하고 균형을 잃은 수컷이 재빨리 날아 위기를 모면합니다. 또 실패입니다. 하지만 실패는 성공의 어머니입니다. 연이은 암컷의 거절에 자존심이 구겨진 수컷은 그래도 포기하지 않고, 계속 암컷 곁을 맴돌며 호시탐탐 기회만 엿봅니다. 희한하게 암컷은 다른 곳으로 피하지 않고 복수초 열매 위에 망부석처럼 앉아 있습니다.

수컷이 전략을 바꿉니다. 이번에는 풀 줄기 아래쪽에서 암컷이 앉아 있는 열매 쪽으로 기어 올라옵니다. 열매에 도착하자, 딱 멈춰 열매를 여섯 다리로 붙잡고 암컷을 마주 봅니다. 흥분한 수컷은 이번에도 구애 절차 없이 재빠르게 자기 배 꽁무니로 암컷의 배 꽁무니를 더듬습니다. 암컷이 배를 움찔거리며 피하며 거절하자, 물러서지 않고 작정한 듯이 더 적극적으로 배 꽁무니를 암컷 배 꽁무니에 찔러 넣습니다. 지성이면 감천입니다. 암컷이 수컷의 집요함에 마음이 동했는지 배를 비틀지 않고 짝짓기에 응합니다. 드디어

흰점빨간긴노린재
짝짓기. 배 꽁무니
가 연결되자 겉날개
의 막질 부분이 살
짝 들렸다.

짝짓기 성공! 암컷 배 꽁무니 속에 수컷 배 꽁무니가 쏙 들어갑니
다. 배 꽁무니끼리 연결되니 자연스레 배 꽁무니를 덮고 있던 겉날
개의 막질 부분이 살짝 떠들립니다. 그 덕에 등 쪽을 빼고 어느 방
향에서도 맞춤형처럼 찰싹 끼워진 배 꽁무니가 적나라하게 보입니
다. 암컷은 자기 배 꽁무니에서 거사가 일어나는데도 여전히 식사
중입니다. 수컷이 나타나면서 짝짓기 성공까지 걸린 시간은 5분
정도입니다. 비록 짝짓기 자세는 마주 보고 있어 불편하나 짧은 시
간에 거사를 마친 수컷의 마음은 아마 온 세계를 얻은 것처럼 기쁠
것입니다.

　잠시 숨은 고르더니 수컷이 좀 더 안정된 짝짓기 자세를 만들려
상체를 움직입니다. 마주 보는 자세에서 서로 반대 방향을 바라보

는 평행한 자세를 만들려 합니다. 노린재 세계에서 짝짓기 자세는
머리는 반대쪽을 향하고, 배 꽁무니는 서로 맞댈 때가 가장 안정적
이기 때문입니다. 수컷은 열매를 잡고 있던 다리를 떼어 바로 아래
쪽 잎사귀를 잡으며 상체를 90도 옆으로 틀어 평행 자세를 만듭니
다. 이때 암컷도 몸을 약간 비스듬하게 기울이며 가장 편안한 짝짓
기 자세를 만드는 데 협조합니다. 그 과정에서 결합된 두 배 꽁무
니가 뒤틀려 떨어질까 봐 보는 내내 아슬아슬합니다.

이제부터 수컷은 해야 할 일이 있습니다. 바로 암컷을 지키는
일. 방법은 간단합니다. 짝짓기 자세를 오래 유지하면서 다른 수컷
이 신부를 넘보지 않게 지키는 것입니다. 이유야 어쨌든 간에 흰점
빨간긴노린재 부부는 봄볕을 쬐며 평온하게 사랑을 나눕니다. 수
컷은 암컷의 문지기 노릇을 해서 좋고, 암컷은 수컷의 사랑을 받으
며 맛있는 열매즙 식사까지 하니 이보다 더 좋을 순 없습니다.

훼방꾼 수컷
등장

흰점빨간긴노린재 부부는 꼼짝도 하지 않고 처음 만났던 그 자
리에서 사랑을 나눕니다. 강렬한 몸 색깔과 달리 사랑은 참 무덤덤
하게 합니다. 심술궂은 봄바람만 이따금씩 불 뿐 평온 그 자체입니
다. 얼마나 지났을까? 저만한 신방이 평화로움이 깨지기 시작합니
다. 잎사귀 위를 맴돌던 다른 수컷 한 마리가 사랑에 빠진 부부를

향해 돌진하듯 걸어와 부부의 몸 아래쪽으로 파고듭니다. 순간 신랑이 몸을 꿈틀대자 훼방꾼 수컷은 신랑의 몸 아래로 파고들며 신랑을 여섯 다리로 끌어안듯 붙잡습니다. 그리고선 훼방꾼 수컷이 자기 배 꽁무니를 이미 짝짓기 중인 암컷 배 꽁무니에 찔러 넣으려 안간힘을 씁니다. 하지만 헛수고입니다. 이미 신부 생식기에 신랑 수컷의 생식기가 결합되어 있으니 훼방꾼의 생식기가 들어갈 틈이 없습니다. 그럼에도 훼방꾼 수컷은 '못 먹는 감 찔러나 보자.'는 심보로 계속 신부의 배 꽁무니를 건드립니다. 훼방꾼 수컷이 거칠게 겁탈을 시도하면 할수록 신랑은 훼방꾼에게 신부를 빼앗기지 않으려 더 단단히 신부의 배 꽁무니와 결합합니다.

거듭된 실패에도 훼방꾼 수컷은 포기하지 않고 연이어 부부 사이를 파고듭니다. 그러자 잠자코 있던 암컷이 재빠르게 움직이기 시작합니다. 불안해진 신부는 열매를 떠나 줄기와 잎 사이로 굉장히 빠른 걸음으로 도망칩니다. 신랑은 영문도 모른 채 신부의 배 꽁무니에 매달려 끌려갑니다. 좁은 줄기 사이를 통과할 때 혹시나 결합된 배 꽁무니가 떨어지지 않을까 조마조마합니다. 심지어 부부는 급하게 도망가다가 줄기에서 땅바닥으로 뚝 떨어집니다. 그런데도 신랑과 신부의 배 꽁무니가 찰떡처럼 붙어 떨어지지 않는 걸 보니 생식기의 구조가 굉장히 정밀한 것 같습니다. 그저 신기할 정도로 흰점빨간긴노린재 부부의 배 꽁무니 힘은 대단합니다.

흰점빨간긴노린재 부부가 땅바닥에 떨어지자, 훼방꾼 수컷은 '닭 쫓던 개' 신세가 되어 신부를 포기하고 다른 곳으로 가 버립니다. 그 후 흰점빨간긴노린재 부부는 해가 저물도록 오래오래 사랑을 나눕니다.

얼마나 오래
짝짓기할까

연구소에서 관찰한 결과, 낮부터 짝짓기를 하던 여러 쌍의 흰점빨간긴노린재 부부가 밤에도 떨어지지 않고 계속 이어서 짝짓기했는지는 덤불 속으로 들어가 보이지 않아 알 수 없었습니다. 그렇지만 흰점빨간긴노린재 부부의 짝짓기 시간은 여느 곤충들에 비해 매우 긴 것은 분명합니다. 한 연구자(Birgitta Sillen, 1981)가 흰점빨간긴노린재의 짝짓기 행동에 대한 흥미로운 연구를 진행했는데, 연구 결과를 다음과 같이 알기 쉽게 요약해 봤습니다.

1. 흰점빨간긴노린재는 짝짓기를 짧게는 30분에서 길게는 24시간 동안 쉬지 않고 계속한다.
2. 처녀 암컷과 짝짓기할 때 걸리는 시간은 두 가지 패턴으로 관찰되었다.
   1) 짝짓기 시간이 짧은 패턴으로 30분에서 8시간 만에 짝짓기를 끝냈다.
   2) 짝짓기 시간이 긴 패턴으로 15시간 이상 짝짓기가 진행되었다.
3. 처녀 암컷과 짝짓기할 경우에 짝짓기 시간과 상관없이 많은 수정란을 낳았다. 이 경우 수정 확률은 짝짓기 시간 중 처음 1시간 동안에 가장 높았다. 짝짓기 시간 중 뒷부분에서는 수정이 거의 일어나지 않았다. 따라서 오랫동안 짝짓기가 지속된다 해도 정자가 계속 방출되는 것은 아니다.
4. 오래오래 지속되는 짝짓기는 수컷의 수가 암컷보다 많을 때 일어

난다. 수컷은 처녀와 짝짓기할 경우에 정자만 전달하고 짝짓기를 짧게 끝낸다. 반면에 수컷은 처녀 암컷보다 짝짓기 경험이 있는 기혼 암컷과 더 오래 짝짓기를 한다. 이는 수컷의 장시간 짝짓기 유지가 정자 전달과는 상관없는 전략인 것을 의미한다. 즉 오래 짝짓기하는 이유는 신부가 다른 수컷과 지속적으로 짝짓기하려는 것을 방해하는 전략이다.

이렇게 흰점빨간긴노린재는 대개 짝짓기를 오래 합니다. 처녀와의 짝짓기 시간이 최소 30분이었다 쳐도 여느 곤충에 비해 매우 긴 시간입니다. 수컷의 입장에서 짝짓기를 길게 함으로써 얻는 이익은 큽니다. 수컷은 암컷을 지킴으로써 암컷의 몸속 수정낭(정자를 일시적으로 보관하는 주머니)에 들어 있는 자기 유전자가 수정란에 우선적으로 이용된다는 것을 알고 있습니다. 그래서 자기와 짝짓기한 암컷이 다른 수컷과 짝짓기하지 못하도록 원천 봉쇄하는 것입니다. 암컷의 난자는 마지막으로 짝짓기한 수컷의 정자와 수정이 됩니다. 그러니 맨 마지막에 짝짓기한 수컷의 정자가 우선권을 가집니다. 그래서 기를 쓰고 다른 수컷이 암컷에게 접근하지 못하도록 막습니다. 또 짝짓기를 오래 하면 할수록 암컷 난자(알)와 자기 정자가 수정될 때까지 시간을 벌 수 있어 좋습니다. 이런 걸 수컷의 '정자 경쟁'이라고 합니다. 이렇게 흰점빨간긴노린재는 자기 유전자를 지키기 위해 봄철 짝짓기 기간 동안 피 말리는 작업을 합니다.

흰점빨간긴노린재가
화려한 이유

왜 흰점빨간긴노린재 몸 색깔은 화려할까요? 시각을 이용해 사냥하는 힘센 포식자에게 자기를 잡아먹지 말라고 경고하기 위해서입니다. 다시 말해 '내 몸에 독이 있어, 맛없어.'라는 신호를 보내는 것입니다. 눈에 잘 띄는 빨간색, 노란색, 까만색 들은 새나 개구리 같은 포식자들이 꺼려하는 색이어서 '경계색(경고색)'이라고 합니다. 특히 새들은 경계색을 띤 먹잇감을 보면 피하곤 하는데, 곤충이 이용하는 경계색은 사람들이 발명한 교통 신호에도 사용하는 색깔입니다.

경계색 말고도 흰점빨간긴노린재는 몸을 지키는 방법이 더 있습니다. 녀석은 건드리면 고약한 냄새가 나는 화학 폭탄을 쏩니다. 녀석을 건드린 손을 코에 대고 냄새를 맡으면 식초 같은 역겨운 냄

흰점빨간긴노린재가 지느러미엉겅퀴 씨앗을 먹고 있다.

새가 납니다. 이 물질은 녀석이 배 속에서 직접 만든 화학 방어 물질입니다. 화학 폭탄의 성분은 대부분 카르보닐기(carbonyl基) 화합물인 알데히드(aldehyde)와 케톤(ketone) 물질입니다. 일단 폭탄이 발사되면 폭탄의 일부는 공중으로 퍼지고, 일부는 분비 구멍 주변의 큐티클 층에 흡수됩니다. 이때 공기 중에 퍼진 폭탄 냄새는 비교적 빨리 사라지지만, 큐티클 층에 흡수된 폭탄 냄새는 천천히 오래도록 퍼집니다. 냄새나는 폭탄을 쏘는 이유는 포식자의 코를 괴롭히려는 작전입니다.

이렇게 흰점빨간긴노린재가 화려한 옷을 입고 있는 데다 역겨운 냄새가 나는 폭탄까지 쏠 수 있으니 천적들은 흰점빨간긴노린재를 공격하길 꺼려합니다. 물론 그렇다고 해서 모든 포식자가 녀석을 포기하는 것은 아니지만, 아무 대책 없이 포식자에게 먹히는 것보다 낫습니다.

오래오래 짝짓기하는

북방풀노린재

북방풀노린재
북방풀노린재가 함박꽃나무 꽃봉오리에
앉아 있습니다.

10월입니다. 오대산은 단풍으로 울긋불긋 화려하게 물들어 갑니다.

싸늘한 가을바람이 불어 제법 춥지만 단풍 든 잎들 사이로

언뜻언뜻 보이는 파란 하늘이 가을의 정취를 더해 줍니다.

 사락사락 부딪치는 단풍잎 소리를 들으며 선재길을 걷습니다.

이미 곤충들은 대부분 겨우살이 준비에 들어가

코빼기도 보이지 않습니다.

그래도 혹시나 있을지도 모를 곤충을 찾느라 두 눈이 분주합니다.

얼마쯤 걸었을까? 단풍 든 잎 사이로 내리쬐는 햇볕을 등에 지고 앉아 있는

북방풀노린재와 딱 마주쳤습니다. 두 마리인데 뚝 떨어져 앉아 있습니다.

한 마리는 초록색, 한 마리는 갈색이지만

둘 다 같은 종인 북방풀노린재입니다.

곤충이 견디기엔 낮은 온도를 무릅쓰고

겨울나기에 들어가기 전에 조금이라도 더 영양분을 보충하려고 나온

녀석들이 기특해 한참 동안 눈 맞춤 합니다.

함박꽃나무

이 꼭지는 노린재목 노린재과 종인 북방풀노린재(*Palomena angulosa*) 이야기입니다.

노린재다운
북방풀노린재

흔해서 평소에는 눈길도 잘 주지 않는 북방풀노린재를 곤충들이 가뭄에 콩 나듯이 나오는 늦가을에 만나니 몹시 색다른 기분입니다. 북방풀노린재는 노린재목 가문의 노린재과 집안 식구로 노린재다운 펑퍼짐한 기본 몸매를 갖추고 있습니다. 생김새가 딱 봐도 방패연 같아 한눈에 노린재라는 걸 알아차릴 수 있습니다.

북방풀노린재의 몸 색깔은 전체적으로 초록색인데, 겉날개 절반 정도가 갈색입니다. 노린재의 겉날개는 절반 앞부분은 가죽질이고 절반 뒷부분은 부드러운 막질입니다. 평소에 앉아 있을 때는 날개가 접혀 막질 부분이 마름모꼴로 보이는데, 그 마름모꼴 색깔이 갈색입니다. 또 몸 전체에 까만 점들이 주근깨 난 것처럼 쫙 흩어져 있고 피부는 참기름을 바른 것처럼 윤기가 납니다. 더듬이는 실 모

북방풀노린재는 몸빛이 풀빛이라 붙은 이름이다.

양으로 다섯 마디가 이어져 있습니다. 앞가슴등판의 양쪽 모서리 부분은 튀어나와 있습니다.

몸 색깔이 전체적으로 초록색인 풀색과 비슷해 이름에 '풀'이 들어갔습니다. 또 이름에 '북방'이란 말은 붙었지만 북방풀노린재는 중부 지방뿐만 아니라 제주도에서도 보입니다. 가끔 색변이가 있어 갈색을 띤 개체도 있습니다.

북방풀노린재는 산이나 들판같이 식물이 있는 곳이면 어디서나 삽니다. 식성이 좋아 애벌레와 어른벌레 모두 먹이식물을 따로 정하지 않고 여러 식물의 즙을 즐겨 먹습니다. 어른벌레는 늦가을까지 식사를 하며 충분히 영양을 보충한 뒤 따뜻한 곳으로 들어가 겨울잠을 잡니다.

짝짓기는
오래오래

　기나긴 겨울이 지나고 봄이 찾아옵니다. 북방풀노린재가 겨울잠에서 깨어납니다. 긴 겨울잠을 자는 동안 먹지 못해 배가 몹시 고파 먹을 것을 찾습니다. 녀석의 밥은 식물 즙인데, 다행히 주변에 먹을거리가 널려 있습니다. 북방풀노린재는 노린재목 가문의 후예답게 침처럼 길고 가느다란 주둥이를 연한 식물 줄기에 꽂고 신선한 즙을 쭉쭉 빨아 마십니다. 북방풀노린재는 여럿이 모여 집단으로 생활하지 않고 늘 혼자 지냅니다. 큰 위험이 없으면 한자리에 있는 듯 없는 듯 얌전하게 오래 머뭅니다. 몸 색깔이 풀색과 비슷한 보호색을 띠고 있는 데다 곤충치고 행동이 번잡스럽지 않아 눈에 잘 띄지 않습니다.

　어른벌레의 임무는 오직 하나, 번식입니다. 번식에 있어서 가장 중요한 행사는 짝을 찾는 일입니다. 하지만 북방풀노린재는 홍줄노린재처럼 특정 먹이식물에 모여 밥을 먹지 않고, 떼허리노린재처럼 모여 살지도 않으니 짝을 찾는 일이 쉽지 않습니다. 이럴 때는 그들만의 언어인 페로몬을 사용하면 배우자를 만나기가 좀 수월합니다.

　북방풀노린재 암컷은 몸속 생식 기관인 난소가 성숙해 난자를 배출할 시기가 다가오고 짝짓기할 때가 되자 짝짓기 준비에 골몰합니다. 주변을 둘러봐도 수컷이 안 보이자, 앉아 있던 풀잎 위에서 성페로몬을 내뿜습니다. 페로몬 향기는 공기를 타고 이리저리 떠다니다 낯모르는 어느 수컷의 더듬이에 포착됩니다. 아무래도

거리상 암컷 가까이에 있는 수컷이 멀리에 있는 수컷보다 더 빨리 암컷이 보낸 오묘한 향기를 맡습니다. 냄새를 맡자마자 수컷이 흥분해 페로몬 향기의 진원지를 용케도 파악해 날아옵니다.

향기의 진원지인 풀잎에 도착하니 과연 북방풀노린재 암컷이 새초롬하게 앉아 있습니다. 수컷은 슬금슬금 걸어서 암컷 곁으로 다가가 잠시 멈칫하더니 이내 암컷 주변을 왔다 갔다 하며 암컷의 환심을 삽니다. 더듬이를 암컷 몸에 대기도 하고, 암컷 등을 제집 드나들 듯 밟고 다니며 짝짓기할 기회를 엿봅니다. 그런 수컷이 싫지 않은 듯 암컷은 별 움직임 없이 얌전히 앉아 있습니다. 얼마 지나지 않아 수컷이 암컷 옆에 앉더니 배 꽁무니를 암컷의 배 꽁무니 속에 넣으려 더듬거립니다. 여러 번 더듬거리더니 이내 수컷의 배 꽁무니가 암컷 배 꽁무니 속으로 들어갑니다. 이어 옆에 나란히 앉아 있던 수컷이 재빠르게 방향을 바꿔 암컷과 반대 방향을 바라보며 자리를 잡습니다. 노린재의 짝짓기 체위는 옆에 앉아 짝짓기하는 자세보다 머리를 반대 방향으로 두고 짝짓기하는 자세가 훨씬 안정적입니다.

짝짓기에 성공한 북방풀노린재 부부는 꼼짝도 하지 않고 그 자리에 앉아 있습니다. 평소 하는 행동처럼 번잡스럽지도 요란스럽지도 않게 쥐 죽은 듯 조용히 사랑을 나눕니다. 햇볕이 쨍쨍 내리쬐는데도, 바람이 이따금씩 불어 풀잎이 흔들려도 자리를 떠날 생각을 하지 않습니다. 건드리지만 않으면 하루 종일 떨어지지 않고 사랑을 나눌 태세입니다. 수컷의 입장에서 지속적인 사랑은 칼의 양날과 같습니다. 오래 사랑을 나눌수록 좋은 점은 다른 수컷이 자신의 신부와 짝짓기할 기회를 빼앗아 자기 유전자가 선택될 가능

성이 큰 것입니다. 반면에 오래 나눌수록 안 좋은 점은 다른 암컷
과 짝짓기할 기회가 적어지는 것입니다. 또한 움직이지 않고 있으
니 천적의 눈에 띌 확률이 높습니다. 어쨌거나 수컷은 자기 유전자
가 수정란에 이용되면 번식에 성공하는 것이니, 짝짓기를 여러 차
례 하기 위해 다른 암컷을 찾아다니는 것보다 한 암컷과 오래오래
사랑을 나누는 작전을 선택한 것 같습니다.

초록 보석
애벌레

짝짓기를 마친 북방풀노린재 암컷은 알을 낳습니다. 애벌레가
음식을 가리지 않으니 어떤 식물이든 안전한 곳에만 낳으면 됩니
다. 암컷은 잎사귀 뒷면에 약 70개의 알을 하나씩 하나씩 겹치지
않게 바둑돌 놓듯이 좌우상하로 가지런히 줄 맞춰서 낳습니다. 산
란관이 있는 배 꽁무니에는 눈이 달려 있지 않은데 어떻게 그리 알
을 정교하게 나란히 낳는지 신기하기만 합니다. 배 꽁무니에는 털
같은 감각기가 있어 눈으로 보지 않고도 알의 위치를 알아차릴 수
있습니다. 알 생김새는 원통 모양입니다. 알을 무사히 낳은 암컷은
이승에서 할 일을 모두 다 한 것입니다. 이제 저승으로 갈 준비를
합니다. 힘이 빠지고 시름시름 앓다 아무 곳이나 발 닿는 곳에서
생을 마칩니다.
　무더운 여름날, 알에서 애벌레가 깨어납니다. 알 밖으로 나온 애

벌레는 누가 먼저랄 것도 없이 본능적으로 잎사귀 뒤에 숨어 식사를 합니다. 애벌레의 임무는 오로지 먹으면서 몸을 성장시키는 일입니다. 북방풀노린재 애벌레의 주둥이도 어른벌레같이 침처럼 가느다랗고 뾰족합니다. 주둥이는 식물 조직에 잘 꽂을 수 있게 큰턱과 작은턱이 뾰족하게 바뀌었습니다. 기특하게 애벌레는 편식을 하지 않아 아무 식물이나 부드러운 줄기 또는 연한 잎에 뾰족한 주둥이를 꽂고 신선한 즙을 쭈욱 들이마십니다. 이때 주둥이에서 펙티나아제(pectinase)라는 효소가 나옵니다. 이 효소는 질긴 식물의 세포벽을 분해해 주둥이가 식물 조직에 잘 들어가도록 도와줍니다. 또한 침 속에는 아밀라아제도 있어 소화를 도와줍니다.

북방풀노린재 어린 애벌레는 보석 단추 같습니다. 몸 생김새는 앙증맞게 동그랗고, 몸 색깔은 짙은 초록색과 까만색과 하얀색이 조화롭게 섞여 품격 있게 예쁩니다. 어느 도예가가 저런 빛깔의 작품을 빚어낼 수 있을까 싶을 정도로 그윽하게 아름답습니다.

북방풀노린재 3령 애벌레. 애벌레 주둥이도 어른벌레처럼 가늘고 뾰족하다.

애벌레는 자고 쉴 때만 빼고 식물에 앉아 열매, 꽃봉오리, 줄기, 잎사귀를 가리지 않고 즙 식사를 합니다. 먹으면 먹을수록 몸은 커집니다. 애벌레는 몸이 커지면 피부인 허물(큐티클)을 벗어야 합니다. 허물은 매우 얇지만 매우 질기고 신축성이 없어 적당한 시기에 벗지 않으면 허물에 갇혀 죽기 때문입니다. 몸속 호르몬의 진두지휘를 받으며 머리부터 등 쪽까지 나 있는 탈피선이 벌어지면서 새살이 나옵니다. 이렇게 북방풀노랜재 애벌레는 애벌레로 사는 동안 모두 4번 허물을 벗으면서 5령 애벌레 단계까지 자랍니다.

다 자란 5령 애벌레의 생김새는 넓적한 방패연 모양입니다. 5령 애벌레는 아직 날개가 다 자라지 못해 등 위 양쪽에 소 혓바닥처럼 나와 있습니다. 몸 색깔은 짙은 초록색인데 온몸에 까만 점들이 하늘의 별만큼이나 무수하게 찍혀 있어 굉장히 고상합니다.

지독한 노린재 냄새는
방어 무기

이삭여뀌 꽃봉오리 즙을 맛있게 먹고 있는 북방풀노린재 5령 애벌레를 슬쩍 건드려 보았습니다. 아니나 다를까 노린재 특유의 시큼한 냄새가 코를 찌릅니다. 애벌레를 만진 손끝에 묻은 냄새 물질은 금방 사라지지 않고 한참 동안 지독한 냄새를 풍깁니다. 이 지독한 냄새 물질은 북방풀노린재가 배 속에서 직접 제조한 화학 방어 물질, 즉 생화학 폭탄입니다. 여느 노린재들처럼 북방풀노린재

도 천적과 맞닥뜨리거나 위험을 느끼면 단번에 배 속에서 화학 폭탄을 만든 뒤 몸 밖으로 내보냅니다. 화학 폭탄 가스를 몸에 맞거나 냄새를 맡은 포식자는 순간적으로 나쁜 냄새와 맛에 당황하며 사냥을 포기합니다.

폭탄의 성분은 대개 카르보닐기 화합물인 알데히드와 케톤 물질인데, 그 가운데 트랜스-2-헥센알(trans-2-hexenal)이 가장 많이 알려져 있습니다. 폭탄이 만들어지는 과정은 단순한 몸 구조를 하고 있는 곤충의 몸치고 좀 복잡합니다. 위험을 느끼면 배 속의 분비샘에서 에스터(ester, 폭탄 원료)가 분비되어 저장고(무기 제조방)로 이동합니다. 동시에 분비샘에서 폭탄 원료를 가공하는 데 필요한 가수 분해 효소와 산화 효소가 분비되어 마찬가지로 저장고로 보내집니다. 저장고에서는 폭탄 원료와 반응할 카르보닐기 화합물이 분비됩니다. 드디어 저장고에 다 모인 폭탄 원료와 효소, 화합물이 섞이면서 여러 화학 반응 단계를 거쳐 생화학 폭탄인 알데히드가 최종적으로 만들어집니다. 이 화합물은 독성이 강하고 냄새가 지독해 포식 곤충들이 싫어합니다.

이렇게 순식간에 만들어진 폭탄은 어떻게 발사될까요? 분비 구멍으로 발사됩니다. 그런데 애벌레와 어른벌레의 분비 구멍은 위치가 다릅니다. 날개가 있는 어른벌레는 뒷가슴 옆구리 쪽에 뚫려 있는 분비 구멍으로, 날개가 없는 애벌레는 등 쪽에 뚫려 있는 분비 구멍으로 폭탄을 발사합니다. 정말 북방풀노린재 애벌레의 등

1. 풀색노린재는 북방풀노린재의 근연종이다.
2. 풀색노린재 1령 애벌레
3. 풀색노린재 3령 애벌레
4. 갓 허물을 벗은 풀색노린재 5령 애벌레
5. 풀색노린재 5령 애벌레

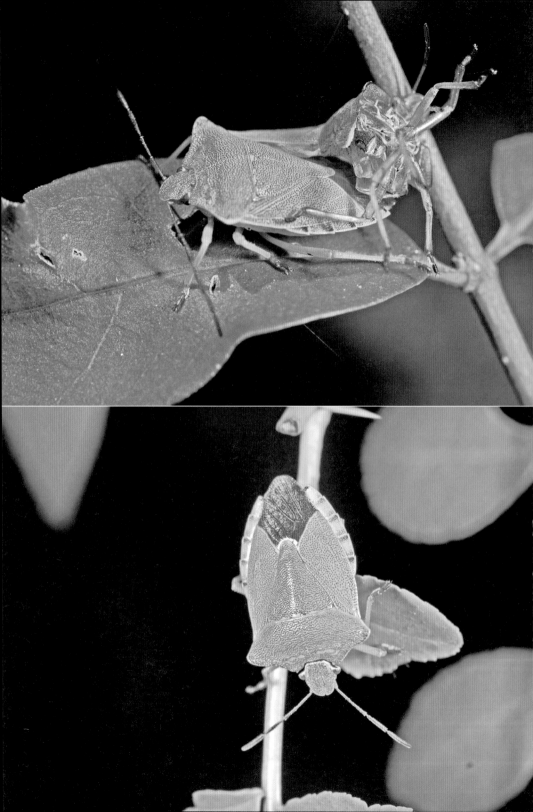

을 자세히 보니 냄새 구멍이 있습니다. 일단 폭탄이 발사되면 폭탄 물질의 일부는 공중으로 퍼지고, 일부는 분비 구멍 주변에 남습니다. 공기 중에 퍼진 폭탄 냄새는 빨리 사라지지만 분비 구멍 주변에 있는 냄새는 금세 사라지지 않고 한참 동안 남아 있습니다. 그래서 북방풀노린재를 건드리면 노린재 특유의 고약한 냄새가 오래 남습니다. 이렇게 오랫동안 풍기는 냄새 덕에 북방풀노린재는 포식자를 따돌릴 수 있습니다.

집요하게 암컷을
보호하는 수컷

쇠
측
범
잠
자
리

쇠측범잠자리 수컷

쇠측범잠자리는
측범잠자리 무리 가운데 몸이 가장 작고
가슴 옆부분이 범 무늬 같다고 붙은 이름입니다.

봄기운이 넘쳐 나는 5월 초순입니다. 오대산 선재길을 걷습니다.

강원도라 봄꽃이 늦게 피어 눈 호강을 합니다.

고불고불 산길을 지나 탁 트인 계곡 물가에 도착합니다.

맑은 물이 큰 바위들을 스치며 콸콸 흐릅니다.

그런데 커다란 바위에 뭔가 잔뜩 붙어 있습니다. 꼬물꼬물 움직입니다.

얼른 다가가 보니 커다란 바위들마다 잠자리 애벌레와

애벌레가 빠져나오고 남은 허물이 다닥다닥 붙어 있습니다.

세상에! 이른 봄에, 해가 중천에 뜬 오전 11시에,

그것도 수십 마리, 아니 백 마리도 넘는 잠자리들이

물속에서 바위로 올라와 바위를 딛고서

떼거리로 날개돋이를 하고 있습니다.

아! 장관입니다. 그 규모에 놀라 입이 다물어지지 않습니다.

'경이로움이란 이런 것이다.'를 몸소 보여 주는 녀석들은

이른 봄, 청정한 계곡에서만 만날 수 있는 쇠측범잠자리입니다.

쇠측범잠자리 수컷

이 꼭지는 잠자리목 측범잠자리과 곤인 쇠측범잠자리(*Davidius lunatus*) 이야기입니다.

암컷과 수컷의
몸 색깔이 좀 달라

쇠측범잠자리, 이름만 들어도 범처럼 날쌜 것 같습니다. 실제로 몸집은 측범잠자리류치고 작은 편이지만 하도 빠릿빠릿해 곁을 잘 주지 않습니다. 쇠측범잠자리는 잠자리목 가문의 측범잠자리과 집안 식구입니다. 우리나라에 사는 측범잠자리과 식구는 모두 15종인데, 그 가운데 쇠측범잠자리는 몸집이 작은 축에 속합니다. 쇠측범잠자리에서 '쇠'는 작고 볼품이 없다는 뜻이고, '측범'은 가슴 측면이 범 무늬라는 뜻입니다. 즉 쇠측범잠자리는 몸이 측범잠자리류 가운데 가장 작고, 가슴 옆 부분이 범 무늬와 비슷해서 붙은 이름입니다.

쇠측범잠자리는 머리 끝부터 배 끝까지 잰 몸길이가 약 45밀리미터입니다. 몸 색깔은 전체적으로 까만데 군데군데 노란색 무늬

쇠측범잠자리 수컷

쇠측범잠자리가 갓
날개돋이하였다. 미
성숙 시기.

가 있어 눈에 금방 띕니다. 헷갈리게도 쇠측범잠자리는 미성숙 시기, 성숙 시기의 수컷과 성숙 시기의 암컷 색깔이 각각 다릅니다.

우선 갓 날개돋이한, 아직 성적으로 성숙하지 않아 짝짓기를 할 수 없는 미성숙 개체의 몸 색깔은 선명하지 못합니다. 전체적으로 희끄무레한 황토색이고 가슴과 배 부분에 채도가 다소 낮은 노르스름한 무늬가 있으며 겹눈도 탁한 연갈색입니다. 미성숙 개체가 며칠 동안 사냥하며 영양 보충을 하면 정소와 난소가 완숙되는 성숙 시기가 됩니다.

쇠측범잠자리는 짝짓기를 할 수 있는 성숙 시기가 되면 겹눈이 진한 녹색으로 변합니다. 또 몸은 전체적으로 까만색인데 가슴 윗면과 옆면엔 노란색의 기하학적인 무늬가 그려져 있고, 배에도 노란색 무늬가 있습니다. 다만 여느 잠자리들처럼 암컷과 수컷의 무늬 색깔과 모양이 조금 다릅니다. 수컷은 배가 가는 편이고, 배 옆면에 연둣빛이 도는 작은 노란색 반점이 예닐곱 개 있습니다. 또 온몸(가슴과 배)에 난 무늬의 색깔은 혼인색(성숙 시기에 띠는 화려한 색깔)인 연둣빛이 도는 노란색을 띱니다. 이 혼인색으로 '나 짝짓기할 준비가 됐으니 나랑 결혼해 줄래?' 하며 광고합니다. 이에 비해 암컷의 배는 수컷보다 두툼하고, 배 옆면에 열 개도 넘는 노란색의 커다란 반점이 열병식 하는 것처럼 줄 맞춰 늘어서 있습니다. 또 온몸(가슴과 배)에 난 무늬의 색깔도 노란색을 띱니다.

쇠측범잠자리 어른벌레는 5월 초부터 6월 초까지 짝짓기를 한 뒤 알 낳는 작업을 마치기 때문에 6월 중순 이후에는 만나기가 힘듭니다.

쇠측범잠자리 암컷
성숙 시기. 배 옆면
에 노란 반점이 일
렬로 나 있다.

청정 계곡에서 사는
쇠측범잠자리 애벌레

쇠측범잠자리 애벌레가 날개돋이를 위해 물속에서 바위 위로 올라왔다.

쇠측범잠자리 애벌레는 까칠해서 물이 있다 해서 아무 곳에서나 살지 않고 수온이 비교적 낮고 물 흐름이 빠른 계곡에서 삽니다. 계곡물은 흐르면서 곳곳에 물웅덩이와 모래 퇴적지를 만드는데, 쇠측범잠자리는 웅덩이 바닥 모래 속에서 지냅니다. 이렇게 애벌레가 차갑고 1급수가 흐르는 청정한 산지 계곡 주변에서만 살다 보니 수서 생태계의 지표 곤충 역할을 톡톡히 합니다.

쇠측범잠자리 애벌레는 물속에서 10달 넘게 살다 이른 봄인 4월 중순부터 물 밖으로 나와 바위나 나뭇가지 같은 지지대를 딛고 날개돋이(직립 우화)를 합니다. 녀석은 차가운 계곡물에서 사는 데다 날씨가 추운 이른 봄에 날개돋이를 하다 보니 햇살이 내리쬐어 기온이 올라가는 오전 10시쯤부터 날개돋이를 시작합니다. 다른 잠자리들은 대개 천적을 피해 새벽에 날개돋이를 하는데 말이지요. 그러니 이른 봄에 날아다니는 쇠측범잠자리에게 '봄 잠자리'란 별명을 붙여 줘도 괜찮을 것 같습니다.

정자
옮기기

쇠측범잠자리 어른벌레가 탈피각에서 빠져나오고 있다.

5월 초, 올해도 잊지 않고 연구소 정원에 쇠측범잠자리가 먹잇

감을 찾아 날아왔습니다. 뒷산 자락에 아주 자그마한 계곡이 있는데 그곳에서 터를 잡고 사는 쇠측범잠자리가 해마다 한두 마리 놀러 옵니다. 이맘때면 이른 봄이라 육식성 곤충들이 활발히 사냥하지 않아 쇠측범잠자리는 경쟁자가 없는 정원을 독차지합니다. 보통 암컷이든 수컷이든 홀로 찾아와 정원을 순례하듯 휘휘 날며 사냥감을 찾는데, 오늘은 웬일로 암컷과 수컷이 정원을 날아다닙니다. 물론 함께 온 것은 아닌 것 같고 따로따로 먹잇감을 찾아 날아온 것 같습니다.

마침 쇠측범잠자리 수컷이 서양민들레 꽃에 앉아 있던 검정파리류를 낚아챕니다. 풀잎 위에서 검정파리를 맛있게 먹고 있는 녀석이 혼인색을 제대로 띠고 있는 걸 보니 짝짓기할 신체 조건을 완전히 갖추었군요. 검정파리 식사를 마친 수컷은 또 사냥에 나서 양지꽃에서 꽃가루를 모으고 있는 애꽃벌을 낚아채 눈 깜짝할 사이에 먹어 치웁니다.

어느 정도 배가 찼는지 한참을 날아다니며 사냥에 열중하던 수컷이 마른 풀 줄기 위에 앉아 쉽니다. 그런데 쉬는 것치고는 행동이 좀 이상해 숨죽이고 지켜봅니다. 아! 배 꽁무니를 둥글게 말아 자기 가슴 근처의 배(2~3번째 배마디)에 갖다 대고 있군요. 정자를 옮기는 중입니다. 확실히 짝짓기가 임박한 것 같습니다. 수컷은 본격적으로 암컷과 짝짓기하기 전에 반드시 해야 할 일이 있는데, 바로 정자 옮기기(이정 행위) 행사입니다. 수컷은 배 꽁무니 부분의 정소에서 생산하는 정자를 배 앞부분(2~3째 배마디)으로 옮겨야만, 배 꽁무니에 붙어 있는 집게 같은 파악기로 암컷을 붙잡을 수 있기 때문입니다. 그래서 정자가 생산되는 배 꽁무니 쪽 생식기는 '1차

생식기'이고, 정자가 옮겨진 배 앞쪽(2~3번째 배마디)은 '2차 생식기' 또는 '보조 생식기'라 부릅니다.

측범잠자리류 수컷이 짝짓기 전에 정자를 보조 생식기로 옮기고 있다.
———

암컷의 머리를
움켜쥔 수컷

쇠측범잠자리 수컷은 정자를 옮긴 뒤 기세 좋게 비행을 하며 먹잇감을 찾거나 암컷을 찾아 나섭니다. 낮에 활동하는 쇠측범잠자리는 시각적인 동물입니다. 암컷이 페로몬을 내보내는지 알 수는 없으나 주행성 곤충답게 쇠측범잠자리는 겹눈이 매우 커 시력이 좋습니다. 큰 겹눈 덕에 풀밭 어딘가에 있을 암컷을 곧잘 찾아냅니다. 얼마만큼 정원의 풀숲을 가로지르며 날고 날았을까? 마침내 수컷이 철쭉 잎사귀 위에 앉아 쉬는 암컷을 발견하고는 돌진합니다. 그리고 아무런 구애 이벤트도 없이 막무가내로 배 꽁무니에 달린 집게 같은 파악기로 암컷의 머리를 찍어 누르듯 잡습니다. 눈 깜짝할 사이에 암컷이 꼼짝없이 잡힌 것 같습니다. 순간 수컷과 암컷의 날개 퍼덕거리는 소리가 요란하게 납니다. 수컷은 날아오르려 하고, 암컷은 당황해 본능적으로 날갯짓을 합니다. 수컷은 운 좋게 잡은 기회를 놓치지 않으려 서둘러 날아오릅니다. 마침내 힘 좋은 수컷이 암컷의 머리를 배 꽁무니에 매단 채 날아오르나 무거워 멀리 못 가고 금세 철쭉 잎사귀 위에 앉습니다.

그사이 암컷은 수컷의 무례한 '머리 낚아채기'가 아무렇지도 않은 듯 앞다리와 뒷다리로 수컷의 배 뒷부분을 꼭 잡고 안정된 자세

쇠측범잠자리 수컷이 파악기로 암컷의 머리를 잡고 있다.

를 취하며 순순하게 수컷에게 붙잡혀 있습니다. 잠시 숨을 고른 뒤 수컷은 배를 움찔거리며 암컷에게 어서 짝짓기를 시작하라고 신호를 보냅니다. 수컷 정자가 이미 보조 생식기로 옮겨져 있기 때문에, 수컷은 손을 쓸 수 없고 암컷만이 짝짓기를 진두지휘할 수 있습니다. 짝짓기의 성공 여부는 암컷에게 달려 있는 셈입니다. 초조한 수컷의 마음을 헤아린 듯이 암컷은 침착하게 배를 구부린 뒤 생식기가 들어 있는 배 꽁무니를 수컷의 보조 생식기에 정확히 갖다 댑니다. 드디어 짝짓기 성공! 찌그러진 하트 모양이 만들어지며 암컷과 수컷은 완전히 결합됩니다. 이제부터 수컷은 보조 생식기에 있는 정자를 암컷의 생식기에 직접 전달하기 시작합니다. 수컷은 이따금씩 배를 리드미컬하게 움찔거리며 정자를 넘깁니다. 암컷도 수컷 배를 꼭 부둥켜안은 채 수컷이 건네주는 소중한 정자를 받아 수정낭(정자를 보관하는 주머니)에 차곡차곡 쌓아 둡니다.

따스한 5월에 햇살의 축복을 받으며 온몸을 다 드러낸 채 쇠측범잠자리의 진한 사랑은 계속됩니다. 대낮에 짝짓기를 한다는 것은 실로 위험천만한 일입니다. 언제 천적의 눈에 띌지 모르기 때문입니다. 그때 어리호박벌 한 마리가 쇠측범잠자리의 침실 위를 부웅 요란한 소리를 내며 날아갑니다. 깜짝 놀란 수컷이 본능적으로 날갯짓을 하며 날아오릅니다. 배 꽁무니에 매달린 암컷도 끌려가듯 날아오르니 찌그러진 하트 모양 자세를 한 쇠측범잠자리 부부가 공중을 납니다. 그도 잠시, 수컷은 무거운 암컷을 감당하기 어려워 그만 풀 줄기에 서둘러 앉습니다. 여전히 암컷의 생식기는 수컷의 보조 생식기에서 떨어지지 않고 붙어 있습니다.

한 고비를 넘기나 싶더니 이번에는 다른 쇠측범잠자리 수컷이 어디선가 날아들어 짝짓기하는 부부를 덮칩니다. 세상에! 다른 수컷은 부부의 완벽한 하트 모양 자세에 끼어들지 못하고, 신랑의 머리를 파악기로 꽉 찍듯이 잡습니다. 순간 세 마리의 쇠측범잠자리가 연결되어 버렸습니다. 다른 수컷-신랑-신부의 순서로 붙어 있어 묘한 장면을 연출합니다. 다른 수컷이 맨 앞에서 날아가려고 하자 이내 세 마리가 함께 바닥으로 떨어집니다. 잠시 날개를 퍼덕이며 날아올랐다 풀잎 위로 떨어졌다를 반복하고 나서야 다른 수컷이 신랑의 머리에서 파악기를 뺀 뒤 날아갑니다. 그 와중에 여전히 암컷의 생식기는 수컷 보조 생식기와 결합되어 있으니 쇠측범잠자리 부부의 생식기 결합력은 정말 대단합니다. 다시 안정을 찾은 쇠측범잠자리 부부는 잎사귀에 앉아 지칠 줄 모르고 2시간 넘게(2~3시간) 사랑에 빠져 있습니다.

집요한
수컷

한참 진한 사랑을 나누던 쇠측범잠자리 부부가 마침내 사랑의 마침표를 찍습니다. 암컷이 수컷 배에서 생식기를 떼니 짝짓기가 끝이 났습니다. 짝짓기를 마쳤는데도 수컷은 여전히 암컷의 머리를 꽉 잡고 놓아주질 않고 알 낳을 장소인 계곡 쪽으로 날아갑니다. 암컷은 불편한 기색 없이 수컷의 몸에 매달려 일렬 비행을 합니다. 그 모습이 마치 능력 있는 보디가드의 호위를 받으며 비행하

는 것처럼 보입니다. 다행히 계곡이 작고 수량도 적지만, 가까이에 있어 비행의 수고로움을 덜 수 있습니다.

그런데 돌발 상황이 벌어졌습니다. 암컷이 무겁다 보니 수컷이 암컷을 끌고 연결 비행하는 도중에 그만 암컷의 머리를 놓쳐 버렸습니다. 그러자 자유로워진 암컷은 스스로 계곡 쪽으로 날아가고, '아차' 싶었던 수컷도 비록 암컷의 머리를 놓쳤지만 암컷과 가까운 거리에서 호위하며 날아갑니다. 계곡 상류에 도착하자 암컷은 알을 낳기 시작합니다. 물 위를 낮게 비행하면서 알을 흩뿌리듯 물속으로 떨어뜨립니다.

쇠측범잠자리 낱눈

수컷의
원천 봉쇄 작전

쇠측범잠자리 수컷이 암컷을 짝짓기하는 내내 놓아주지 않는 이유는 다른 수컷의 접근을 원천 봉쇄하기 위해서입니다. 사람과 달리 쇠측범잠자리를 비롯한 곤충의 암컷은 수컷에게 건네받은 정자를 보관하는 수정낭을 가지고 있습니다. 암컷은 이 수정낭 속에 짝짓기할 때마다 얻은 정자를 모아 두었다가 알을 낳을 때 정자를 꺼내서 수정을 시킵니다. 재밌게도 수정란을 만들 때는 수정낭 입구에 놓인 정자부터 차례대로 꺼내 씁니다. 다시 말하면 맨 처음 짝짓기해서 얻은 정자는 수정낭의 맨 아래쪽에 있고, 맨 나중에 짝짓기한 수컷 정자는 수정낭의 맨 위쪽인 입구에 있으니, 우선권은 맨 나중에 짝짓기한 수컷 정자에 있습니다. 그래서 쇠측범잠자리 수

철쭉 잎 위에서 짝짓기하는 쇠측범잠자리를 위에서 본 모습

쇠측범잠자리 암컷
이 배 꽁무니를 수
컷의 보조 생식기에
갖다 대었다.

컷은 자기 유전자가 맨 먼저 선택되길 바라는 마음이 병적일 만큼
커서 암컷을 붙잡고 다닙니다.

심지어 어떤 잠자리 수컷은 이미 결혼한 경험이 있는 기혼 암컷
과 짝짓기를 할 때 생식기 끝에 있는 돌기로 암컷 수정낭 속에 들
어 있는 다른 수컷의 정자를 긁어내기도 합니다. 또 어떤 경우에는
먼저 짝짓기한 수컷의 정자를 수정낭 구석으로 밀친 뒤에 자기 정
자를 넣기도 합니다. 이처럼 수컷들끼리 자기 정자를 수정시키기
위해 벌이는 경쟁을 '정자 경쟁'이라고 합니다. 수컷들은 정자를
둘러싸고 정자 경쟁을 치열하게 합니다. 수컷은 그렇다 쳐도 암컷
은 자기 의지와 상관없이 정자 경쟁에 얽혀 있어 난감할 뿐입니다.
자기 수정낭에 보관하고 있는 정자를 긁어내거나 밀어 넣는 수컷
의 행동에 동조해야 하는 암컷은 얼마나 힘들지 사람의 입장에서
보면 안쓰럽기 그지없습니다.

알 낳을 때까지 함께하는

새노란실잠자리

새노란실잠자리

새노란실잠자리가 하트 모양을 그리며
짝짓기에 성공했습니다.

6월 끝자락, 먼 길을 달려 신안군의 자은도에 왔습니다.

습하고 무더운 바람이 이따금씩 불어옵니다.

무더위를 참으며 남쪽에서 사는 새노란실잠자리를 만날까 싶어

산자락 아래 논둑길을 걷습니다.

예상했던 대로 농수로와 논둑 사이를

몸이 실처럼 가냘픈 실잠자리들이 경쾌하게 날아다닙니다.

그 틈에 발그스레한 새노란실잠자리도 풀잎을 헤치며 날아다닙니다.

한두 마리가 아닙니다.

스무 마리도 넘는 새노란실잠자리가

연둣빛 저고리와 주홍색 치마를 입고 농수로 위를

송사리 떼처럼 이리 갔다 저리 갔다 춤추듯 날아다닙니다.

얼마나 아름다운지 구경하느라 한 발짝도 뗄 수 없습니다.

새노란실잠자리 수컷

이 꼭지는 잠자리목 실잠자리과 종인 새노란실잠자리(*Ceriagrion auranticum*) 이야기입니다.

남방종
새노란실잠자리

새노란실잠자리는 족보상 실잠자리과 노란실잠자리아과 노란실잠자리속(*Ceriagrion*)에 속합니다. 우리나라에 사는 노란실잠자리아과 식구는 단 3종으로, 노란실잠자리, 새노란실잠자리와 연분홍실잠자리뿐입니다. 이 3종은 사촌뻘 되는 가까운 친척 관계입니다. 그 가운데 새노란실잠자리는 남쪽 지방에서만 볼 수 있습니다. 문헌에는 제주도가 북방 한계선으로 알려졌는데, 실제로 제주도뿐만 아니라 신안군의 자은도, 증도, 비금도 같은 여러 섬에서도 살고 있습니다. 기후 온난화의 영향으로 점점 북상하고 있는 것 같습니다.

새노란실잠자리 수컷은 배가 매우 선명한 주황색이다.

새노란실잠자리는 6월에서 10월까지 물 흐름이 느린 연못, 둠벙, 농수로 둘레를 살폿살폿 날아다닙니다. '알-애벌레-어른벌레'

의 단계를 거치는 안갖춘탈바꿈을 하는데, 알과 애벌레는 물속에서 살고, 어른벌레는 땅 위에서 삽니다. 일생 중 단 한 시기라도 물속에 살면 물살이 곤충(수서 곤충)으로 여기기 때문에 새노란실잠자리는 물살이 곤충 무리에 들어갑니다. 잠자리 어른벌레의 임무는 번식이라 암컷과 수컷 모두 짝짓기를 통해 유전자를 대대손손 남기는 데 몰두합니다. 그래서 어른벌레는 물속이 아닌 땅 위에서 살아야 짝을 만나기가 수월합니다. 덕분에 아리따운 새노란실잠자리 어른벌레를 초여름부터 가을까지 만날 수 있으니 얼마나 행복한지 모릅니다.

새노란실잠자리는 몸길이가 30~40밀리미터로 길지만, 몸매가 실처럼 가느다랗고 가냘파 왜소해 보입니다. 새노란실잠자리 수컷의 몸 색깔은 겹눈과 가슴이 연두색이고, 배는 선명한 주황색이라

근연종 연분홍실잠
자리
—

한 번만 봐도 기억에 남을 정
도로 곱고 아름답습니다.

새노란실잠자리 수컷이 나방류를 사냥했다.

수컷과 암컷의 몸 색깔이 약
간 다릅니다. 수컷은 혼인색을
띠어 배 색깔이 매우 선명한
주황색이지만, 암컷의 배 색깔
은 보호색을 띠어 갈색빛이 도는 주황색입니다. 또 암컷의 트레이
드마크는 배 끝부분, 즉 7~10번째 배마디 등 쪽에 각각 까만 점무
늬가 찍혀 있습니다. 수컷은 배 끝부분에 점무늬가 없습니다.

성숙
미성숙

'성숙', '미성숙'이란 용어는 잠자리목 곤충에서만 씁니다. 말 그
대로 '성숙'은 성적으로 성숙한 시기로 정자와 난자를 생산할 수
있어 짝짓기가 가능한 상태입니다. '미성숙'은 성적으로 성숙하지
못한 시기로 정소와 난소가 완전히 발달되지 않아 짝짓기를 할 수
없는 상태입니다.

물속에서 사는 새노란실잠자리 애벌레는 날개돋이할 때가 되면
물속을 벗어나 부들 같은 식물 줄기를 타고 올라오거나, 연못 주변
의 바위 위로 올라옵니다. 잠시 호흡을 가다듬고 날개돋이해 어른
벌레가 되는데, 이때가 미성숙 시기입니다. 갓 날개돋이했을 때는

아직 생식 기관(정소와 난소)이 완숙되지 않아 정자나 난자를 배출
할 수 없습니다. 이때 몸 색깔은 보호색을 띠어 우중충하고 화려하
지 않습니다.

하지만 성숙 시기가 되면 몸 색깔이 달라집니다. 미성숙 시기 동
안 새노란실잠자리는 부지런히 사냥을 하면서 영양 보충을 하고,
몇 주가 지나면 정소와 난소가 완숙되어 드디어 정자와 난자를 배
출할 수 있습니다. 이 시기를 성숙 시기라 하는데, 성숙 시기가 되
면 수컷의 몸 색깔은 암컷 눈에 확 띨 수 있도록 매우 화려하고 선
명하게 변합니다. 선명한 혼인색을 띤 수컷은 암컷을 향해 "난 짝
짓기할 모든 준비가 되어 있어. 나랑 결혼해 줄래?" 하며 몸빛으로
광고를 합니다. 반면에 암컷은 알을 낳을 귀한 몸이기 때문에 몸
색깔이 천적 눈에 덜 띄게 수수합니다.

수컷의 생식기는
2개

새노란실잠자리 수컷이 농수로와 논둑의 풀들을 헤치며 가볍게
날아다닙니다. 그런데 한 녀석이 풀잎에 앉더니 배를 둥글게 구부
려 배 꽁무니 부분을 가슴 근처의 배마디에 갖다 댑니다. 무슨 일
일까요? 정자를 옮기고 있는 중입니다. 이런 걸 '이정 행위'라고 합
니다.

새노란실잠자리를 비롯한 모든 잠자리목 식구들의 수컷은 생식

기를 두 개 가지고 있습니다. 한 개는 배 끝(9번째 배마디)에 있고, 다른 한 개는 배 중간(2번째와 3번째 배마디 사이)에 있습니다. 배 끝에 있는 1차 생식기는 진정한 생식기로 이곳에서 정자가 만들어져 나옵니다. 가슴 근처 배에 있는 2차 생식기는 배 끝에서 만든 정자를 일시적으로 보관하는 '보조 생식기'입니다.

다른 곤충들과 달리 새노란실잠자리가 굳이 가슴 근처에 보조 생식기를 갖는 이유는 기상천외하게 유별난 짝짓기 행동 때문입니다. 새노란실잠자리 수컷은 편집증이 매우 강해 짝짓기를 할 때 암컷을 독차지하기 위해 아예 암컷을 끌고 다닙니다. 이때 수컷이 배 끝에 달려 있는 갈고리 같은 파악기(꼬리털 1쌍이 집게 모양으로 변형됨.)로 암컷의 목덜미를 찍듯이 꽉 잡습니다.

문제는 수컷의 배 끝부분에는 정자를 만드는 생식기와 파악기가 함께 있다는 것입니다. 그래서 수컷은 정자를 암컷 생식기에 넣는 일과 암컷 목덜미를 파악기로 잡는 일을 동시에 할 수 없습니다. 암컷을 다른 수컷에게 빼앗기지 않게 끌고는 다녀야겠고, 대를 잇기 위해 유전자가 들어 있는 정자는 넣어 줘야겠고, 수컷이 진퇴양난에 빠졌습니다. 하는 수 없이 수컷은 궁여지책으로 가슴과 연결되어 있는 2~3번째 배마디에 보조 생식기인 정자 보관소를 만듭니다. 물론 조상 대대로 오랜 진화 과정을 통해서 이룩한 위대한 일이지요. 그래서 수컷은 암컷과 짝짓기하기 전에 반드시 배 끝부분에서 만든 정자를 2~3번째 배마디에 있는 정자 보관소로 옮겨야 합니다. 어떤 게으른 수컷은 미리 옮기지 않고, 암컷의 목덜미를 잡은 뒤에 옮기기도 합니다.

짝짓기 자세는
하트 모양

정자를 2번째 배마디와 3번째 배마디 사이에 있는 보조 생식기로 옮긴 새노란실잠자리 수컷은 암컷을 찾아 나섭니다. 멀리 갈 필요도 없이 논둑과 농수로 위를 왔다 갔다 하며 찾습니다. 화려한 혼인색을 띠고서 초조하게 여기저기 날아다니는 녀석들은 죄다 수컷들입니다. 수컷은 커다랗고 동그란 눈을 부릅뜨고 풀밭에 숨어 있을 암컷을 찾아 날고 또 날아다닙니다. 지치지도 않는지 쉬지 않고 끊임없이 왔던 길을 되돌아가며 암컷을 찾아 헤맵니다. 암컷은 칙칙한 보호색을 띠어 눈에 잘 띄지 않으니 그럴 만도 합니다.

드디어 수컷이 한곳에 멈춰 서성이는 걸 보니 암컷을 발견했나 봅니다. 역시 수수한 몸 색깔을 한 암컷이 풀잎 위에 새초롬하게 앉아 있습니다. 그런 암컷을 귀신처럼 찾아낸 수컷은 암컷에게 가

새노란실잠자리 수컷이 배 끝에 있는 파악기로 암컷의 머리를 잡았다.

까이 다가갑니다. 암컷은 혼인색을 띤 수컷의 화려한 몸을 보고 대번에 자기와 같은 종인 걸 알아차립니다. 수컷은 머뭇거림도 없이 재빠르게 암컷에게 다가가 배를 구부린 뒤 배 맨 끝에 달린 파악기로 암컷의 목덜미를 찍듯이 움켜줍니다. 그리고선 배를 쭉 펼쳐 자세를 일렬로 만든 뒤, 배 꽁무니에 암컷을 매단 채 풀 줄기 위로 날아갑니다. 이때 암컷은 저항 한번 하지 않고 수컷의 배 꽁무니에 매달려 이끌려 갑니다.

수컷이 암컷을 매달고 난다는 건 여간 쉬운 일이 아닙니다. 제 몸무게만큼 무거운 짐을 끌고 비행하는 거나 똑같기 때문에 멀리 날지 못하고 가까운 풀잎 위에 앉습니다. 자세가 안정되니 수컷과 암컷이 본격적으로 짝짓기를 시도합니다. 수컷은 배를 리드미컬하게 움직이며 암컷을 자극하고, 암컷은 배 꽁무니를 둥글게 구부려 수컷의 보조 생식기(2~3번째 배마디)에 갖다 대려 하나 실패합니다. 암컷이 수컷에게 매달린 채 허공에서 배 꽁무니를 구부려 목표물(수컷의 보조 생식기)에 정확히 대는 게 마음처럼 쉽지 않습니다. 여러 번 시도 끝에 성공! 여전히 수컷은 배 꽁무니에 붙어 있는 파악기로 암컷을 꽉 움켜쥐고 있습니다. 드디어 하트 모양 짝짓기 자세가 완성되었습니다. 수컷은 배를 리드미컬하게 움츠렸다 폈다 반복하며 암컷의 생식기에 정자를 넘겨줍니다. 기념사진을 찍어 주려 살금살금 다가가자 눈치 빠른 수컷이 재빨리 날아 도망갑니다. 이때도 여전히 하트 모양의 짝짓기 자세를 유지한 채 암컷을 끌고 날아갑니다.

실로 하트 모양 짝짓기 자세를 유지한 채 비행한다는 것은 수컷과 암컷 모두에게 힘겨운 고행입니다. 수컷은 공중에서 제 몸무게

새노란실잠자리 암컷이 배 꽁무니를 구부려 수컷의 2차 생식기에 갖다 대어 짝짓기에 성공했다.

새노란실잠자리 생식기가 결합된 부분

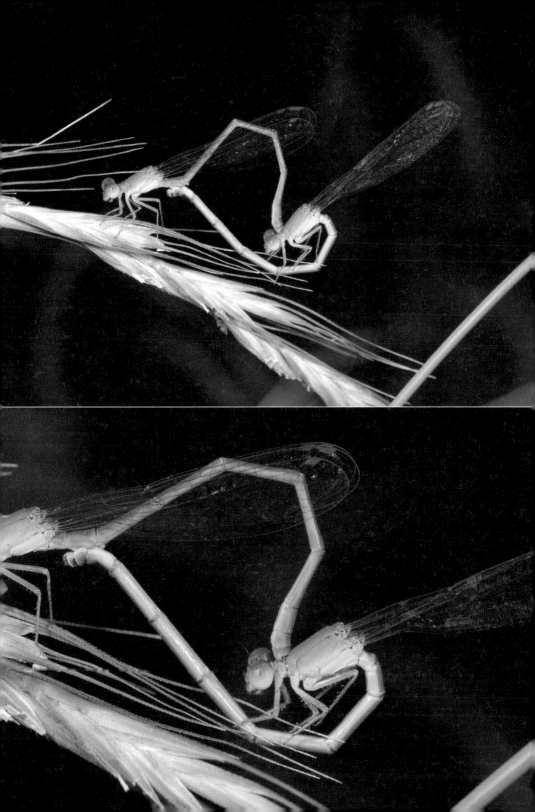

만큼 무거운 암컷을 배 꽁무니에 매달고 날아야 하고, 암컷 또한 수컷에게 목덜미를 잡힌 채 배까지 구부린 자세로 공중에서 끌려 다녀야 하니까요. 그래도 자손을 얻는 일이니 새노란실잠자리 부부는 모든 걸 감내하고 또 감내합니다.

멀리 못 가고 새노란실잠자리 부부가 풀 위에 앉습니다. 다행히 이곳은 안전해 그 누구의 방해도 받지 않습니다. 그 덕에 새노란실 잠자리 부부는 한곳에 머물며 사랑을 나누는데, 짝짓기 내내 하트 모양을 유지한 채 아무런 움직임이 없어 마치 정지 화면을 보는 것 같습니다. 15분 정도 지나자, 드디어 암컷이 배를 꿈틀거리며 생식 기를 빼내 구부렸던 배를 곧게 폅니다. 이로써 성대한 짝짓기가 끝이 났습니다.

짝짓기가 끝나도
암컷을 놔주지 않는 수컷

　이제 암컷은 수컷에게서 정자를 건네받았으니 알을 낳아야 합니다. 그런데 여느 곤충들은 짝짓기가 끝나면 흩어져 남남이 되어 뒤도 안 돌아보고 제각각 자신의 길을 가는데, 새노란실잠자리 수컷은 짝짓기가 끝났는데도 암컷의 목덜미를 놓아주지 않고 끌고 날아다닙니다. 해야 할 일이 남았기 때문입니다. 암컷은 그런 수컷에게 저항하지 않고 수컷이 이끄는 대로 날아갑니다. 수컷의 배 꽁무니에 암컷이 매달린 모습은 일자 모양인데 이런 걸 '연결 비행'이라고 합니다. 수컷이 암컷을 이끌고 날아갈 곳은 농수로입니다. 사랑을 나눈 신방과 가까운 곳에 있지만 수컷이 암컷을 배 끝에 매달고 농수로까지 가는 건 중노동입니다. 수컷에게 끌려 다니는 암컷도 고달프지만 암컷을 매달고 다니는 수컷도 고달프기는 마찬가지

입니다. 그러니 한 번에 날아서 못 가고 여러 번 풀잎이나 풀 줄기
에 쉬었다 납니다.

드디어 새노란실잠자리 부부가 농수로에 도착했습니다. 역시 농
수로에는 녹조가 많이 생겨 물 흐름이 느리고, 물풀도 많아 알 낳
는 장소로는 훌륭합니다. 수컷은 농수로 안쪽으로 직진해 암컷이
알 낳을 물풀 위에 멈춥니다. 수컷은 균형을 잡기 위해 공중에서
똑바로 서고, 암컷은 여섯 다리로 수면 위로 올라온 풀잎을 잡고
알 낳을 채비를 합니다. 이제 알 낳을 차례. 암컷은 배를 구부려 배
끝 속 산란관을 물속 식물의 조직 속에다 집어넣고 알을 낳습니다.
암컷의 산란관은 뾰족하여 붕어마름이나 검정말 같은 물풀 조직을
잘 뚫을 수 있습니다. 알 낳는 내내 수컷은 공중에서 꼼짝도 하지
않고 암컷이 균형을 잘 잡도록 도와줍니다.

암컷이 알을 낳자, 수컷이 암컷을 매단 채 힘껏 날아 바로 옆에
있는 식물로 날아갑니다. 이번에는 수컷이 물풀을 잡으며 균형을
잡아 줍니다. 그러자 암컷은 안정된 자세로 산란관을 물풀에 꽂고
알을 낳습니다. 이렇게 새노란실잠자리 부부는 힘을 합쳐 알 낳는
일에 모든 에너지를 쏟아붓습니다. 수컷은 알을 잘 낳도록 암컷의
목덜미를 꽉 잡은 채 공중에서 균형을 잡아 주느라 힘을 쓰고, 암
컷은 공중에서 균형을 잡아 주는 수컷에 의지해 배 끝을 물풀 속에
집어넣고 알을 낳느라 애씁니다.

영리한 수컷은 암컷을 데리고 다니며 여러 곳에 알을 낳도록 유
도합니다. 물속은 위험한 사건이 일어날 변수가 많기 때문에 여러
곳에 알을 낳아야 애벌레가 생존할 확률이 높습니다.

수컷이 암컷을 붙잡은 이유

새노란실잠자리 수컷은 암컷이 알을 다 낳을 때까지 암컷을 놔 주지 않습니다. 이런 현상을 '정자 경쟁'이라 합니다. 암컷을 붙잡 고 있음으로써 다른 수컷이 접근하지 못하도록 원천 봉쇄를 하는 것이지요. 새노란실잠자리 암컷의 몸속에는 짝짓기할 때 수컷에 게서 건네받은 정자를 보관하는 수정낭이 있습니다. 암컷이 알을 낳을 때 수정낭에 보관된 정자가 나와 난자와 수정이 되는데, 이 때 가장 나중에 짝짓기한 수컷의 정자가 가장 먼저 쓰입니다. 정자 는 짝짓기한 순서대로 수정낭에 차곡차곡 모이기 때문입니다. 즉 가장 먼저 짝짓기한 수컷의 정자는 수정낭의 맨 아래에 놓이고, 맨 나중에 짝짓기한 수컷의 정자는 맨 위에 놓입니다. 그러니 수컷 입 장에선 자기 정자(유전자)가 우선권을 갖기 위해선 짝짓기할 때부 터 알을 낳을 때까지 암컷을 지키는 게 최고의 해결책입니다.

놀랍게도 어떤 수컷은 암컷의 수정낭에 들어 있는 다른 수컷 정 자를 파내기도 합니다. 수컷의 생식기는 두 가지 역할을 합니다. 하나는 자기 유전자를 암컷 생식기에 전달하는 일이고, 다른 하나 는 암컷 수정낭에 이미 들어와 있는 정자를 없애는 일입니다. 수컷 생식기에는 특수하고도 미세한 털이 붙어 있어 암컷 수정낭 속에 일찌감치 입성한 다른 수컷 정자를 파이프 청소하듯이 깨끗이 쓸 어 내는 데 도움이 됩니다.

암컷 보디가드를
자처하는 수컷

방울실잠자리

방울실잠자리 수컷

방울실잠자리는 수컷의 종아리마디가
방울 모양이라 붙은 이름입니다.

6월 중순, 남쪽 지방에서 장마 소식이 들려옵니다.

양평읍 근처, 남한강으로 흘러드는 흑천에

방울실잠자리가 알 낳는 장면을 찍으러 왔습니다.

비를 품은 구름들이 하늘을 두껍게 덮고 있어 후텁지근합니다.

조금만 움직여도 이마에서, 목덜미에서 땀이 송골송골 솟아납니다.

하천가에는 풀들이 무성하게 자라 풀숲을 이룹니다.

바람이 불 때마다 옆으로 길게 휘어져

휘청거리는 풀잎들이 얼굴을 때립니다.

그 풀숲을 뚫고 물가로 갑니다.

물가의 풀숲 사이를

방울실잠자리들이 분주하게 날아다닙니다.

방울실잠자리 수컷

이 꼭지는 잠자리목 방울실잠자리과 종인 방울실잠자리(*Platycnemis phyllopoda*) 이야기입니다.

물풀에 알 낳는
방울실잠자리

　암컷 방울실잠자리들이 수심이 얕고 물 흐름이 느린 물속의 물풀에다 알을 낳고 있습니다. 알을 낳는 내내 암컷의 목덜미는 수컷의 배 꽁무니에 붙잡혀 있습니다. 그런 모습을 촬영하려 물속으로 살금살금 들어가자, 알 낳던 녀석이 쌩하니 날아 삼십육계 줄행랑을 칩니다. 다가가면 날아 도망가고, 또 다가가면 날아 도망가고, 한참을 쫓아 보지만 헛수고입니다. 장화를 신었으나 안쪽으로 들어갈수록 수심이 깊어져 포기하고 되돌아 나옵니다. 물 밖으로 발을 디디려는 그 순간 물가 언저리에 기묘하게 똬리를 틀고 앉아 있는 유혈목이와 눈이 딱 마주쳤습니다. 소름 끼치는 뱀! 축 늘어진 엿가락 같은 몸통을 제멋대로 둥글게 빙빙 틀어 놓아 마치 바람 빠진 호스로 만든 똬리 같습니다. 얼마나 소름 끼치게 무섭고 징그러운지 괴성을 지르며 첨벙첨벙 물속에서 뛰어 도망치지만 몸이 말을 듣지 않습니다. 혼비백산해 가까스로 물 밖으로 나왔습니다. 방울실잠자리의 산란 장면 촬영은 글렀고 짐을 챙겨 서둘러 그곳을 떠납니다.

등검은실잠자리 암컷이 수컷에 의지한 채 물풀에 알을 낳고 있다.

방울 단
수컷

방울실잠자리 성숙
수컷은 가운뎃다리
와 뒷다리 종아리마
디가 부풀어 있다.

방울실잠자리는 족보상 잠자리목 가문의 방울실잠자리과 집안 식구입니다. 이름처럼 몸이 실처럼 가는 데다 수컷 다리의 종아리 마디가 방울 모양입니다. 우리나라는 방울실잠자리과에 4종만 사는데, 그 가운데 방울실잠자리의 개체 수가 가장 많습니다. 방울실잠자리는 5월 말부터 10월까지 연못이나 저수지같이 물 흐름이 느린 물 주변에서 자주 만날 수 있습니다.

방울실잠자리는 겹눈이 동그랗고 매우 큽니다. 겹눈과 겹눈 사이가 뚝 떨어져 있고, 겹눈 사이에는 홑눈이 3개 있습니다. 몸 색깔은 전체적으로 갈색으로 군데군데 흰색이 섞여 있습니다. 다리에는 곧추선 센털이 붙어 있습니다.

방울실잠자리 겹눈과 다리

방울실잠자리는 암컷과 수컷의 생김새가 확연히 다릅니다. 우선 성숙한 수컷의 몸 색깔은 하늘색 기가 있는 반면, 암컷은 녹색 기가 있습니다. 무엇보다 다리의 생김 새에서 차이가 납니다. 수컷은 가운뎃다리와 뒷다리의 종아리마디(사람의 종아리에 해당함)가 마치 하얀 밥알처럼 타원형으로 심하게 부풀어 있습니다. 수컷이 날 때 이 하얀 밥알 같은 종아리마디가 현란하게 흔들립니다. 반면에 암컷 종아리마디는 밥알처럼 생기지 않고 아주 단순합니다. 그래서 방울실잠자리는 암컷과 수컷을 단번에 구분할 수 있습니다.

방울실잠자리 성숙
암컷은 몸 색깔이
녹색이다.

구애할 때 요긴한
다리의 방울

　　방울실잠자리를 포함한 잠자리목 식구는 시각적 동물입니다. 다시 말하면 색깔과 모양, 움직임으로 교신합니다. 따라서 깜깜한 밤에는 이런 신호들이 보이지 않으니 대개 환한 낮에 활동하는 주행성으로 진화해 왔습니다. 방울실잠자리 애벌레는 물속에서 사는 수서성인데, 날개돋이해 어른벌레가 되면 땅 위에서 생활합니다. 방울실잠자리가 어른벌레로 갓 날개돋이할 때는 아직 성적으로 성숙하지 못한 '미성숙 시기'인데 이때 몸 색깔은 화려하지 않고 수수합니다. 또한 가운뎃다리와 뒷다리의 종아리마디가 베이지 색이고 덜 부풀어 있습니다.

　　그러다 사냥을 하면서 일정한 기간 동안 영양 보충을 하면 성적으로 성숙한, 즉 정자나 난자를 배출할 수 있는 성숙 시기가 됩니다. 성숙 시기가 되면 방울실잠자리 수컷은 몸 색깔이 하늘색 기가 많은 화려한 색을 띠고, 다리의 종아리마디는 쌀알처럼 커다랗게 부풀고 새하얀 색을 띱니다. 반면에 암컷은 몸 색깔이 녹색 기가 많은 색을 띱니다. 이렇게 '성숙 시기'에 띠는 화려한 색깔을 '혼인색'이라고 합니다. 이 혼인색은 짝짓기를 위해 구애 또는 과시를 할 때 굉장히 중요한 신호 역할을 합니다. 또 수컷은 날 때마다 밥알처럼 부푼 새하얀 종아리마디가 흔들려 암컷의 관심을 집중적으로 받는 데 도움이 됩니다.

짝짓기 자세는
왜 하트 모양일까

물가의 풀숲에서 방울실잠자리 수컷들이 요란하게 날아다닙니다. 텃세가 강해 자기 구역에 다른 수컷이 날아오면 여지없이 날아가 쫓아냅니다. 마침 수컷 한 마리가 풀 위에 앉아 짝짓기 준비를 합니다. 수컷이 짝짓기 전에 반드시 해야 할 일은 '정자 옮기기(이정 행위)'입니다. 배를 둥글게 구부려 배 꽁무니 속에 들어 있는 정자를 가슴 근처 배(2~3번째 배마디)에 있는 2차 생식기(보조 생식기 또는 정자 보관소)에 옮깁니다. 이렇게 수컷은 짝짓기를 위해 만반의 준비를 한 뒤 본격적으로 암컷을 찾아다닙니다. 다행히 암컷은 물가 주변에 머물러 있습니다. 수컷은 암컷을 만나면 본격적으로 구애에 열을 올리는데, 이때 밥알처럼 부푼 다리가 한몫합니다. 부푼 다리는 날 때마다 찰랑찰랑 흔들려 암컷의 시선을 사로잡습니다. 수컷은 암컷 앞에서 이리 갔다 저리 갔다 하며 부푼 새하얀 다리를 과시합니다. 그것도 모자라 훌쩍 날아서 암컷과 마주 보며 부푼 새하얀 다리를 흔들며 '나 굉장히 멋있지? 나랑 결혼해 줄래?' 하며 끊임없이 구애를 합니다.

수컷의 적극적인 구애에 암컷의 마음이 동했나 봅니다. 수컷은 암컷보다 약간 높게 날면서 다리로 암컷의 가슴 부분을 붙잡습니다. 수컷을 받아들이기로 한 암컷은 천천히 날면서 순순히 따라갑니다. 우선 수컷은 배를 둥글게 만 뒤, 배 꽁무니에 붙어 있는 집게 같은 파악기(꼬리털 한 쌍이 변형됨.)로 암컷의 목덜미를 꽉 잡습니다. 그런 다음 수컷은 암컷의 가슴을 잡았던 다리를 풀고, 배를 쭉

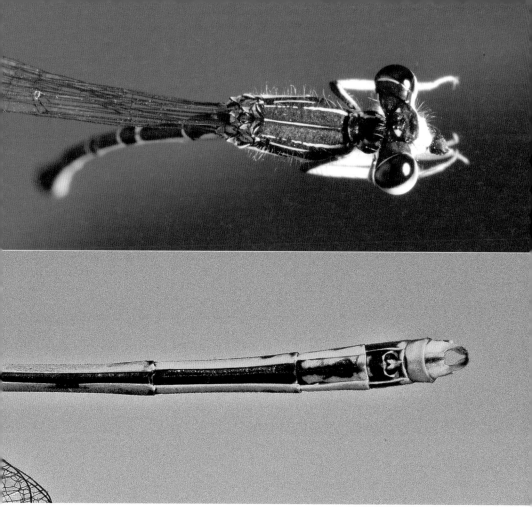

펴니 수컷과 암컷이 일렬로 이어집니다. 앞쪽이 수컷이고 뒤쪽이
암컷입니다. 목덜미를 잡힌 암컷은 굉장히 모욕적일 것 같은데, 신
기하게도 수컷이 목덜미를 잡아도 암컷은 아무런 반항을 하지 않
고 수컷이 이끄는 대로 매달려 날아갑니다.

  수컷과 암컷은 일렬로 이어진 채 날아다니다 안전한 곳에 앉아
본격적으로 짝짓기를 합니다. 암컷은 배를 둥글게 구부려 수컷 가
슴 근처 배에 있는 2차 생식기에 배 꽁무니 속 생식기를 빼내 넣습

니다. 그러면 짝짓기 자세는 하트 모양 또는 수레바퀴 모양이 되는 데, 이때 수컷은 리드미컬하게 배를 수축하며 암컷 생식기에 정자를 넣어 줍니다. 이런 짝짓기 자세는 다른 곤충에서 찾아볼 수 없을 정도로 희귀합니다. 짝짓기는 방해받지 않으면 몇십 분 계속되나, 자연에서는 위험한 상황이 수시로 일어나기 때문에 짝짓기 시간은 짧을 때가 많습니다. 짝짓기 중에 위험한 일이 생기면 수컷은 제 몸무게만큼 무거운 암컷을 끌고 하트 모양 자세를 유지한 채 안전한 곳으로 날아갑니다.

방울실잠자리
짝짓기
—

알 낳을 때까지
놓아주지 않는 수컷

드디어 짝짓기가 끝났습니다. 암컷은 둥글게 구부려 수컷의 2차 생식기에 대고 있던 배 꽁무니를 뗍니다. 짝짓기가 끝났지만 여전히 수컷은 암컷 목덜미를 그대로 움켜쥐고 있습니다. 수컷이 그러든 말든 암컷은 어서 알을 낳아야 하니 마음이 급합니다. 그런 암컷의 마음을 헤아렸는지 수컷은 배 꽁무니에 암컷을 매달고 일렬 비행을 하며 곧장 연못으로 날아갑니다. 수컷은 본능적으로 물의 흐름이 적고 물풀이 많은 연못을 고릅니다.

마침내 물이 자작자작 흐르고 물풀이 가득한 연못에 도착하자, 수컷은 연못 위를 날며 알 낳을 곳을 탐색합니다. 그리고 물낯 위에 보일락 말락 하게 나온 물풀로 날아간 뒤 배 끝에 매달린 암컷이 물풀 위에 잘 내려앉도록 균형을 잡으며 암컷을 지지대 삼아 공중에 떠 있습니다. 암컷은 수컷에 의지한 채 배 꽁무니 속 산란관을 물속에 있는 식물 조직 속에 집어넣고 알을 하나씩 하나씩 낳습니다. 얼마 후 수컷은 암컷을 이끌고 다른 수초로 데려가 알을 낳도록 주선합니다. 이렇게 수컷은 암컷이 알을 다 낳을 때까지 암컷의 목덜미를 잡은 채 연못을 순례합니다. 암컷이 알을 다 낳은 뒤에야 비로소 파악기를 암컷의 목덜미에서 떼어 냅니다.

수컷이 짝짓기할 때부터 알을 다 낳을 때까지 암컷을 놓아주지 않는 데는 그만한 이유가 있습니다. 다른 수컷이 접근하지 못하도록 미리 원천 봉쇄하는 것입니다. 이런 행동을 '정자 경쟁'이라고 합니다. 사람과 달리 곤충의 암컷은 수정낭(정자를 보관하는 주머니

로 '저정낭'이라고도 함.)을 가지고 있습니다. 암컷은 짝짓기할 때 수
컷에게서 받은 정자를 수정낭에 모두 보관합니다. 대개 곤충의 암
컷과 수컷 모두 다회 교미를 하는 경우가 있는데, 암컷이 다회 교
미를 하게 되면 여러 수컷의 정자는 짝짓기한 순서대로 수정낭에
쌓입니다. 첫 번째 수컷의 정자가 맨 아래쪽에 있고, 맨 마지막 수
컷의 정자가 맨 위쪽에 위치하는 식입니다. 암컷은 배란을 할 때마
다 수정낭에 모아 둔 정자를 이용해 수정란을 만든 뒤 알을 낳습니
다. 그러니 암컷의 수정낭 입구에 있는 정자가 수정 우선권을 갖습
니다. 다시 말하면 맨 마지막에 짝짓기를 한 수컷의 정자가 최우선
권이 있습니다. 그래서 방울실잠자리 수컷은 자기 유전자가 수정
란에 쓰이길 간절히 바라는 마음에서 암컷이 알을 다 낳을 때까지
놓아주지 않는 것입니다.

　사람 눈에는 무모할 정도로 무례하게 보이는 방울실잠자리 수컷
의 행동이 암컷에겐 훌륭한 보디가드의 행동으로 여겨질 수도 있
습니다. 늘 위험이 도사리고 있는 자연 생태계에서 암컷 홀로 알을
낳는 일은 위험천만한 일입니다. 알을 낳을 때 잡아먹히기라도 하
면 그동안 노력했던 번식 프로젝트가 도로 아미타불이 되기 때문
입니다. 그러니 암컷 입장에서는 수컷을 보디가드로 고용해 알을
낳을 때까지 보호를 받으면 무사히 알을 낳을 수 있어 이득이 매우
큽니다. 수컷은 자기 유전자를 지켜서 좋고, 암컷도 안전하게 알을
낳아 대를 이어 좋으니, 암컷 수컷 모두에게 이득입니다.

짝짓기가 끝나도
함께하는

참실잠자리

참실잠자리 성숙 수컷

참실잠자리 수컷은 미성숙 시기와
성숙 시기의 몸빛이 서로 다릅니다.

5월 중순, 광릉 국립수목원에 갑니다.

입구부터 말끔하게 풀과 나무를 정리해 놓고

여러 구조물들이 서 있어 도심 속 수목원에 온 느낌입니다.

수풀이 우거진 원시림은 일반인 통제 구역에 꽁꽁 숨어 있어

그림의 떡입니다. 멀찌감치서 바라만 봅니다.

잰걸음으로 연못이 있는 수생 식물원으로 발을 옮깁니다.

커다란 연못에 수련, 노랑어리연꽃, 남개연, 가래 같은

수생 식물 잎이 물 위에 둥둥 떠 있고,

가장자리엔 노랑꽃창포와 붓꽃 같은

여러 풀들이 쑥쑥 자라 꽃망울을 터뜨리고 있습니다.

그 연못 풀숲을 셀 수 없이 많은 참실잠자리들이

살폿살폿 날아다니며 새파랗게 물들입니다.

초록빛 풀과 파란빛 색동 참실잠자리의 조화가 참 아름다워

한참을 넋 놓고 바라봅니다.

참실잠자리 수컷

이 꼭지는 잠자리목 실잠자리과 종인 참실잠자리(Coenagrion johanssoni) 이야기입니다.

5월은
참실잠자리 세상

　연못가에 우두커니 서서 참실잠자리가 북적이는 풀숲을 바라봅니다. 갓 날개돋이해서 희끄무레한 색을 띠는 미성숙 시기인 녀석, 제법 파란색을 많이 띠어 미성숙 시기 딱지를 떼려는 녀석, 선명한 파란색 띠무늬가 영롱해 성숙 시기에 접어든 수컷처럼 저마다 몸 색깔이 다릅니다. 또 풀 줄기에 앉아 사냥한 작은 파리를 야무지게 먹는 녀석, 그냥 풀잎에 앉아 멍 때리며 쉬는 녀석, 바람에 날릴 듯 가냘픈 몸으로 연못 위를 날아다니는 녀석, 암컷을 찾아 초조하게 날아다니는 녀석, 영역 다툼하느라 다가오는 수컷을 격렬하게 쫓아내는 녀석, 암컷과 나란히 이어진 채 풀 줄기에 앉아 있는 예비 부부, 한적한 연못 구석에서 알을 낳는 암컷의 머리를 잡고 망부석처럼 똑바로 서 있는 수컷, 암컷 머리를 붙잡은 채 배 꽁무니를 구부려 배 앞부분에 정자를 옮기는 수컷, 하트 모양 자세를 하고 짝짓기에 여념이 없는 열댓 쌍의 부부까지. 참실잠자리의 모든 것을 한꺼번에 볼 수 있으니 마치 '참실잠자리 행동학 실험실'에 온 것 같습니다.

　그런데 언뜻 보기에도 짝짓기 중인 한 부부의 몸이 심상치 않습니다. 가슴 쪽에 뭔가 묻어 있습니다. 뭘까? 혹시 기생당한 것일까? 기생벌의 알이 저렇게 크진 않은데! 혹시 거미가 붙어 있는 걸까? 거미치고는 너무 작고 노골적으로 붙어 있는데! 방해하지 않으려 살금살금 허리를 숙여 들여다보니, 응애균요. 즉보잉 기미낑 가문의 식구인 응애 수십 마리가 참실잠자리 가슴 아랫면에 달라붙어 체액을 먹고 있습니다. 놀랍게도 암컷과 수컷 모두에게 달라붙어 있는데, 암컷에게 두 배 더 많이 붙어 있습니다. 암컷과 수컷 모두 이미 응애에게 공격당한 뒤 짝짓기에 성공한 것인지는 알 수 없으나, 다닥다닥 붙어 있어 괴로울 것 같습니다. 안쓰러워 참실잠자리 부부에게서 응애를 떼어 주고 싶은 마음이 간절하나 손만 슬그머니 내밀어도 훌쩍 날아 도망가는 통에 달리 손쓸 방법이 없습니다. 그저 짝짓기를 마친 암컷이 무사히 알을 낳길 빌 뿐입니다.

파란 색동옷 입은 참실잠자리

참실잠자리의 몸 색깔은 미성숙 개체, 성숙 수컷 개체, 성숙 암컷 개체가 저마다 조금씩 차이 납니다. 미성숙 참실잠자리는 갓 날개돋이했을 때 여느 실잠자리들처럼 희끄무레한 색을 띠다 시간이 흐르면 흐릿한 파란색이 나타납니다. 성숙 수컷과 성숙 암컷은 전체적으로 까만색이고 파란색 무늬가 굉장히 선명하고 영롱하게 그려져 있습니다. 또 2~7번째 배마디에 까만색과 파란색이 섞인 띠무늬가 있어 마치 색동옷을 입은 것 같습니다. 특히 겹눈 뒷부분에 파란색 쉼표 모양의 아름다운 무늬가 있어 눈에 확 띄고, 뒷머리 선이 도드라져 있습니다.

다만 암컷과 수컷의 몸 색깔이 부분적으로 다릅니다. 수컷의 8~9번째 배마디는 파란색이며 10번째 배마디는 까만색입니다. 이

참실잠자리 암컷
미성숙 시기
—

에 비해 암컷의 8~9번째 배마디는 까만색 바탕에 파란색 둥근 무늬가 찍혀 있습니다.

참실잠자리는 실잠자리과 집안 식구에 속하는데, 5월 초순부터 물이 자박자박 느리게 흐르는 연못이나 휴경논에서 만날 수 있습니다. 북방 계열이다 보니 주로 중부와 북부 지방에서 사는데, 남부 지방 일부 지역(지리산, 전남 광주, 곡성)과 고산 지역 습지에서도 발견됩니다. 중부 지방에서 파란 띠무늬를 한 실잠자리는 거의 모두 참실잠자리입니다. 7월 말쯤이면 평지에서는 안 보이지만 고도가 높은 고산 지대의 연못은 참실잠자리 전성기입니다. 또 산지에서는 초가을인 9월까지 관찰됩니다. 참실잠자리는 우리나라 말고도 북한, 몽골, 중국과 시베리아 지역에 살고 있습니다.

참실잠자리 부부가 만든
아름다운 사파이어 반지

참실잠자리의 겹눈은 아름다울 뿐 아니라 근사합니다. 시력이 좋아 몇 미터 떨어진 곳에서도 움직임을 알아차립니다. 더듬이가 매우 짧은 것만 봐도 후각이나 촉각보다 시각이 훨씬 발달한 것을 알 수 있습니다. 그래서 참실잠자리 수컷과 암컷은 풀숲에서 수월하게 만날 수 있는데, 이때 수컷의 아름다운 몸빛, 즉 파란색과 까만색이 어우러진 선명한 색동 무늬가 암컷의 눈을 사로잡습니다.

부지런한 수컷은 미리 배 꽁무니 쪽(1차 생식기, 정소가 있는 부분)에서 만드는 정자를 배 앞부분(2~3째 배마디)에 있는 보조 생식기(2차 생식기)로 옮긴 터라, 바로 짝짓기 단계로 직행합니다. 암컷 가까이에 다가온 수컷은 날갯짓을 하며 선명한 파란색을 띤 배 꽁무

참실잠자리 수컷
미성숙 시기

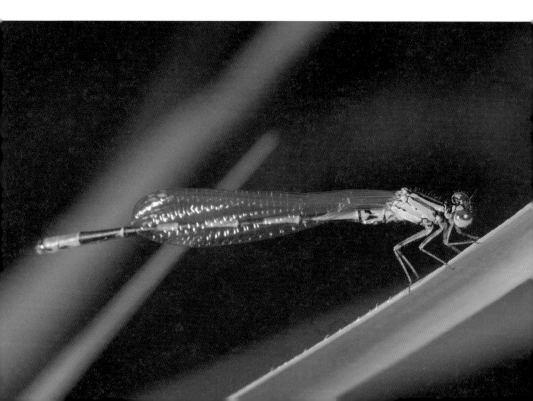

니 부분을 보여 줍니다. 그리곤 암컷보다 약간 높게 날면서 다리로 암컷의 가슴 부분을 붙잡습니다. 암컷은 그런 수컷이 마음에 들었는지 천천히 날면서 수컷이 이끄는 대로 순순히 따릅니다. 그렇게 짝짓기 작업은 일사천리로 진행됩니다. 서둘러 수컷은 배를 둥글게 구부려 배 끝의 집게 같은 파악기로 암컷 목덜미를 꽉 움켜쥡니다. 이어 암컷 가슴에서 다리를 뗀 후 배를 똑바로 펼치자 드디어 암컷과 수컷 두 마리가 일렬로 연결됩니다. 수컷은 급히 암컷을 데리고 앞쪽으로 이끌며 아름다운 연결 비행을 하다 적당한 풀잎 위에 앉습니다. 이제 본격적인 짝짓기에 들어갑니다. 수컷이 배를 꿈틀거리며 암컷을 자극합니다. 그러자 암컷은 요가 선수처럼 배 꽁무니를 자기 배 쪽으로 있는 힘을 다해 180도 구부린 뒤, 앞쪽으로 쭉 뻗어 자기 생식기 입구를 수컷 보조 생식기에 정확히 갖다 댑니다. 생식기에 눈도 없는데 기막히게 위치를 알아차립니다. 이는 생

식기 주변의 털 같은 감각 기관이 큰 역할을 했기 때문입니다. 이에 질세라 수컷도 한껏 배를 둥글게 구부려 암컷 생식기가 자기 보조 생식기에 잘 닿도록 협조합니다. 금세 눈앞에 하트 모양, 아니 파란색 색동 무늬가 새겨진 사파이어 반지가 만들어집니다. 암컷과 수컷 모두 이 순간만을 열망해 왔을 터, 짝짓기에 성공하니 암컷과 수컷 모두 황홀하고 감개무량할 뿐입니다.

　황홀한 순간도 잠시, 참실잠자리 수컷은 서둘러 암컷의 생식기에 정자를 건넵니다. 반지 모양의 짝짓기 자세를 유지하는 내내 수컷 정자는 암컷 생식기 입구를 통과해 정자 보관소인 수정낭 속으로 들어갑니다. 이때 위험에 맞닥뜨리거나 방해를 받으면 짝짓기 자세를 유지하며 훌쩍 날아 도망가지만 멀리 가지는 못합니다. 수

참실잠자리 수컷이 암컷의 머리를 파악기로 잡았다.
——

컷이 암컷을 배 꽁무니에 매단 채 반지 모양을 유지하면서 날려면 무겁기 때문입니다. 다행히 부부는 다른 풀잎으로 자리를 옮겨서도 계속 사랑을 나눕니다. 짝짓기는 심한 방해를 받으면 몇 분 안에 허무하게 끝나지만, 안정된 환경에서는 한 시간 이상 사랑이 계속됩니다. 이렇게 참실잠자리 부부는 짧게는 몇 분에서 길게는 한 시간 이상 연못가에서 사랑을 나눕니다.

한참 후, 암컷이 수컷의 보조 생식기에 밀착시킨 배 꽁무니를 떼며 둥글게 말고 있던 배 꽁무니를 일자로 곧게 폅니다. 이로써 짝짓기가 종료됩니다. 비록 짝짓기가 끝났지만 수컷은 여전히 암컷을 놓아주지 않습니다. 암컷도 그러려니 하며 수컷 배 꽁무니에 매달린 채 수컷이 이끄는 대로 이끌려 연못 물로 날아갑니다.

친절한 수컷
집요한 수컷

이제부터 참실잠자리 수컷은 기사도 정신을 발휘합니다. 수컷은 보디가드를 자처해 암컷이 알을 낳으러 갈 때부터 다 낳을 때까지 암컷을 철저하게 보호합니다. 우선 암컷을 데리고 날며 알 낳을 최고의 명당을 물색합니다. 최고의 명당은 물 흐름이 느리고, 물풀이 많은 곳입니다. 수컷이 연못 위에 떠 있는 물풀을 잡고 균형을 잡자, 암컷은 수컷에 의지한 채 배 꽁무니를 물속 풀 줄기 속에 넣고 알을 낳습니다. 암컷이 알을 낳자, 세심한 수컷은 알을 한곳에만 낳지 않도록 옆 장소로 암컷을 안내합니다. 알을 낳는 내내 수컷은 장소를 옮기면서 암컷이 알을 안전하게 낳을 수 있도록 극진히 보살핍니다. 물론 알을 낳을 때 성가시게 하며 접근하는 다른 수컷을 위협하며 내쫓기도 합니다.

만일 암컷을 놓치기라도 하면, 수컷은 암컷 위를 날아다니며 암컷을 경호합니다. 다른 수컷이 다가오면 위협하며 쫓아냅니다. 그렇게 암컷은 수컷의 경호를 받으며 안전하게 알을 낳으니 이득이 엄청나게 큽니다. 사람 입장에서 보면 수컷이 암컷을 스토커처럼 감시하고 끌고 다니는 것 자체가 굴욕적이고 모욕적이지만, 잠자리의 입장에서 보면 수컷의 이런 행동이 자기 유전자를 대대손손 전하는 데 도움이 되니 암컷과 수컷 모두에게 이득입니다.

세밀화로 보는
곤충

측범잠자리 무리

측범잠자리 무리는 우리나라에 15종이 알려졌다.

가슴 측면이 범 무늬처럼 보인다고 이런 이름이 붙었다.

이 무리는 차고 맑은 물이 흐르는 산골짜기나 내에 주로 산다.

겹눈은 타원형으로 두 눈 사이가 서로 떨어져 있다.

암컷은 8번째 배마디에 짧은 산란관(산란판)이 있다. 대부분 나뭇잎이나 바위 위에 앉는다.

측범잠자리 무리는 안갖춘탈바꿈을 하며 날이 밝아 따뜻해질 때

바위나 풀잎을 딛고 날개돋이한다.

마아키측범잠자리
몸길이 50~54mm

어리측범잠자리
몸길이 50~54mm

호리측범잠자리
몸길이 60~62mm

자루측범잠자리
몸길이 48~50mm

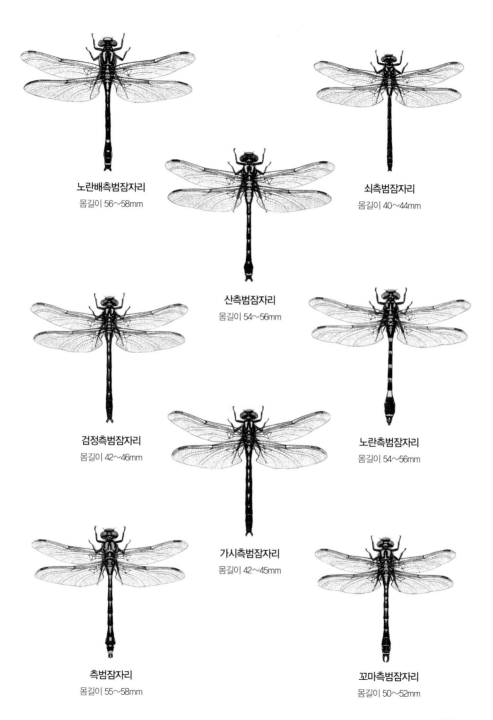

노란배측범잠자리
몸길이 56~58mm

쇠측범잠자리
몸길이 40~44mm

산측범잠자리
몸길이 54~56mm

검정측범잠자리
몸길이 42~46mm

노란측범잠자리
몸길이 54~56mm

가시측범잠자리
몸길이 42~45mm

측범잠자리
몸길이 55~58mm

꼬마측범잠자리
몸길이 50~52mm

사슴벌레 무리

사슴벌레 무리는 온 세계에 1,000종쯤 살고, 우리나라에는 16종쯤 산다.

사슴벌레는 거의 숲속에서 산다.

낮에는 땅속이나 나무 구멍 속에서 쉬고 밤에 나뭇진을 먹으려고 나온다.

사슴벌레 무리는 대부분 몸집이 크다. 수컷은 사슴뿔처럼 생긴 큰턱을 가진 종이 많다.

수컷의 큰턱은 짝짓기를 위해 암컷을 두고 수컷끼리 싸울 때 쓰인다.

암컷은 큰턱이 수컷보다 작다. 큰턱으로 나무껍질을 뜯어내고 그 속에 알을 하나씩 낳는다.

원표애보라사슴벌레
몸길이 8~11mm

길쭉꼬마사슴벌레
몸길이 8~12mm

큰꼬마사슴벌레
몸길이 9~16mm

참넓적사슴벌레
몸길이 23~40mm

왕사슴벌레
몸길이 25~70mm

털보왕사슴벌레
몸길이 14~26mm

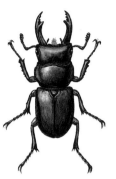

홍다리사슴벌레

몸길이 25~50mm

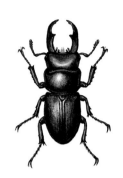

애사슴벌레

몸길이 15~32mm

넓적사슴벌레

몸길이 20~87mm

꼬마넓적사슴벌레

몸길이 13~33mm

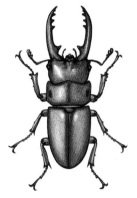

두점박이사슴벌레

몸길이 47~60mm

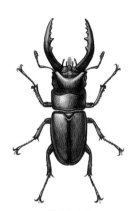

톱사슴벌레

몸길이 23~45mm

다우리아사슴벌레

몸길이 11~38mm

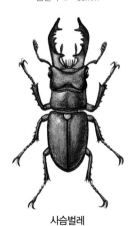

사슴벌레

몸길이 27~50mm

뿔꼬마사슴벌레

몸길이 14~17mm

풍뎅이 무리

풍뎅이 무리에는 여러 종류의 무리가 딸려 있다.

줄풍뎅이속, 콩풍뎅이속, 다색풍뎅이속, 금줄풍뎅이속, 청동풍뎅이속 따위가 있다.

종류는 갖가지라도 사는 모습은 다 비슷하다. 주로 낮은 산이나 들판에 사는데

과일나무나 마당에 심은 나무에도 많다. 어른벌레는 풀잎이나 나뭇잎을 갉아 먹고,

애벌레는 땅속에서 뿌리를 갉아 먹으며 자란다.

풍뎅이 무리 애벌레는 C자처럼 몸이 굽은 굼벵이 모양이고, 배로 기어간다.

어른벌레는 몸이 동그랗고 반짝거리며 색깔도 여러 가지다.

가운뎃다리와 뒷다리 종아리마디에 가시돌기가 2개 있다.

참콩풍뎅이
몸길이 10~15mm

콩풍뎅이
몸길이 10~15mm

녹색콩풍뎅이
몸길이 8~11mm

연다색풍뎅이
몸길이 7~9mm

금줄풍뎅이
몸길이 18~20mm

풍뎅이
몸길이 15~21mm

별줄풍뎅이
몸길이 14~20mm

등노랑풍뎅이
몸길이 12~18mm

연노랑풍뎅이
몸길이 8~13mm

등얼룩풍뎅이
몸길이 8~13mm

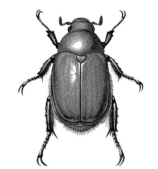

청동풍뎅이
몸길이 18~25mm

카멜레온줄풍뎅이
몸길이 12~17mm

다색줄풍뎅이
몸길이 16~22mm

홈줄풍뎅이
몸길이 11~16mm

가뢰 무리

가뢰 무리는 온 세계에 2,500종쯤 살고, 우리나라에는 20종쯤 산다.

가뢰 애벌레는 허물을 벗을 때마다 생김새가 많이 달라지는 과변태를 한다.

땅속에서 살면서 다른 곤충 알이나 애벌레를 잡아먹는다.

가뢰는 몸에서 '칸타리딘'이라는 독 물질이 나오는데 이 독은 수컷만 만들어 낼 수 있다.

짝짓기할 때 수컷이 암컷의 몸속에 넣어 주어서, 애벌레도 독이 있다.

어른벌레는 더듬이가 11마디이다.

땅 위나 나뭇잎, 꽃 위를 기어다니면서 잎과 꽃, 줄기를 갉아 먹는다.

줄먹가뢰
몸길이 11~20mm

청가뢰
몸길이 15~20mm

애남가뢰
몸길이 8~20mm

둥글목남가뢰
몸길이 11~27mm

남가뢰
몸길이 12~30mm

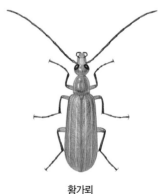

황가뢰
몸길이 10~20mm

반딧불이 무리

반딧불이 무리는 온 세계에 2,000종쯤 산다. 우리나라에는 5종이 산다.

반짝반짝 빛을 낸다고 '반딧불이'다. 알, 애벌레, 번데기, 어른벌레 모두 빛을 낸다.

반딧불이 어른벌레가 배 꽁무니에서 빛을 내는 것은 짝짓기를 하려고 보내는 신호이다.

낮에는 거의 숨어서 쉬고 밤에 나와 빛을 내며 날아다닌다.

더듬이는 11마디다. 실처럼 가늘거나, 톱니 모양, 빗살 모양이다.

수컷은 딱지날개가 있지만, 암컷은 딱지날개와 뒷날개가 없는 것도 있다.

애반딧불이
몸길이 5~10mm

운문산반딧불이
몸길이 7~10mm

꽃반딧불이
몸길이 8~10mm

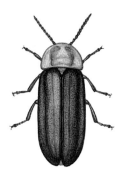

늦반딧불이
몸길이 15~18mm

찾아보기

참고 자료

국내 서적

강창수, 김진일, 김학렬, 류재혁, 문명진, 박상옥, 여성문, 이봉희, 이종욱, 이해풍. 2005. 일반곤충학. 정문각. 631pp.

강혜순. 2003. 꽃의 제국. 다른세상. 271pp.

국립생물자원관. 2019. 국가생물종목록 III. 곤충. 디자인집. 988pp.

길버트 월드 바우어 지음, 김소정 옮김. 2013. 욕망의 곤충학. 한울림. 301pp.

김삼은. 1999. 환경보전의 심볼-반딧불이. 한국반딧불이연구회지1: 1-8.

김상수, 백문기. 2020. 한국 나방 도감. 자연과 생태. 781pp.

김성수. 2003. 나비, 나방. 교학사. 335pp.

김성수. 2006. 우리가 정말 알아야 할 우리 나비 백가지. 현암사. 476pp.

김성수. 2012. 한국나비생태도감. 사계절. 539pp.

김성수, 김정규, 김태우, 박해철, 손재천, 유정선, 이영준(번역감수). 2003. 자연학습 도감 곤충. 은하수미디어. 208pp.

김성수, 이철민, 권태성, 주흥재, 성주한. 2012. 한국나비분포도감. 국립산림과학원. 481pp.

김익수, 이상철, 배진식, 진병래, 김삼은, 김종길, 윤형주, 양성열, 임수호, 손흥대. 2000. 미토콘드리아 DNA 염기서열을 이용한 파파리반딧불이, 애반딧불이 및 늦반딧불이의 유전적 분화 및 계통적 관련. 한국응용곤충학회지. 39(4): 211-226.

김정한. 2005. 토박이 곤충기. 진선출판사. 237pp.

김종길, 김삼은, 최지영, 양성렬, 임수호, 이기열, 강홍준. Ohba Nobuyoshi. 1998. 국내 반딧불이의 분포 및 생리생태 조사. 한국곤충학회·한국응용곤충학회 추계 합동 학술발표대회 초록집. 8pp.

김종길, 박해철, 이종은, 진병래. 2004. 한국의 반딧불이. 한국반딧불이연구회. 94pp.

김준호. 2007. 한국생태학 100년. 서울대학교출판부. 569pp.

김진일. 1998. 한국곤충생태도감, 딱정벌레목 III. 고려대학교 곤충연구소. 255pp.

김진일. 1999. 쉽게 찾는 우리 곤충. 현암사. 392pp.

김진일. 2000. 풍뎅이상과(상), 한국경제곤충 4. 농업과학기술원. 149pp.

김진일. 2001. 풍뎅이상과(하), 한국경제곤충 10. 농업과학기술원. 197pp.

김진일. 2002. 우리가 정말 알아야 할 우리 곤충 백가지. 현암사. 399pp.

김태우. 2010. 곤충, 크게 보고 색다르게 찾자! 자연과 생태. 295pp.

김태우. 2010. 한국 자생생물 소리도감-한국의 여치 소리. 국립생물자원관. 136pp.

김태우. 2011. 한국 자생생물 소리도감-한국의 귀뚜라미 소리. 국립생물자원관. 152pp.

김태우. 2013. 메뚜기 생태도감. 지오북. 381pp.

다나카 하지메 지음, 이규원 옮김. 2007. 꽃과 곤충, 서로 속고 속이는 게임. 지오북. 261pp.

류경수. 1986. 한약 개발에 관한 심포지움(5) 한약과학화의 측면에서 본 한국생약연구의 발전과정: 한국산 산형과 식물의 성분연구(Symposium on Deveoolopment of Pharmacognostical Studies in Korea :

Study on the Constituents of Umbelliferae Plant in Korea). 생약학회지 7(2): 142-143.

마루야마무네토시 지음, 호아미숙 옮김. 2015. 곤충의 대단해. 까치. 253pp.

마르쿠스 베네만 지음, 유영미 옮김. 2010. 지능적이고 매혹적인 동물들의 생존게임. 웅진 지식하우스. 343pp.

메이 R. 베렌바움 지음, 윤소영 옮김. 2005. 살아있는 모든 것의 정복자 곤충. 다른세상. 461pp.

박규택 등. 2001. 자원곤충학. 아카데미서적. 334pp.

박정규, 김용균, 김길하, 김동순, 박종균, 변봉규. 2013. 곤충학용어집. 아카데미서적. 548pp.

박해철. 1993. 한국산 무당벌레과 분류 및 생태. 고려대학교 대학원 박사학위논문. 299pp.

박해철. 2003. 푸른아이 시리즈 29. 반딧불이. 웅진닷컴. 57pp.

박해철. 2006. 딱정벌레, 자연의 거대한 영웅 딱정벌레에 관한 모든 것. 다른세상. 559pp.

박해철. 2007. 이름으로 풀어보는 우리나라 곤충 이야기. 북피아주니어. 231pp.

박해철, 김성수, 이영보, 이영준. 2006. 딱정벌레. 교학사. 358pp.

박해철, 심하식, 황정훈, 강태화, 이희아, 이영보, 김미애, 김종길, 홍성진, 설광열, 김남정, 김성현, 안난희, 오치
경. 2008. 우리 농촌에서 쉽게 찾는 물살이 곤충. 논총진흥청 농업과학기술원. 349pp.

백문기. 2012. 한국 밤 곤충 도감. 자연과 생태. 448pp.

백유현, 권밀철, 김현우. 2009. 주머니 속 나비 도감. 황소걸음. 344pp.

백종철, 정세호, 변봉규, 이봉우. 2010. 한국산 산림서식 메뚜기 도감. 국립수목원. 175pp.

부경생, 김용균, 박계청, 최만연. 2005. 농생명과학연구원 학술총서 9. 곤충의 호르몬과 생리학. 서울대학교출
판부. 875pp.

부경생. 2012. 곤충생리학. 집현사. 618pp.

손기철, 윤재길. 2004. 꽃의 색의 비밀. 건국대학교출판부. 260pp.

손상봉. 2009. 주머니 속 딱정벌레 도감. 황소걸음. 456pp.

손재천. 2006. 주머니 속 애벌레 도감. 황소걸음. 455pp.

송기엽, 윤주복. 2003. 야생화 쉽게 찾기. 진선출판사. 607pp.

송홍선. 2003. 꽃말 유래 풀꽃나무 이야기. 풀꽃나무.

신유항. 1991. 한국나비도감. 아카데미서적. 364pp.

신유항. 2001. 원색한국나방도감. 아카데미서적. 551pp.

심하식. 2001. 한국산 *Hotaria*속 반딧불이의 분류 및 파파리반딧불이, *Hotaria papariensis* (Doi)의 생태학
적 연구. 강원대학교.

심하식. 2001. 한국산 파파리반딧불이(*Hotaria papariensis* Doi)의 생태학적 연구. 한국동굴학회 2001년도
하계학술발표대회 2001 발표자료.

심하식, 권오길, 조동현, 최준길. 1999. 한국산 파파리반딧불이의 발광양상. 한국생태학회지 22(5): 271-276.

안수정, 김원근, 김상수, 박정규. 2018. 한국 육서 노린재. 자연과 생태. 631pp.

야스토미 카즈오 지음, 신병식·이충언 옮김. 2000. 작은 곤충의 유쾌한 생존 전략. 아카데미서적. 163pp.

오쿠이 카즈미츠 지음, 문창종 옮김. 2006. 어린이 동물행동학 사전. 함께읽는책. 157pp.

오홍식, 강영국, 남상호. 2009. 애반딧불이(*Luciola lateralis*) 유충의 상륙에 미치는 수온의 영향. 한국응용곤
충학회지 48(2): 197-209.

올리히 슈미트 지음, 장혜경 옮김. 2008. 동물들의 비밀신호. 해나무. 207pp.

요로 다케시 지음, 황소연 옮김. 2010. 유쾌한 공생을 꿈꾸다. 전나무숲. 253pp.

원두희, 권순직, 전영철. 2005. 한국의 수서곤충. ㈜생태조사단. 415pp.

윤일병. 1995. 수서곤충검색도설. 정행사. p.262.

이상철, 김익수, 배진식, 진병래, 김삼은, 김종길, 윤형주, 양성열, 임수호, 손흥대. 2000. 늦반딧불이 *Pyrocoelia rufa*(딱정벌레목: 반딧불이과)의 미토콘드리아 DNA 염기서열 변이. 한국응용곤충학회지. 39(3): 181-191.

이상태. 2010. 식물의 역사. 지오북. 303pp.

이승모. 1987. 한반도 하늘소과 갑충지. 국립과학관. 287pp.

이영노. 1998. 원색한국식물도감. 교학사. 1246pp.

이영노. 1998. 한국의 멸종위기 및 보호야생동식물. 교학사. 302pp.

이영준. 2005. 매미박사 이영준의 우리 매미 탐구. 지오북. 191pp.

이종욱, 유성만, 전영태, 정종철. 2000. 한국경제곤충 2, 잎벌과(벌목). 농업과학기술원. 222pp.

이종욱. 1998. 한국곤충생태도감 IV. 벌, 파리, 밑들이, 풀잠자리, 집게벌레목. 고려대학교한국곤충연구소. 246pp.

이종은, 안승락. 2001. 잎벌레과(딱정벌레목). 한국경제곤충 14호, 농업과학기술원. 229pp.

이종은, 조희욱. 2006. 한국경제곤충 27, 농작물에 발생하는 잎벌레류. 농업과학기술원. 127pp.

이창복. 1985. 대한식물도감. 향문사.

이한일. 2007. 위생곤충학(의용절지동물학) 제 4판. 고문사. 467pp.

장 알리 파브르 지음, 추돌란 풀어씀. 2011. 파브르 식물 이야기. 사계절출판사. 362pp.

장 앙리 파브르 지음, 김진일 옮김. 2008. 파브르 곤충기 1-10. 현암사.

장현규, 이승현, 최웅. 2015. 하늘소 생태도감. 399pp.

정계준. 2018. 야생벌의 세계. 경상대학교 출판부. 449pp.

정광수. 2007. 한국의 잠자리 생태도감. 일공육사. 512pp.

정부희. 2013. 생물학 미리 보기. 길벗스쿨. 147pp.

정부희. 2015. 사계절 우리 숲에서 만나는 곤충. 지성사. 335pp.

정부희. 2016. 갈참나무의 죽음과 곤충왕국. 상상의 숲. 287pp.

정부희. 2019. 먹이식물로 찾는 곤충도감. 상상의 숲. 447pp.

정부희. 2021. 곤충의 밥상. 보리출판사(재출간). 799pp.

정부희. 2021. 곤충의 보금자리. 보리출판사(재출간). 739pp.

정부희. 2022. 곤충의 살아남기. 보리출판사(재출간). 679pp.

정부희. 2022. 곤충과 들꽃. 보리출판사(재출간). 779pp.

정부희. 2022. 벌레를 사랑하는 기분. 동녘. 323pp.

제인스 B. 나르디 지음, 노승영 옮김. 2009. 흙을 일구는 자연의 위대한 생명들. 상상의 숲. 431pp.

제임스 K. 웽버그 지음, 박영원 옮김. 2004. 곤충의 유혹. 휘슬러. 190pp.

조복성 지음, 황의웅 엮음. 2011. 조복성 곤충기. 뜨인돌. 323pp.

조복성. 1959. 한국동물도감 (I) 나비류. 문교부. 243pp.

조복성. 1957. 한국산 초시목 곤충 분류목록. 고대문리논문집 2: 43.

주흥재, 김성수, 손정달. 1997. 한국의 나비. 교학사. 437pp.

진병래, 배진식, 김익수, 김종길, 김근영, 김삼은, Hirobumi Suzuki, 이상몽, 손흥대. 2001. Mt DNA 염기서열을 이용한 한국 및 일본에 서식하는 Hotaria속 반딧불이 종간의 유전적 분화. 반딧불이 3, 70-80.

청목전사 등. 2005. 일본산 유충 도감. 학연. 336pp.

최광식, 최원일, 신상철, 정영진, 이상길, 김철수. 2007. 신산림병해충도감. 웃고문화사. 402pp.

平井博 今伊泉忠明. 2000. "飼育と觀察", ニュ－ワイド 學研の圖鑑.

Thomas M. Smith and Robert Leo Smith 지음, 강혜순, 오인혜, 정근, 이우신 옮김. 2007. 생태학 6판. 라이프사이언스. 622pp.

토마스 아이스너 지음, 김소정 옮김. 2006. 전략의 귀재들 곤충. 삼인. 568pp.

한호연, 권용정. 2001. 과실파리과(파리목). 한국경제곤충지 3호. 농업과학기술원. 113pp.

한호연, 최득수. 2001. 꽃등에과(파리목). 한국경제곤충지 15호. 농업과학기술원. 223pp.

허운홍. 2012. 나방 애벌레 도감. 자연과 생태. 520pp.

허운홍. 2016. 나방 애벌레 도감 2. 자연과 생태. 392pp.

현재선. 2007. 식물과 곤충의 공존전략. 아카데미서적. 298pp.

현재선. 2009. 곤충의 진화와 생활사전략. 아카데미서적. 298pp.

Hopkins, W.G., Huner N. P. A. 지음, 권덕기, 박연일, 이혜연, 전성수, 조형택, 진창덕 옮김. 2006. 식물생리학. 월드사이언스. 552pp.

영문 자료

Birgitta S. T.. 1981. Prolonged copulation: A male 'postcopulatory' strategy in a promiscuous species, Lygaeus equestris (Heteroptera: Lygaeidae). Behavioral Ecology and Sociobiology 9(4): 283-289.

Booth, R.G., Cox M.L. and Madge, R.B.. 1990. IIE guides to insects of importance to man 3. Coleoptera. International Institute of Entomology, Natural History Museum and University Press. 384pp.

Byun, B.K., Y.S. Bae, and K.T. Park. 1998. Illustrated Catalogue of Tortricidae in Korea (Lepidoptera). In Park, K.T.(eds): Insects of Korea [2]. 317pp.

Crowson, R.A.. 1981. The biology of the Coleoptera. Academic Press, New York. 802pp.

Eisner, T. and J. Meinwald. 1966. Defensive secretion of arthropods. Science 153: 1341-1350.

Evert I. S., Jessica P. G., Christopher J. G.. 2013. New spider flies from the Neotropical Region (Diptera, Acroceridae) with a key to New World genera ZooKeys 270: 59-93.

Evgeny S. K. and Sergey I. Y.. 2019. Diversity and ecology of hawk moths of the genus Hemaris (Lepidoptera, Sphingidae) of the Russian Far East. Journal of Asia-Pacific Biodiversity: 613-625.

Gilbert Waldbauer. 1999. The Handy Bug Answer Book. Visible Ink Press, U.S.A.. 308pp.

Gilbert Waldbauer. 2003. What good are bugs? Harvard University press.

Grimaldi, D. and M. S. Engel 2005 Coleoptera and Strepsiptera. pp. 357-406. In: Evolution of the Insects. Cambridge University Press, New York. pp. 1-755.

Gullan P.J. and Cranston, P.S.. 2000. The Insects. An outline of Entomology (second edition). Blackwell science. 470pp.

James J.C. and Barker G.M.. 2004. Diptera as Predators and Parasitoids of TerrestrialGastropods, with Emphasison Phoridae, Calliphoridae, Sarcophagidae, Muscidae and Fanniidae.

James K.W.. 2001. Six-Legged Sex, The Erotic Lives of Bugs. Fulcrum Publishing. 143pp.

Jolevet, P.. 1995. Host-plants of Chrysomelidae of the world. Bachhuys Publishers Leiden. pp. 1-281.

Han, H. Y., D. S. Choi, J. I. Kim and H. W. Byun. 1998. A catalog of the Syrphidae (Inseca: Diptera) of Korea. Ins. Koreana 15: 95-166.

Kim J. I., Kwon Y. J., Paik J. C., Lee S. M., Ahn S. L., Park H. C., Chu H. Y.. 1994. Order 23. Coleoptera. In: The Entomological Society of Korea and Korean Society of Applied Entomology (eds.), Check List of Insects from Korea, pp. 117-214. Kon-Kuk University Press, Seoul.

Kimoto, S. and H. Takizawa. 1994. Leaf beetles (Chrysomelidae) of Japan. Tokai University Press. pp.539.

Korean Society of Applied Entomology & The Entomological Society of Koea. 2021. Checklist of Insects from Korea.. Daegu: Paper and Pencil. 1055pp.

Kurosawa, Y., Hisamatsu, S. and Sasaji, H.. 1985. The Coleoptera of Japan in Color Vol. III. Hiokusha publishing co., Ltd. Japan. 500pp.

Kim, T. J.. 1994. Medically Available Wild Plants in Korea. Guk-il Media Co.

Moodie, G. E. E.. 1976. Heat production and pollination in Araceae. Can. J. Bol. 54: 545-546.

Ougushi, T. 2005. Indirect interaction webs: Herbivore movement, and insect-transmitted disease of maize. Ecology, 68: 1658-1669.

Richard E. White. 1983. A field Guide to the Beetles of North America. Houghton mifflin company, pp.368. boston New York.

Richard J. Dysart. 1996. Insect Predators and Parasites of Grasshopper Eggs. United States Department of Agriculture Animal and Plant Health Inspection Services Technical Bulletin. 1809.

Schlinger, E. I., 1987. The biology of the Acroceridae (Diptera): true endoparasitoids of spiders. In: Nentwig, W. (ed.) Ecophysiology of Spiders.Springer-Verlag. Berlin, pp.319–327.

Yoon, I. B., 1957. On the Variation in Color and Pattern of Grphosoma rubrolineatum WESTWOOD. The Korean journal of zoology 8(2): 51-54.

White, R. E.. 1983. A field Guide to the Beetles of North America. Houghton mifflin company. 368pp.

William D.. 1990. Blister Beetle Love and Defense A Story of Blood, Love, and Family···Size-assortative mating in the blister beetle Lytta magister (Coleoptera: Meloidae) is due to male and female preference for larger mates. Animal Behaviour 40(5): 901-909.

참고 누리집

https://ktk84378837.tistory.com/9650

https://stockist.tistory.com/363

https://stockist.tistory.com/1070

https://nongmin.tistory.com/950

https://brunch.co.kr/@treefrogmst/38

http://www.firefly.or.kr/04firefly/ima/ima_environment01.gif

https://www.ars.usda.gov/plains-area/sidney-mt/

https://www.youtube.com/watch?v=IjHAs9iV4gk

http://www.tongildaily.com

정부희

저자는 부여에서 나고 자랐다. 이화여자대학교 영어교육과를 졸업하고, 성신여자대학교 생물학과에서 곤충학 박사 학위를 받았다.

대학에 들어가기 전까지 전기조차 들어오지 않던 산골 오지, 산 아래 시골집에서 어린 시절과 사춘기 시절을 보내며 자연 속에 묻혀 살았다. 세월이 흘렀어도 자연은 저자의 '정신적 원형(archetype)'이 되어 삶의 샘이자 지주이며 곳간으로 늘 함께하고 있다.

30대 초반부터 우리 문화에 관심을 갖기 시작해 전국 유적지를 답사하면서 자연에 눈뜨기 시작한 저자는 이때부터 우리 식물, 특히 야생화에 관심을 갖게 되어 식물을 공부했고, 전문가에게 도움을 받으며 새와 버섯 등을 공부하기 시작했다. 최초의 생태 공원인 길동자연생태공원에서 자원봉사를 하며 자연과 곤충에 대한 열정을 키워 나갔고, 우리나라 딱정벌레목 대가의 가르침을 받기 위해 성신여자대학교 생물학과 대학원에 입학했다.

석사 학위를 받고 이어 박사 과정에 입학한 저자는 '버섯살이 곤충'에 대한 연구를 본격화했고, 아무도 연구하지 않는 한국의 버섯살이 곤충들을 정리할 원대한 꿈을 향해 가고 있다. 〈한국산 거저리과의 분류 및 균식성 거저리의 생태 연구〉로 박사 학위를 받았으며, 최근까지 거저리과 곤충과 버섯살이 곤충에 관한 논문을 60편 넘게 발표하면서 연구 활동에 왕성하게 매진하고 있다.

이화여자대학교 에코과학연구소와 고려대학교 한국곤충연구소에서 연구 활동을 했고, 한양대학교, 성신여자대학교, 건국대학교 같은 여러 대학에서 강의하고 있으며, 현재는 우리곤충연구소를 열어 곤충 연구를 이어 가고 있다. 또한 국립생물자원관 등에서 주관하는 자생 생물 발굴 사업, 생물지 사업, 전국 해안사구 정밀 조사, 각종 환경 평가 등에 참여해 곤충 조사 및 연구를 해 오고 있다.

왕성한 연구 작업과 동시에 곤충의 대중화에도 큰 관심을 가진 저자는 각종 환경 단체 및 환경 관련 프로그램에서 곤충 생태에 관한 강연을 하고 있고, 여러 방송에서 곤충을 쉽게 풀어 소개하며 '곤충 사랑 풀뿌리 운동'에 힘을 보태고 있다.

2015년 〈올해의 이화인 상〉을 수상하였으며, 저서로는 '정부희 곤충기'인 《곤충의 밥상》,《곤충의 보금자리》,《곤충의 살아남기》,《곤충과 들꽃》,《곤충의 짝짓기》,《나무와 곤충의 오랜 동행》,《갈참나무의 죽음과 곤충왕국》이 있고,《곤충들의 수다》,《버섯살이 곤충의 사생활》,《생물학 미리보기》,《사계절 우리 숲에서 만나는 곤충》,〈우리 땅 곤충 관찰기〉(1~4권),《먹이식물로 찾아보는 곤충도감》,〈세밀화로 보는 정부희 선생님 곤충교실〉(1~5권),《정부희 곤충학 강의》가 있다. 학술 저서로는 〈한국의 곤충(딱정벌레목: 거저리아과)〉 1권, 2권, 3권, 〈한국의 곤충(딱정벌레목: 개미붙이과)〉,〈한국의 곤충(딱정벌레목: 버섯벌레과)〉,〈한국의 곤충(딱정벌레목: 긴썩덩벌레과)〉,〈한국의 곤충(딱정벌레목: 허리머리대장과, 머리대장과, 무당벌레붙이과, 꽃알벌레과)〉들이 있다.

정부희 곤충기 5

곤충의 짝짓기
곤충의 다양한 번식 전략

1판 1쇄 펴낸 날 2023년 4월 10일

글 사진 정부희

사진 도움 박종영(536쪽), 박해철(67쪽, 161쪽, 162쪽, 287쪽, 291쪽, 515쪽, 566쪽, 568쪽, 590쪽)
세밀화 권혁도, 옥영관, 이제호

편집 김소영, 김수연, 김용란 | **사진 보정** 문수영 | **디자인** 한아람
제작 심준엽 | **영업** 나길훈, 안명선, 양병희 | **독자 사업(잡지)** 김빛나래, 정영지 | **새사업팀** 조서연
경영 지원 신종호, 임혜정, 한선희
인쇄 (주)로얄프로세스 | **제본** 과성제책

펴낸이 유문숙 | **펴낸 곳** (주)도서출판 보리 | **출판 등록** 1991년 8월 6일 제9-279호
주소 (10881) 경기도 파주시 직지길 492
전화 031-955-3535 | **전송** 031-950-9501
누리집 www.boribook.com | **전자우편** bori@boribook.com

© 정부희, 보리, 2023

값 60,000원

보리는 나무 한 그루를 베어 낼 가치가 있는지 생각하며 책을 만듭니다.

ISBN 979-11-6314-286-7
ISBN 979-11-6314-172-3(세트)